The GHIDRA BOOK
The Definitive Guide

U0192608

Ghidra 权威指南

[美] Chris Eagle　Kara Nance　著　杨超 译

电子工业出版社
Publishing House of Electronics Industry
北京·BEIJING

内 容 简 介

Ghidra 是美国国家安全局(NSA)开发的一套逆向工程工具套件。本书是目前市面上仅有的一本 Ghidra 使用指南,内容详尽、由浅入深。全书可分为五大部分,主要涵盖了以下内容:反汇编基础知识和 Ghidra 简介、Ghidra 的基本用法、Ghidra 的自定义和自动化、Ghidra 模块的特定类型和支持概念、Ghidra 应用于逆向工程时的一些实践问题,以及工程师如何从 IDA Pro 转移到 Ghidra 上。

本书主要作者 Chris Eagle 是信息安全领域著名的逆向工程专家,所撰写逆向工程相关书籍均已成为经典。

本书适合信息安全领域从业者及感兴趣的人士阅读。

版权贸易合同登记号　图字:01-2021-5646

图书在版编目(CIP)数据

Ghidra 权威指南 /(美)克里斯·伊格(Chris Eagle),(美)凯拉·南茜(Kara Nance)著;杨超译. —北京:电子工业出版社,2023.1
(安全技术大系)
书名原文:The GHIDRA BOOK: The Definitive Guide
ISBN 978-7-121-44551-4

Ⅰ. ①G… Ⅱ. ①克… ②凯… ③杨… Ⅲ. ①软件开发-安全技术-指南 Ⅳ. ①TP311.522-62

中国版本图书馆 CIP 数据核字(2022)第 219945 号

责任编辑:刘　皎
印　　刷:三河市君旺印务有限公司
装　　订:三河市君旺印务有限公司
出版发行:电子工业出版社
　　　　　北京市海淀区万寿路 173 信箱　　邮编:100036
开　　本:787×1092　1/16　印张:27.5　字数:704 千字
版　　次:2023 年 1 月第 1 版
印　　次:2023 年 1 月第 1 次印刷
定　　价:139.99 元

推荐序

2016 年，刘皎老师邀请我翻译 Jonathan Levin 的 *Android Internals: Vol I* [1]，我毫不犹豫地答应了——主要是因为这本书好贵！而我既想读书，又不想花钱买……翻译这个活儿太适合我了，哈哈！可到 2017 年，出了 Vault 7 泄露事件，这本 *Android Internals: Vol I* 因为被 CIA "盗版"用于内部培训，也一并被泄露。结果 Levin 只好在自己的主页上公开了这本书——这下不花钱也能看了。（小丑竟是我自己？！）

受 Vault 7 事件影响而公开的并不仅是这本 *Android Internals*。

Ghidra，一款由美国国家安全局（NSA）研发的逆向工程工具，原本只是内部使用的工具，也在这一事件中泄露，因此被迫公开。现在 Ghidra 已经开源，可以直接在 GitHub 上获得。

初识 Ghidra 时，我对它的感觉是非常惊艳！当时我正在做一些恶意软件变种分析的项目。由于 IDA Pro 自身没有二进制可执行文件的比对功能，所以经常要用 BinDiff 这类第三方工具/插件。当有一个功能与 IDA 类似、但竟然能直接进行二进制代码比对的软件时，我的感触之深不言而喻。而且，Ghidra 竟然还是天生支持反编译的（与之对应，IDA 的反编译模块是需要花大价钱购买的），并且效果似乎确实不错！因此，我曾把玩过一段时间的 Ghidra，但当时只有软件自带的帮助文档，终究还是少了一盏指路的明灯，最终抵不过工期太紧，加上之前的工具已经用得很熟练了，渐渐只能暂时搁置了。

2020 年 8 月，*The Ghidra Book: the Definitive Guide* 一书出版了，而且 1~2 个月后就有了可以下载的电子版。我下载后迫不及待地开始阅读。显然，本书无论是书名、封面设计、还是内容，根本就是大名鼎鼎的 *The IDA Pro Book* [2] 的 Ghidra 版！更何况，其主要作者正是 *The IDA Pro Book* 的作者 Chris Eagle！

本书内容由浅入深，循序渐进——从最基本的软件安装到图形界面操作、再从进阶到编写自己

---

[1] 中文版书名是《最强 Android 书：架构大剖析》。
[2] 中文版书名是《IDA Pro 权威指南》。

的分析脚本和处理器模块，最后竟然还有 IDA Pro 用户（比如我）如何转向 Ghidra 的建议！因此，不论是新手上路，还是逆向老手，都能从中获益匪浅。书中同时提供配套代码，使读者能够自己动手完成对应的操作，确实是一本又说又练的"真把式"好书。读完之后，我就向刘皎老师推荐了这本书，希望引进出版。

软件逆向工程工具本就不多，特别是在软件静态分析工具方面，Ghidra 是少数能与 IDA Pro 比肩的软件。这一点不论是从它在 GitHub 上的星数，或者"Ghidra"的百度搜索结果上都能看出来。古人云："工欲善其事，必先利其器"。自从 2015 年"网络空间安全"正式成为"工学"门类下的一级学科后，国内网络安全相关研究和竞赛赛事蓬勃发展。不论是网络安全研究人员、相关专业的学生，还是爱好者都应该熟练掌握相关工具，然后方能在此基础上，事半功倍地发挥自己的聪明才智，做出自己的贡献。

本书译者是《CTF 竞赛权威指南（Pwn 篇）》的作者杨超，他长期从事车联网安全研究和工具开发工作，拥有非常丰富的实践经验。本书译文精美、表达流畅、术语翻译精准，个人认为达到了"信达雅"的境界。中文版的面世，能为广大学子和从业人员掌握和熟练使用 Ghidra 提供有益的指导。相信有志学习者，经过认真钻研，必能早日登堂入室，为我国网络安全事业的发展添砖加瓦！

崔孝晨

Team 509 成员

《Python 绝技：运用 Python 成为顶级黑客》译者

译者序

Ghidra 第一次出现在公众视野是在 2017 年 3 月，当时维基解密开始泄露 Vault 7 文档，这是美国中央情报局（CIA）最大的机密文件泄漏事件，该文档包括各种秘密网络武器和间谍技术。其中，Vault 7 的第一部分包括恶意软件库、0day 武器化攻击，以及如何控制苹果的 iPhone、谷歌的 Android 和微软的 Windows 设备。和 Ghidra 相关的内容就位于这一部分，包括最新版本的软件和安装使用手册。

在 2019 年的 RSA 会议上，NSA 高级网络安全顾问 Rob Joyce 发表了 *Get Your Free NSA Reverse Engineering Tool* 的议题，解释了 Ghidra 的独特功能和特性，并发布了 Ghidra 二进制程序。最终，在当年的 4 月 4 日，NSA 在 GitHub 上公布了 Ghidra 源码。

很难说是不是当年的泄露事件导致了这一开源行为，但对于广大逆向工程师来说，确实获得了一个功能强大且免费的工具。没有哪个逆向工具是完美的，它们都有各自的优缺点，并且在竞争中相互取长补短。即使你已经掌握了 IDA Pro、Binary Ninja 或者 Radare2，也可以从 Ghidra 中受益。Ghidra 的主要优势有：开源且免费（这意味着有无限可能）；支持众多的处理器架构；允许在同一个项目中加载多个二进制文件，并同时进行相关操作；拥有设计强大且良好的 API，方便开发自动化工具；支持团队协作模式；支持版本跟踪和匹配，等等。

本书的作者之一 Chris Eagle 是一位经验丰富的逆向工程专家，他早在十年前就出版了《IDA Pro 权威指南》一书，到今天依然非常受欢迎，能有幸翻译他的这本新作让我备感荣幸。这两本书的结构大体相似，但在具体细节上有诸多不同，如果你已经熟练掌握了 IDA Pro，那么切换到 Ghidra 也相当容易。甚至可以将它们结合起来使用，在一个工具中集成另一个工具的能力——已有研究表明结合多个反汇编程序可以明显地提升函数识别率。

本书的出版，首先要感谢我的大学室友刘晋和我的应届生导师丁增贤，他们贡献了第 7 章、第 17 章和附录的初稿；感谢电子工业出版社的刘皎老师，给予我充分的信任和耐心，并花费许多时间和精力校正各类错误；感谢父母的关心和支持，你们是我人生道路上最坚实的后盾；感谢白玉的监督和陪伴，祝你在今后的日子里少点苦、多点甜，少生气、多开心。最后，再一次向读者推荐我的母校西安电子科技大学网络与信息安全学院，那里有最好的老师和同学！

感谢读者购买此书。希望你们在探索 Ghidra 和逆向工程的道路上，能够享受到和我一样的乐趣。在翻译过程中，我努力将内容表述清楚，但限于英文水平和专业能力，译文中难免出现疏漏和错误，欢迎读者批评指正。

杨超
2022 年 10 月于北京

我们编写本书的目的是将 Ghidra 介绍给现在和未来的逆向工程师。在熟练的逆向工程师手中，Ghidra 简化了分析过程，并允许用户自定义和扩展其功能，以满足个人需求并改进工作流程。新手逆向工程师使用 Ghidra 也很容易，特别是它包含的反编译器可以帮助他们在开始探索二进制分析领域时更清楚地理解高级语言和反汇编清单之间的关系。

写一本关于 Ghidra 的书是一项具有挑战性的任务。Ghidra 是一个不断发展的复杂的逆向工程工具套件，开源社区在不断地改进和扩展其功能。与许多新的开源项目一样，Ghidra 已经通过一系列快速释放的改进版本，开启了它的开源生涯。编写本书的主要目标是确保随着 Ghidra 的发展，本书的内容仍能够持续为读者提供广泛而深入的基础知识，以理解和有效利用不断演化的 Ghidra 版本来应对逆向工程的挑战。我们尽可能地保持本书适用于各种版本。幸运的是，新版本的 Ghidra 有良好的文档记录，如果遇到了与本书有差异的地方，详细的变更清单会提供特定版本的描述。

本书简介

这本书是第一本关于 Ghidra 的综合性书籍，旨在成为用户使用 Ghidra 进行逆向工程的百宝书。它提供介绍性内容以将新的探索者带入逆向工程世界，提供高级内容以扩展经验丰富的逆向工程师的世界观，并为新手和资深 Ghidra 开发者提供示例，以便他们可以继续扩展 Ghidra 的功能并成为 Ghidra 社区的贡献者。

本书面向的读者

本书面向有抱负和经验丰富的软件逆向工程师。如果您还没有逆向工程经验，那也没有关系，因为前面的章节介绍了逆向工程，以及使用 Ghidra 探索和分析二进制文件所需的背景材料。经验丰富的逆向工程师可以快速浏览前两部分，以获得对 Ghidra 的基本了解，然后跳转到感兴趣的特定章节。有经验的 Ghidra 用户和开发者可以关注后面的章节，以创建新的 Ghidra 扩展，并应用他们的经验和知识为 Ghidra 项目贡献新内容。

本书的结构

全书分为五个部分。第一部分介绍反汇编、逆向工程和 Ghidra 项目。第二部分涵盖 Ghidra 的基本用法。第三部分演示 Ghidra 的自定义和自动化，以使其为您工作。第四部分更深入地解释 Ghidra 模块的特定类型和支持概念。第五部分演示将 Ghidra 应用于逆向工程时可能遇到的一些实际情况。

第一部分 简介

第 1 章 反汇编简介

介绍反汇编理论和实践，并讨论两种常见反汇编算法的一些优缺点。

第 2 章 逆向与反汇编工具

讨论了可用于逆向工程和反汇编的主要工具类别。

第 3 章 初识 Ghidra

初识 Ghidra，了解它的起源，以及如何获取并开始使用这个免费的开源工具套件。

第二部分 Ghidra 的基本用法

第 4 章 开始使用 Ghidra

您与 Ghidra 的旅程从本章开始。当新建项目、分析文件并开始理解 Ghidra 图形用户界面（GUI）时，您将第一次看到 Ghidra 的实际应用。

第 5 章 Ghidra 数据显示

介绍 Ghidra 用于文件分析的主要工具 CodeBrowser，还将探讨它的几个主要的显示窗口。

第 6 章 理解 Ghidra 反汇编

理解 Ghidra 反汇编和导航的基本概念。

第 7 章 反汇编操作

学习如何对 Ghidra 的分析进行补充，并在自己的分析过程中操作 Ghidra 反汇编。

第 8 章 数据类型和数据结构

学习如何操作和定义编译程序中简单和复杂的数据结构。

第 9 章 交叉引用

详细介绍交叉引用、它们如何支持图形，以及它们在理解程序行为中所起的关键作用。

第 10 章　图形

介绍 Ghidra 的图形功能以及如何将图形作为二进制分析工具。

第三部分　让 Ghidra 为您工作

第 11 章　协作逆向工程

介绍 Ghidra 的一项独特功能——将 Ghidra 作为协作工具。学习如何配置 Ghidra 服务器，并与其他分析人员共享项目。

第 12 章　自定义 Ghidra

了解如何通过配置项目和工具来自定义 Ghidra，以支持个人的分析工作流程。

第 13 章　Ghidra 功能扩展

介绍如何生成和应用库签名与其他专门的内容，以便 Ghidra 能够识别新的二进制结构。

第 14 章　Ghidra 脚本开发

介绍如何在 Ghidra 内部编辑器中，通过 Python 和 Java 调用基本的 Ghidra 脚本功能。

第 15 章　Eclipse 和 GhidraDev

将 Eclipse 集成到 Ghidra 中，并探索这种组合所提供的强大脚本功能，包括构建新分析器的工作示例，从而将 Ghidra 脚本提升到一个全新的水平。

第 16 章　Ghidra 无头模式

介绍在无需 GUI 的无头模式下使用 Ghidra，并了解这种模式在常见的大规模重复性任务中的优势。

第四部分　深入探索

第 17 章　Ghidra 加载器

深入了解 Ghidra 如何导入和加载文件，学习构建新的加载器来处理以前无法识别的文件类型。

第 18 章　Ghidra 处理器

介绍 Ghidra 用于定义处理器架构的 SLEIGH 语言，探讨向 Ghidra 添加新处理器和指令的过程。

第 19 章　Ghidra 反编译器

深入了解 Ghidra 最受欢迎的功能之一：Ghidra 反编译器。了解它在幕后是如何工作的，以及它如何帮助分析的过程。

第 20 章　编译器变体

帮助您理解在使用不同编译器和针对不同平台编译的代码中可能看到的变化。

第五部分　实际应用

第 21 章　混淆代码分析

学习如何使用 Ghidra 在静态分析上下文中分析混淆代码，从而无须执行该代码。

第 22 章　修补二进制文件

介绍了一些在分析过程中使用 Ghidra 修补二进制文件的方法，包括在 Ghidra 内部修补以及为原始二进制文件创建新的修补版本。

第 23 章　二进制差分和版本跟踪

介绍了一项 Ghidra 特性，它允许您识别两个二进制文件之间的差异，并简要介绍了 Ghidra 高级的版本跟踪功能。

附录　IDA 用户的 Ghidra 使用指南

如果您是经验丰富的 IDA 用户，本附录将为您提供将 IDA 术语和用法映射到 Ghidra 中类似功能的提示和技巧。

注：访问配套网站链接 0-1 和链接 0-2 获取本书中包含的代码清单。

致谢

如果没有 No Starch Press 出版社专业人员的帮助和支持，这本书是不可能完成的。Bill Pollock 和 Barbara Yien 对于我们创作一本符合愿景的 Ghidra 图书给予了宝贵的支持。Athabasca Witschi 在内容上的初步反馈给我们提供了宝贵的见解和指导。Laurel Chun 的持续支持和耐心帮助让这本书变成了我们引以为豪的成品。我们还要感谢所有幕后工作人员为实现这一梦想所付出的辛勤工作，感谢 Katrina Taylor、Barton D. Reed、Sharon Wilkey 和 Danielle Foster。

感谢技术编辑 Brian Hay 的审阅。他在 Ghidra 方面的知识和经验确保书中的技术内容扎实，他的教学经验也启迪了我们，令本书既能吸引新手，也能吸引经验丰富的逆向工程师。

感谢国家安全局的 Ghidra 开发团队，无论是过去还是现在，他们构建了 Ghidra 并将其作为开源项目与全球分享。

Kara 特别要感谢 Ben 在她学习技术时的耐心，和 Katie 在她写作时给予的耐心。她要感谢 Jen 鼓舞人心的介绍，以及 Dickie 和 Lenora 的信任。最后，她还要感谢 Brian 的幽默和每时每刻的支持。

没有所有人的支持，就不可能有这本书。

目录

第1章
反汇编简介

这是一本专门介绍 Ghidra 的书，虽然它以 Ghidra 为中心，但我并不希望读者将它作为 Ghidra 的用户手册。相反，本书旨在将 Ghidra 作为探讨逆向工程技术的工具，在分析各种软件（包括存在漏洞的软件和恶意软件等）时，这些技术非常有用。在适当的时候，我会在 Ghidra 中演示详细步骤，以期望对你手头的特定任务有所帮助。因此，我将简略地介绍 Ghidra 的功能，包括最初分析文件时需要执行的基本任务，最后讨论 Ghidra 的高级用法和自定义功能（用来解决更具挑战性的逆向工程问题）。本书所介绍的 Ghidra 功能并非全部，但都极其有用，这将使 Ghidra 成为你工具箱中最强大的工具。

在详细介绍 Ghidra 之前，我将介绍反汇编的一些基础知识，以及其他一些可用于逆向工程的工具。虽然这些工具都不如 Ghidra 全面，但每个工具都具备 Ghidra 的一部分功能，对我们理解 Ghidra 有所帮助。本章的剩余部分将从较高的视角介绍反汇编工程。

1.1 反汇编理论

学过编程的人都知道，编程语言可以分为好几代，下面为那些上课不认真的读者简要总结一下。

- 第一代语言：最低级的语言，通常由 0 和 1 或者某些简写编码（如十六进制）组成，只有精通二进制的人才能读懂它们。在这个层级上，数据和代码看起来都差不多，很难将它们区分开来。第一代语言也称为机器语言，有时称为字节码，由机器语言构成的程序通常称为二进制程序。

- 第二代语言：也称为汇编语言，它只是一种脱离了机器语言的表查找方式。通常，汇编语言会将具体的位模式或操作码，与短小且易于记忆的字符序列（即助记符）对应起来。这些助记符可以帮助程序员记住与它们有关的指令。汇编器是程序员用来将汇编语言程序转换成能够执行的机器语言的工具。除指令助记符外，一个完整的汇编语言通常还包括针对汇编器的指令，用于帮助决定最终二进制文件中代码和数据的内存布局。

- 第三代语言：通过引入关键字和结构（用作程序的构建块），使其更接近自然语言。虽然使用第三代语言编写的程序可能因使用了特定操作系统的独特功能而对该系统产生依赖，但通常它们应该是平台无关的。常见的第三代语言包括 FORTRAN、C 和 Java。程序员通常使用编译器将程序转换成汇编语言，或者直接转换成机器语言（或某种等价形式，如字节码）。

- 第四代语言：这些语言与本书无关，在此不做讨论。

1.2　何为反汇编

在传统的软件开发模型中，编译器、汇编器和链接器被单独或组合使用，以构建可执行程序。为了回溯编译过程（或对程序进行逆向工程），我们使用各种工具来撤销汇编和编译过程，这些工具就称为反汇编器和反编译器。其中，反汇编器用于撤销汇编过程，以机器语言为输入，以汇编语言为输出；反编译器则以汇编语言甚至机器语言为输入，以高级语言为输出。

在竞争激烈的软件市场中，"源代码恢复"具有相当大的吸引力。因此，在计算机科学中，开发适用的反编译器是一个活跃的研究领域。下面列举一些导致反编译如此困难的原因。

- 编译过程会造成损失。机器语言中没有变量或函数名，变量类型信息只有通过数据的用途（而不是显式的类型声明）来确定。例如一个 32 位的数据，你需要做一些分析工作，才能确定它所表示的到底是一个整数、一个 32 位浮点数还是一个 32 位指针。
- 编译是多对多操作。这意味着源程序可以通过多种不同的方式转换成汇编语言，而机器语言也可以通过多种不同的方式转换回源程序。因此，编译一个文件后立即反编译，所得到的源文件可能与输入时截然不同。
- 反编译器依赖于语言和库。用专门生成 C 代码的反编译器处理由 Delphi 编译器生成的二进制文件，可能会得到非常奇怪的结果。同样，用对 Windows API 一无所知的反编译器处理 Windows 二进制文件，也不会得到任何有用的结果。
- 要想准确地反编译一个二进制文件，需要近乎完美的反汇编能力。反汇编阶段的任何错误或遗漏都会影响反编译代码。通过查询处理器参考手册可以验证反汇编代码的正确性，但尚无规范的参考手册可用于验证反编译输出的正确性。

Ghidra 内置的反编译器将在第 19 章进行介绍。

1.3　为何反汇编

通常，使用反汇编工具是为了在没有源代码的情况下加深对目标程序的理解，下面列举几种常见的情形。

- 分析恶意软件。
- 分析闭源软件的漏洞。
- 分析闭源软件的互操作性。
- 分析编译器生成的代码，以验证编译器的性能和准确性。
- 在调试时显示程序指令。

1.3.1 恶意软件分析

通常，除非是基于脚本的恶意软件，恶意软件的作者很少会提供他们"作品"的源代码。在缺少源代码的情况下，想要准确地理解恶意软件的行为，你的选择非常有限，通常可使用动态分析和静态分析两种主要技术。动态分析（dynamic analysis）是在严格控制的环境（沙盒）中执行恶意软件，同时使用系统检测工具来记录其行为。静态分析（static analysis）则试图通过查看程序的代码来理解其行为，对于恶意软件，就是查看反汇编或者反编译后得到的代码清单。

1.3.2 漏洞分析

为了简单起见，我们将整个安全审计过程分为三个步骤：漏洞发现、漏洞分析和漏洞利用开发。这些步骤无论是否拥有源代码都适用，但如果只有二进制文件，则工作量和难度都会大大增加。该过程的第一步，是发现程序中潜在的可利用点，通常可以使用模糊测试[1]等动态分析技术来完成，也可以通过静态分析来实现（通常需要付出更大的努力）。一旦发现漏洞，通常需要进一步分析，以确定该漏洞是否可被利用，以及达成利用的条件是什么。

识别那些对攻击者有利的可操纵的变量是漏洞发现中一个重要的早期步骤。反汇编清单提供了编译器如何分配程序变量的详细信息。例如，源代码中声明的一个 70 字节的字符数组，在由编译器分配时，会扩大到 80 字节——知道这一点会很有用。另外，要想理解编译器如何对全局或函数内声明的所有变量进行排序，查看反汇编清单是唯一的办法。在开发漏洞利用代码时，确定这些变量之间的空间关系非常重要。最终，通过结合使用反汇编器和调试器，就可以完成漏洞利用的开发。

1.3.3 软件互操作性

如果一个程序仅以二进制的形式发布，那么竞争对手就很难创建与之交互的软件，或者为其提供插件。一个常见的例子是针对某个仅有一种平台支持的硬件发布的驱动程序代码。如果制造商暂时不支持，或者更糟糕地，拒绝支持在其他平台上使用他们的硬件，那么，为了开发支持该硬件的软件驱动程序，可能需要做大量的逆向工程工作。在这种情况下，静态代码分析几乎是唯一的手段，并且为了理解嵌入式固件，还需要分析那些超出软件驱动程序以外的代码。

1.3.4 编译器验证

由于编译器（或汇编器）的作用是生成机器语言，因此通常需要一个优秀的反汇编工具来验证编译器是否按照设计规范来工作。分析人员还可以从中寻找优化编译器输出的机会，从安全的角度来看，还可以查明编译器本身是否已被攻破以致在生成的代码中插入后门。

---

1 模糊测试是一种漏洞发现技术，它为程序生成大量不常见的输入，希望其中一个输入会在程序中造成可被检测、分析，最终可被利用的错误。

1.3.5　显示调试信息

在调试器中生成代码清单，可能是反汇编器最常见的用途之一。遗憾的是，调试器中内置的反汇编器往往过于简单，通常不能批量反汇编，在无法确定函数边界时，可能还会出现错误。因此，在调试过程中，最好是将调试器与优秀的反汇编器结合使用，以提供更好的环境和上下文信息。

1.4　如何反汇编

清楚了反汇编的目的，接下来介绍如何反汇编。以反汇编器所面临的一个典型的艰巨任务为例：将一个 100KB 文件中的代码和数据进行区分，并将代码转换成汇编语言显示给用户。在整个过程中，不能遗漏任何信息。对于该任务，我们还可以附加许多特殊要求，进一步增加反汇编器工作的难度，例如要求反汇编器做函数定位、识别跳转并确定局部变量等。

为了满足这些需求，反汇编器在处理目标文件时，需要从多种算法中进行选择。所选择的算法及其实现的质量，将直接影响生成的反汇编代码的质量。

在本节中，我们将讨论当今用于反汇编机器代码的两种基本算法。在介绍这些算法的同时，我们还将指出它们的缺点，以便于你对反汇编器失效的情形有所防备。理解了反汇编器的局限性，就可以通过手动干预来提高反汇编输出的整体质量了。

1.4.1　基础反汇编算法

首先，我们通过一种以机器语言为输入、以汇编语言为输出的简单算法来了解自动反汇编过程中的挑战、假设和折衷方案。

（1）识别要反汇编的代码区域。这并不像看起来那么简单。指令通常与数据混杂在一起，因此将两者进行区分非常重要。以最常见的情形——反汇编可执行文件为例，该文件必须符合可执行文件的某种通用格式，例如 Windows 所使用的可移植可执行（Portable Executable，PE）格式或许多类 UNIX 系统中常见的可执行和链接格式（Executable and Linkable Format，ELF）。这些格式通常包含一种机制（通常为层级文件头的形式），用于定位文件中包含代码和该代码入口点[1]的部分。

（2）得到指令的起使地址后，下一步就是读取该地址（或文件偏移）所包含的值，并执行表查找，将二进制操作码与它的汇编语言助记符进行匹配。根据被反汇编的指令集的复杂程度，这个过程可能很简单，也可能涉及其他一些操作，例如查明任何可能修改指令行为的前缀，以及确定指令所需的操作数。对于指令长度可变的指令集，例如 Intel x86，可能需要检索额外的指令字节才能完全反汇编一条指令。

（3）获取指令并解码所有必需的操作数后，需要对其等效的汇编语言进行格式化，作为反汇编代码列表的一部分。在输出时，有多种汇编语言格式可供选择，例如 x86 汇编语言的两种主要格式

---

1 程序入口点是一个指令地址，程序加载到内存后，操作系统会将控制权交给该地址上的指令。

为 Intel 格式和 AT&T 格式。

（4）输出一条指令后，继续反汇编下一条指令，并重复上述过程，直到反汇编完文件中的所有指令。

> **x86 汇编语法：AT&T 和 Intel**
>
> 汇编语言的源代码主要采用两种语法：AT&T 语法和 Intel 语法。尽管都属于第二代语言，但它们在变量、常量、寄存器访问、段和指令大小重写、间接寻址和偏移量等方面都存在较大差异。AT&T 语法以%作为所有寄存器名称的前缀，以$作为立即操作数的前缀，并使用源操作数在左、目的操作数在右的排列顺序。例如，EAX 寄存器加 4 的指令表示为 add $0x4,%eax。GNU 汇编器（as）和许多其他 GNU 工具（包括 gcc 和 gdb）默认都使用 AT&T 语法。
>
> 与 AT&T 语法的不同点在于，Intel 语法的寄存器和立即数都不需要前缀，并且使用源操作数在右、目的操作数在左的排列顺序——与 AT&T 语法正好相反。上述加法指令表示为 add eax,0x4。使用 Intel 语法的反汇编器包括 Microsoft 汇编器（MASM）和 Netwide 汇编器（NASM）。

有大量算法可用于确定从何处开始反汇编，如何选择下一条反汇编的指令，如何区分代码与数据，以及如何确定何时完成对最后一条指令的反汇编。线性扫描（linear sweep）和递归下降（recursive descent）是两种最主要的反汇编算法。

1.4.2　线性扫描反汇编

线性扫描反汇编算法采用一种非常简单的方法来定位要反汇编的指令：一条指令的结束，就是另一条指令的开始。因此，最困难的问题就是指令从哪里开始，何时结束。通常的解决办法是，假设程序中标记为代码（通常由程序文件的头部指定）的节包含的所有内容都是机器语言指令，反汇编从代码段的第一个字节开始，以线性方式移动，逐条反汇编每条指令，直到完成整个代码段。这种算法不会通过识别分支等非线性指令来了解程序的控制流。

在反汇编过程中，可以维护一个指针来标记当前正在反汇编的指令的起始地址，通过计算每条指令的长度，从而确定下一条将要反汇编的指令的地址。该方法对那些由固定长度指令构成的指令集（如 MIPS）会更加容易，因为定位后续指令非常简单。

线性扫描算法的主要优点是，它可以完全覆盖程序的代码段；一个主要的缺点是，它无法解决代码中可能混有数据的问题。清单 1-1 中展示了这个问题，清单内容是使用线性反汇编器反汇编某函数的输出。

```
   40123f: 55                     push ebp
   401240: 8b ec                  mov ebp,esp
   401242: 33 c0                  xor eax,eax
   401244: 8b 55 08               mov edx,DWORD PTR [ebp+8]
   401247: 83 fa 0c               cmp edx,0xc
   40124a: 0f 87 90 00 00 00      ja 0x4012e0
   401250: ff 24 95 57 12 40 00   jmp DWORD PTR [edx*4+0x401257]  ❶
 ❷ 401257: e0 12                  loopne 0x40126b
```

```
401259: 40                          inc eax
40125a: 00 8b 12 40 00 90           add BYTE PTR [ebx-0x6fffbfee],cl
401260: 12 40 00                    adc al,BYTE PTR [eax]
401263: 95                          xchg ebp,eax
401264: 12 40 00                    adc al,BYTE PTR [eax]
401267: 9a 12 40 00 a2 12 40        call 0x4012:0xa2004012
40126e: 00 aa 12 40 00 b2           add BYTE PTR [edx-0x4dffbfee],ch
401274: 12 40 00                    adc al,BYTE PTR [eax]
401277: ba 12 40 00 c2              mov edx,0xc2004012
40127c: 12 40 00                    adc al,BYTE PTR [eax]
40127f: ca 12 40                    lret 0x4012
401282: 00 d2                       add dl,dl
401284: 12 40 00                    adc al,BYTE PTR [eax]
401287: da 12                       ficom DWORD PTR [edx]
401289: 40                          inc eax
40128a: 00 8b 45 0c eb 50           add BYTE PTR [ebx+0x50eb0c45],cl
401290: 8b 45 10                    mov eax,DWORD PTR [ebp+16]
401293: eb 4b                       jmp 0x4012e0
```

清单 1-1：线性扫描反汇编

该函数包含一个 switch 语句，编译器选择使用跳转表来解析 case 标签，并且将跳转表嵌入函数本身。❶处的 jmp 语句引用了❷处的地址表，然而反汇编器把地址表误认为是一系列指令，并且错误地生成了对应的汇编语言形式。

如果将跳转表❷按照连续 4 字节分组，并作为小端值[1]分析，则每个组都代表一个指向临近地址的指针，这些地址就是跳转的目的地址（004012e0、0040128b、00401290……）。因此，❷处的 loopne 指令并不是真实的指令；相反，这表明线性扫描算法无法正确地区分嵌入的数据和代码。

GNU 调试器（gdb）、微软的 WinDbg 调试器和 objdump 工具的反汇编引擎均采用的是线性扫描算法。

1.4.3 递归下降反汇编

递归下降反汇编算法采用了另一种方法来定位指令：它强调控制流的概念，根据一条指令是否被另一条指令引用来决定是否对其进行反汇编。为便于理解递归下降，我们根据指令对指令指针的影响来对它们进行分类。

1. 顺序流指令

顺序流指令将执行权传递给紧随其后的下一条指令。顺序流指令的例子包括：简单的算术指令，如 add；寄存器到内存的传输指令，如 mov；栈操作指令，如 push 和 pop。这些指令的反汇编过程

---

1 x86 是一个小端序的体系结构，这意味着多字节数据值的最低有效字节最先被存储，位于较低的内存地址处。大端序则相反，数据值的最高有效字节被存储在较低的内存地址处。处理器通常可分为大端或者小端，有时也可以两种皆有。

以线性扫描的方式进行。

2. 条件分支指令

条件分支指令（如 x86 的 jnz）提供了两种可能的执行路径。如果条件为真，则执行分支，并且修改指令指针，使其指向分支的目标。但是，如果条件为假，则继续以线性的方式执行，此时可以使用线性扫描算法来反汇编下一条指令。由于通常无法在静态上下文中确定条件测试的结果，因此递归下降算法会将两条路径都进行反汇编。同时，它将分支目标的地址添加到稍后才进行反汇编的地址列表中，以推迟分支目标指令的反汇编过程。

3. 无条件分支指令

无条件分支不遵循线性流模型，因此递归下降算法对它的处理方式有所不同。与顺序流指令一样，执行权只能传递给一条指令，但那条指令不必紧跟在分支指令后面。事实上，如清单 1-1 所示，根本没有要求规定在无条件分支后必须紧跟一条指令。因此，也就没有理由反汇编紧跟在无条件分支后面的字节。

递归下降反汇编器将尝试确定无条件跳转的目标，并在目标地址处继续反汇编过程。遗憾的是，某些无条件分支可能会导致递归下降反汇编器出错。如果跳转指令的目标取决于一个运行时的值，可能就无法通过静态分析来确定跳转目标，例如 x86 指令 jmp rax。只有当程序实际运行时，rax 寄存器才会包含一个值。由于寄存器在静态分析期间不包含任何值，因此无法确定跳转指令的目标，也就无法确定从什么地方继续反汇编过程。

4. 函数调用指令

函数调用指令的运行方式与无条件跳转指令非常相似（包括反汇编器也无法确定如 call rax 等指令的目标），唯一的不同在于，所调用的函数一旦执行完成，执行权将会返还给紧跟在调用指令后面的指令。在这方面，它们与条件分支指令类似，都生成了两条执行路径。调用指令的目标地址被添加到推迟进行反汇编的地址列表中，紧跟在调用指令之后的指令则以线性扫描的方式进行反汇编。

如果程序从被调用函数返回时出现异常，则递归下降可能会失败。例如，函数中的代码可能会有意篡改函数的返回地址，从而在函数完成时将控制权返回到一个与反汇编器预期不同的位置。一个简单例子如下所示，函数 badfunc 在返回调用者之前，给返回地址加了 1。

```
badfunc proc near
48 FF 04 24  inc qword ptr [rsp] ; increments saved return addr
C3          retn
badfunc endp
; -----------------------------------
label:
E8 F6 FF FF FF   call badfunc
05 48 89 45 F8   add eax, F8458948h ❶
```

结果，在调用 badfunc 之后，控制权实际上并没有返回给❶处的 add 指令。此时的反汇编结果应当如下所示：

```
badfunc proc near
48 FF 04 24  inc qword ptr [rsp]
C3           retn
badfunc endp
; ------------------------------------
label:
E8 F6 FF FF FF   call badfunc
05               db 5          ;formerly the first byte of the add instruction
48 89 45 F8      mov [rbp-8], rax ❶
```

以上代码更清楚地展示了程序的真实执行流程，函数 badfunc 实际上返回到❶处的 mov 指令。值得注意的是，线性扫描反汇编器可能也无法正确反汇编这段代码，虽然原因有所不同。

5. 返回指令

函数返回指令（如 x86 的 ret）不会提供下一条要执行指令的信息，此时递归下降算法已经访问了当前的所有路径。如果程序实际上正在运行，则可以从运行时栈的顶部获取一个地址，然后从该地址继续执行。但是，反汇编器并不能访问运行时栈，于是反汇编过程就此打住，转而处理前面搁置在一旁的延迟反汇编地址列表。反汇编器从列表中取出一个地址，并从这个地址开始继续反汇编过程。递归下降反汇编算法也因此得名。

递归下降算法的一个主要优点在于，它具有区分代码和数据的强大能力。作为一种基于控制流的算法，它很少会将数据值错误地反汇编为代码。递归下降算法的主要缺点是无法处理间接代码路径，如利用指针表来查找目标地址的跳转或调用。然而，通过添加一些启发式方法来识别代码指针，递归下降反汇编器能够获得非常完整的代码覆盖，并清楚地区分代码和数据。使用 Ghidra 递归下降反汇编器处理前面清单 1-1 中的 switch 语句，得到了清单 1-2。

```
0040123f    PUSH    EBP
00401240    MOV     EBP,ESP
00401242    XOR     EAX,EAX
00401244    MOV     EDX,dword ptr [EBP + param_1]
00401247    CMP     EDX,0xc
0040124a    JA switchD_00401250::caseD_0
        switchD_00401250::switchD
00401250    JMP     dword ptr [EDX*0x4 + ->switchD_00401250::caseD_0] = 004012e0
        switchD_00401250::switchdataD_00401257
00401257    addr    switchD_00401250::caseD_0
0040125b    addr    switchD_00401250::caseD_1
0040125f    addr    switchD_00401250::caseD_2
00401263    addr    switchD_00401250::caseD_3
00401267    addr    switchD_00401250::caseD_4
0040126b    addr    switchD_00401250::caseD_5
0040126f    addr    switchD_00401250::caseD_6
00401273    addr    switchD_00401250::caseD_7
00401277    addr    switchD_00401250::caseD_8
0040127b    addr    switchD_00401250::caseD_9
0040127f    addr    switchD_00401250::caseD_a
```

```
00401283    addr    switchD_00401250::caseD_b
00401287    addr    switchD_00401250::caseD_c
        switchD_00401250::caseD_1
0040128b    MOV     EAX,dword ptr [EBP + param_2]
0040128e    JMP     switchD_00401250::caseD_00040128E
```

清单 1-2：递归下降反汇编

可以看到，二进制文件的这一部分已被识别为 switch 语句，并进行了相应的格式化。了解递归下降过程有助于我们识别 Ghidra 无法进行最佳反汇编的情形，并制定策略来改进 Ghidra 的输出结果。

1.5　小结

在使用反汇编器时，虽然没有必要去深入研究反汇编算法，但适当了解会很有帮助。在进行逆向工程时，选一个得心应手的好工具至关重要。在 Ghidra 的众多优点中，其中一个重要的优点是：作为一个交互式反汇编器，它为你提供了大量机会来指导和推翻它的决定，最终的结果将是准确而彻底的反汇编。

在下一章中，我们将介绍一系列可在各种逆向工程情形下使用的现有工具。尽管它们与 Ghidra 没有直接关系，但其中很多工具都影响了 Ghidra，而且也有助于我们理解在 Ghidra 用户界面上显示的大量信息。

第 2 章
逆向与反汇编工具

我们已经掌握了一些反汇编的背景知识，在深入学习 Ghidra 之前，了解其他一些用于逆向工程的工具，会很有帮助。这些工具中有许多早于 Ghidra 发布，并且仍可用于快速分析二进制文件，以及审查 Ghidra 的分析结果。如我们所见，Ghidra 将这些工具的许多功能整合到用户界面中，为逆向工程提供了一个集成环境。

2.1 分类工具

在拿到一个未知文件时，先问自己一些简单的问题，如"这是个什么文件"。回到该问题的首要也是最基本的原则是，绝不要根据文件的扩展名来确定文件的类型。在脑子里建立起"文件扩展名并无实际意义"的印象后，再尝试学习下面几个小工具。

2.1.1 file

file 命令是一个标准工具，包含在大多数*nix 风格的操作系统以及 Linux 下的 Windows 子系统（WSL）[1]中。Windows 用户通过安装 Cygwin 或 MinGW [2]也可以获得该命令。file 命令试图通过检查文件中的某些特定字段来识别文件的类型。有时，file 还可以识别常见的字符串，如#!/bin/sh(shell 脚本）和<html>（HTML 文档）。

识别那些非 ASCII 内容的文件则更具挑战性。在这种情况下，file 会尝试判断该文件的结构是否符合某种已知的文件格式。在许多情况下，它会搜索特定文件类型所特有的标签值（通常称为幻数[3]）。下面的十六进制清单列出了几个用于识别某些常见文件类型的幻数。

---

1 参见链接 2-1。

2 Cygwin 参见链接 2-2。MinGW 参见链接 2-3。

3 幻数（magic number）是某些文件格式规范要求的特殊标签值，其存在表明文件符合这种规范。有时，人们在选择幻数时加入了幽默的因素。例如，MS-DOS 的可执行文件头中的 MZ 标签是 MS-DOS 原架构师 Mark Zbikowski 姓名的首字母缩写。而选择十六进制数 0xcafebabe 作为 Java .class 文件的幻数，仅仅是因为它是一个容易记住的十六进制字符串。

```
Windows PE executable file
   00000000 4D 5A 90 00 03 00 00 00 04 00 00 00 FF FF 00 00 MZ..............
   00000010 B8 00 00 00 00 00 00 00 40 00 00 00 00 00 00 00 ........@.......
Jpeg image file
   00000000 FF D8 FF E0 00 10 4A 46 49 46 00 01 01 01 00 60 ......JFIF.....`
   00000010 00 60 00 00 FF DB 00 43 00 0A 07 07 08 07 06 0A .`.....C........ Java .class
file
   00000000 CA FE BA BE 00 00 00 32 00 98 0A 00 2E 00 3E 08 .......2......>.
   00000010 00 3F 09 00 40 00 41 08 00 42 0A 00 43 00 44 0A .?..@.A..B..C.D.
```

file 命令能够识别大量的文件格式，包括数种 ASCII 文本文件、各种可执行文件和数据文件。file 执行的幻数检查由幻数文件所包含的规则所控制。默认的幻数文件因操作系统而异，但常见的位置包括/usr/share/file/magic、/usr/share/misc/magic 和/etc/magic。更多关于幻数文件的资料可以查阅 file 的文档。

有时，file 还可以区分某一给定文件类型中的细微变化。如下清单展示了 file 不仅能够识别 ELF 二进制文件的多种变体，而且还能够识别与二进制文件如何链接（静态或动态）以及是否去除了符号等信息。

```
ghidrabook# file ch2_ex_*
   ch2_ex_x64:           ELF 64-bit LSB shared object, x86-64, version 1 (SYSV),
                         dynamically linked, interpreter /lib64/l, for GNU/Linux
                         3.2.0, not stripped
   ch2_ex_x64_dbg:       ELF 64-bit LSB shared object, x86-64, version 1 (SYSV),
                         dynamically linked, interpreter /lib64/l, for GNU/Linux
                         3.2.0, with debug_info, not stripped
   ch2_ex_x64_static:    ELF 64-bit LSB executable, x86-64, version 1 (GNU/Linux),
                         statically linked, for GNU/Linux 3.2.0, not stripped
   ch2_ex_x64_strip:     ELF 64-bit LSB shared object, x86-64, version 1 (SYSV),
                         dynamically linked, interpreter /lib64/l, for GNU/Linux
                         3.2.0, stripped
   ch2_ex_x86:           ELF 32-bit LSB shared object, Intel 80386, version 1
                         (SYSV), dynamically linked, interpreter /lib/ld-, for
                         GNU/Linux 3.2.0, not stripped
   ch2_ex_x86_dbg:       ELF 32-bit LSB shared object, Intel 80386, version 1
                         (SYSV), dynamically linked, interpreter /lib/ld-, for
                         GNU/Linux 3.2.0, with debug_info, not stripped
   ch2_ex_x86_static:    ELF 32-bit LSB executable, Intel 80386, version 1
                         (GNU/Linux), statically linked, for GNU/Linux 3.2.0,
                         not stripped
   ch2_ex_x86_strip:     ELF 32-bit LSB shared object, Intel 80386, version 1
                         (SYSV), dynamically linked, interpreter /lib/ld-, for
                         GNU/Linux 3.2.0, stripped
   ch2_ex_Win32:         PE32 executable (console) Intel 80386, for MS Windows
   ch2_ex_x64:           PE32+ executable (console) x86-64, for MS Windows
```

> **WSL 环境**
>
> 适用于 Linux 的 Windows 子系统（Windows Subsystem for Linux, WSL），直接在 Windows 内提供了一个 GNU/Linux 命令行环境，而无须创建虚拟机。在 WSL 安装时，用户可以选择 Linux 发行版，然后在 WSL 上运行它。它提供了对常用命令行软件（grep、awk）、编译器（gcc、g++）、解释器（Perl、Python、Ruby）、网络工具（nc、ssh）等的访问权限。一旦安装了 WSL，就可以在 Windows 系统上编译和执行许多为 Linux 编写的程序。

当然，file 及类似的工具也会出错。如果一个文件碰巧包含了某种文件格式的标记，那么 file 很可能会将其误识别。你可以使用十六进制编辑器将任何文件的前 4 个字节修改为 Java 的幻数序列 CA FE BA BE，然后验证一下，此时 file 会将这个新修改的文件错误地识别为 Java .class 文件。同样，一个仅包含两个字符 MZ 的文本文件会被误认为是 MS-DOS 可执行文件。在逆向过程中，切记永远不要完全相信任何工具提供的结果，除非该结果得到了多种工具和手工分析的确认。

> **剥离二进制可执行文件**
>
> 剥离（stripping）是指从二进制文件中删除符号。这些符号是编译时留在二进制目标文件中的。在创建最终的可执行文件或库时，在链接过程中会使用其中一些符号来解析文件之间的引用关系。在其他情况下，符号还可提供一些信息给调试器使用。在链接完成后，这里的很多符号就不需要再使用了。在构建时，可以通过传递给链接器的选项删除将不必要的符号。此外，还可以使用名为 strip 的工具从现有的二进制文件中删除符号。虽然剥离后的二进制文件比未剥离时要小，但功能保持不变。

2.1.2 PE Tools

PE Tools[1]是一组用于分析 Windows 系统中正在运行的进程和可执行文件的工具。图 2-1 显示了 PE Tools 的主界面，其中列出了所有的活动进程，并可通过该界面访问 PE Tools 的所有工具。

从进程列表中，用户可以将进程的内存映像转储到文件中，也可以利用 PE Sniffer 工具确定可执行文件是由何种编译器构建的，或者该文件是否经过某种已知混淆工具的处理。Tools 菜单提供了分析磁盘文件的类似选项。使用内嵌的 PE Editor 工具，用户还可以查看文件的 PE 文件头，或者方便地修改任何文件头的值。通常，如果想要从一个被混淆文件中还原一个有效的 PE，就需要修改 PE 文件头。

---

1 参见链接 2-4。

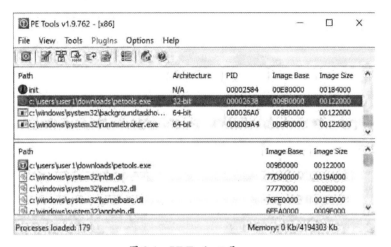

图 2-1　PE Tools 工具

二进制文件混淆

混淆是指任何试图掩盖事物真相的行为。应用于可执行文件时，混淆则是指任何试图掩盖程序真实行为的行为。程序员可能出于不同的原因而采用混淆技术，如保护专有算法和掩盖恶意行为。几乎所有的恶意软件都利用混淆来防止被分析。广泛可用的工具可帮助程序作者生成混淆程序。我们将在第 21 章详细讨论混淆工具及技术，以及它们对逆向工程的影响。

2.1.3　PEiD

PEiD[1]是另一款 Windows 工具，主要用于识别构建某一特定 Windows PE 二进制文件所使用的编译器，并识别任何用于混淆 Windows PE 二进制文件的工具。图 2-2 显示了如何使用 PEiD 来识别用于混淆某个 Gaobot[2]蠕虫变体的工具（本例中为 ASPack）。

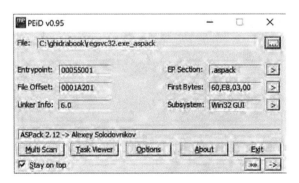

图 2-2　PEiD 工具

PEiD 的许多其他功能与 PE Tools 的功能相同，包括显示 PE 文件头、收集有关正在运行的进程的信息、执行基本的反汇编等。

---

1 参见链接 2-5。

2 参见链接 2-6。

2.2 摘要工具

由于我们的目标是对二进制程序文件进行逆向工程，因此，在对文件进行初步分类后，需要用更复杂的工具来提取详细信息。本节讨论的工具不仅能够识别它们所处理的文件的格式，在大多数情况下，它们还能理解特定的文件格式，并从输入文件中提取出特定的信息。

2.2.1 nm

将源文件编译成目标文件时，编译器必须嵌入一些有关全局（外部）符号的位置信息，以便链接程序在组合目标文件以创建可执行文件时，能够解析对这些符号的引用。除非被告知要去除最终可执行文件中的符号，否则链接程序通常会将目标文件中的符号带入最终的可执行文件。根据 nm 手册的描述，该工具的作用是"列出目标文件中的符号"。

使用 nm 检查中间目标文件（扩展名为.o 的文件，而不是可执行文件）时，将输出文件中声明的所有函数和全局变量的名称。nm 工具的输出如下所示：

```
ghidrabook# gcc -c ch2_nm_example.c
ghidrabook# nm ch2_nm_example.o
                    U exit
                    U fwrite
000000000000002e    t get_max
                    U _GLOBAL_OFFSET_TABLE_
                    U __isoc99_scanf
00000000000000a6    T main
0000000000000000    D my_initialized_global
0000000000000004    C my_uninitialized_global
                    U printf
                    U puts
                    U rand
                    U srand
                    U __stack_chk_fail
                    U stderr
                    U time
0000000000000000    T usage
ghidrabook#
```

可以看到，nm 列出了每个符号以及该符号的相关信息。开头的字母表示符号的类型，下面逐一解释前面出现的字母。

- U，未定义符号（通常是外部符号引用）。
- T，在文本部分定义的符号（通常是函数名称）。
- t，在文本部分定义的本地符号。在 C 程序中，通常等同于一个静态函数。
- D，已初始化的数据值。
- C，未初始化的数据值。

注意：大写字母表示全局符号，小写字母表示局部符号。更多信息，包括字母代码的详细解释，可以查阅 nm 手册。

使用 nm 检查可执行文件中的符号时，将会显示出更多信息。在链接过程中，符号将被解析为虚拟地址（如有可能），此时运行 nm 会得到更多的信息。下面是使用 nm 处理一个可执行文件所得到的部分输出。

```
ghidrabook# gcc -o ch2_nm_example ch2_nm_example.c
ghidrabook# nm ch2_nm_example
...
                      U fwrite@@GLIBC_2.2.5
0000000000000938      t get_max
0000000000201f78      d _GLOBAL_OFFSET_TABLE_
                      w __gmon_start__
0000000000000c5c      r __GNU_EH_FRAME_HDR
0000000000000730      T _init
0000000000201d80      t __init_array_end
0000000000201d78      t __init_array_start
0000000000000b60      R _IO_stdin_used
                      U __isoc99_scanf@@GLIBC_2.7
                      w _ITM_deregisterTMCloneTable
                      w _ITM_registerTMCloneTable
0000000000000b50      T __libc_csu_fini
0000000000000ae0      T __libc_csu_init
                      U __libc_start_main@@GLIBC_2.2.5
00000000000009b0      T main
0000000000202010      D my_initialized_global
000000000020202c      B my_uninitialized_global
                      U printf@@GLIBC_2.2.5
                      U puts@@GLIBC_2.2.5
                      U rand@@GLIBC_2.2.5
0000000000000870      t register_tm_clones
                      U srand@@GLIBC_2.2.5
                      U __stack_chk_fail@@GLIBC_2.4
0000000000000800      T _start
0000000000202020      B stderr@@GLIBC_2.2.5
                      U time@@GLIBC_2.2.5
0000000000202018      D __TMC_END__
000000000000090a      T usage
ghidrabook#
```

在这个例子中，链接过程给一些符号（如 main）分配了虚拟地址，引入了一些新的虚拟符号（如 __libc_csu_init），以及修改了一些符号（如 my_unitialized_global）的类型。而其他符号由于继续引用外部符号，仍然是未定义符号。本例所使用的二进制文件是动态链接的，所以未定义符号是在 C 语言共享库中定义的。

2.2.2 ldd

创建可执行文件后，其引用的任何库函数的地址必须能被解析。链接器有两种方法可以解析对库函数的调用：静态链接和动态链接。传递给链接器的命令行参数决定了具体使用哪一种方法。因此，一个可执行文件可以是静态链接、动态链接，或二者兼具[1]。

当使用静态链接时，链接器会将应用程序的目标文件与所需的库文件副本进行合并，生成一个可执行文件。在程序运行时，就不需要再定位库代码，因为它已经包含在可执行文件中了。静态链接的优点是：（1）函数调用更快；（2）发布二进制文件更容易，因为无须考虑用户系统中的库函数。静态链接的缺点是：（1）生成的可执行文件更大；（2）库组件发生改变时升级程序的难度更大，因为每次库发生变化，程序都必须重新链接。从逆向工程的角度来看，静态链接会使问题更加复杂。在分析静态链接的二进制文件时，要回答"该二进制文件链接了哪些库"和"这些函数中的哪个是库函数"可不那么容易。我们将在第 13 章讨论对静态链接代码进行逆向工程时遇到的挑战。

动态链接与静态链接的不同点在于，链接器无须复制它需要的任何库。相反，链接器只需在最终的可执行文件中插入对所需库（通常是.so 或.dll 文件）的引用，如此生成的可执行文件更小，升级库代码也容易得多。由于一个库仅需维护一个副本即可被多个二进制文件引用，所以，用新版本的库替换过时的库后，依赖该库的二进制文件所创建的任何新进程都将使用该库的新版本。使用动态链接的一个缺点是，它的加载过程更加复杂。所有必需的库都需要定位并加载到内存中，而不是仅加载一个包含全部库代码的静态链接文件。动态链接的另一个缺点是，供应商不仅需要发布他们自己的可执行文件，还需要发布该文件所依赖的所有库文件。如果程序在一个缺少其所需库文件的系统上运行，那么必然会出错。

下面展示了如何将程序分别编译成动态和静态链接版本、生成的二进制文件的大小，以及使用file 工具识别的结果。

```
ghidrabook# gcc -o ch2_example_dynamic ch2_example.c
ghidrabook# gcc -o ch2_example_static ch2_example.c -static
ghidrabook# ls -l ch2_example_*
 -rwxrwxr-x 1 ghidrabook ghidrabook 12944 Nov 7 10:07 ch2_example_dynamic
 -rwxrwxr-x 1 ghidrabook ghidrabook 963504 Nov 7 10:07 ch2_example_static
ghidrabook# file ch2_example_*
 ch2_example_dynamic: ELF 64-bit LSB executable, x86-64, version 1 (SYSV),
 dynamically linked, interpreter /lib64/1, for GNU/Linux 3.2.0,
 BuildID[sha1]=e56ed40012accb3734bde7f8bca3cc2c368455c3, not stripped
 ch2_example_static: ELF 64-bit LSB executable, x86-64, version 1 (GNU/Linux),
 statically linked, for GNU/Linux 3.2.0,
 BuildID[sha1]=430996c6db103e4fe76aea7d578e636712b2b4b0, not stripped
ghidrabook#
```

为了确保动态链接正常运行，动态链接的二进制文件必须指明它们所依赖的库，以及每个库所需的特定资源。因此，与静态链接的二进制文件不同，确定它们所依赖的库文件非常简单。ldd（list

---

1 有关链接的更多内容，请参阅 John R. Levine 的著作 *Linkers and Loaders* (Morgan Kaufmann, 1999)。

dynamic dependencies ）工具可用于列出任何可执行文件所需的动态库。在下面这个例子中，我们使用 ldd 确定 Apache Web 服务器所依赖的库：

```
ghidrabook# ldd /usr/sbin/apache2
  linux-vdso.so.1 => (0x00007fffc1c8d000)
  libpcre.so.3 => /lib/x86_64-linux-gnu/libpcre.so.3 (0x00007fbeb7410000)
  libaprutil-1.so.0 => /usr/lib/x86_64-linux-gnu/libaprutil-1.so.0 (0x00007fbeb71e0000)
  libapr-1.so.0 => /usr/lib/x86_64-linux-gnu/libapr-1.so.0 (0x00007fbeb6fa0000)
  libpthread.so.0 => /lib/x86_64-linux-gnu/libpthread.so.0 (0x00007fbeb6d70000)
  libc.so.6 => /lib/x86_64-linux-gnu/libc.so.6 (0x00007fbeb69a0000)
  libcrypt.so.1 => /lib/x86_64-linux-gnu/libcrypt.so.1 (0x00007fbeb6760000)
  libexpat.so.1 => /lib/x86_64-linux-gnu/libexpat.so.1 (0x00007fbeb6520000)
  libuuid.so.1 => /lib/x86_64-linux-gnu/libuuid.so.1 (0x00007fbeb6310000)
  libdl.so.2 => /lib/x86_64-linux-gnu/libdl.so.2 (0x00007fbeb6100000)
  /lib64/ld-linux-x86-64.so.2 (0x00007fbeb7a00000)
ghidrabook#
```

Linux 和 BSD 系统都提供了 ldd 工具。在 macOS 系统上，使用 otool 工具并添加-L 选项（ otool -L filename ）也可以实现类似的功能。在 Windows 系统上，可以使用 Visual Studio 工具套件中的 dumpbin 工具列出依赖库：dumpbin /dependents filename。

> **当心你的工具！**
>
> 尽管 ldd 似乎是一个简单的工具，但 ldd 手册指出："切勿对不受信任的可执行文件使用 ldd，因为这可能会导致任意代码执行。"尽管在大多数情况下不太可能出现，但可以提醒我们，即使是简单的软件逆向工程（SRE）工具，在检查不受信任的文件时，也可能产生意外的后果。很明显，执行不受信任的二进制文件是不太安全的。更明智的做法是，即使是对不受信任的二进制文件做静态分析时，也要做好预防措施，并且假定执行 SRE 任务的计算机及其数据，或者与之相连的其他主机，都会受到该 SRE 活动的危害。

2.2.3 objdump

与专用的 ldd 不同，objdump[1]的功能更加丰富，其目标是显示来自目标文件的信息。这是一个相当宽泛的目标，objdump 为此提供了超过 30 个命令行选项，以提取目标文件中的各种信息。objdump 可用于显示与目标文件有关的以下（甚至更多）信息。

- 节头部，程序文件中每个节的摘要信息。
- 专用头部，程序内存分布信息和运行时加载器所需的其他信息，包括由 ldd 等工具生成的库列表。
- 调试信息，程序文件中嵌入的所有调试信息。
- 符号信息，以类似 nm 工具的方式转储符号表信息。
- 反汇编代码清单，objdump 工具对文件中标记为代码的部分执行线性扫描反汇编。反汇编 x86

---

1 参见链接 2-7。

代码时，objdump 可以生成 AT&T 或 Intel 语法，并且可以将反汇编代码保存到文本文件中。这样的文本文件名为反汇编死代码清单（dead listing），它们当然可以用于逆向工程，但很难做到有效导航，也很难以一致且无错的方式进行修改。

objdump 工具是 GNU binutils[1]工具套件的一部分，可在 Linux、FreeBSD 和 Windows（通过 WSL 或 Cygwin）系统上使用。需要注意的是，objdump 依赖于 binutils 中的二进制文件描述符库（libbfd）来访问目标文件，因此能够解析 libbfd 所支持的文件格式（ELF、PE 等）。对于 ELF 文件的解析，还有一个名为 readelf 的工具可用，该工具提供的大多数功能与 objdump 相同，主要区别在于 readelf 并不依赖 libbfd。

2.2.4　otool

otool 工具可以简单理解为 macOS 版的 objdump，用于解析 macOS 上 Mach-O 二进制文件的信息。下面展示了如何使用 otool 显示 Mach-O 二进制文件的动态库依赖关系，类似于 ldd 的功能。

```
ghidrabook# file osx_example
  osx_example: Mach-O 64-bit executable x86_64
ghidrabook# otool -L osx_example
  osx_example:
      /usr/lib/libstdc++.6.dylib (compatibility version 7.0.0, current version 7.4.0)
      /usr/lib/libgcc_s.1.dylib (compatibility version 1.0.0, current version 1.0.0)
      /usr/lib/libSystem.B.dylib (compatibility version 1.0.0, current version 1281.0.0)
```

otool 工具可用于显示与文件头和符号表相关的信息，并对文件的代码部分进行反汇编。更多关于 otool 功能的信息，可以参阅相关手册。

2.2.5　dumpbin

dumpbin 命令行工具包含在微软 Visual Studio 工具套件中。与 otool 和 objdump 一样，dumpbin 能够显示与 Windows PE 文件相关的信息。下面的例子展示了如何使用 dumpbin 以类似 ldd 的方式显示 Windows 记事本程序的动态依赖关系。

```
$ dumpbin /dependents C:\Windows\System32\notepad.exe
Microsoft (R) COFF/PE Dumper
Copyright (C) Microsoft Corporation. All rights reserved.

Dump of file notepad.exe
File Type: EXECUTABLE IMAGE
  Image has the following delay load dependencies:
    ADVAPI32.dll
    COMDLG32.dll
    PROPSYS.dll
    SHELL32.dll
    WINSPOOL.DRV
```

---

1 参见链接 2-8。

```
urlmon.dll

Image has the following dependencies:
  GDI32.dll
  USER32.dll
  msvcrt.dll
  ...
```

dumpbin 的其他选项可以从 PE 二进制文件的各个部分提取信息，包括符号、导入函数名、导出函数名和反汇编代码等。更多关于 dumpbin 使用的信息可以从微软网站[1]获得。

2.2.6　c++filt

由于每一个重载的函数都使用与原函数相同的名称，因此，支持函数重载的语言必须拥有一种机制，以区分同一个函数的多个重载版本。下面的 C++ 示例展示了名为 demo 的函数的多个重载版本的原型：

```
void demo(void);
void demo(int x);
void demo(double x);
void demo(int x, double y);
void demo(double x, int y);
void demo(char* str);
```

通常，在目标文件中不可能有两个相同名称的函数。为支持重载，编译器通过合并描述函数参数类型序列的信息，为重载函数生成唯一的名称。为具有相同函数名的函数生成唯一名称的过程称为名称改编（name mangling）[2]。如果使用 nm 来转储前面 C++ 代码编译后的文件中的符号，将得到类似下面的输出（经过滤以高亮显示 demo 的重载版本）：

```
ghidrabook# g++ -o ch2_cpp_example ch2_cpp_example.cc
ghidrabook# nm ch2_cpp_example | grep demo
000000000000060b T _Z4demod
0000000000000626 T _Z4demodi
0000000000000601 T _Z4demoi
0000000000000617 T _Z4demoid
0000000000000635 T _Z4demoPc
00000000000005fa T _Z4demov
```

C++ 标准中并未定义名称改编方案的标准，所以编译器设计人员可以自行定义。要想破译 demo 函数的重载版本，我们需要一个能够理解编译器（这里是 g++）名称改编方案的工具。c++filt 正是这样一个工具，它将每个输入都视为改编后的名称，并尝试确定用于生成该名称的编译器。如果该名称是一个合法的改编名称，则输出改编前的原始名称；如果该名称无法被 c++filt 识别，那么就不做修改按原样输出。

1　参见链接 2-9。
2　有关名称改编的概述，请参阅链接 2-10。

将上面 nm 的输出结果传递给 c++filt，就可以恢复出这些函数的原始名称，如下所示：

```
ghidrabook# nm ch2_cpp_example | grep demo | c++filt
000000000000060b T demo(double)
0000000000000626 T demo(double, int)
0000000000000601 T demo(int)
0000000000000617 T demo(int, double)
0000000000000635 T demo(char*)
00000000000005fa T demo()
```

需要注意的是，改编名称还包含其他与函数相关的信息。这些信息虽然无法使用 nm 查看，但对逆向工程可能会很有帮助，在更复杂的情况下，这些额外信息可能包含有关类名或函数调用约定的数据。

2.3　深度检测工具

到目前为止，我们已经讨论了一些有用的工具，利用它们可以在对文件内部结构知之甚少的情况下进行粗略的分析，也可以在深入了解文件结构之后，从文件中提取特定的信息。在本节中，我们将介绍一些不用考虑文件类型即可从中提取特定信息的工具。

2.3.1　strings

有时候，提出一些与文件内容相关的通用性问题，即那些不需要了解文件结构即可回答的问题，会有一定的帮助。例如："这个文件中是否包含字符串？"当然，在此之前我们必须先回答另一个问题："到底什么是字符串？"我们可以将字符串简单定义为连续的可打印字符序列。该定义通常还需要指定一个最小长度和一个特定的字符集。因此，我们可以指定搜索至少包含 4 个连续的 ASCII 可打印字符的字符串，并将结果打印到控制台。对此类字符串的搜索通常不会受到文件结构的限制。在 ELF 二进制文件中搜索字符串就像在微软 Word 文档中搜索字符串一样简单。

strings 工具专门用于提取文件中的字符串内容，通常不必考虑文件的格式。在 strings 的默认设置下（包含至少 4 个字符的 7 位 ASCII 序列）可得到以下内容。

```
ghidrabook# strings ch2_example
/lib64/ld-linux-x86-64.so.2
libc.so.6
exit
srand
__isoc99_scanf
puts
time
__stack_chk_fail
printf
stderr
fwrite
__libc_start_main
```

```
GLIBC_2.7
GLIBC_2.4
GLIBC_2.2.5
_ITM_deregisterTMCloneTable
__gmon_start__
_ITM_registerTMCloneTable
usage: ch4_example [max]
A simple guessing game!
Please guess a number between 1 and %d.
Invalid input, quitting!
Congratulations, you got it in %d attempt(s)!
Sorry too low, please try again
Sorry too high, please try again
GCC: (Ubuntu 7.4.0-1ubuntu1~18.04.1) 7.4.0
...
```

strings 为何改变策略？

　　曾经在默认情况下，使用 strings 检查可执行文件时，它只会在二进制文件中可加载的已初始化数据节区搜索字符串。这要求 strings 使用 libbfd 之类的库解析二进制文件以找到那些节区。但当它被用于解析不受信任的二进制文件时，这些库中的漏洞可能会导致任意代码执行[1]。正因如此，strings 改变了其默认行为，去检查整个二进制文件而不再解析那些节区（同-a 选项）。如果想要调用原来的默认行为，则可以使用-d 选项。

　　尽管我们看到一些似乎是程序输出的字符串，但其他字符串则像是函数名和库名。因此，绝不能仅仅根据这些字符串来判定程序的功能。分析人员往往会掉入试图根据 strings 的输出来推断程序行为的陷阱。需要记住的是，二进制文件中包含某个字符串，并不代表该文件曾以某种方式使用它。

　　下面是使用 strings 时的一些注意事项。

- 默认情况下，strings 不会指出字符串在文件中的位置。使用命令行参数-t 可以让 strings 打印出每个字符串在文件中的偏移信息。
- 许多文件使用了其他字符集。使用命令行参数-e 可以让 strings 搜索宽字符，例如 16 位的 Unicode 字符。

2.3.2　反汇编器

　　如前所述，有很多工具可以生成二进制目标文件的死代码清单形式的反汇编代码。PE、ELF 和 Mach-O 二进制文件可分别使用 dumpbin、objdump 和 otool 进行反汇编。但这些工具都不能处理任意的二进制数据块。有时你会遇到一些不符合常用文件格式的二进制文件，并且需要从某个用户指定的偏移量开始反汇编过程，那么就需要使用一些其他工具。

---

1 参见 CVE-2014-8485 和链接 2-11。

ndisasm 和 diStorm[1]是其中两个用于 x86 指令集的流式反汇编器（stream disassembler）。ndisasm 工具包含在 NASM[2]中。下面的例子展示了如何使用 ndisasm 反汇编一段由 Metasploit[3]框架生成的 shellcode。

```
ghidrabook# msfvenom -p linux/x64/shell_find_port -f raw > findport
ghidrabook# ndisasm -b 64 findport
 00000000    4831FF              xor rdi,rdi
 00000003    4831DB              xor rbx,rbx
 00000006    B314                mov bl,0x14
 00000008    4829DC              sub rsp,rbx
 0000000B    488D1424            lea rdx,[rsp]
 0000000F    488D742404          lea rsi,[rsp+0x4]
 00000014    6A34                push byte +0x34
 00000016    58                  pop rax
 00000017    0F05                syscall
 00000019    48FFC7              inc rdi
 0000001C    66817E024A67        cmp word [rsi+0x2],0x674a
 00000022    75F0                jnz 0x14
 00000024    48FFCF              dec rdi
 00000027    6A02                push byte +0x2
 00000029    5E                  pop rsi
 0000002A    6A21                push byte +0x21
 0000002C    58                  pop rax
 0000002D    0F05                syscall
 0000002F    48FFCE              dec rsi
 00000032    79F6                jns 0x2a
 00000034    4889F3              mov rbx,rsi
 00000037    BB412F7368          mov ebx,0x68732f41
 0000003C    B82F62696E          mov eax,0x6e69622f
 00000041    48C1EB08            shr rbx,byte 0x8
 00000045    48C1E320            shl rbx,byte 0x20
 00000049    4809D8              or rax,rbx
 0000004C    50                  push rax
 0000004D    4889E7              mov rdi,rsp
 00000050    4831F6              xor rsi,rsi
 00000053    4889F2              mov rdx,rsi
 00000056    6A3B                push byte +0x3b
 00000058    58                  pop rax
 00000059    0F05                syscall
ghidrabook#
```

灵活的流式反汇编在很多场景下非常有用。例如，在分析网络数据包中可能包含 shellcode 的计算机网络攻击时，流式反汇编器就可用于反汇编数据包中包含 shellcode 的部分，从而分析恶意载荷的行为。另一种情况是分析那些找不到布局参考的 ROM 映像。ROM 中有些部分是数据，另一些部

---

1 参见链接 2-12。

2 参见链接 2-13。

3 参见链接 2-14。

分则是代码，此时可以使用流式反汇编器来反汇编映像中被认为是代码的部分。

2.4　小结

本章所讨论的工具不一定是同类中最好的，但它们确实是二进制文件逆向分析人员最常用的。更重要的是，这些工具大大促进了 Ghidra 的开发。在以后的章节中，我们还会重点讨论这些独立工具，它们的功能与集成到 Ghidra 中的功能类似。对这些工具的了解将极大地增进你对 Ghidra 用户界面以及 Ghidra 显示的许多信息的理解。

第 3 章
初识 Ghidra

Ghidra 是一款由美国国家安全局（NSA）开发的免费的开源 SRE 工具套件。平台无关的 Ghidra 环境包括交互式反汇编器和反编译器，以及大量相关工具，这些工具可以协同工作，帮助你分析代码。它支持各种指令集架构和二进制格式，并且能够以独立和协作两种 SRE 模式运行。也许 Ghidra 最好的特性是，它允许你自定义工作环境，开发自己的插件和脚本，从而强化 SRE 过程，并且与 Ghidra 社区共享。

3.1　Ghidra 许可证

Ghidra 在 Apache 许可证 2.0 版本下授权并免费分发。该许可证为个人使用 Ghidra 提供了很大的自由，但确实也有一些相关限制。所有下载、使用和编辑 Ghidra 的个人都建议阅读一下 Ghidra 用户协议（docs/UserAgreement.html），以及在 GPL 和 licenses 目录下的许可文件，以确保遵守了所有的许可协议，因为 Ghidra 中的第三方组件也可能有自己的许可证。Ghidra 在每次启动时都会显示授权信息，你也可以通过 Help 菜单的 About Ghidra 项查看该信息。

3.2　Ghidra 版本

Ghidra 在 Windows、Linux 和 macOS 上均可使用。尽管 Ghidra 是高度可配置的，但大多数新用户可能会下载并使用最新版本的 Ghidra Core，其中包含了传统的逆向工程功能。本书的重点是讲解 Ghidra 非共享项目的核心功能。此外，我们还会花点时间讨论共享项目、开发者、函数 ID 和实验性配置等功能。

3.3　Ghidra 支持资源

刚开始使用一个新的软件套件可能会令人生畏，特别是当你的目标是使用逆向工程解决具有挑战性的现实问题时。作为 Ghidra 的用户（或潜在的开发者），你可能想知道在遇到 Ghidra 相关的问题时要去哪里寻求帮助。希望本书已经能解决你大部分的问题，但如果需要额外的帮助，下面是一些其他资源：

- 官方帮助文档。Ghidra 包含一个详细的帮助系统，可以通过单击击菜单或者按 F1 键激活。帮助系统提供了分级菜单以及搜索功能。
- 自述（README）文件。有时，Ghidra 帮助菜单会将你引向某个特定主题的其他内容，如自述文件。许多自述包含在文档中，通过特定的插件扩展 Help 菜单的主题（如 support/analyzeHeadlessREADME.html），协助安装各种东西（docs/InstallationGuide.html），以及开发者帮助文档（如 Extensions/Eclipse/GhidraDev/GhidraDev_README.html）。
- Ghidra 网站。Ghidra 项目主页（链接 3-1）为潜在用户、使用者、开发者和贡献者提供了进一步了解 Ghidra 的选择。该网站还包含每个 Ghidra 版本的详细下载信息，以及一个很有用的安装指导视频，以引导你完成安装过程。
- Ghidra 的 docs 目录。Ghidra 安装目录下有一个 docs 目录，存放了一些很有用的 Ghidra 相关文档，包括一份可打印的菜单和热键指南（docs/CheatSheet.html），极大地方便了对 Ghidra 的了解。另外，还有一份涵盖了 Ghidra 初级、中级和高级特性的教程，可以在 docs/GhidraClass 中找到。

3.4　下载 Ghidra

免费获得 Ghidra 很容易，只需以下三个步骤：

（1）打开链接 3-1。

（2）单击红色下载按钮 "Download Ghidra"。

（3）将文件保存到计算机上所需的位置。

除了上面推荐的步骤，如果你还想尝试其他方法，可以查看下面这些选项：

- 如果你想安装其他版本，可以单击 "Releases" 按钮并选择你需要的版本。虽然有些功能可能不同，但 Ghidra 的基本原理是不会变的。
- 如果你想在服务器上安装以支持协作工作，可以查看第 11 章，了解如何对安装做重要变更（或者随时跳转回来，尝试使用 server 目录下的信息）。
- 真正的勇士则不妨直接使用 GitHub 上的源代码来从头构建 Ghidra。请访问链接 3-2。

接下来，我们继续讲解传统的步骤。

3.5　安装 Ghidra

当你单击这个神奇的红色下载按钮并选择了一个电脑上的目的地址后，如果一切顺利，你应该可以在所选目录中看到一个 zip 文件。对于最初的 Ghidra 版本，该 zip 文件名为 ghidra_9.0_PUBLIC_

20190228.zip。我们对命名规则做分解，9.0 是版本号，PUBLIC 是版本类型（其他版本类型包括 BETA_DEV 等），接下来是发布日期，最后以.zip 文件扩展名结尾。

该 zip 文件实际上是构成 Ghidra 框架的 3400 多个文件的集合，将其解压（例如右击并选择"全部提取"）后即可获得对 Ghidra 层次目录的访问。需要注意的是，由于 Ghidra 需要编译一些内部数据文件，所以使用者通常需要拥有对所有 Ghidra 程序子目录的写权限。

3.5.1 Ghidra 的目录结构

在开始使用 Ghidra 之前，虽然并不要求熟悉 Ghidra 的安装内容，但我们还是来看一下基本布局。随着你逐步使用后面几章中介绍的 Ghidra 高级特性，理解 Ghidra 目录结构将变得更加重要。以下是对 Ghidra 安装中每个子目录的简要说明。图 3-1 展示了 Ghidra 的目录结构。

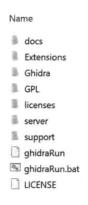

图 3-1：Ghidra 目录结构

- docs。包含介绍 Ghidra 及使用方法的一般支持文档。该目录下有两个值得关注的子目录：GhidraClass 子目录提供了一些 Ghidra 的学习资料；languages 子目录则描述了 Ghidra 处理器规范语言 SLEIGH，该语言将在第 18 章中详细讨论。

- Extensions。包含一些有用的预构建扩展，以及用于编写 Ghidra 扩展的重要内容和信息。该目录将在第 15、17 和 18 章中详细介绍。

- Ghidra。包含 Ghidra 的源代码。当我们在第 12 章开始自定义 Ghidra，并在第 13 章到第 18 章构建新功能时，你将从该目录中获得更多的资源和内容。

- GPL。组成 Ghidra 框架的某些组件并不是由 Ghidra 团队开发的，而是由基于 GNU 通用公共许可证（GPL）发布的其他代码组成。该目录包含了与此内容相关的文件，包括许可信息。

- licenses。包含描述 Ghidra 各种第三方组件如何合法使用的文件。

- server。用于支持 Ghidra 服务器的安装，有助于 SRE 协作。该目录将在第 11 章中详细讨论。

- support。充当一个涵盖各种 Ghidra 特性和功能的资源包。另外，如果你想进一步自定义工作环境，例如为 Ghidra 启动脚本创建快捷方式，也可以在这里找到 Ghidra 的图标（ghidra.ico）。该目录将在文中介绍各种 Ghidra 功能时提及。

3.5.2　启动 Ghidra

除了子目录，根目录下的其他文件将帮助你开启 Ghidra SRE 之旅。该目录下还有一个许可证文件（LICENSE.txt），但更重要的是，你可以找到实际启动 Ghidra 的脚本。首次双击 ghidraRun.bat（或者在 Linux 和 macOS 上运行等效的 ghidraRun 脚本）时，需要先同意图 3-2 所示的用户许可协议（EULA），以确认你将遵循 Ghidra 用户协议来使用 Ghidra。一旦达成协议，以后的启动中将不会再显示此窗口，但随时可以通过 Help 菜单来查看。

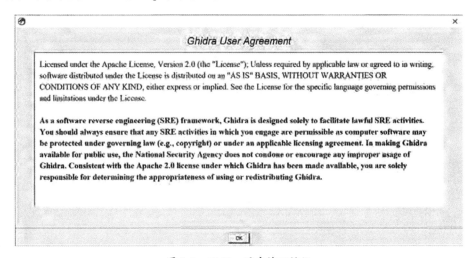

图 3-2：Ghidra 用户许可协议

另外，启动程序可能还会要求你提供 Java 的安装路径（如果未安装 Java，可以查看 docs 子目录下的安装指南 InstallationGuide.html，在 Java Notes 一节中提供了支持文档）。Ghidra 要求 Java 开发工具包（JDK[1]）的版本不低于 11。

3.6　小结

成功启动 Ghidra 后，就可以继续使用它来完成一些有用的事情了。在接下来的几章中，你将了解如何使用 Ghidra 进行基本的文件分析，了解 CodeBrowser 和许多常见的 Ghidra 显示窗口，并了解如何配置和操作这些显示窗口，以进一步理解程序的行为。

---

1 JDK 获取网址参见链接 3-3。

第 4 章
开始使用 Ghidra

现在我们要开始使用 Ghidra 了。本书的其余部分将介绍 Ghidra 的各种功能，以及如何利用它们来最好地满足逆向工程的需要。在本章中，首先介绍启动 Ghidra 时出现的选项，然后描述当你打开一个二进制文件进行分析时会发生什么。最后，我们简单介绍一下用户界面，为后面的章节做个铺垫。

4.1　启动 Ghidra

每次启动 Ghidra 的时候，都能看到一个短暂的启动屏幕，其中包含 Ghidra 徽标、构建信息、Ghidra 和 Java 的版本号以及许可证信息，你可以随时从 Ghidra 项目窗口中选择 Help→About Ghidra 来打开它。启动屏幕关闭后，Ghidra 将显示每日提示对话框及后面的 Ghidra 项目窗口，如图 4-1 所示。通过单击"Next Tip"按钮，可以滚动浏览提示信息。

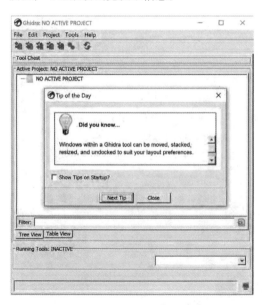

图 4-1：启动 Ghidra

如果不想看到每日提示，可以随时取消底部的"Show Tips on Startup"复选框。如果想要重新显示它，可以通过 Ghidra 帮助菜单恢复。

关闭每日提示对话框后，你将看到 Ghidra 项目窗口。Ghidra 通过项目环境来帮助我们管理和控制与一个文件或一组文件相关联的工具和数据。刚开始我们主要关注非共享项目中的单个文件，更复杂的情况将在第 11 章中讨论。

4.2　创建新项目

如果这是你第一次启动 Ghidra，那么需要先创建一个新项目。如果之前已经启动过 Ghidra，那么 Active Project 窗口将显示你最近打开的项目。选择 File→New Project，你可以指定与项目相关联的环境。第一步是指定该项目是一个共享项目还是非共享项目，本章我们从一个非共享项目开始。选择该选项后，会出现如图 4-2 所示的对话框，非共享项目要求输入项目目录和名称。

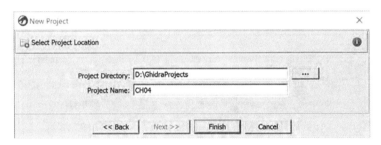

图 4-2：创建新项目

输入这些信息后，单击"Finish"按钮完成项目创建过程。你将回到项目窗口，并选择了新建的项目，如果 4-3 所示。

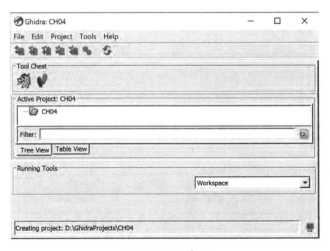

图 4-3：项目窗口

4.2.1 Ghidra 文件加载

开始工作之前，你需要先往新项目里添加至少一个文件。添加文件的方式可以选择 File→Import File 并找到要导入的文件，也可以直接拖放文件到项目窗口中的某个文件夹。选择文件之后，将出现如图 4-4 所示的导入对话框。

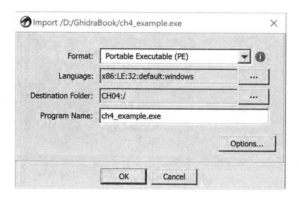

图 4-4：导入对话框

Ghidra 会生成该文件潜在的文件类型，并在对话框顶部的 Format 选择列表中供你选择。单击右侧的信息按钮，你可以看到 Ghidra 支持的所有文件类型（在第 17 章中再讲解）。Format 选择列表中提供了最适合处理该文件的 Ghidra 加载器。在本例中，Format 选择列表提供了两个选项：PE 文件和原始二进制文件。后者始终存在，因为它是 Ghidra 加载无法识别文件的默认选项，也是为加载任意文件提供的最低级别的选项。当存在多个加载器选择时，通常采用默认选项就好，除非你有一些与 Ghidra 的决定相悖的可靠信息。

Language 字段用于指定在反编译过程中使用的处理器模块。Ghidra 的语言/编译器规范由处理器类型、字节序规范（LE/BE）、位值（16/32/64）、处理器变体和编译器 ID 组成，例如 ARM:LE:32:v7:default。要了解更多信息，可以查看第 13 章的语言/编译器规范标注以及 17.5.6 节的语言定义文件。在大多数情况下，Ghidra 将根据从可执行文件头中读取的信息选择合适的处理器。

Destination Folder 字段用于指定新导入文件的项目目录，默认是项目的根目录，也可以新建子目录来组织导入的程序。单击右侧的扩展按钮可以查看更多选项。你还可以编辑 Program Name 字段，需要注意的是，该字段是 Ghidra 用来标记导入文件的名称，包括在项目窗口中显示。它默认为导入文件的名称，但也可以修改为更具描述性的名称，例如 "Malware from Starship Enterprise"。

除了图 4-4 中显示的四个字段，还可以通过 Options 按钮查看其他选项，控制加载过程。这些选项取决于所选的格式和处理器。ch4_example.exe（x86 的 PE 文件）的选项如图 4-5 所示，默认选项已经勾选，通常不需要修改，但也可以根据需要选择。例如，如果想要将依赖库导入项目中，可以勾选 Load External Libraries 选项。

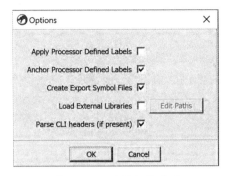

图 4-5：PE 文件加载选项

导入选项用于更好地控制文件加载过程。这些选项并不适用于所有的导入文件类型，在大多数情况下，保持默认选择就好。有关选项的更多信息可以查看 Ghidra 帮助文档。有关 Ghidra 导入过程和加载器的更多细节会在第 17 章讲解。

当你选择完毕并单击"OK"按钮关闭对话框，将会看到导入结果摘要窗口，如图 4-6 所示。你可以查看所选的导入选项，以及加载器从导入文件中提取的基本信息。在 13.1 节的导入文件中，会讲解如果有一些没有反映在窗口中的额外信息，如何在分析开始之前修改某些导入结果。

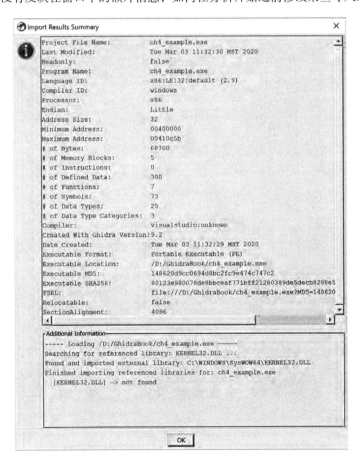

图 4-6：导入结果摘要窗口

4.2.2　使用原始二进制加载器

有时，原始二进制（Raw Binary）加载器是格式选择列表中唯一的选项，也就是说 Ghidra 所有的加载器都无法识别该导入文件的格式。这种情况可能会出现在分析自定义固件映像，分析从网络数据包或者日志文件中提取的漏洞利用载荷等时候。此时 Ghidra 无法识别任何文件头信息来指导加载过程，因此需要手动完成一些通常是 Ghidra 自动完成的步骤，例如指定处理器、位值、特定的编译器等。

举个例子，如果你知道二进制文件中包含 x86 代码，那么 Language 对话框中有许多选项可供使用，如图 4-7 所示。通常需要做一些研究或者试错，来缩小适用于二进制文件的语言范围。通常有关二进制文件运行的设备的信息会非常有用，例如你确信该文件不适用于 Windows 系统，那么在编译器设置上应该选择 gcc 或者默认（如果可用）。

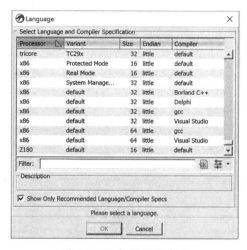

图 4-7：语言/编译器选项

如果二进制文件不包含 Ghidra 可以使用的头信息，那么 Ghidra 也就无法识别文件的内存布局。如果你知道正确的基地址、文件偏移量或者长度，可以输入加载器选项的相应字段中，如图 4-8 所示。也可以选择不输入这些信息而继续加载，这些信息可以通过 5.3.5 节的内存映射窗口，在分析开始之前或之后的任意时间提供给 Ghidra 或者进行调整。

图 4-8：原始二进制加载器选项

第 17 章将更详细地讲解如何手动加载和管理无法识别的二进制文件。

4.3 使用 Ghidra 分析文件

从本质上讲，Ghidra 是一个由插件库控制的数据库程序，每个插件都有自己的功能。所有的项目数据都使用自定义数据库进行存储，该数据库随着用户向项目添加各种信息而增长和进化。Ghidra 提供的各种显示只是数据库的视图，以利于软件逆向工程师的格式显示信息。用户对数据库所做的任何修改都将反映在视图中并保存到数据库，但是这些修改不会影响原始的可执行文件。Ghidra 的强大之处正在于它所包含的分析和操作数据库中数据的工具。

CodeBrowser 搭载了 Ghidra 中可用的许多工具，并帮助保持窗口整齐、添加和删除工具、重新排列内容以及记录分析过程等。默认情况下，CodeBrowser 会打开程序树、符号树、数据类型管理器、列表、反汇编器和控制台窗口。第 5 章会介绍这些窗口以及其他的一些显示。

我们已经知道如何创建项目并导入文件，但真正的分析工作还没有开始。在项目窗口中双击一个文件，就可以看到 CodeBrowser 窗口，如图 4-9 所示。如果这是你第一次打开这个文件，就会出现一个选项，询问是否开始自动分析，图 4-10 是一个自动分析的分析选项对话框示例。在大多数情况下，分析来自通用平台的使用常用编译器构建的二进制文件时，使用自动分析应当是首选。通过单击 CodeBrowser 窗口右下角的红色停止按钮，可以随时停止自动分析过程（该按钮仅在自动分析期间可见）。

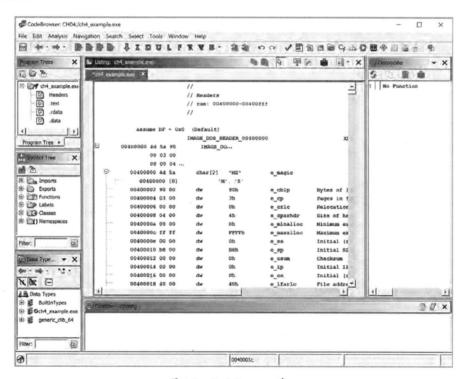

图 4-9：CodeBrowser 窗口

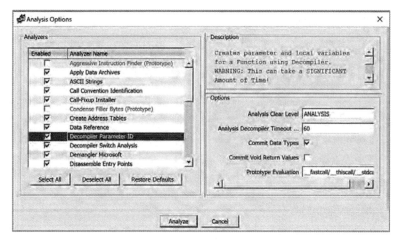

图 4-10：分析选项对话框

如果对 Ghidra 的自动分析不满意，可以关闭 CodeBrowser 并选择不保存更改，来丢弃之前的工作。然后，重新打开文件并尝试不同的自动分析选项组合。修改自动分析选项最常见的原因，通常在于结构文件，比如混淆的二进制文件、由编译器或 Ghidra 不认识的操作系统构建的二进制文件。

如果打开一个非常大的二进制文件（可能 10MB 以上），Ghidra 可能需要几分钟到几小时来执行自动分析。在这种情况下，可以选择禁用一些要求较高的分析器（例如 Decompiler Switch Analysis、Decompiler Parameter ID 和 Stack）或者设置分析超时。如图 4-10 所示，单击某个分析器可以看到其描述，其中可能会包括有关该分析器运行时长的警告。此外，你还可以看到选项框，用于控制分析器的某些行为。任何选择了禁用或超时的分析都可以稍后通过 Ghidra 分析菜单下的可用选项来运行。

自动分析警告

在加载器分析文件的过程中，可能会遇到它认为足够重要的需要对你提出警告的问题。例如，在没有关联程序数据库（PDB）文件的情况下构建的 PE 文件，分析完成时，你会看到一个自动分析摘要对话框，其中包含的消息总结了遇到的所有问题，如图 4-11 所示。

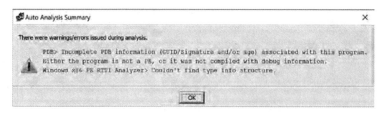

图 4-11：自动分析摘要对话框

在大多数情况下，这些信息只是提示信息。但有时这些信息是具有指导性的，提供了解决问题的方法建议，可能是安装一个可选的第三方程序，以供 Ghidra 未来使用。

在 Ghidra 自动分析文件完成后，可以看到导入摘要信息已经补充了新的相关内容，如图 4-12 所示。

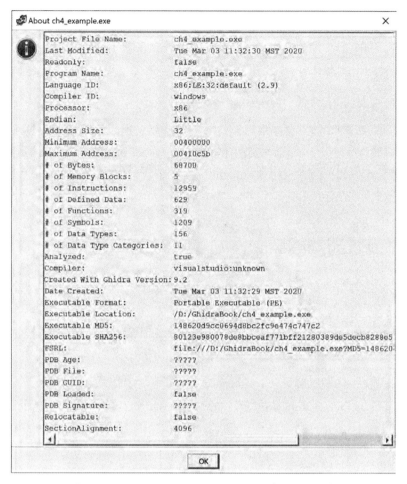

图 4-12：Help→About ch4_example.exe 导入摘要信息

4.3.1　自动分析结果

Ghidra 的自动分析是通过在新加载的二进制文件上运行每个选定的分析器来实现的。分析选项对话框以及 Ghidra 帮助文档提供了每个分析器的描述。选择使用默认分析器是因为这对大部分用户而言是最高效也最有用的。在接下来的部分，我们将介绍在初始加载和自动分析期间从二进制文件中提取的一些最有用的信息。

编译器识别

识别用于构建软件的编译器可以帮助理解二进制文件中使用的函数调用约定，并确定二进制文件可能与哪些库进行链接。如果在文件加载时可以识别编译器，Ghidra 的自动分析将包含该特定编译器的行为知识。在第 20 章，我们会重点关注使用不同的编译器和编译器选项可能带来的差异。

函数参数和局部变量识别

在每个识别的函数中（通过符号表入口和作为调用指令的目标地址来识别），Ghidra 详细分析堆栈指针寄存器的行为，从而识别对堆栈中变量的访问以及理解函数的栈帧布局。根据这些变量是作为函数内的局部变量，还是位于栈上在函数调用过程中作为传递给函数的参数，自动为这些变量命名。关于栈帧的详细信息将在第 6 章中介绍。

数据类型信息

Ghidra 通过其关于常用库函数和相关参数的知识来识别函数、函数中的数据类型和数据结构。识别出来的信息被添加到符号树、数据类型管理窗口和列表窗口中。这个过程提供了原本需要从各个应用程序编程接口（API）引用中手动检索和使用的信息，节省了大量的时间。关于 Ghidra 处理库函数和相关数据类型的详细信息将在第 8 章中介绍。

4.4 初始分析期间的桌面行为

在对新打开的文件进行初始分析期间，CodeBrowser 桌面会有大量变动。通过查看 CodeBrowser 窗口右下角的分析更新可以了解分析过程和最新进展。如果进度更新速度太快，可以在项目窗口选择 Help→Show Log 打开相关的 Ghidra 日志文件仔细阅读（需要注意的是，Show Log 只在项目窗口的 Help 菜单中有，在 CodeBrowser 窗口的 Help 菜单中没有）。

以下输出来自 Ghidra 自动分析 ch4_example.exe 期间生成的日志文件，具有代表性。这些信息描述了整个分析过程，并提供了 Ghidra 执行操作的顺序以及分析过程中每个任务消耗的时间。

```
2019-09-23 15:38:26 INFO (AutoAnalysisManager) ------------------------------
    ASCII Strings                        0.016 secs
    Apply Data Archives                  1.105 secs
    Call Convention Identification       0.018 secs
    Call-Fixup Installer                 0.000 secs
    Create Address Tables                0.012 secs
    Create Function                      0.000 secs
    Data Reference                       0.014 secs
    Decompiler Parameter ID              2.866 secs
    Decompiler Switch Analysis           2.693 secs
    Demangler                            0.004 secs
    Disassemble Entry Points             0.016 secs
    Embedded Media                       0.031 secs
    External Entry References            0.000 secs
    Function ID                          0.312 secs
    Function Start Search                0.051 secs
    Function Start Search After Code     0.006 secs
    Function Start Search After Data     0.005 secs
    Non-Returning Functions - Discovered 0.062 secs
    Non-Returning Functions - Known      0.000 secs
    PDB                                  0.000 secs
    Reference                            0.025 secs
    Scalar Operand References            0.074 secs
    Shared Return Calls                  0.000 secs
```

```
    Stack                                     0.063 secs
    Subroutine References                     0.016 secs
    Windows x86 PE Exception Handling         0.000 secs
    Windows x86 PE RTTI Analyzer              0.000 secs
    WindowsResourceReference                  0.100 secs
    X86 Function Callee Purge                 0.001 secs
    x86 Constant Reference Analyzer           0.509 secs
    ---------------------------------------------------------
    Total Time 7 secs
    ---------------------------------------------------------
2019-09-23 15:38:26 DEBUG (ToolTaskManager) task finish (8.128 secs)
2019-09-23 15:38:26 DEBUG (ToolTaskManager) Queue - Auto Analysis
2019-09-23 15:38:26 DEBUG (ToolTaskManager) (0.0 secs)
2019-09-23 15:38:26 DEBUG (ToolTaskManager) task Complete (8.253 secs)
```

在自动分析完成之前，就可以开始浏览各种数据显示了。自动分析完成之后，则可以安全地对项目文件进行任意修改。

4.4.1　保存并退出

当你需要暂时停止分析时，最好先保存好当前的工作。CodeBrowser 窗口提供了多种方式：

- 使用 CodeBrowser File 菜单中的 Save 选项。
- 单击 CodeBrowser 工具栏中的保存图标。
- 关闭 CodeBrowser 窗口。
- 在 Ghidra 窗口中保存项目。
- 通过 Ghidra File 菜单退出 Ghidra。

使用上面的任意一种方式，系统都会提示你保存所有修改后的文件。关于更改 CodeBrowser 及其他 Ghidra 工具的外观和功能的详细信息将在第 12 章中介绍。

4.5　Ghidra 桌面提示和技巧

Ghidra 桌面显示了大量信息后可能会变得杂乱无章，下面是一些有效使用桌面的小技巧。

- 为 Ghidra 投入的屏幕空间越多越好，趁机买一个大号显示器吧。
- 不要忘记使用 CodeBrowser 中的窗口菜单来打开新视图或恢复无意间关闭的视图。许多窗口也可以使用 CodeBrowser 工具栏上的按钮打开。
- 当一个新窗口打开时，它可能挡在现有窗口的前面，此时可以在窗口的顶部或底部找一个可以容纳它的选项卡。
- 可以根据需要关闭任何窗口、重新打开它并且将其拖动到 CodeBrowser 桌面中的新位置。
- 可以使用 Edit→Tool Options 控制显示的外观，以及找到其他相关的配置选项。

4.6　小结

　　熟悉 CodeBrowser 桌面将大大增强 Ghidra 的使用体验。逆向工程二进制代码已经足够困难了，不要再与工具做斗争了。初始加载阶段的选项以及 Ghidra 执行的相关分析已经为你后面要做的所有分析奠定了基础。此时，你可能会对 Ghidra 完成的工作感到满意，对于简单的二进制文件，这可能就是你所需要的全部。另一方面，如果想知道如何额外控制逆向工程的过程，你可以深入研究 Ghidra 的许多数据显示功能。在接下来的章节中，你将会了解每一个主要的显示，它们在什么情况下有用，以及如何利用工具和显示来优化工作流程。

第 5 章
Ghidra 数据显示

到这里我们已经可以创建项目、加载二进制文件并进行初始自动分析了。这些步骤完成后，Ghidra 就将控制权交到了你手中。正如第 4 章所说的，当你启动 Ghidra 时，你的冒险之旅将从项目窗口开始。然后，你从项目中打开一个文件，会出现第二个窗口，也就是 CodeBrowser，在这里进行大部分的逆向工程工作。前面你已经使用 CodeBrowser 完成了文件的自动分析，接下来我们会深入讲解 CodeBrowser 的菜单、窗口和基本选项，以提高你对 Ghidra 功能的认识，并能够创建一个最适合自己的逆向工程分析环境。现在让我们从主要的 Ghidra 数据显示开始。

5.1　CodeBrowser

在项目窗口中选择 Tools→RunTool→CodeBrowser 可以打开 CodeBrowser。虽然这一步通常是通过选择文件进行分析来实现的，但为了方便展示其功能和配置选项，此处选择打开一个空白实例，如图 5-1 所示。在其默认配置中，CodeBrowser 包含六个子窗口。在深入了解每个窗口的细节之前，我们先看一下 CodeBrowser 的菜单及相关功能。

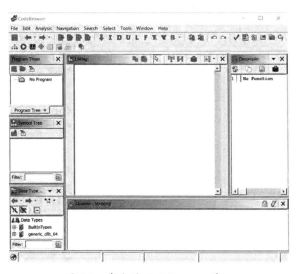

图 5-1：空白的 CodeBrowser 窗口

　　CodeBrowser 窗口的顶部是主菜单，其下方有一个工具栏。工具栏提供了一些最常用菜单项的快捷方式按钮。由于目前没有加载文件，本节中我们主要关注与已加载文件无关的菜单项，其他的菜单操作将在后续逆向工程中进行演示和讲解。

　　File 提供大多数文件操作菜单都有的基本功能。包括打开/关闭、导入/导出、保存和打印等选项。此外，有一些选项是 Ghidra 特有的，例如工具选项，用于保存和操作 CodeBrowser 工具，以及解析 C 源代码选项，通过从 C 头文件中提取数据类型信息来帮助反编译过程。（参见 13.4 节的解析 C 头文件）

　　Edit 包含一个各子窗口以外通用的命令：Edit→Tool Options 命令。它会打开一个新窗口，用于控制与 CodeBrowser 中许多工具相关的参数和选项。与控制台相关的选项如图 5-2 所示。Restore Defaults 按钮（恢复为默认设置）始终出现在右下角。

图 5-2：CodeBrowser 控制台编辑选项

　　Analysis 用于重新分析二进制文件或者有选择地执行单个分析任务。基本的分析选项已经在第 4.3 节"使用 Ghidra 分析文件"中做了介绍。

　　Navigation 用于在文件内导航。提供了许多程序支持的基本键盘操作功能，并且为二进制文件添加了特殊的导航选项。虽然菜单中提供了在文件中移动的方法，但在你掌握了许多可用的导航选项之后，可能会直接使用工具栏或热键（位于每个菜单项的后侧）。

　　Search 提供了内存、程序文本、字符串、地址表、直接引用、指令模式等的搜索功能。基本的搜索功能会在 6.4 节介绍。更专业的搜索概念则在后续章节中作为示例的一部分进行讲解。

　　Select 提供了识别文件某一部分特定功能的能力，选择可以基于子例程、函数、控制流，或者简单地将所需部分高亮显示。

　　Tools 包含一些有趣的功能，可将额外的逆向工程资源放置到桌面。其中一个最有用的选项是 Processor Manual，它会将与当前文件相关的处理器手册显示出来。如果你试图打开一个缺失的处理器手册，那么系统会提供一个导入该手册的方法，如图 5-3 所示。

图 5-3：缺失处理器手册消息

Window 用于为你配置最适合的 Ghidra 工作环境。本章的大部分内容都在介绍和研究默认的 Ghidra 窗口，以及其他一些有用的窗口。

Help 提供丰富、结构清晰且非常详细的帮助信息。帮助窗口支持搜索、更改视图、收藏夹、缩放以及打印和页面设置等选项。

5.2　CodeBrowser 窗口

在图 5-4 中可以看到展开的 Window 菜单。默认情况下，CodeBrowser 启动时会打开六个可用窗口：程序树、符号树、数据类型管理器、清单、控制台和反编译器。每个窗口的名称都显示在左上方，并且在 Window 菜单中占据一个选项，有些窗口还在菜单正下方的工具栏上有对应图标（例如，图 5-4 中使用箭头标出的反编译器窗口图标和菜单项）。

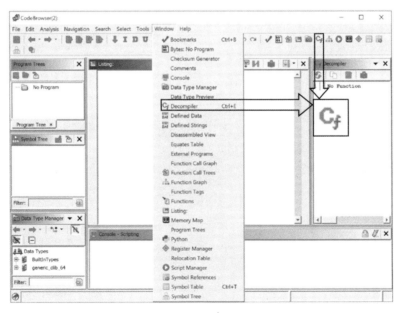

图 5-4：反编译器窗口图标和菜单项

下面让我们深入研究这六个默认窗口，从而理解它们在逆向过程中的重要性。

热键、按钮和工具栏

Ghidra 中几乎所有常用的操作都有对应的菜单项、热键和工具栏按钮，如果没有，你甚至可以创建它们。Ghidra 工具栏是高度可配置的，包括热键到菜单项的映射也是如此（参见 CodeBrowser Edit→Tool Options→Key Bindings，或者将鼠标指针悬停在命令上然后按 F4）。这似乎还不够，Ghidra 还为鼠标右键提供了好用的、上下文敏感的菜单项。尽管这些菜单项没有一份详细的清单作为说明，但它们确实可以起到很好的提醒作用。这种灵活性让你可以自定义工作环境并以最舒服的方式使用它们。

窗口的内部和外部

当你开始探索 Ghidra 的各种窗口时，可能会注意到，默认情况下，一些窗口会在 CodeBrowser 桌面内打开，而另一些窗口会在桌面外作为新的浮动窗口打开。让我们来谈谈这些内部和外部的窗口是怎么回事。

外部窗口浮动在 CodeBrowser 桌面之外，可能是有关联的也可能是独立的。这些窗口可以与 CodeBrowser 一起浏览，例如函数调用图、注释和内存映射。

内部窗口则可以分为三类：

- 默认打开的窗口（例如，符号树和清单窗口）；
- 与默认窗口堆叠的窗口（例如，字节窗口）；
- 新建或与其他 CodeBrowser 窗口共享空间的窗口（例如，等式表和外部程序窗口）。

当你打开的窗口是与另一个窗口共享空间的时候，它会出现在现有窗口的前面。共享同一空间的所有窗口都带有选项卡，从而方便在窗口之间快速切换。如果你想要同时查看其中的两个窗口，可以单击窗口的标题栏并将其拖到 CodeBrowser 外面。

需要注意的是，将一个外面的窗口放回 CodeBrowser 就不是那么容易了。更多细节参见 12.1.1 节的"重新排列窗口"。

我的窗口在哪里

由于 Ghidra 有大量的窗口，所以，要想随时快速地定位到它们的位置不是那么容易，特别是当你打开了更多的窗口，其他窗口被隐藏在它们后面，或者消失在 CodeBrowser 和桌面上的时候。Ghidra 提供了一个独特的功能，可以帮你找到那些丢失的窗口。单击相关的工具栏按钮或者菜单项可以将特定的窗口移到前面来，更有意思的是，如果你一直单击，这些窗口就会尝试通过震动、更改字体大小或颜色、缩放、旋转以及其他夸张的动作来吸引你的注意，这样就可以找到它们了。

5.2.1 清单窗口

清单（Listing）窗口也可以称为反汇编窗口，是查看、操作和分析 Ghidra 生成的反汇编代码的主要工具。它以文本的形式展示了程序的整个反汇编清单，并提供了查看二进制文件中数据区域的主要方法。

图 5-5 是默认配置下 ch5_example1.exe 在 CodeBrowser 中的显示效果。清单窗口左侧的空白提供了有关文件的重要信息，以及你在文件中的位置。清单窗口右侧，也就是紧邻垂直滚动条的右侧，还有一个额外的标记区域，也提供了一些重要信息并具有导航功能。通过滚动条可以看到你在文件中的位置，并可用于导航。在滚动条的右侧是一些包括书签在内的信息展示，提供了文件的更多信息。

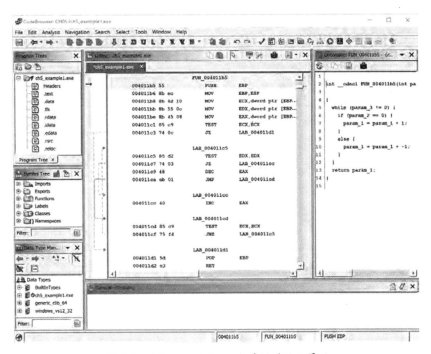

图 5-5：ch5_example1.exe 加载后的默认展示

你最喜欢的边栏

在文件自动分析之后，可以使用信息边栏来进行导航和进一步分析。默认情况下，只会显示导航栏。可以使用清单窗口右上角的 Toggle Overview Margin 工具按钮来添加或隐藏概览栏和熵栏，如图 5-6 所示。不管显示哪个栏，左侧的导航标记都会提示你在文件中的位置。单击栏中的任意位置，将会移动到那个位置，并更新清单窗口中的内容。

现在你已经掌握了添加或隐藏边栏的方法，下面介绍每个边栏所展示的内容，以及它们在逆向过程中的应用。

导航标记区域（Navigation Marker area）：用于在文件中移动，但它还有另一个非常重要的功能，即当你右击导航标记区域时，会看到与文件相关联的标记和书签。通过选择或取消标记类型，可以控制导航栏中显示的内容，从而方便地在特定类型的标记中移动（例如高亮部分）。

概览栏（Overview bar）：提供了有关文件内容的重要可视化信息。概览栏中的水平带通过颜色表示程序的各种区域。虽然 Ghidra 提供了与常见类别（如函数、外部饮用、数据和指令）相关的默认颜色，但可以通过 Edit→Tool Options 菜单来更换颜色方案。默认情况下，将鼠标指针悬停在某个区域的时候，可以看到该区域的详细信息，包括区域类型和地址。

熵栏（Entropy bar）：提供了一个 Ghidra 特有的功能——它基于某个位置周围的文件内容，来计算该位置的熵值。一个区域内如果变化很小，会计算得到一个低熵值；如果随机性程度很高，则会计算得到一个高熵值。将鼠标指针悬停在熵栏的水平带上，可以看到该位置的熵值（在 0.0 到 8.0 之间）、区域类型（例如.text）以及在文件中的地址。高度可配置的熵栏可以帮助确定某区域中最有可能是什么内容。有关此功能及其背后的数学原理的更多信息，请参阅 Ghidra 帮助文档。

图 5-6 详细介绍了清单窗口中的各个工具按钮。图 5-7 在清单窗口中将文本的各部分内容做了标记。反汇编代码以线性方式呈现，最左侧的列默认显示其虚拟地址。

	Copy	This functionality is available in the number of Ghidra windows and varies based on the window in which they appear as well as the content that is selected when the operation is activated. In some cases with incompatible content, you will see an error message.
	Paste	
	Toggle Mouse Hover Popups	This button allows you to choose whether you want mouse hovers to display information or not.
	Browser Field Formatter	This allows you to format the Listing window. (See Chapter 12.)
	Open Diff View	This allows you to compare two files. (See Chapter 23.)
	Snapshot	This button creates and opens a disconnected copy of the Listing window.
	Toggle Overview Margin Displays	This toggle allows you to choose if the entropy and overview bars are displayed.

图 5-6：清单窗口中的工具按钮

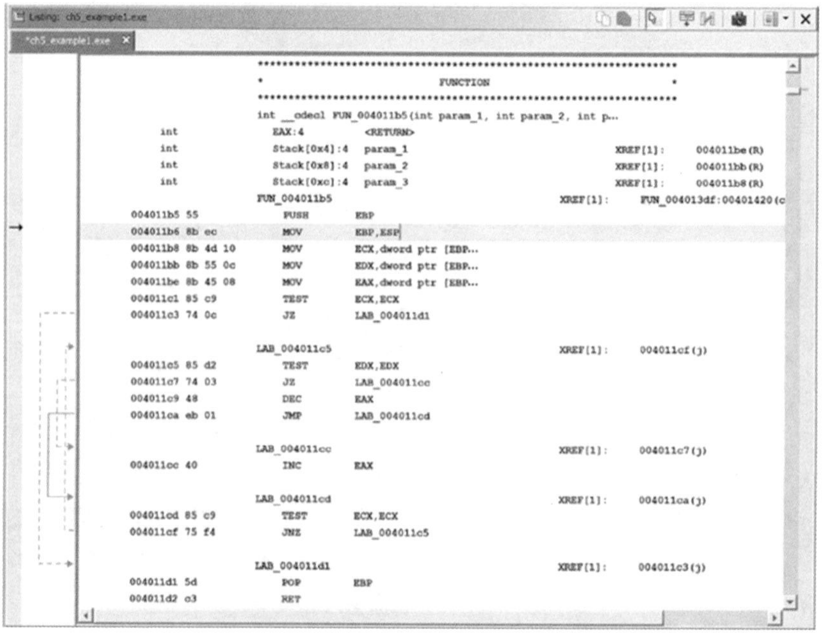

图 5-7：带标记的清单窗口

　　清单窗口中的几个部分值得注意。最左侧的灰色带是边界标记，用于指示你在文件中的当前位置，包括点标记和区域标记，这些在 Ghidra 帮助文档中有具体描述。在本例中，当前文件位置（004011b6）在边界标记中是一个黑色的小箭头。

　　紧邻边界标记右侧的区域用于以图形化的方式描述函数内的非线性流[1]。当控制流指令的源地址和目标地址在清单窗口中可见时，就会出现相关的流箭头。实线箭头表示无条件跳转，虚线箭头表示有条件跳转。将鼠标指针在流箭头上悬停，会打开工具提示，上面显示有流的起始地址、结束地址和类型。当跳转（有条件或无条件）将控制权转移到一个靠前的地址时，通常表示出现了循环。图 5-7 中展示了从地址 004011cf 到 004011c5 的流箭头。通过双击流箭头可以跳转到相应的起始地址或结束地址。

　　图 5-7 顶部的声明是 Ghidra 对函数栈帧[2]布局的预测。Ghidra 通过对函数中用到的栈指针和栈帧指针的行为进行详细分析，来计算函数栈帧的结构（局部变量）。关于栈帧的更多细节会在第 6 章中讲解。

　　清单中通常有大量的数据和代码的交叉引用，使用 XREF 标记，如图 5-7 右侧所示。每当反汇编代码中的一个位置引用了反汇编代码中的另一个位置时，就会创建一个交叉引用。例如，A 地址处的指令跳转到 B 地址处的指令，将会创建一个从 A 到 B 的交叉引用。将鼠标指针悬停在引用地址上，会出现一个显示引用地址的窗口。该窗口的布局与清单窗口相同，但背景是黄色的，类似于一个弹出的工具提示。通过该窗口可以查看反汇编内容，但不允许再查看其引用。关于交叉引用的更多细节会在第 9 章中讲解。

5.2.2　创建额外的反汇编窗口

　　如果想要同时查看两个函数的清单，只需要单击清单工具栏上的快照按钮，来打开另一个反汇编窗口（参见图 5-6）。打开的第一个反汇编窗口在文件名之前有前缀 Listing:，所有后续的反汇编窗口都以[Listing: <filename>]作为标题，以表明它们是独立的，与主显示没有关联。快照都是无链接的，因此可以在不影响其他窗口的情况下自由浏览。

> **配置清单窗口**
> 　　一个反汇编清单可以分解为多个组成字段，包括助记符字段、地址字段和注释字段等。到目前为止我们看到的清单都是由一组默认字段组成的，这些字段提供了关于文件的一些重要信息。然而，有时默认视图无法提供你想看到的某些信息，那么就需要使用浏览器字段格式化器（Browser Field Formatter）。

1　Ghidra 使用流（flow）来表示如何从给定指令继续执行。常规（normal 或 ordinary）流表示指令按默认的连续地址执行，跳转（jump）流表示指令跳转到一个不连续的地址执行。调用（call）流表示指令调用子例程。

2　栈帧（stack frame 或 activation record）是程序在运行时在栈上分配的一块内存，包含传递给函数的参数和函数中声明的局部变量。栈帧在进入函数时分配，在退出函数时释放。

浏览器字段格式化器允许对30多个字段进行自定义，以确保你能够完全控制清单窗口的外观，单击清单工具栏上的相应按钮即将其可打开（参见图 5-6）。如图 5-8 所示，这是一个强大的子菜单和布局编辑器，位于清单的顶部。浏览器字段格式化器可以控制地址中断、函数头部注释、函数、变量、指令、数据、结构体和数组的外观。在每个类别中都有可以调整和控制的字段，从而创建一个完美的清单格式。本书我们会继续使用清单的默认视图，但应该尝试探索不同的格式，以确定是否有哪个选项可以帮助更好地理解清单的内容。

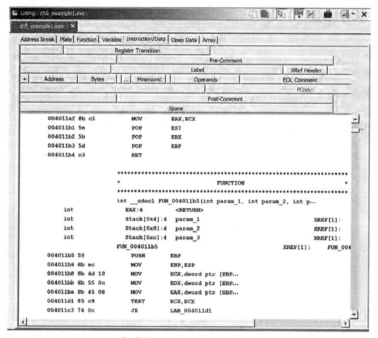

图 5-8：清单窗口开启浏览器字段格式化器

5.2.3　函数图形化视图

虽然反汇编清单包含了丰富的信息，但通过查看图形化的函数视图（Function Graph），能够更容易地理解程序流。在 CodeBrowser 中选择 Window→Function Graph 或者在工具栏上单击对应的按钮，可以打开函数图窗口。图 5-7 中的函数所对应的函数图窗口如图 5-9 所示。图形视图会让人联想到程序流图，在那里函数被分解为基本块[1]，可以看到函数的控制流从一个块到另一个块。

---

1 基本块（basic block）是一段指令的最大序列，它从头到尾执行，没有分支。每个基本块都有一个入口点（块中的第一条指令）和一个出口点（块中的最后一条指令）。入口点通常是分支指令的目标，出口点通常是分支指令。

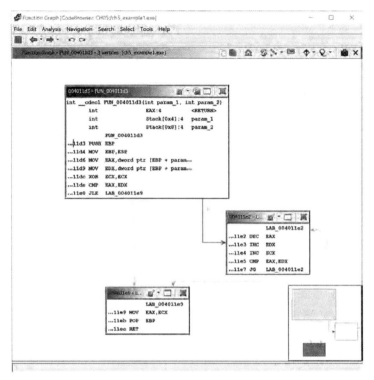

图 5-9：图 5-7 中函数的图形化视图

在屏幕上，Ghidra 使用不同颜色的箭头来区分基本块之间不同类型的流。此外，流会在鼠标指针悬停在上面的时候变成动画，以指示方向。以有条件跳转结束的基本块有两种流向：绿色箭头表示条件满足，红色箭头表示条件不满足。只有一个流向的基本块，则以蓝色箭头表示。单击任意箭头可以查看从一个块到另一个块如何关联和跳转。由于默认情况下图形和清单工具是同步的，所以在两个视图之间切换的时候，文件位置通常会保持一致。例外情况将在第 10 章和 Ghidra 帮助文档中讲解。

在图形模式下，Ghidra 每次只显示一个函数。Ghidra 通常使用传统的图像交互技术（如平移和缩放）来方便查看和导航。但是对于大型或者复杂函数，图形导航使用起来还是比较困难，此时位于图形窗口右下角的卫星视图就发挥作用了，它会帮助你更好地把握全局。（参见图 5-9）

卫星导航

卫星视图总是显示图形的完整块结构，并将当前反汇编窗口对应的图形区域高亮显示。单击卫星视图的任意位置，图形视图将会围绕该位置居中显示。高亮图层可以在卫星视图上拖动，以快速查看图形视图上的任意位置。除了导航图形窗口的功能，这个神奇的窗口还可以在查看文件时提供其他帮助。

当然这个窗口也会占用函数图窗口的宝贵空间，有时会挡住你想查看的块，解决方法有两种。第一种方法是右击卫星视图，取消 Dock Satellite View 复选框。这时卫星视图及其全部功能会被移出函数图窗口，重新选中该复选框可以恢复。第二种方法是取消 Display Satellite View 复选框，将其隐藏起来，此时右下角会出现一个小图标，单击此图标可以恢复。

另外，卫星视图可见时，可能会拖慢主视图的运行速度，将其隐藏可以让响应更快。

使工具连接起来

工具可以独立工作，也可以连接起来一起工作。我们已经看到了清单窗口和函数图窗口是如何共享数据，并将一个窗口中发生的事件传递到另一个窗口的。如果你在函数图窗口中选择了一个特定块，相应的代码将在清单窗口中高亮显示。反过来，在清单窗口中的函数之间的导航也会改变函数图窗口的视图。很多工具之间都有这样的双向连接，还有一些工具连接是单向的，以及通过与工具事件相关的生产者/消费者模型手动连接和断开的。在本书中，我们主要关注 Ghidra 提供的双向工具自动连接。

除了使用卫星视图导航，还可以在函数图窗口中以多种方式操作视图，以满足工作需要。

平移：首先，除了使用卫星视图快速重定位图形外，还可以单击并拖动背景来重新定位图形，以改变图形视图。

缩放：可以使用键盘的传统方式进行放大和缩小，例如 CTRL/COMMAND，滚动鼠标或相关的热键。如果图形被缩得太小，就可能会超过阈值而不再显示块内容，此时每个块都会变成一个有颜色的矩形图案。在某些情况下缩小是有好处的，特别是与清单窗口并排工作时，可以提高函数图的相应速度。

重新排列：通过单击所需块的标题栏并将其拖动到新位置，可以重新排列图形。块之间所有的连接在移动时都会保留下来。在任何时候都可以通过函数图工具栏中的刷新按钮来将其恢复到默认布局。

分组和折叠：块可以单独或与其他块在一起进行分组，并自动折叠以减少视图的混乱。将已经分析过的块折叠起来，可以方便跟踪。方法是单击块工具栏最右边的组按钮。当选中了多个块并单击组按钮的时候，它们将被折叠，相关块的列表显示在堆叠窗口中。关于组的操作及详细内容可以查看 Ghidra 帮助文档。

自定义图形显示

为了帮助分析，Ghidra 在函数图中每个节点的顶部提供了一个菜单栏，可以控制特定节点的显示。包括节点的背景/文本颜色、XREF 跳转、查看图形节点的完整清单，以及使用分组功能来组合并折叠节点（注意，在函数图中更改块的背景也会同时更改清单窗口中的背景）。如果你喜欢将清单窗口和函数图窗口结合使用，那么其中一些功能可能是用不到的，但是自定义选项还是会有所帮助，值得研究。这些选项会在第 10 章中进一步讲解。

由于基于图形化的界面是在 CodeBrowser 之外的窗口中打开的，所以你可以将两个窗口并排查看。因为窗口之间是有连接的，因此改变其中一个窗口中的位置，也会改变另一个窗口中的位置，这样你就可以用两个视图来查看可视化程序流。此外，请记住这里的例子只是一小部分，你可以对图形和文本视图做更多的控制。关于图形的更多功能会在第 10 章中讲解，关于视图选项的更多信息则可以查看 Ghidra 帮助文档。

在接下来的内容中，我们主要关注示例的清单显示，并以图形显示作为补充。第 6 章讲解 Ghidra 反汇编代码，第 7 章讲解如何控制清单显示，以便整理和注释反汇编代码。

到处看看

除了传统的文件导航方式（向上箭头、向下箭头、页面向上、页面向下），Ghidra 还提供了专门用于逆向工程的导航工具。导航工具栏上的按钮（如图 5-10 所示）可以让你可以方便地在程序中移动。下面让我们来看看这些为逆向工程师服务的按钮。

图 5-10：导航工具栏

最左侧的是方向按钮，该箭头在向上和向下之间切换，用于控制其他所有导航图标的方向。接下来的八个图标将帮助你达成导航目标，如图 5-11 所示。

图 5-11：导航工具图标

单击 "Data" 按钮会跳过相邻数据，将你带到下一个不相邻数据的开头。Instruction 和 Undefined 按钮也是同样的。

单击导航工具栏最右侧的下拉箭头会显示一个列表，用于在特定的书签类型中快速导航。这些导航热键主要用于清单列表，也可以用于与清单列表相链接的所有窗口。在这些窗口中导航会同步到与之相连的所有窗口中。

5.2.4　程序树窗口

让我们回到 CodeBrowser 的默认窗口中来，简单看一下程序树（Program Trees）窗口，如图 5-12 所示。

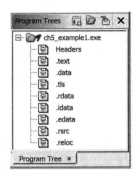

图 5-12：程序树窗口

此窗口将程序组织成文件夹和段，提供了在自动分析期间细化组织的能力。段（fragment）在 Ghidra 中代表一段连续的地址，且互相之间是不重叠的。段更传统的名称是程序节（program section），例如.text、.data 和.bss。程序树相关的操作包括：

- 创建文件夹/段
- 展开/折叠/合并文件夹
- 添加/删除文件夹/段
- 识别清单窗口中的内容并移到段中
- 按名称/地址排序
- 复制/剪切/粘贴段/文件夹
- 重新排列文件夹

程序树窗口是一个链接窗口，因此单击窗口中的任意段会将你带到清单窗口中的对应位置。关于程序树窗口的更多信息可以查看 Ghidra 帮助文档。

5.2.5 符号树窗口

当你将文件导入 Ghidra 项目中时，会选择一个 Ghidra 加载器来加载文件内容。如果符号表存在，加载器就会将其信息从二进制文件中提取出来，并显示在符号树（Symbol Tree）窗口中，如图 5-13 所示。符号树窗口包括与程序相关的导入（Imports）、导出（Exports）、函数（Functions）、标签（Labels）、类（Classes）和命名空间（Namespaces）。这些类别以及相关的符号类型都会在后续章节中讲解。

所有这六个符号树文件夹都可以通过底部的过滤器进行控制。如果你了解待分析的文件，那么这个功能会更有价值。此外，你会发现符号树窗口提供的功能类似于一些命令行工具，例如 objdump(-T)、readelf(-s)和 dumpbin(/EXPORTS)。

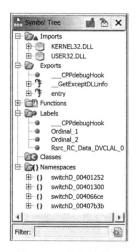

图 5-13：符号树窗口

导入

符号树窗口中的导入文件夹列出了被分析二进制文件的所有导入函数。只有当二进制文件使用了共享库时，这个功能才有意义，因为静态链接的二进制文件没有外部依赖关系，也就没有导入函数。导入文件夹列出了导入的库，以及从该库中导入的每一项（函数或数据）的入口。单击符号树窗口中的任意符号，将显示其相关的所有信息。在 Windows 二进制文件示例中，单击导入文件夹中的 GetModuleHandleA，反汇编窗口将跳转到 GetModuleHandleA 函数的导入地址表入口处，在本例中是 0040e108 地址，如图 5-14 所示。

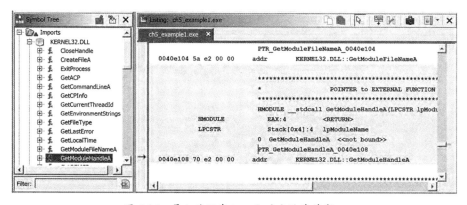

图 5-14：导入地址表入口和对应的清单窗口

需要注意的是，导入文件夹中只显示二进制文件在导入表中定义的符号，而使用 dlopen/dlsym 或者 LoadLibrary/GetProcAddress 等机制导入的符号是不会在符号树窗口中列出的。

导出

导出文件夹列出了文件的入口点，包括在文件头中定义的程序执行入口点，以及文件导出供给其他文件使用的所有函数和变量。导出的函数常见于共享库中，例如 Windows DLL 文件。导出的入口按名称列出，单击一个导出项时，相应的虚拟地址会在清单窗口高亮显示。对于可执行文件，导出文件夹中至少包含一项，即程序执行入口点。Ghidra 根据二进制文件类型，将其命名为 entry 或者 _start。

函数

　　函数文件夹包含 Ghidra 在二进制文件中识别到的所有函数列表。将鼠标指针悬停在函数名上，会弹出一个显示该函数详细信息的窗口，如图 5-15 所示。作为加载过程的一部分，加载器利用各种算法，包括文件结构分析和字节序列匹配，来推断创建该文件的编译器。在分析阶段，Function ID 分析器利用编译器标识信息执行基于哈希的函数体匹配，以识别是否存在链接到该二进制文件的库函数。如果一个哈希被匹配上，Ghidra 将从哈希数据库（包含在 Ghidra 的.fidbf 文件中）中检索匹配到的函数名，并将其添加为函数符号。哈希匹配对去除了符号信息的二进制文件特别有用，因为它提供了一种独立于符号表的符号恢复方法。关于此功能的更多信息会在 13.5 节的 "Function ID 分析器" 中讲解。

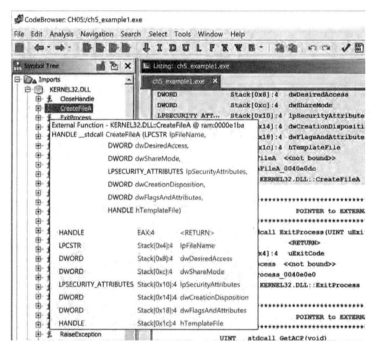

图 5-15：符号树函数文件夹弹出窗口

标签

　　标签文件夹相当于是函数文件夹的数据。二进制文件的符号表中所包含符号的所有数据都存放在标签文件夹中，此外，每当你向数据地址添加了新标签名时，该标签都会被添加到符号文件夹中。

类

　　类文件夹包含 Ghidra 在分析阶段识别到的所有类条目。在每个类下面，Ghidra 列出了可以帮助理解该类行为的数据和方法。C++类和类文件夹的结构会在第 8 章中详细讲解。

命名空间

在命名空间文件夹中，Ghidra 可能会创建新的命名空间，以提供组织并确保分配的名称在二进制文件中不会冲突。例如，可以为每个已识别的外部库或者使用跳转表的每个 switch 语句创建命名空间（在其他 switch 语句中重用跳转表标签不会发生冲突）。

5.2.6　数据类型管理器窗口

通过数据类型存档系统，数据类型管理器（Data Type Manager）窗口可以定位、组织和将数据类型应用到文件。存档是 Ghidra 从最常见的编译器所包含的头文件中收集到的预定义数据类型。通过处理头文件，Ghidra 可以获得常见库函数的参数类型，并将其注释到对应的反汇编和反编译代码清单中。同样地，通过这些头文件，Ghidra 可以获得复杂数据类型的大小和布局。所有这些信息都被收集到存档文件中，并用于二进制文件分析。

回到图 5-4，即使没有加载文件，也可以在 CodeBrowser 左下角的数据类型管理器窗口中看到 BuiltInTypes 树的根目录，它包含像 int 这样的原始类型，不能在数据类型存档中修改、重新命名或者移动。除了内置类型，Ghidra 还支持创建用户自定义的数据类型，包括结构体、联合体、枚举类型和 typedef 类型；它还支持将数组和指针作为派生数据类型。

你打开的每个文件在数据类型管理器窗口中都有一个关联文件夹，如图 5-5 所示。该文件夹以所关联的文件命名，其下所有的条目都是该文件独有的。

数据类型管理器窗口会显示打开的每个数据类型存档的节点。当一个程序引用了某个存档时，该存档会被自动打开，当然也可以由用户手动打开。关于数据类型和数据类型管理器的更多内容会在第 8 章和第 13 章中讲解。

5.2.7　控制台窗口

CodeBrowser 窗口底部的控制台（Console）窗口是 Ghidra 插件和脚本（包括自己开发的）的输出区域，在这里可以查看到 Ghidra 正在执行的任务信息。插件和脚本开发会在第 14 章和第 15 章中讲解。

5.2.8　反编译器窗口

通过清单窗口和反编译器（Decompiler）窗口的连接，可以同时查看和操作二进制文件的汇编代码和 C 代码。虽然 Ghidra 反编译器生成的 C 代码不总是完美的，但对于帮助我们理解二进制文件非常有用。反编译器提供的基本功能包括表达式、变量、函数参数和结构体的恢复，它通常还能够恢复函数的基本块结构，这一点只从汇编代码中是很难看清楚的，因为汇编代码不是块结构的，并且广泛使用了 goto（或类似的）语句。

反编译器窗口将清单窗口中选中的函数转换成 C 语言，通常来说会比汇编语言更容易理解。如图 5-16 所示，即使是初学者也应该能看出反编译函数里的无限循环（while 循环条件取决于 param_3

的值，而这个值在循环内是保持不变的）。

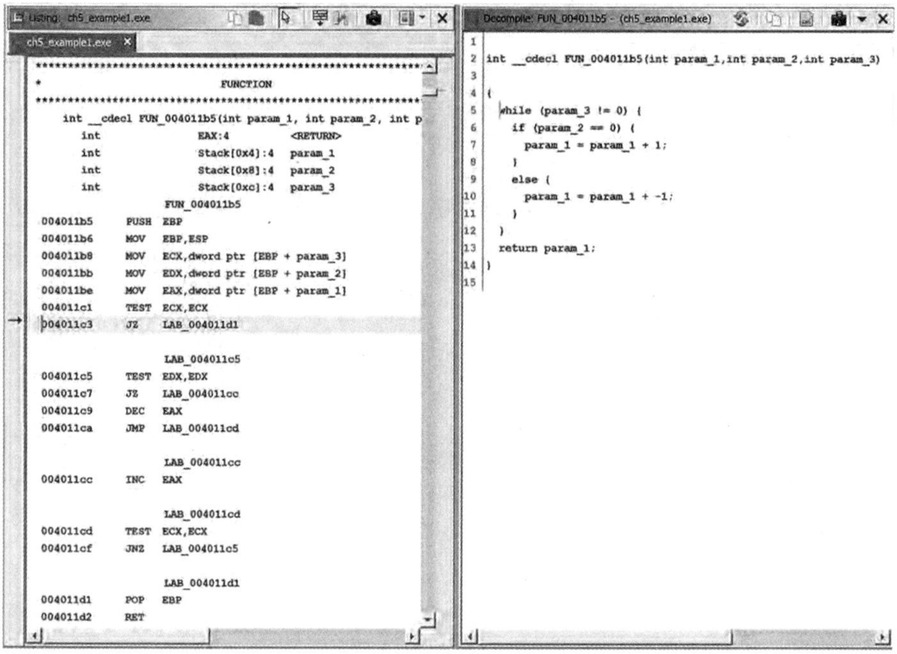

图 5-16：清单和反编译器窗口

反编译器窗口中的按钮如图 5-17 所示。如果想同时查看多个反编译函数或者同一函数的多个版本，可以使用快照功能打开其他的反编译器窗口，这些窗口是断开连接的，不跟随清单窗口变化。窗口上的导出按钮可以将反编译函数保存为 C 文件。

	Re-decompile	This button re-decompiles the listing when selected.
	Copy	This button copies the selected content from the Decompiler window to the Ghidra clipboard.
	Export	This button exports the decompiled function and lets you choose a file destination.
	Snapshot	This button creates and opens a disconnected copy of the Decompiler window.
▼	Debug Function Decompilation	This button runs the decompiler and saves all associated information to an XML file.

图 5-17：反编译器窗口工具栏

在反编译器窗口中，右击打开上下文菜单，可以对选中高亮的代码进行操作。与函数参数 param_1 关联的选项如图 5-18 所示。

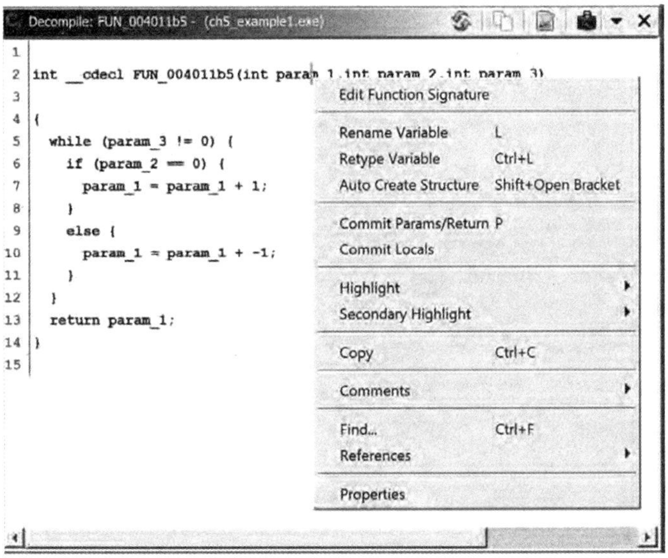

图 5-18：函数参数的反编译器窗口选项

　　反编译是一个非常复杂的过程，反编译理论研究一直是一个活跃的研究领域。反汇编的准确性可以通过制造商的参考手册进行验证，但对于反编译，并没有一套从汇编语言到 C 语言（或者从 C 语言到汇编语言）的参考手册。事实上，虽然 Ghidra 的反编译器总是生成 C 语言，但被分析的二进制文件可能是由 C 以外的语言开发的，所以反编译器很多针对 C 语言的假设是不成立的。

　　作为一个很复杂的插件，反编译器输出的质量在很大程度上取决于输入的指令。很多反编译器窗口中的问题和不正常现象都可以追溯到底层反汇编的问题，因此，如果反编译代码出现问题，你可能需要花点时间提高反汇编的质量。在大多数情况下，这涉及用更准确的数据类型信息去注释反汇编代码（将在第 8 章和第 13 章中讲解）。在后续章节中我们会继续探索反编译器的功能，并在第 19 章中更深入地讲解。

5.3　其他窗口

　　除了六个默认窗口，还可以在逆向过程中打开其他窗口，通过多种视图来查看分析文件。可用窗口的列表在 Window 菜单中，如图 5-4 所示。这些视图是否有用取决于正在分析的二进制文件的特征，以及你对 Ghidra 的使用情况。其中一些窗口非常专业，会在后续章节中详细介绍，这里简单介绍一些常见窗口。

5.3.1　字节窗口

　　字节（Bytes）窗口提供了文件字节级内容的原始视图。默认情况下，字节窗口会在 CodeBrowser 的右上角打开，并提供了标准十六进制转储的显示，每行 16 字节。该窗口同时也是十六进制编辑器，通过字节窗口工具栏中的设置工具可以配置多种显示格式。在许多情况下，将 ASCII 显示添加到字节窗口中可能会有所帮助,如图 5-19 所示。图中还展示了 Byte Viewer Options 对话框和工具栏图标,用于编辑或对字节视图创建快照。

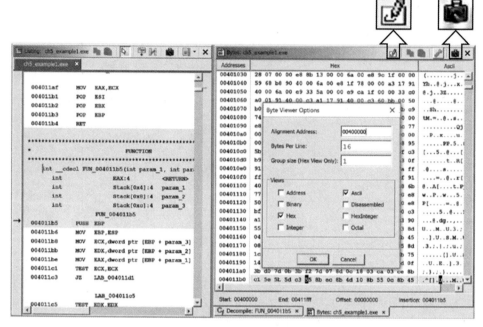

图 5-19:同步的十六进制和反汇编视图

与清单窗口一样,可以使用字节窗口工具栏的快照按钮(参见图 5-19)同时打开多个字节窗口。默认情况下,第一个字节窗口是与清单窗口连接的,因此在一个窗口中滚动并单击元素也会让另一个窗口滚动到相同位置(相同虚拟地址)。后续的字节窗口则是断开连接的,可以独立地滚动它们。无连接窗口的窗口名称位于方括号内。

切换图 5-19 中高亮显示的铅笔按钮,可以将字节窗口变成十六进制(或 ASCII)编辑器。此时光标变为红色,表示可以编辑,但包含现有代码项(如指令)的地址处是不允许编辑的。编辑完成后,再次切换按钮即可返回只读模式(请注意,任何更改都不会影响断开连接的字节窗口)。

如果十六进制列显示的不是十六进制值而是问号,说明 Ghidra 不确定这些虚拟地址中可能包含哪些值。例如,当程序包含 bss[1]节时,它通常不占用文件中的空间,但加载器会对其进行扩展,以满足程序的静态存储需求。

5.3.2　数据定义窗口

数据定义(Defined Data)窗口显示当前程序、视图和选择中所定义数据的字符串表示,以及相

---

1 bss 节由编译器创建,用于存放程序中所有未初始化的静态变量。由于这些变量没有赋值,不需要在程序的文件映像中为它们分配空间,因此该节的大小会在程序头中注明。当程序执行时,加载器将为其分配所需的空间,并将整个块初始化为零。

关的地址、类型和大小，如图 5-20 所示。与大多数列式窗口一样，可以单击列头按升序或降序对任意列进行排序。双击数据定义窗口中的任何一行，可以让清单窗口跳转到所选项目的地址。

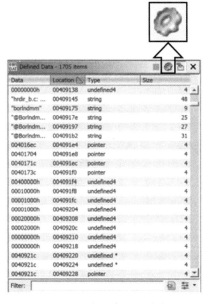

图 5-20：数据定义窗口及过滤按钮

当与交叉引用一起使用时（在第 9 章讨论），数据定义窗口提供了一种方法，可以快速发现你感兴趣的项，并且只需单击几下就可以跟踪到程序中引用该项的位置。例如，你可能会看到字符串"SOFTWARE\Microsoft \Windows\Current Version\Run"，并想知道为什么程序会引用 Windows 注册表中的这个特定键，然后你发现这个程序正在设置注册表项，以便在 Windows 启动时自动启动。

数据定义窗口具有广泛的过滤功能，除了窗口底部的过滤栏，右上角的过滤图标（参见图 5-20）还可以控制其他数据类型的过滤选项，如图 5-21 所示。

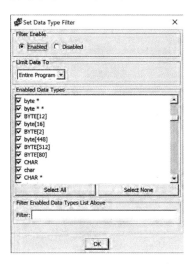

图 5-21：数据定义类型过滤器选项

每次单击"OK"按钮关闭 Set Data Type Filter 对话框时，Ghidra 将根据新设置重新生成数据定义窗口的内容。

5.3.3　字符串定义窗口

字符串定义（Defined Strings）窗口用于显示二进制文件中定义的字符串，示例如图 5-22 所示。除了图中显示的默认列，还可以右击列标题行来添加其他列。其中最有趣的可用列可能是 Has Encoding Error 标志，用于指示字符集或字符串的错误识别问题。除了字符串定义窗口，Ghidra 还提供了很多字符串搜索功能，在第 6 章中再讲解。

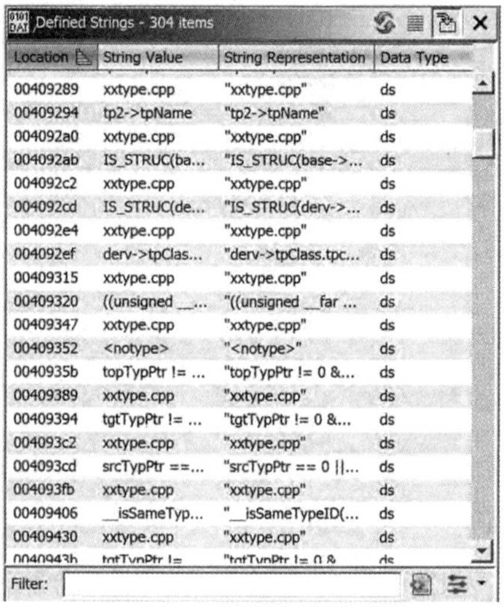

图 5-22：字符串定义窗口

5.3.4　符号表和符号引用窗口

符号表（Symbol Table）窗口提供了二进制文件中所有全局名称的摘要列表。默认显示 8 列，如图 5-23 所示。该窗口是高度可配置的，可以任意添加和删除列，也可以对任意列按升序或降序排列。前两个默认列是名称和位置，名称是对某个位置定义的符号的描述。

符号表与清单窗口相连，但提供了控制其与清单窗口交互的功能。图 5-23 右侧高亮的图标是一个切换按钮，决定了单击符号表窗口中的符号是否会同时移动清单窗口的相关位置。无论选择哪种切换方式，双击任意符号都会立即跳转到清单视图，并显示所选符号的信息。这为快速导航到程序清单中的已知位置提供了一个有用的工具。

符号表窗口提供了广泛的过滤功能，以及多种访问过滤选项的方法。工具栏上的齿轮按钮可以打开符号表过滤对话框。该对话框（勾选 Use Advanced Filters）如图 5-24 所示。除此之外，还可以使用窗口底部的过滤器选项。关于符号表过滤选项的更多内容可以查看 Ghidra 帮助文档。

图 5-23：符号表窗口及符号引用和导航切换按钮

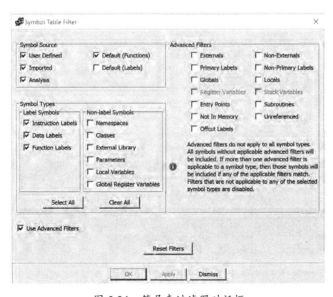

图 5-24：符号表过滤器对话框

图 5-23 左侧高亮的图标是显示符号引用图标。单击此图标可以将符号引用（Symbol References）窗口添加到符号表窗口。默认情况下，这两个窗口会并排显示。为了提高可读性，可以将符号引用窗口拖到符号表窗口的下方，如图 5-25 所示。这两个窗口之间的连接是单向的，当在符号表中进行选择时，符号引用表会同时更新。

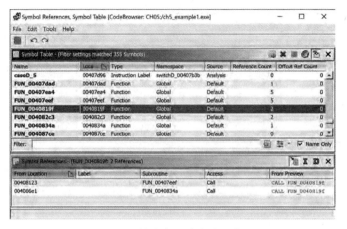

图 5-25：符号表和符号引用窗口

与符号表窗口一样，符号引用窗口具有相同的列控制方法。此外，符号引用窗口的内容由符号引用工具栏右上方的三个按钮（S、I 和 D）所控制。这些选项是互斥的，每次只能选择其中的一个。

S 按钮：选择此按钮时，符号引用窗口将显示你在符号表中所选择符号的所有引用。图 5-25 是选择此选项的符号引用窗口。

I 按钮：选择此选项时，符号引用窗口将显示你在符号表中所选择函数的所有指令引用。如果没有选择函数入口点，此列将为空。

D 按钮：选择此选项时，符号引用窗口将显示你在符号表中所选择函数的所有数据引用。如果没有选择函数入口点，或者该函数没有引用任何数据符号，此列将为空。

5.3.5 内存映射窗口

内存映射（Memory Map）窗口用于显示程序中内存块的摘要列表，如图 5-26 所示。请注意，在讨论二进制文件的结构时，Ghidra 所说的内存块（memory blocks）通常称为节（sections）。窗口中显示的信息包括内存块（节）名称、起始和结束地址、长度、权限标志、块类型、初始化标志，以及源文件名和用户注释的空间。起始和结束地址表示虚拟地址范围，程序节在运行时将被映射到该地址。

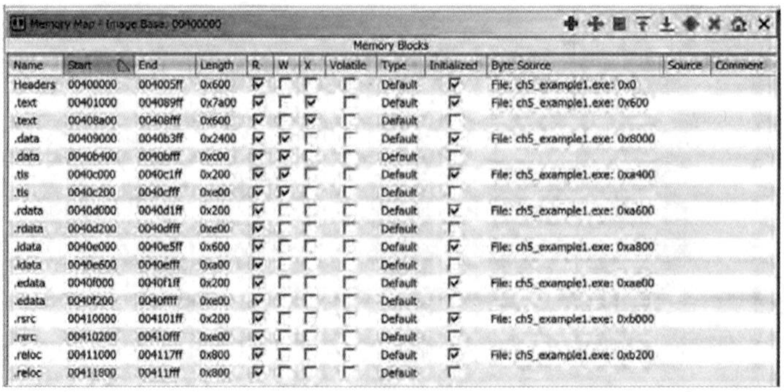

图 5-26：内存映射窗口

双击窗口中的任意起始或结束地址，将使清单窗口（以及所有其他连接的窗口）跳转到指定地址。内存映射窗口工具栏提供了添加/删除块、移动块、分割/合并块、编辑地址和设置新映像的基地址的选项。这些功能在对非标准格式的文件进行逆向工程时非常有用，因为 Ghidra 加载器可能检测不到二进制文件的段结构。

与内存映射窗口对应的命令行工具包括 objdump(-h)、readelf(-S) 和 dumpbin(/HEADERS)。

5.3.6　函数调用图窗口

在程序中，一个函数既可以调用其他函数，也可以被其他函数调用。函数调用图（Function Call Graph）窗口用于显示指定函数的直接调用关系。当函数调用图窗口打开时，Ghidra 会确定光标所在函数的直接调用关系，并生成相关显示。该显示是一个函数在程序文件中的使用情况，但它只是整个大画面的一部分。

图 5-27 显示了一个名为 FUN_0040198c 的函数，它被函数 FUN_00401edc 调用，并调用了其他 6 个函数。双击窗口中的任意函数，清单窗口和其他连接窗口将立即跳转到所选函数的位置。Ghidra 交叉引用（XREF）是生成函数调用图窗口的基础机制，更多内容会在第 9 章中讲解。

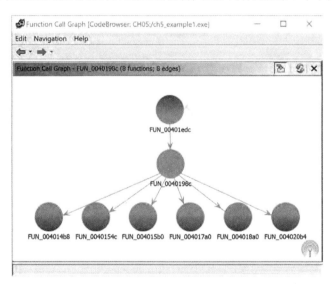

图 5-27：函数调用图窗口

谁是调用者？

虽然函数调用图窗口很有用，但有时你需要更大的视角。函数调用树窗口（Function Call Trees）可以看到某个选定函数调用和被调用的所有调用关系。函数调用树窗口（如图 5-28 所示）有两个部分：一个用于查看调用关系，另一个用于查看被调用关系。两个部分都可以根据需要展开和折叠。

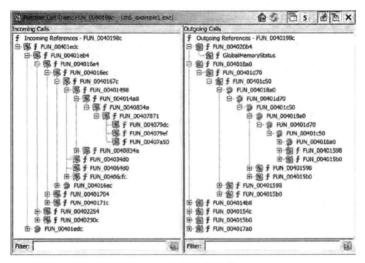

图 5-28：函数调用树窗口

  如果函数调用树窗口的被选函数是程序入口函数，那么你就可以查看整个程序函数调用的分层结构。

5.4　小结

  乍一看，Ghidra 提供的显示窗口数量还挺多的。你可能会发现坚持使用默认窗口是最容易的，直到有一天你开始不满足于此并开始探索其他的显示窗口。无论如何，都应该选择对自己最有用的窗口，因为并不是它们中的每一个都能在逆向工程场景中发挥作用。

  熟悉 Ghidra 显示窗口的一个最好方法，是浏览各种选项卡子窗口，并打开一些其他的可用窗口，它们包含了 Ghidra 为二进制文件生成的各种数据。随着你对 Ghidra 越来越熟悉，逆向工程的效果和效率也将得到提高。

  Ghidra 是一个非常复杂的工具，除了本章介绍的窗口之外，你在使用中还会遇到其他对话框。在本书的剩余部分，我们会继续介绍一些关键对话框。

  到这里，你应该已经熟悉 Ghidra 界面和 CodeBrowser 桌面了。在下一章中，我们将开始关注控制反汇编的多种方法，以增强对程序行为的理解，并让你在使用 Ghidra 时更加轻松。

第 6 章
理解 Ghidra 反汇编

本章将介绍一些重要的基础技能，帮助你更好地理解 Ghidra 反汇编。我们将从基本的导航技术开始，在汇编代码中移动并检查遇到的每个制品（artifacts）。当从一个函数导航到另一个函数时，需要根据反汇编代码中的线索来解码每个函数的原型。因此，我们会讲解如何确定一个函数所接收参数的个数及其数据类型。由于一个函数所做的大部分工作都与其维护的局部变量有关，我们还会讲解函数如何使用堆栈来存放局部变量，以及在 Ghidra 的帮助下，准确理解函数如何利用它为自己保留的堆栈空间。无论是调试代码、分析恶意程序、还是开发漏洞利用，了解如何解码函数在堆栈上分配的变量，是帮助理解程序行为的基本技能。最后，讲解 Ghidra 提供的搜索选项以及它们如何帮助理解反汇编代码。

6.1 反汇编导航

在第 4 章和第 5 章中，我们看到 Ghidra 将许多常见逆向工程工具的功能集成到了 CodeBrowser 中显示。在显示中导航是掌握 Ghidra 所需的一项基本技能。一些静态反汇编代码，例如 objdump 等工具生成的清单，除了上下滚动，不提供任何导航功能。即使有文本编辑器提供了类似 grep 的搜索功能，在这样的代码清单中也很难导航。而 Ghidra 提供了出色的导航功能，除了提供文本编辑器的标准搜索功能，还提供了全面的交叉引用列表，其行为类似于网页的超链接。在大多数情况下，只需要双击即可导航到感兴趣的地方。

6.1.1 名称和标签

当反汇编一个程序时，程序中的每个位置都分配有一个虚拟地址。因此，通过虚拟地址可以导航到程序中任何我们感兴趣的地方。不幸的是，在我们的脑子里维护一个地址目录是非常困难的事情。这一事实促使早期的程序员为他们想引用的程序位置分配符号名，从而简化这件事情。为程序地址分配符号名与为程序操作码分配助记符没有什么不同，通过使标识符更容易记忆，让程序变得更容易阅读和编写。Ghidra 延续了这个传统，为虚拟地址分配标签，并允许用户修改和扩展标签集。前面我们已经看到了如何使用与符号树窗口相关的名称，双击一个名称会让清单窗口（和符号引用窗口）跳转到被引用的位置。虽然在名称和标签这两个术语的使用上存在差异（例如，函数有名称，同时也在符号树的一个单独分支中有标签），但在导航上下文中，这两个术语基本上可以互换，因为它们都代表了导航目标。

Ghidra 在自动分析阶段使用二进制文件中的现有名称（如果有的话）或根据二进制文件中的位置引用方式自动生成一个符号名。除了象征目的，显示在反汇编窗口中的任何标签都是潜在的导航目标，类似于网页上的超链接。这些标签与标准超链接的主要区别是，没有以任何方式高亮显示，以表明它们可以被跟踪，而且 Ghidra 通常需要双击来跟踪标签，而传统超链接只需要单击。

标签命名规则

Ghidra 在分配标签时为用户提供了很大的灵活性，但某些命名模式具有特殊意义，并为 Ghidra 所保留。当下面这些前缀后紧跟下划线和地址时为保留模式，在分配标签时应避免使用：EXT、FUN、SUB、LAB、DAT、OFF 和 UNK。此外，标签中不允许有空格和不可打印字符。从好的方面来说，标签最多可以包含 2000 个字符，如果有超过这个限度的风险，请仔细数一数！

6.1.2 在 Ghidra 中导航

在图 6-1 所示的图表中，实心箭头指示的每个符号代表一个命名的导航目标。在清单窗口中双击它们中的任意一个，都会使 Ghidra 清单窗口（及所有连接的窗口）重新定位到选中的位置。

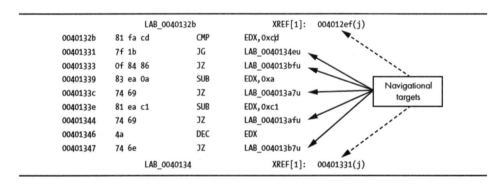

图 6-1：显示导航目标的清单

出于导航目的，Ghidra 将另外两个显示实体作为导航目标。首先，交叉引用（图 6-1 中用虚线箭头表示）被视为导航目标，双击底部的交叉引用地址将跳转到引用位置（本例中为 00401331）。关于交叉引用更详细的内容在第 9 章中讲解。将鼠标指针悬停在这些可导航的对象上，将显示一个包含目标代码的弹出窗口。

其次，另一种导航目标实体是十六进制数。如果十六进制数表示二进制文件中的一个有效虚拟地址，那么关联的虚拟地址将显示在其右侧，如图 6-2 所示。双击显示的值将重新定位反汇编窗口到相关的虚拟地址处。在图 6-2 中，双击实心箭头所指的任意一个值都会跳转显示，因为这些值都是二进制文件中的有效虚拟地址，而双击其他任何值都不会有什么反应。

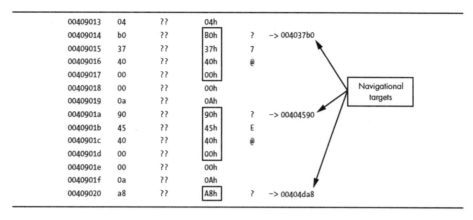

图 6-2：显示十六进制导航目标的清单

6.1.3　Go To 对话框

如果你知道想要导航的地址或名称时（例如，导航到 ELF 二进制文件的 main 函数以开始分析），可以滚动清单来找到地址，滚动符号树窗口中的函数文件夹来找到所需名称，或者使用 Ghidra 的搜索功能（本章稍后讲解）。但是，最简单的方法是使用 Go To 对话框（如图 6-3 所示），在反汇编窗口中选择 Navigation→Go To 或热键 G 可以打开。

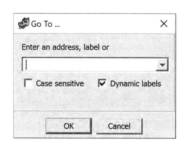

图 6-3：Go To 对话框

导航到二进制文件中的任意位置非常简单，只需要指定一个有效地址（区分大小写的符号名或十六进制数），然后单击 "OK" 按钮，显示窗口就会立即跳转到该地址。输入对话框的值可通过下拉历史列表查看和使用，可以快速回到之前请求过的地址处。

6.1.4　导航历史

Ghidra 支持根据你导航反汇编代码的历史进行前进或后退导航。每次你在反汇编中导航到新位置时，当前位置就会被添加到历史列表中。通过 Go To 窗口或 CodeBrowser 工具栏中的左右箭头按钮可以遍历此列表。

在图 6-3 的 Go To 窗口中，文本框右侧的箭头会打开历史列表，可以从中选择。在 CodeBrowser 工具栏的左侧可以看到类似浏览器的前进和后退按钮，如图 6-4 所示。每个按钮都关联了一个下拉历史列表，提供对导航历史中任意位置的即时访问，而不必一步步回溯。图 6-4 展示了一个与后退箭头关联的下拉历史列表示例。

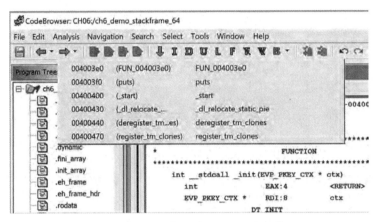

图 6-4：带历史列表的前进和后退导航箭头

ALT-left 箭头（Mac 上的 OPTION-left 箭头）用于后退导航，是需要记住的最有用的热键之一。当你跟随一连串的函数调用深入到好几层，然后决定要返回反汇编中的起始位置时，后退导航非常方便。ALT-right 箭头（Mac 上的 OPTION-right 箭头）则用于在历史列表中做前进导航。

现在我们已经对 Ghidra 中的反汇编导航有了更清晰的认识，但是仍然没有对导航目标赋予什么意义。下一节我们将研究为何某些函数（特别是涉及栈帧的）会成为逆向工程师的重要导航目标。

6.2　栈帧

由于 Ghidra 是一个底层分析工具，它的许多功能和显示都要求用户对底层的汇编语言有所了解，特别是机器语言的生成和高级语言的内存管理。Ghidra 特别关注编译器处理局部变量的声明和访问的方式。你可能已经注意到，在大多数函数清单的开头，有很多行是专门用于局部变量的。这些行是 Ghidra 通过堆栈分析器对每个函数进行详细堆栈分析的结果。这种分析是必要的，因为编译器会将函数的局部变量（在某些情况下是函数的传入参数）放在栈上分配的内存块中。本节将回顾编译器如何处理局部变量和函数参数，以帮助更好地理解 Ghidra 的清单视图。

6.2.1　函数调用机制

一个函数调用可能需要内存来存放以参数形式传递给函数的信息，以及为函数执行保留临时存储空间。参数值及其内存地址需要存放在函数可以找到的地方。临时空间通常由程序员通过声明局部变量来分配，这些变量可以在函数内使用，但在函数完成后就不能再访问了。栈帧（也称为激活记录）是在程序运行时栈上分配的内存块，专门用于函数调用。

编译器使用栈帧来让函数参数和局部变量的分配和释放对程序员透明。对于在栈上传递参数的调用约定，编译器在将控制权转移给函数本身之前，插入了将函数参数放入栈帧的相关代码，同时分配足够的内存来存放函数的局部变量。在某些情况下，函数的返回地址也存放在新栈帧中。栈帧还支持递归[1]，对函数的每个递归调用都有自己的栈帧，从而实现每个调用的隔离。

调用函数时会发生以下操作：

（1）调用者根据被调用函数所采取的调用约定，将其所需的所有参数放到相应的位置。如果是在运行时栈上传递参数，则程序堆栈指针可能会发生改变。

（2）调用者通过调用指令（如 x86 CALL、ARM BL 和 MIPS JAL）将控制权转移给被调用函数。返回地址被存放到程序栈或寄存器中。

（3）必要时，被调用函数会配置栈帧指针[2]，将调用者希望保持不变的寄存器值保存下来。

（4）被调用函数为其可能需要的所有局部变量分配空间。通过调整程序栈指针，可以在运行时栈上获得空间。

（5）被调用函数执行其操作，可能会访问传递给它的参数，并生成执行结果。结果通常放在一个或多个特定的寄存器中，调用者可以在被调用函数返回后查看。

（6）当函数完成其操作时，为局部变量保留的所有堆栈空间都会被释放。这一步通常是步骤（4）的逆操作。

（7）恢复在步骤（3）中保存下来的值到相应寄存器。

（8）被调用函数将控制权返还给调用者。这一步骤的典型指令包括 x86 RET、ARM POP 和 MIPS JR。根据使用的调用约定，此操作还可能会从程序栈中清除一个或多个参数。

（9）一旦调用者重新获得控制权，它可能需要将程序堆栈指针恢复为步骤（1）之前的值，从而删除程序堆栈中的参数。

步骤（3）和步骤（4）通常在进入函数时执行，称为函数序言（prologue）。类似地，步骤（6）到步骤（8）称为函数尾声（epilogue）。除了步骤（5），所有这些操作都是与函数调用相关开销的一部分，这在高级语言编写的程序源代码中可能并不明显，但在汇编语言里很容易观察到。

它们真的消失了吗？

当我们说从堆栈中删除项目，以及删除整个栈帧时，我们的意思是堆栈指针被调整了，指向了栈中位置较低的数据，被删除的内容不能再通过 POP 操作访问。但该内容在被 PUSH 操作覆盖之前，它仍然存在。从编程的角度来看，这符合删除的条件。从数字取证的角度来看，你只需要再仔细一点就能找到这些内容。从变量初始化的角度来看，这意味着栈帧中任何未经初始化的局部变量都有可能包含上一次使用该栈帧时遗留在内存中的值。

---

1 当一个函数直接或间接调用自身时，就会产生递归。每次函数递归调用自身时，都会创建一个新的栈帧。如果没有明确定义停止情况（或者在合理数量的递归调用中没有触发停止情况），不受控制的递归会消耗掉所有可用的堆栈空间并使程序崩溃。

2 栈帧指针是一个指向栈帧内部某个地址的寄存器。通过栈帧内变量与栈帧指针的相对位置偏移，来引用这些变量。

6.2.2 调用约定

当从调用者向被调用者传递参数时，调用函数必须完全按照被调用函数所期望的方式来存放参数，否则就会出现严重的问题。调用约定决定了调用者应该把函数所需的参数存放在哪里，是程序栈还是寄存器加程序栈。当参数被传递到程序栈上时，调用约定也决定了在被调用函数结束后，由谁负责将它们从栈上清除，是调用者还是被调用者。

无论你在逆向哪种架构，如果不了解所使用的调用约定，那么理解围绕函数调用的代码就会很困难。在接下来的章节里，我们将回顾在编译 C 和 C++代码时常见的一些调用约定。

栈和寄存器参数

函数参数可以在寄存器中传递，也可以在程序栈中传递，或者两者相结合。当参数被放在栈上时，调用者执行内存写入操作（通常是 PUSH）来将参数放到栈上，然后被调用函数执行内存读取操作来访问该参数。为了加快函数调用过程，一些调用约定使用寄存器来传递参数，这样做不需要执行内存读写操作，因为参数在指定的寄存器中可以直接被函数使用。基于寄存器的调用约定有一个缺点，就是处理器的寄存器数量是有限的，而函数的参数数量可以是任意的，所以必须正确处理那些需要更多参数的函数，多余的参数通常被放到栈上。

C 调用约定

C 调用约定（C calling convention）是大多数 C 语言编译器在生成函数调用时使用的默认调用约定。在函数原型中使用_cdecl 关键字，可以在 C/C++程序中强制使用这种调用约定。cdecl 调用约定规定，调用者按从右到左的顺序将参数放在栈上，并且在被调用者执行结束后，由调用者（而不是被调用者）负责将参数从栈中清除。对于 32 位的 x86 二进制文件，cdecl 将所有参数放在栈上。对于 64 位的 x64 二进制文件，cdecl 在不同操作系统上有差异，在 Linux 上，最多 6 个参数被依次放在RDI、RSI、RDX、RCX、R8 和 R9 寄存器中，其余参数则放在栈上。对于 ARM 二进制文件，cdecl将前 4 个参数放在 R0 到 R3 寄存器中，其余参数则放在栈上。

栈分配的参数按从右到左的顺序放在栈上，在函数被调用时，最左边的参数总是位于栈顶。因此，无论函数有多少个参数，都可以轻松找到第一个参数，这使得 cdecl 调用约定非常适合可变参数函数（例如 printf）。

要求调用者清理栈上的参数，意味着你经常会在被调用函数返回后，看到紧跟着一段调整栈指针的指令。对于可变参数函数，调用者明确知道它传递的参数个数，也就可以很容易地做出正确的调整，而被调用函数是无法提前知道它会收到多少参数的。

在下面的例子中，我们来看 32 位的 x86 二进制文件如何调用函数，每个函数都使用不同的调用约定。第一个函数的原型如下：

```
void demo_cdecl(int w, int x, int y, int z);
```

默认情况下，这个函数将使用 cdecl 调用约定，4 个参数按从右到左的顺序入栈，并且由调用者负责清理栈上的参数。函数调用示例如下：

```
demo_cdecl(1, 2, 3, 4);          // call to demo_cdecl (in C)
```

编译器可能会生成如下代码：

```
❶ PUSH 4           ; push parameter z
  PUSH 3           ; push parameter y
  PUSH 2           ; push parameter x
  PUSH 1           ; push parameter w
  CALL demo_cdecl  ; call the function
❷ ADD ESP, 16      ; adjust ESP to its former value
```

4 个 PUSH 指令操作❶将程序的栈指针（ESP）改变了 16 个字节（32 位架构上的 4*sizeof(int)），在从 demo_cdecl 返回后立即恢复❷。以下技术已经在某些版本的 GNU 编译器（gcc 和 g++）中使用，它遵循 cdecl 调用约定，同时无须调用者在每次调用 demo_cdecl 之后显式地清除栈上的参数。

```
MOV [ESP+12], 4    ; move parameter z to fourth position on stack
MOV [ESP+8], 3     ; move parameter y to third position on stack
MOV [ESP+4], 2     ; move parameter x to second position on stack
MOV [ESP], 1       ; move parameter w to top of stack
CALL demo_cdecl    ; call the function
```

在这个例子中，demo_cdecl 的参数入栈时没有改变程序的栈指针。注意，无论哪种方式，在函数调用时栈指针都指向最左边的参数。

标准调用约定

在 32 位的 Windows DLL 文件中，微软大量使用了一种称为标准调用约定（standard calling convention）的调用方式。在源代码中，通过在函数声明时使用_stdcall 修饰符来实现，如下所示：

```
void _stdcall demo_stdcall(int w, int x, int y);
```

为了避免"标准"一词可能造成的误会，在本书的其余部分，我们将这种调用约定称为 stdcall 调用约定。

stdcall 调用约定要求将栈分配的函数参数按从右到左的顺序放在栈上，但在被调用函数结束后，由被调用函数负责清理栈上的参数。这样做只适用于固定参数的函数，而可变参数函数，如 printf，不能使用 stdcall 调用约定。

demo_stdcall 函数有 3 个整型参数，在栈上总共占用 12 字节（32 位架构上的 3*sizeof(int)）。x86 编译器使用一种特殊形式的 RET 指令，在从栈顶弹出返回地址的同时调整栈指针以清除栈上的参数。在 demo_stdcall 这个例子中，我们可能会看到如下指令用于返回到调用者：

```
RET 12        ; return and clear 12 bytes from the stack
```

使用 stdcall 就不需要在每次函数调用后清除栈上的参数，从而使程序体积更小，运行更快。按照约定，微软对所有从 32 位共享库（DLL）文件中导出的固定参数函数使用了 stdcall 调用约定。当你在为共享库组件生成函数原型或者开发二进制兼容的替代品时，记住这一点是非常重要的。

x86 的 fastcall 调用约定

微软 C/C++和 GNU gcc/g++（3.4 及以后版本）编译器支持 fastcall 调用约定，这是 stdcall 约定的一个变体，将前两个参数分别放在 ECX 和 EDX 寄存器中。其余参数则按从右到左的顺序放在栈上，被调用函数在返回时负责清除栈上的参数。fastcall 调用约定的声明示例如下：

```
void fastcall demo_fastcall(int w, int x, int y, int z);
```

函数调用示例如下：

```
demo_fastcall(1, 2, 3, 4);    // call to demo_fastcall (in C)
```

编译器可能会生成如下代码：

```
PUSH 4                 ; move parameter z to second position on stack
PUSH 3                 ; move parameter y to top position on stack
MOV EDX, 2             ; move parameter x to EDX
MOV ECX, 1             ; move parameter w to ECX
Call demo_fastcall     ; call the function
```

从 demo_fastcall 返回时不需要对栈进行调整，因为 demo_fastcall 负责在返回给调用者时从栈中清除参数 y 和 z。需要注意的是，虽然函数有 4 个参数，但因为前 2 个参数是以寄存器的形式传递的，所以被调用函数只需要从栈中清除 8 字节。

C++调用约定

C++类中的非静态成员函数必须提供一个用于调用该函数的对象指针（this 指针）[1]。用于调用该函数的对象地址必须由调用者作为参数提供，但 C++语言标准并没有规定应该如何传递，所以不同编译器可能会使用不同的实现方式。

在 x86 上，微软的 C++编译器利用 thiscall 调用约定，在 ECX/RCX 寄存器中传递 this 指针，并要求非静态成员函数清理栈上的参数，就像 stdcall 一样。GNU g++编译器将 this 指针视为非静态成员函数隐含的第一个参数，其他方面的行为与 cdecl 约定一样。因此，对于 g++编译的 32 位代码，在调用非静态成员函数之前，this 指针被放在栈顶，调用者负责在函数返回后清理栈上的参数（总是至少有一个）。关于编译后 C++程序的其他特征在第 8 章和第 20 章中讲解。

其他调用约定

要想完全覆盖每一种调用约定可能需要单出一本书。调用约定通常是与操作系统、编程语言、编译器和处理器相关的。当遇到由不常见编译器生成的代码时，可能需要自己研究一下。不过，还有一些情况值得一提：代码优化、自定义汇编代码和系统调用。

当函数被导出给其他程序使用时（例如库函数），它们必须遵守公认的调用约定，以便程序员很

---

1 C++类可以定义两种类型的成员函数：静态成员和非静态成员。非静态成员函数用于操作特定对象的属性，因此必须有一些方法来知道它们到底在操作什么对象（this 指针）。静态程序颜色属于整个类，用于操作该类所有实例中的共享属性，它们不需要（也不接受）this 指针。

容易地与这些函数进行对接。另一方面，如果一个函数只供程序内部使用，那么该函数的调用约定就只需程序内部知道即可。在这种情况下，编译器可以进行优化，使用更快的调用约定来替代原来的代码。例如，在微软 C/C++中使用/GL 选项，指示可以执行整个程序的优化，这可能使跨函数的寄存器使用得到优化。而在 GNU gcc/g++中使用 regparm 关键字，可以让最多 3 个参数使用寄存器来传递。

程序员使用汇编语言来开发程序时，可以完全控制参数如何传递给任意函数。除非想要将函数提供给其他人使用，否则他们可以自由地以最合适的方式传递参数。因此，在分析自定义汇编代码时要格外小心，例如被混淆的程序和 shellcode。

系统调用是一种特殊的函数调用，用于请求操作系统的服务。系统调用通常会影响从用户模式到内核模式的状态转换，以使操作系统内核为用户的请求提供服务。在不同的操作系统和处理器中，系统调用的启动方式也有所不同。例如，32 位的 Linux x86 系统调用可以使用 INT 0x80 指令或 sysenter 指令来启动，其他 x86 操作系统可能只能使用 sysenter 指令或备用中断号，而 64 位的 x64 代码则使用 syscall 指令。在许多 x86 系统中（Linux 除外），系统调用的参数被放在运行时栈上，系统调用号放在 EAX 寄存器中，而 Linux 系统调用通过特定的寄存器传递参数，当参数个数过多时，偶尔也会通过栈来传递。

6.2.3 栈帧的其他思考

在任何处理器上，寄存器都是一种有限的资源，需要在程序中的所有函数之间合作共享。当一个函数（func1）正在执行时，它会觉得自己完全控制了所有的处理器寄存器。当 func1 调用了另一个函数（func2）时，func2 也会有相同的感觉，并根据自己的需要使用所有可用的处理器寄存器，但如果 func2 对寄存器进行任意修改，则可能会破坏 func1 所依赖的值。

为了解决这个问题，所有的编译器都遵循明确定义的寄存器分配和使用规则。这些规则通常被称为平台的应用程序二进制接口（ABI）。ABI 将寄存器分为两类：调用者保存的寄存器和被调用者保存的寄存器。当一个函数调用另一个函数时，调用者需要将调用者保存的寄存器保存下来，以防止内容丢失。被调用者保存的寄存器则必须由被调用者进行保存，然后被调用函数才能任意使用它们。这些操作通常是作为函数序言的一部分进行的，在返回之前，调用者保存的寄存器会在函数尾声中恢复。调用者保存的寄存器称为 clobber 寄存器，因为被调用函数无须先进行保存就可以随意修改它们的内容。相反，被调用者保存的寄存器称为 no-clobber 寄存器。

英特尔 32 位处理器的 System V ABI 规定，调用者保存的寄存器包括 EAX、ECX 和 EDX，被调用者保存的寄存器包括 EBX、EDI、ESI、EBP 和 ESP[1]。你可能会注意到，编译器通常更喜欢在函数中使用调用者保存的寄存器，因为它们不必在进入和退出函数时保存和恢复其内容。

---

1 参见链接 6-16。

6.2.4　局部变量布局

与规定参数如何传入函数的调用约定不同，函数局部变量的内存布局没有约定来进行规范。在编译函数时，编译器必须计算函数局部变量所需的空间，以及保存 no-clobber 寄存器所需的空间，并确定这些变量是可以分配给处理器寄存器，还是必须分配在程序栈上。这些分配的具体方式与函数调用者和被调用者都无关，而且一般来说，仅根据对函数源代码的检查，是不可能确定函数局部变量布局的。有一点是确定的：编译器必须至少拿出一个寄存器来记住函数新分配栈帧的位置。这个寄存器很明显是栈指针，指向当前函数的栈帧。

6.2.5　栈帧示例

当执行一项复杂任务时，例如对二进制文件进行逆向工程，你应该有效地利用时间。在理解一个反汇编函数的行为时，花在检查通用代码序列上的时间越少，那么花在复杂序列上的时间就越多。函数序言和尾声就是这样的通用代码序列，重要的是你能够识别它们，理解它们，然后迅速地转到其他更有趣、需要更多思考的代码上去。

Ghidra 在每个函数开头的局部变量列表中总结了它对函数序言的理解，虽然它可能使代码更易读，但并没有减少你需要阅读的反汇编代码的数量。在下面的示例中，我们会讲解两种常见的栈帧类型，并回顾创建每种栈帧所需的代码，以便你在遇到类似的代码时，可以快速略过从而把握函数的核心内容。

下面是在 32 位 x86 计算机上编译的函数：

```
void helper(int j, int k);          // a function prototype
void demo_stackframe(int a, int b, int c) {
    int x;
    char buffer[64];
    int y;
    int z;
    // body of function not terribly relevant
    // other than the following function call
    helper(z, y);
}
```

demo_stackframe 的局部变量需要 76 字节（三个 4 字节的整数和一个 64 字节的缓冲区）。这个函数可以使用 stdcall 或者 cdecl，并且栈帧看起来是一样的。

示例 1：通过栈指针访问局部变量

图 6-5 显示了调用 demo_stackframe 的一个栈帧示例。在这个例子中，编译器选择使用栈指针来访问栈帧中包含的变量，而将其他所有寄存器留作其他用途。如果有任何指令改变了栈指针的值，则编译器必须确保在所有后续的局部变量访问中考虑这一变化。

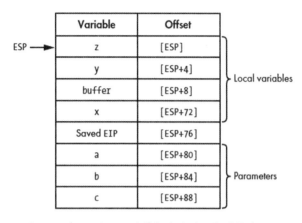

图 6-5：在 32 位 x86 计算机上编译函数的栈帧示例

该栈帧的空间是在 demo_stackframe 的入口处，通过下面这一行序言设置的：

```
SUB ESP, 76        ; allocate sufficient space for all local variables
```

图 6-5 中的偏移列（Offset）表示 x86 寻址模式（本例中为基址+位移），用来引用栈帧中的每个局部变量和参数。在本例中，ESP 被用作基址寄存器，每个位移都是栈帧中从 ESP 到变量开头的相对偏移量。然而，图 6-5 中的位移只有当 ESP 的值不发生变化时才是正确的。不幸的是，栈指针经常发生变化，因此编译器必须不断调整，才能确保在引用栈帧内的任意变量时使用了正确的偏移量。如下代码是在函数 demo_stackframe 中对 helper 的调用：

```
❶ PUSH dword [ESP+4]        ; push y
❷ PUSH dword [ESP+4]        ; push z
  CALL helper
  ADD ESP, 8                ; cdecl requires caller to clear parameters
```

第一个 PUSH❶指令按照图 6-5 中的偏移量将局部变量 y 放入栈。乍一看，第二个 PUSH❷指令似乎会错误地再次放入局部变量 y。但是，因为栈帧中的所有变量都是相对于 ESP 来引用的，并且第一次 PUSH❶改变了 ESP，所以图 6-5 中的所有偏移量都需要进行调整。因此，在第一次 PUSH❶之后，局部变量 z 的新偏移量为[ESP+4]。在检查那些使用栈指针引用栈帧变量的函数时，必须注意栈指针的所有变化，并相应地调整后续的所有偏移量。

demo_stackframe 执行完成后，它需要返回给调用者。最终，RET 指令会从栈顶将所需的返回地址弹出到指令指针寄存器中（本例中为 EIP）。在弹出返回地址之前，需要将局部变量从栈顶移除，以便在执行 RET 指令时栈指针能正确地指向保存的返回地址。在本例中（假设使用了 cdecl 调用约定），函数尾声如下所示：

```
ADD ESP, 76        ; adjust ESP to point to the saved return address
RET                ; return to the caller
```

示例 2：让栈指针休息一下

如果使用第二个寄存器来定位栈帧中的变量，那么栈指针就可以自由地改变，而不需要为栈帧中的每个变量重新计算偏移量。当然，编译器需要保证第二个寄存器不会改变，否则，就会出现与上一个例子相同的问题。在本例中，编译器首先需要为此选择一个寄存器，然后生成代码在进入函数时初始化该寄存器。

为此目的选择的寄存器称为帧指针（frame pointer）。在前面的例子中，ESP 被用作帧指针，我们称之为基于 ESP 的栈帧。大多数体系结构的 ABI 会有建议，将哪一个寄存器用作帧指针。帧指针通常被认为是一个 no-clobber 寄存器，因为调用函数可能已经将其用于相同的目的。在 x86 程序中，EBP/RBP（扩展了基指针）寄存器通常专门用作帧指针。默认情况下，大多数编译器会生成代码，使用栈指针以外的寄存器来作为帧指针，尽管通常存在使用栈指针来作为帧指针的选项（例如，GNU gcc/g++提供了-fomit-frame-pointer 编译器选项，它生成的函数不使用第二个寄存器来作为帧指针。）

在使用专用帧指针寄存器时，demo_stackframe 生成栈帧的序言代码如下所示：

```
❶  PUSH EBP           ; save the caller's EBP value, because it's no-clobber
❷  MOV EBP, ESP       ; make EBP point to the saved register value
❸  SUB ESP, 76        ; allocate space for local variables
```

PUSH❶指令保存当前调用者的 EBP 值，因为 EBP 是一个 no-clobber 寄存器。在被调用函数返回时，必须恢复调用者的 EBP 值。如果调用者的其他寄存器（例如 ESI 和 EDI）也需要保存，那么编译器可以在保存 EBP 的同时保存它们，也可以推迟到分配完局部变量之后再保存它们。因此，栈帧中并没有一个保存寄存器的标准位置。

EBP 被保存之后，就可以通过 MOV❷指令将其修改为指向当前栈帧的位置，也就是复制一份当前栈指针（当前时刻唯一指向栈帧的寄存器）的值。最后，与基于 ESP 的栈帧一样，为局部变量分配空间❸。生成的栈帧布局如图 6-6 所示。

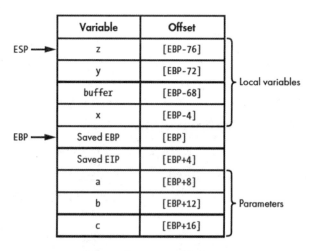

图 6-6：基于 EBP 的栈帧示例

有了专门的帧指针，所有的变量偏移量现在都可以相对于帧指针寄存器来进行计算，如图 6-6 所示。最常见的情况是（不一定是），正偏移用来访问在栈上分配的函数参数，而负偏移用来访问局部变量。由于使用了专门的帧指针，所以，栈指针可以自由改变，而不会影响栈帧上的任何变量。

现在对 helper 函数的调用可以这样实现：

```
❹ PUSH dword [ebp-72]        ; PUSH y
   PUSH dword [ebp-76]        ; PUSH z
   CALL helper
   ADD ESP, 8                 ; cdecl requires caller to clear parameters
```

第一个 PUSH❹指令改变了栈指针，但是不会影响后续访问变量 z 的 PUSH 指令。

在使用帧指针的函数的尾声部分，必须在返回前恢复调用者的帧指针。如果是使用 POP 指令来恢复帧指针，那么在弹出帧指针的旧值之前，必须先清除栈帧中的局部变量。由于当前帧指针指向栈帧中 Saved EBP 的位置，在使用 EBP 作为帧指针的 32 位 x86 程序中，这一恢复过程可以通过如下代码实现：

```
MOV ESP, EBP       ; clears local variables by resetting ESP
POP EBP            ; restore the caller's value of EBP
RET                ; pop return address to return to the caller
```

这种操作非常普遍，以至于 x86 架构提供了 LEAVE 指令来完成同样的任务：

```
LEAVE        ; copies EBP to ESP AND then pops into EBP
RET          ; pop return address to return to the caller
```

虽然其他处理器架构使用的寄存器和指令肯定会有所不同，但创建栈帧的基本过程将保持不变。不管是哪种架构，你都要熟悉典型的序言和尾声序列，以便快速略过并专注于分析函数中更有趣的代码。

6.3　Ghidra 栈视图

栈帧是一个运行时概念，没有栈，没有运行中的程序，栈帧也就无法存在。虽然这是事实，但并不意味着你在使用 Ghidra 等工具进行静态分析时就应该忽略栈帧的概念。二进制文件中包含了为每个函数创建栈帧所需的所有代码。通过仔细分析这些代码，即使函数并没有运行，我们也可以详细了解任何函数的栈帧布局。事实上，Ghidra 会进行一些最复杂的分析，专门用于确定它所反汇编的每个函数的栈帧布局。

6.3.1　Ghidra 栈帧分析

在初始化分析中，Ghidra 会跟踪栈指针在一个函数执行时的行为，记录每一个 PUSH 或 POP 操作以及任何可能改变栈指针的算术操作，如添加或减去常数值。该分析的目的是确定分配给函数栈帧的局部变量区域的确切大小，确定给定函数中是否使用了专门的帧指针（例如识别 PUSH EBP/MOV EBP, ESP 序列），并识别函数栈帧中对变量的所有内存引用。

例如，Ghidra 如果发现如下指令在 demo_stackframe 函数体中，它会认为函数的第一个参数（本例中为 a）被加载到 EAX 寄存器（参考图 6-6）中。Ghidra 可以区分内存中访问函数参数的引用（位于保存的返回地址下方）和访问局部变量的引用（位于保存的返回地址上方）。

```
MOV EAX, [EBP+8]
```

Ghidra 还采取了额外的措施来确定栈帧中哪些内存地址被直接引用。例如，虽然图 6-6 中的栈帧有 96 字节大小，但我们可以看到被引用的变量只有 7 个（4 个局部变量和 3 个参数）。因此，你可以把注意力集中在 Ghidra 认为重要的那 7 个变量上，而不用花太多时间去想那些 Ghidra 没有命名的字节。在识别和命名栈帧中各个变量的过程中，Ghidra 还能识别出变量之间的空间关系。这在某些时候非常有用，例如漏洞利用开发，Ghidra 可以很容易地确定哪些变量可能因缓冲区溢出而被覆盖。Ghidra 的反编译器（在第 19 章中讲解）也在很大程度上依赖栈帧分析，它利用分析结果来推断函数接收多少个参数，以及在反编译代码中需要声明哪些局部变量。

6.3.2　清单视图中的栈帧

理解一个函数的行为通常可以归结为理解该函数所操作的数据类型。在阅读反汇编清单时，要想理解函数所操作的数据，其中一个方法是查看函数栈帧的分解内容。Ghidra 为函数栈帧提供了两个视图：摘要视图和详细视图。我们通过如下版本的 demo_stackframe 来理解这两种视图，使用 gcc 进行编译：

```
void demo_stackframe(int i, int j, int k) {
    int x = k;
    char buffer[64];
    int y = j;
    int z = 10;
    buffer[0] = 'A';
    helper(z, y);
}
```

由于局部变量只在函数运行时存在，任何没有在函数中以有意义的方式使用的局部变量实际上都是没有用的。如下代码是一个与 demo_stackframe 功能相同（或者说是优化）的版本：

```
void demo_stackframe_2(int b) {
    helper(10, b);
}
```

在原始版本的 demo_stackframe 中，局部变量 x 和 y 分别由参数 k 和 j 初始化。局部变量 z 被初始化为字面值 10，命名为 buffer 的 64 字节局部数组的第一个字符被初始化为字符'A'。图 6-7 是该函数对应的 Ghidra 反汇编，使用了默认的自动分析。

图 6-7：demo_stackframe 函数的反汇编

当我们开始熟悉 Ghidra 的反汇编符号时，这个清单中有许多要点要介绍。这里我们重点关注反汇编代码中的两个部分，它们提供了特别有用的信息。我们从栈帧摘要开始，如下所示（可以参考图 6-7，看看该栈帧摘要的上下文）。为了简化讨论，我们用局部变量和参数这两个术语来区分两种类型的变量，而变量这个术语用于统称。

```
undefined    AL:1                  <RETURN>
undefined    Stack[0x4]:1          param_1
undefined4   Stack[0x8]:4          param_2
undefined4   Stack[0xc]:4          param_3
undefined4   Stack[-0x10]:4        local_10
undefined4   Stack[-0x14]:4        local_14
undefined4   Stack[-0x18]:4        local_18
undefined1   Stack[-0x58]:1        local_58
```

Ghidra 提供了一个栈帧摘要视图，列出了栈帧中直接引用的每个变量，以及每个变量的重要信息。Ghidra 给每个变量分配了有意义的名字（在第三列），当你在反汇编清单中看到它们时，就获得了关于参数类型的信息：传递给函数的参数名以 param_ 作为前缀，而局部变量名以 local_ 作为前缀。因此，可以很容易地区分这里两种类型的变量。

变量名前缀还与变量的位置信息有关。对于参数，如 param_3，名称中的数字对应于参数在函数参数列表中的位置。对于局部变量，如 local_10，数字是一个十六进制偏移量，表示变量在栈帧中的位置。位置信息也可以在清单的中间一列中找到，位于名称的左边。该列有两个组成部分，用冒号隔开：Ghidra 对变量大小的估计（以字节为单位），以及变量在栈帧中的位置（在进入函数时该变量与初始栈指针值的偏移量）。

图 6-8 是这个栈帧示例的表格形式。如前所述，参数位于保存的返回地址下方，因此与返回地址有一个正偏移。局部变量位于保存的返回地址上方，因此有一个负偏移。栈上局部变量的顺序与本章前面看到的源代码中声明的顺序不一致，因为编译器可以根据各种内部因素，在栈上自由排布局部变量，例如字节对齐和数组相对于其他局部变量的位置等。

Address	Desc	Name
-0x68	helper parameters	
-0x64		
-0x58	buffer	local_58
-0x18	z	local_18
-0x14	y	local_14
-0x10	x	local_10
-0x04	Saved EBP	
0x00	Saved RET	
0x04	i	param_1
0x08	j	param_2
0x0c	k	param_3

图 6-8：栈帧示例表格

6.3.3 反编译辅助栈帧分析

回顾一下前面提到的这段等效函数代码：

```
void demo_stackframe_2(int j) {
    helper(10, j);
}
```

Ghidra 反编译器为此函数生成的代码如图 6-9 所示，与优化过的等效函数代码非常相似，因为反编译器仅包含了原始函数的可执行部分（除了包含 param_1 参数）。

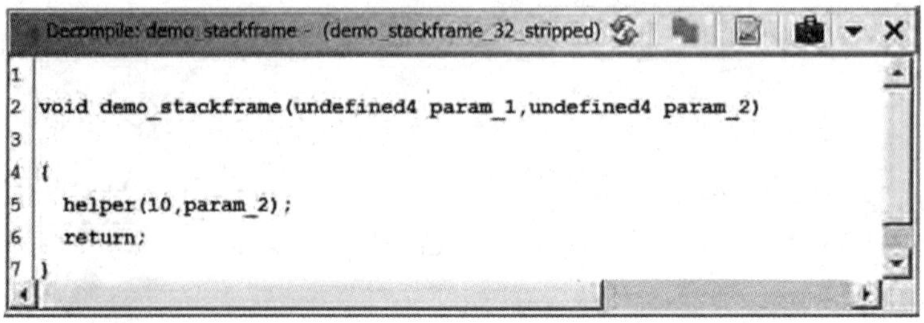

图 6-9：demo_stackframe 反编译器窗口

你可能已经注意到，函数 demo_stackframe 接受三个整型参数，但反编译清单中只包含其中的两个（param_1 和 param_2）。哪一个不见了，为什么？事实证明，Ghidra 的反汇编器和反编译器对命名的处理方式略有不同，虽然它们都命名了所有直到最后一个引用的参数，但反编译器只命名到最后一个以有意义的方式使用的参数。反编译器参数 ID 分析器（Decompiler Parameter ID）是 Ghidra 提供的众多分析器中的一个，在大多数情况下默认关闭（仅对小于 2MB 的 Windows PE 文件启用）。当这个分析器启用时，Ghidra 使用反编译器派生的参数信息来命名反汇编清单中的函数参数，demo_stackframe 的例子如下所示：

```
undefined      AL:1              <RETURN>
undefined      Stack[0x4]:4      param_1
undefined4     Stack[0x8]:4      param_2
undefined4     Stack[-0x10]:4    local_10
undefined4     Stack[-0x14]:4    local_14
undefined4     Stack[-0x18]:4    local_18
undefined1     Stack[-0x58]:1    local_58
```

注意，param_3 不再出现在函数参数列表中，因为反编译器已经确定它在函数中没有以任何有意义的方式被使用。这个特殊的栈帧会在第 8 章中讲解。如果你希望 Ghidra 在完成默认的自动分析之后，执行反编译器参数 ID 分析，可以选择 Analysis→One Shot→Decompiler Parameter ID。

6.3.4　局部变量作为操作数

让我们将注意力转移到如下清单的反汇编代码部分：

```
08048473 55            PUSH EBP ❶
08048474 89 e5         MOV EBP,ESP
08048476 83 ec 58      SUB ESP,0x58 ❷
08048479 8b 45 10      MOV EAX,dword ptr [EBP + param_3]
0804847c 89 45 f4      MOV dword ptr [EBP + local_10],EAX ❸
0804847f 8b 45 0c      MOV EAX,dword ptr [EBP + param_2]
08048482 89 45 f0      MOV dword ptr [EBP + local_14],EAX ❹
08048485 c7 45 ec      MOV dword ptr [EBP + local_18],0xa ❺
         0a 00 00 00
0804848c c6 45 ac 41   MOV byte ptr [EBP + local_58],0x41 ❻
08048490 83 ec 08      SUB ESP,0x8
08048493 ff 75 f0      PUSH dword ptr [EBP + local_14] ❼
08048496 ff 75 ec      PUSH dword ptr [EBP + local_18]
```

该函数在基于 EBP 的栈帧上使用了通用函数序言❶。编译器在栈帧中分配了 88 字节（0x58 等于 88）的局部变量空间❷。这比估计的 76 字节略多一点，说明编译器偶尔会用额外的字节来填充局部变量空间，以便在栈帧中保持特定的内存对齐。

Ghidra 的反汇编清单和我们之前分析的栈帧有一个重要区别，就是在反汇编清单中没有类似于 [EBP-12] 的内存引用（例如，你可能会在 objdump 中看到）。相反，Ghidra 将所有的常数偏移量替换成了栈帧中的符号名及它们与函数初始栈指针的相对偏移量。这也说明了 Ghidra 的目标是生成更高层次的反汇编代码。与处理常数相比，处理符号化的名称更加容易，我们还可以修改变量名，以便理解变量的用途。尽管如此，Ghidra 还是在 CodeBrowser 窗口的右下角显示了当前指令不带任何标签的原始形式，以供参考。

在这个例子中，由于我们有源代码可供比较，所以可以利用反汇编中的各种线索，将 Ghidra 生成的变量名修改回源代码中对应的名称。

（1）demo_stackframe 接受三个参数 i、j 和 k，分别对应于变量 param_1、param_2 和 param_3。

（2）局部变量 x（local_10）初始化为参数 k（param_3）。❸

（3）同样，局部变量 y（local_14）初始化为参数 j（param_2）。❹

（4）局部变量 z（local_18）初始化为常数 10。❺

（5）64 字节的字符数组中的第一个字符 buffer[0]（local_58）初始化为 A（ASCII 0x41）。❻

（6）调用 helper 的两个参数被放到栈上❼。在此之前，8 字节的栈调整与两个 PUSH 相结合，让栈发生了 16 字节的变化。因此，程序维护了早期 16 字节的栈对齐。

6.3.5 Ghidra 栈编辑器

除了栈摘要视图，Ghidra 还提供了一个详细的栈编辑器，其中记录了分配给栈帧的每个字节。当你在 Ghidra 的摘要视图中选择了一个函数或栈变量时，可以右击并从弹出的快捷菜单中选择 Function→Edit Stack Frame 来打开栈编辑器。demo_stackframe 函数的编辑器窗口如图 6-10 所示。

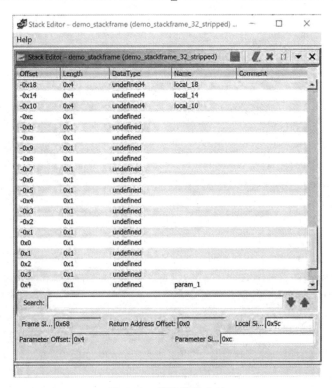

图 6-10：栈编辑器示例

由于详细视图包含了栈帧中的每个字节，所以它会比摘要视图占用更多的空间。图 6-10 显示的部分有 29 字节，但也只是整个栈帧的一小部分。与前面的清单相同，local_10❸、local_14❹和 local_18❺在反汇编清单中被直接引用，它们的内容是以 dword（4 字节）写入来初始化的。基于 32 位数据操作的事实，Ghidra 能够推断出这些变量大小都是 4 字节，因此将每个变量标记为 undefined4（未知类型的 4 字节变量）。

通过栈编辑器，我们可以编辑栈帧字段、更改显示格式，以及添加有用的补充信息。例如，可以为保存在 0x0 处的返回地址添加一个名称。

基于寄存器的参数

ARM 调用的约定使用多达 4 个寄存器来向函数传递参数，而不使用堆栈。一些 x86-64 调用的约定使用多达 6 个寄存器，一些 MIPS 调用的约定使用多达 8 个寄存器。基于寄存器的参数比基于堆栈的参数更难识别。

考虑以下两个汇编语言片段：

```
stackargs:                   ; An example x86 32-bit function
    PUSH EBP                 ; save no-clobber ebp
    MOV EBP, ESP             ; set up frame pointer
❶  MOV EAX, [EBP + 8]       ; retrieve stack-allocated argument
    MOV CL, byte [EAX]       ; dereference retrieved pointer argument
    ...
    RET
regargs:                     ; An example x86-64 function
    PUSH RBP                 ; save no-clobber rbp
    MOV RBP, RSP             ; set up frame pointer
❷  MOV CL, byte [RDI]       ; dereference pointer argument
    ...
    RET
```

在第一个函数中，保存的返回地址下方的栈区域被访问❶，可以得出结论，该函数至少需要一个参数。与大多数高级反汇编器一样，Ghidra 通过对栈指针和帧指针进行分析，来识别访问函数栈帧成员的指令。

在第二个函数中，RDI 在初始化之前就被使用❷。唯一符合逻辑的结论是，RDI 一定是在调用者中被初始化了，在这种情况下，RDI 用于将信息从调用者传递给 regargs 函数（即它是一个参数）。在程序分析术语中，RDI 在进入 regargs 时是活（live）的。为了确定函数期望从寄存器中获得参数的数量，可以观察函数内寄存器被写入（初始化）之前，它们的内容是否被读取和使用，由此来判断函数内所有活的寄存器。

不幸的是，这种数据流分析通常超出了大多数反汇编程序的能力，包括 Ghidra。另一方面，反编译器必须执行这种类型的分析，并且通常可以很好地识别出基于寄存器的参数的使用情况。Ghidra 的反编译器参数 ID 分析器（Edit→Options for <prog>→Properties→Analyzers）可以根据反编译器执行的参数分析来更新反汇编清单。

栈编辑器视图提供了关于编译器内部工作的详细信息。在图 6-10 中，可以很明显地看到，编译器在保存的帧指针-0x4 和局部变量 x（local_10）之间插入了 8 个额外的字节。这些字节占据了栈帧中从-0x5 到-0xc 的位置。除非你自己是一位编译器专家，或者愿意深入研究 GNU gcc 的源代码，否则你能做的就是猜测为什么这些额外字节是以这种方式分配的。在大多数情况下，这些额外字节可以归结于填充对齐，并且它们的存在不会影响程序的行为。在第 8 章中，我们会回顾栈编辑器视图，并讲解如何使用它处理更复杂的数据类型（如数组和结构体）。

6.4　搜索

如本章开头所述，Ghidra 让你在反汇编代码中导航、定位和发现新内容变得更容易。它还设计了许多数据显示来归纳特定类型的信息（名称、字符串、导入表等），让它们可以很容易地被找到。然而，要想有效地分析反汇编清单，往往需要寻找新的线索来提供更多信息。为此，Ghidra 提供了一个搜索菜单，用于搜索和定位我们感兴趣的数据。默认搜索菜单如图 6-11 所示。在本节中，我们将研究如何使用 CodeBrowser 提供的文本和字节搜索功能来探索反汇编清单。

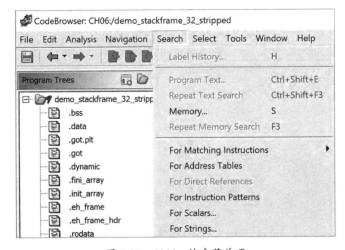

图 6-11：Ghidra 搜索菜单项

6.4.1　搜索程序文本

Ghidra 文本搜索等同于通过反汇编清单视图进行子字符串搜索。通过选择 Search→Program Text 可以打开文本搜索对话框，如图 6-12 所示。有两种搜索类型可供使用：Listing Display 搜索 CodeBrowser 窗口中可以看到的内容，而 Program Database 搜索整个程序数据库（超出 CodeBrowser 窗口）。除了搜索类型，还有几个选项可用于指定搜索的方式和内容。

要想在匹配项之间进行导航，可以使用文本搜索对话框中的 Next 和 Previous 按钮，或者选择 Search All 在新窗口中打开搜索结果，从而轻松导航到任意匹配项。

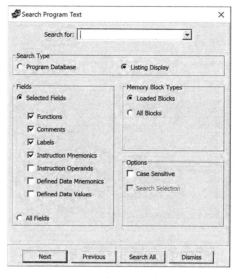

图 6-12：文本搜索对话框

修改窗口名称

搜索窗口是 Ghidra 中可以随意修改名称的窗口类型之一，这有助于你在工作过程中跟踪搜索窗口。只需右击标题栏，并输入一个有意义的名字即可修改窗口名称。一个小技巧是将搜索字符串和助记符同时包含进去，从而帮助记忆。

6.4.2　搜索内存

如果想搜索特定的二进制内容，例如已知的字节序列，那么文本搜索就不太管用了。此时，需要使用 Ghidra 的内存搜索功能。通过选择 Search→Memory 或热键 S 可以打开内存搜索对话框，如图 6-13 所示。如果要搜索一个十六进制字符序列，搜索字符串应该指定为一个以空格分隔的列表，包含两位数字的十六进制数，且不区分大小写，例如 c9 c3，如图 6-13 所示。如果序列中包含不确定的字符，可以使用通配符*或?。

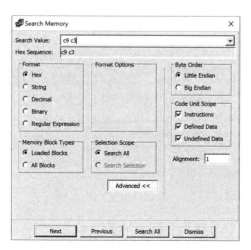

图 6-13：内存搜索对话框

使用 Search All 选项搜索字节序列 c9 c3 的结果如图 6-14 所示。可以对任意列进行排序、修改窗口名称或者进行筛选。该窗口还提供了一些右键选项，包括删除行和操作匹配项等。

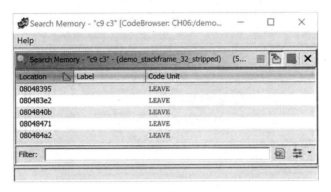

图 6-14：内存搜索结果

搜索值可以是字符串、十进制数、二进制数和正则表达式等。字符串、十进制数和二进制数都提供了各自上下文的格式选项。正则表达式用于搜索特定的模式，但因为在处理上有些限制，所以只能向前搜索。Ghidra 使用 Java 内置的正则表达式语法，详细内容可以查看 Ghidra 帮助文档。

6.5 小结

本章的目的是为你提供最基本的技能，以便有效地理解 Ghidra 反汇编清单，并围绕它进行导航。你与 Ghidra 之间的所有交互方式，目前已经讲解了绝大部分。然而，执行基本的导航、理解重要的反汇编结构（如堆栈）和搜索反汇编代码的能力，对于逆向工程师来说只是冰山一角。

掌握了这些技能之后，下一步就是学习如何使用 Ghidra 来满足特殊需求。在下一章中，我们将开始研究如何对反汇编清单进行最基本的修改，以便在理解二进制文件内容和行为的基础上，获得新知识。

第7章

反汇编操作

在导航之后，反汇编是 Ghidra 另一项最重要的功能。Ghidra 提供了轻松操作反汇编的能力，以添加新信息或重新格式化清单，满足特定需求。得益于 Ghidra 的底层结构，对反汇编所做的修改可以很容易地传递给所有相关的 Ghidra 视图，以保持当前程序的一致性。Ghidra 会自动处理诸如上下文感知的搜索和替换等操作，还可以将指令重新格式化为数据或是将数据重新格式化为指令，这些都是很简单的工作。另外，也许最好的功能是，所做的任何事情都可以被撤销。

撤销操作

擅长软件逆向工程的一部分是能够探索、实验，并且在必要时回溯和追溯操作步骤。Ghidra 强大的撤销功能允许你在逆向过程中灵活地撤销（和重做）操作。有多种方法可以使用这个神奇的功能：使用 CodeBrowser 工具栏中的相应箭头图标❶❷，如图 7-1 所示；使用 CodeBrowser 菜单栏中的 Edit→Undo；使用热键 Ctrl+Z 撤销，使用 Ctrl+Shift+Z 重做。

图 7-1：CodeBrowser 工具栏的撤销和重做按钮

7.1　操作名称和标签

此时，我们在 Ghidra 反汇编代码中遇到了两类标识符：标签（与位置相关的标识符）和名称（与栈帧变量相关的标识符）。在大多数情况下，因为 Ghidra 在这方面的区分并不严格，我们会把这两者统称为名称（细究下来，标签实际上也有相关的名称、地址和历史信息等。标签的名称是我们通常引用标签的方式）。但当这种区别产生关键性的差异时，我们会使用更具体的术语描述。

回顾一下，栈变量名称有两种前缀，根据该变量是参数（Param_）还是局部变量（local_）来选择，而位置在自动分析期间分配了有意义的名称或标签前缀（例如 LAB_、DAT_、FUN_、EXT_、OFF_ 和 UNK_）。在大多数情况下，Ghidra 会根据其对相关变量或地址用途的猜测，来自动生成名称和标签，但你需要自己分析程序来进一步确定变量或地址的用途。

当你开始分析任何程序时，操作反汇编代码的第一个也是最常用的方法是，将默认名称改为更有意义的名称。幸运的是，Ghidra 允许你轻松更改任何名称，并且还可以智能地将更改的名称应用到整个程序。要打开名称更改对话框，可以单击名称将其选中，然后使用热键 L 或右键菜单中的 Edit Label 选项。从这里开始，栈变量（名称）和命名位置的（标签）的过程会有所不同，详情见下面的章节。

7.1.1　重命名参数和局部变量

与栈变量关联的名称不与特定的虚拟地址关联。在大多数编程语言中，这种名称仅限于给定栈帧所属的函数范围中，因此，程序中的每个函数都可以有自己名为 param_1 的栈变量，但任何函数都不可以有多个名为 param_1 的变量，如图 7-2 所示。

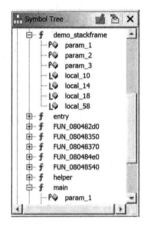

图 7-2：符号树显示参数名称重用（param_1）

当你在清单窗口中重命名一个变量时，会弹出如图 7-3 所示的信息对话框。要更改的实体类型（变量、函数等）出现在窗口的标题栏中，当前（即将更改的）名称出现在可编辑文本框和标题栏中。

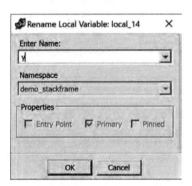

图 7-3：重命名栈变量 local_14 为 y

在提交了新名称之后，Ghidra 会更改当前函数中出现的所有旧名称。以下代码显示了在 demo_stackframe 中将 local_14 重命名为 y 的结果：

```
******************************************************
*                      FUNCTION                      *
******************************************************
undefined demo_stackframe(undefined param_1, undefined4
    undefined      AL:1            <RETURN>
    undefined      Stack[0x4]:1    param_1
    undefined4     Stack[0x8]:4    param_2
    undefined4     Stack[0xc]:4    param_3
    undefined4     Stack[-0x10]:4  local_10
    undefined4     Stack[-0x14]:4  y ❶
    undefined4     Stack[-0x18]:4  local_18
    undefined1     Stack[-0x58]:1  local_58
  demo_stackframe
08048473 55              PUSH    EBP
08048474 89 e5           MOV     EBP,ESP
08048476 83 ec 58        SUB     ESP,0x58
08048479 8b 45 10        MOV     EAX,dword ptr [EBP + param_3]
0804847c 89 45 f4        MOV     dword ptr [EBP + local_10],EAX
0804847f 8b 45 0c        MOV     EAX,dword ptr [EBP + param_2]
08048482 89 45 f0        MOV     dword ptr [EBP + y],EAX ❷
08048485 c7 45 ec        MOV     dword ptr [EBP + local_18],0xa
         0a 00 00 00
0804848c c6 45 ac 41 MOV     byte ptr [EBP + local_58],0x41
08048490 83 ec 08        SUB     ESP,0x8
08048493 ff 75 f0        PUSH    dword ptr [EBP + y] ❸
08048496 ff 75 ec        PUSH    dword ptr [EBP + local_18]
08048499 e8 88 ff        CALL    helper
         ff ff
0804849e 83 c4 10        ADD     ESP,0x10
080484a1 90              NOP
080484a2 c9              LEAVE
080484a3 c3              RET
```

这些变化❶❷❸同样反映在符号树中，如图 7-4 所示。

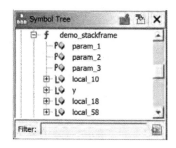

图 7-4：重命名栈变量 y 的符号树视图

禁止使用的名称

一些有趣的规则限制了在函数中可以命名的变量，以下是一些与参数有关的规则：

• 不能使用"param_ + 整数"的命名形式，即使产生的名称与现有参数名称不冲突。

- 可以使用"param_ + 其他字符"命名形式。
- 可以使用"Param_ + 整数"的命名形式，因为名称是区分大小写的（但建议最好不要这样做）。
- 可以通过输入"param_ + 整数"将参数名称恢复为 Ghidra 为其分配的原始名称。如果使用原始数值,Ghidra 将果断恢复该名称。但如果使用原始数值以外的任何整数,Ghidra 将警告"Rename failed – default names may not be used."。此时，单击重命名参数对话框中的 Cancel 将恢复原始名称。
- 可以存在两个名称分别为 param_1（由 Ghidra 命名）和 Param_1（由你命名）的参数。虽然名称是区分大小写的，但不建议重复使用它们。

局部变量也是区分大小写的，可以使用带非数字后缀的前缀 local_ 来命名。

对于所有类型的变量，不能使用已经在该范围内使用的变量名称（例如，在同一个函数中）。如果这样做，Ghidra 将拒绝并弹框提示原因。

最后，如果对标签感到困惑，可以使用热键 H 并选择 Show All History，在文本框中输入变量的当前名称（或过去的名称）来查看变量的标签历史记录（该选项也可以通过主菜单中的 Search →Label History 打开）。

应该在哪里更改名称

变量名称可以从清单、符号树和反编译窗口中更改；不管从哪里，结果都是一样的，但从清单窗口中访问的对话框会显示更多信息。使用任何这些方法时，所有与命名变量相关的规则都会被强制执行。

本书中的许多参数名称示例都是在清单窗口中使用图 7-5 左侧的对话框进行更改的。要更改符号树中的名称，可以右击名称并从上下文菜单中选择 Rename。在反编译器窗口中，使用热键 L，或使用 Rename Variable 上下文菜单选项；相应的对话框如图 7-5 右侧所示。虽然这两个对话框提供了相同的功能，但是右侧对话框不包含与参数相关的命名空间或属性信息。

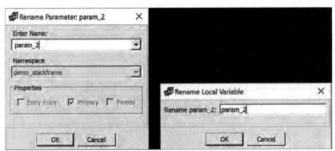

图 7-5: 从清单窗口或符号树（左）或反编译窗口（右）中重命名变量

在 Ghidra 中，命名空间只是一个命名范围。在一个命名空间中，所有符号都是唯一的。全局命名空间包含二进制文件中的所有符号。函数命名空间嵌套在全局命名空间中。在函数命名空间中，所有的变量名称和标签都是唯一的。函数本身可能包含嵌套的命名空间，例如与 switch 语句相关的命名空间(它允许在不同的命名空间里重复使用 case 标签;例如，当一个函数包含两个 switch 语句时，每个语句都有 case 10)。

7.1.2 重命名标签

标签是与位置关联的默认名称或用户分配的名称。与栈变量一样，名称更改对话框可以使用热键 L 或上下文选项 Edit Label 打开。当改变一个位置的名字时，也可以改变它的命名空间和属性，如图 7-6 所示。

图 7-6：重命名函数

这个增强的对话框在标题栏中显示了该位置的实体类型和虚拟地址。在属性下，你可以将地址标识为入口点或固定地址（请参阅 7.1.4 节的 "编辑标签"），如第 6 章所述，Ghidra 将名称限制在最多 2000 个字符，因此可以随意使用有意义的名称，甚至可以嵌入关于地址的叙述（不带空格）。如果长度过大，清单窗口将只显示名称的一部分，但反编译器窗口会显示全部内容。

7.1.3 添加新标签

虽然 Ghidra 已经生成了许多默认标签，但也可以添加新标签，并将它们与清单中的任何地址相关联。这些标签可以用于注释反汇编代码，尽管在许多情况下，注释（本章稍后讨论）是一个更合适的机制。要为光标位置相关的地址添加新标签，可以打开添加标签对话框（热键 L），如图 7-7 所示。名称的下拉列表包含最近使用过的名称列表，命名空间的下拉列表允许选择合适的标签范围。

图 7-7：添加标签对话框

FUN_ 与前缀

当 Ghidra 在自动分析期间创建标签时，它会使用有意义的前缀和地址，以让你知道在那个位置发生了什么。下面列出了这些前缀和简单的描述，有关每个前缀含义的更多信息，请参阅 Ghidra 帮助文档。

- cLAB_address：代码，自动生成的标签（通常是函数中的跳转目标）

- DAT_address：数据，自动生成的全局变量名称
- FUN_address：函数，自动生成的函数名称
- SUB_address：调用的目标（或类似的），可能不是函数
- EXT_address：外部入口点，可能是其他人的函数
- OFF_address：中断（在现有数据或代码中），可能是反汇编错误
- UNK_address：未知，该地址的数据无法识别

函数标签有以下与之相关的具体行为：

- 如果在清单窗口中删除一个默认函数标签（如 FUN_08048473），则 FUN_前缀将被 SUB_前缀取代（在本例中，结果是 SUB_08048473）。

- 在具有默认 FUN_标签的地址上添加新标签，会改变函数名称，而不是创建新标签。

- 标签是区分大小写的，因此如果想创建令人迷惑的反汇编代码，可以使用 Fun_ 或 fun_ 作为有效前缀。

如果在输入名称时试图使用 Ghidra 的保留前缀，可能会遇到冲突。如果坚持使用保留前缀，并且 Ghidra 认为可能出现名称冲突时，就会拒绝你的新标签。只有在 Ghidra 认为输入的后缀看起来像内存地址时（根据我们的经验，这意味着四个或更多的十六进制数字），才会发生这种情况。例如，Ghidra 将允许 FUN_zone 和 FUN_123 这样的名称，但会拒绝 FUN_12345。此外，如果你试图在有默认标签的函数的同一地址添加标签（例如 FUN_08048473），则 Ghidra 会重命名该函数，而不是在该地址添加第二个标签。

7.1.4 编辑标签

要编辑标签，可以使用热键 L 或上下文菜单中的 Edit Label 选项。编辑标签时，你会看到与添加标签相同的对话框，只是对话框中的字段将以现有标签的当前值进行初始化。请注意，编辑标签会对共享同一地址的其他标签产生影响，无论它们是否共享同一命名空间。例如，如果将一个标签标识为入口点，那么 Ghidra 将把与该位置相关的所有标签都标识为入口点。

是 bug 还是特性

在尝试函数名称的过程中，你可能会注意到，Ghidra 完全允许为两个函数起相同的名称。这可能会让人想到重载函数，它们以传递的参数来进行区分。Ghidra 的能力不止于此，你可以为两个函数指定完全相同的名称，即使导致在同一命名空间中出现重复的函数原型。这是可能的，因为标签不是唯一的标识符（数据库意义上的主键），因此不能唯一地标识一个函数，即使考虑到它们的参数也是这样。重复的名称可以用来标记函数，例如，对它们进行分类以供进一步分析，或者将它们排除在考虑之外。此外，所有的名称都保存在函数的历史记录（热键 H）中，可以很轻松地恢复。

图 7-7 中的 Primary 复选框表示这是显示地址时将显示的标签。默认情况下，该复选框对于主标签是禁用的，所以不能取消选择主名称，为了确保始终有一个名称可以显示，这样做是必要的。如果

选择另一个标签作为主要标签，则它的复选框将被禁用，而同一地址的其他标签的复选框将被启用。

　　尽管到目前为止，我们已经将标签与地址关联起来，但实际上，标签最常见的是与碰巧有地址的内容关联。例如，main 标签通常表示程序中作为主函数的代码块的开头。Ghidra 根据文件头信息给这个位置分配了一个地址。如果我们将二进制文件的全部内容重定位到一个新的地址范围，我们会希望 main 标签继续正确地与 main 的新地址及相应的、未更改的字节内容相关联。当一个标签被固定（pinned）时，该标签与它地址上的内容的关联会被切断。如果你随后将二进制文件的内容重定位到新的地址范围，任何被固定的标签都不会相应变化，而是保持固定在它们各自的地址上。固定标签最常见的用途是命名复位向量和内存映射的 I/O 位置，它们保存在处理器或系统设计者指定的特定地址上。

7.1.5　删除标签

　　要删除光标处的标签，可以使用右键上下文选项（或热键 DELETE）。请注意，并非所有的标签都是可删除的。首先，删除 Ghidra 生成的默认标签是不可能的。其次，如果你重命名了默认标签，之后又决定删除新标签，Ghidra 会将删除的名称替换为最初分配的默认标签。关于删除标签的更多细节请参阅 Ghidra 帮助文档。

7.1.6　导航标签

　　标签与可导航的位置相关联，所以双击一个标签会将你导航到该标签。这在第 9 章中有更详细的讨论，需要注意的是，你可以将标签添加到反汇编中任何你想导航的位置。虽然相同的功能在 7.2 节的"注释"中有所描述，但有时候标签（尤其是它允许 2000 个字符）是实现该目标最快捷的方法。

7.2　注释

　　在反汇编和反编译清单中嵌入注释是一种特别有用的方式，可以在分析程序时为自己留下相关的进度和发现。Ghidra 提供了五类注释，每一类都适用于不同的目的。首先来看可以直接添加到清单窗口的反汇编代码中的注释。

　　虽然可以通过右键菜单导航到设置注释对话框（如图 7-8 所示），但最快捷的方法是使用注释的热键，即分号（；）键（这相当合理，因为分号在许多汇编代码中表示注释）。

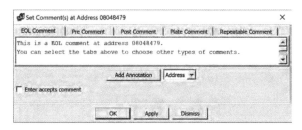

图 7-8：设置注释对话框

设置注释对话框与特定的地址相关联：如图 7-8 中的 08048479，显示在标题栏中。在五个注释类别选项卡（EOL、Pre、Post、Plate 和 Repeatable）的任何一个中所输入的内容都与该地址相关联。

默认情况下，你在文本框中输入内容，创建包括回车在内的一行或多行注释，然后单击"Apply"或"OK"按钮。（Apply 允许你在上下文中查看注释，并保持设置注释对话框为打开状态，以便继续编辑。）为了节省输入短注释的时间，可以选择对话框左下角的 Enter accepts comment 复选框。（如果你正在编写信息特别丰富的块注释，可以暂时取消选择该框。）

> **关于这三个按钮**
>
> 在设置注释对话框（图 7-8）底部的三个按钮中，OK 和 Apply 按钮的行为就像我们所想的那样，单击"OK"按钮会关闭对话框并提交更改。而单击"Apply"按钮，清单会被更新，以便检查你的更改或继续编辑你的注释。
>
> 然而，Dismiss 和 Cancel 不同，后者会退出对话框而不影响清单。而前者这个独特的术语对应着独特的行为，如果你没有修改任何注释，单击"Dismiss"按钮会立即退出窗口，但如果你修改了注释，则可以决定是否保存更改。使用右上角的 X 按钮关闭窗口时也有相同的行为。这种 Dismiss 的功能将在 Ghidra 的其他地方得到体现。

要删除注释，可以在设置注释对话框中清除注释的内容，或者当光标位于清单窗口中的注释上时，使用热键 DELETE 进行删除。右击 Comments→Show History for Comment 可以查看与特定地址关联的注释，并根据需要恢复它们。

7.2.1　行末注释

最常用的注释类型是行末注释（EOL comments），它位于清单窗口中现有行的末尾。要添加行末注释，可以使用分号热键打开设置注释对话框，并选择 EOL Comment 选项卡。默认情况下，EOL 注释显示为蓝色文本，如果在注释文本框中输入多行，那么它将占据多行空间。每一行都有缩进，以便反汇编代码的右侧对齐，现有内容将下移，为新注释腾出空间。你可以随时重新打开设置注释对话框来编辑。删除注释最快的方法是在清单窗口中单击注释，然后按 DELETE 键。

Ghidra 本身在自动分析过程中添加了许多行末注释。例如，当加载 PE 文件时，Ghidra 会插入描述性的行末注释来描述 IMAGE_DOS_HEADER 节的字段，包括 Magic Number 字段。Ghidra 只有在拥有与特定数据类型相关的这种信息时，才能做到这一点。这种信息通常包含在类型库中，而类型库显示在数据类型管理器窗口中，我们将在第 8 章和第 13 章中深入讨论。在所有的注释类型中，行末注释在 Edit→Tool Options→Listing Fields 选项中是可编辑程度最高的。

7.2.2　前注释与后注释

前注释（Pre comments）和后注释（Post comments）是全行注释，出现在特定反汇编代码行之前或之后。下面的清单显示了与地址 08048476 相关的多行前注释和被截断的单行后注释。将鼠标指针悬停在截断的注释上会显示完整的注释。默认情况下，前注释显示为紫色，后注释显示为蓝色，这样就可以轻松地将它们与清单中的正确地址联系起来。

```
08048473 PUSH     EBP
08048474 MOV      EBP,ESP
         ******** Pre Comment - This is a multi-line comment.
         ******** The following statement allocates 88 bytes of local
         ******** variable space in the stack frame.
08048476 SUB      ESP,0x58
         ******** Post Comment - Now that we have allocated the space...
08048479 MOV      EAX,dword ptr [EBP + param_3]
```

7.2.3　块注释

块注释（Plate comments）可以将注释分组，并显示在清单窗口的任意位置。块注释居中放置，且位于以星号为界的矩形内。我们查看过的许多清单中都包含一个简单的块注释，其边框内有FUNCTION 字样，如图 7-9 所示。在本例中，右侧是关联的反编译器窗口，可以看到，在默认情况下，清单窗口中已经插入了块注释，但在反编译器窗口中没有相应的注释。

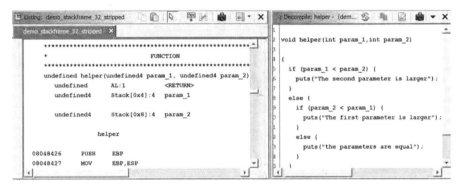

图 7-9：块注释示例

当你选中函数的首地址，并打开注释对话框时，可以用你自己的、内容更丰富的注释来替换这个默认的块注释，如图 7-10 所示。除了替换默认的块注释，Ghidra 还将我们的注释以 C 语言风格添加到反编译器窗口的顶部。如果在创建块注释时，光标位于反编译器窗口的顶部，那么结果也是一样的。

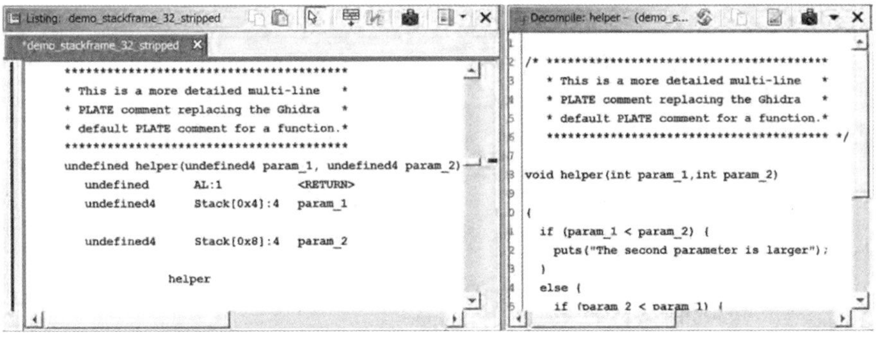

图 7-10：自定义块注释示例

注意：默认情况下，反编译器窗口中只显示块注释和前注释，可以使用 Edit→Tool Options →Decompiler→Display 中的选项来进行修改。

7.2.4　可重复注释

可重复注释（Repeatable comments）只需要输入一次，就可能自动出现在整个反汇编代码中的许多位置上。可重复注释的行为与交叉引用的概念相关，我们将在第 9 章中详细讨论。基本上，在交叉引用的目标位置输入的可重复注释会在交叉引用的源位置回显。因此，可重复注释可能会在反汇编代码的许多位置回显（因为交叉引用可以是多对一的）。在反汇编清单中，可重复注释的默认颜色是橙色，而回显注释的默认颜色是灰色，这使它们容易与其他类型的注释区分开。下面的清单显示了可重复注释的使用。

```
08048432 JGE      LAB_08048446                    Repeatable comment at 08048446 ❶
08048434 SUB      ESP,0xc
08048437 PUSH     s_The_second_parameter_is_larger
0804843c CALL     puts
08048441 ADD      ESP,0x10
08048444 JMP      LAB_08048470
     LAB_08048446
08048446 MOV      EAX,dword ptr [EBP + param_2] Repeatable comment at 08048446 ❷
```

在清单中，一个可重复注释设置在地址 08048446❷处，并在 08048432❶处重复，因为 08048432 处的指令将地址 08048446 作为跳转目标（因此存在从 08048432 到 08048446 的交叉引用）。

当行末注释和可重复注释共享同一地址时，清单中只显示行末注释。两者都可以在设置注释对话框中查看和编辑。如果你删除了行末注释，则可重复注释将显示于清单中。

7.2.5　参数和局部变量注释

要将注释与栈变量相关联，可以选择栈变量并使用分号热键。图 7-11 显示了产生的最小注释窗口。注释将以类似于行末注释的截断格式显示在栈变量的旁边。将鼠标指针悬停在注释上可以看到全部注释。注释的颜色与变量类型的默认颜色一致，而不是行末注释默认的蓝色。

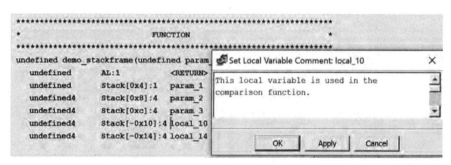

图 7-11：栈变量的注释：最小注释窗口

7.2.6　注解

Ghidra 提供了一个强大的功能，可以在设置注释对话框中使用指向程序、URL、地址或符号的链接来添加注释的注解（annotation）。当符号名称改变时，注释中的符号信息也将同步更新。当使用注解来启动指定的可执行文件时，你可以提供可选参数来获得更多的控制权（这对我们来说也比较危险）。

例如，图 7-12 中块注释的注解提供了指向清单中地址的超链接。Ghidra 帮助文档中提供了有关注解功能的更多信息。

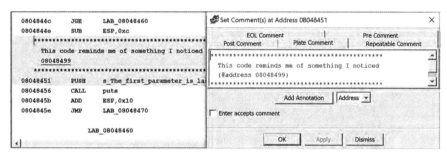

图 7-12：地址注解示例

7.3　基本的代码转换

在许多情况下，你会对 Ghidra 生成的反汇编清单非常满意。但在某些情况下就不是这样的，随着所分析的文件类型与常见编译器生成的可执行文件的差异越来越大，你可能需要对反汇编分析和显示的过程进行更多控制。特别是在分析混淆代码或使用自定义（Ghidra 未知的）文件格式的文件时。

Ghidra 提供了如下的代码转换功能：

- 更改代码显示选项
- 格式化指令操作数
- 操纵函数
- 将数据转换为代码
- 将代码转换为数据

一般来说，如果一个二进制文件非常复杂，或者 Ghidra 不熟悉用于构建二进制文件的编译器所生成的代码序列，那么 Ghidra 在分析阶段会遇到更多问题，需要我们手动调整反汇编代码。

7.3.1　更改代码显示选项

Ghidra 允许对清单窗口中的行的格式进行非常精细的控制。布局是由浏览器字段格式化器所控制的（在第 5 章介绍过）。选择 Browser Field Formatter 图标，可以打开与清单相关的所有字段的选项卡，如图 5-8 所示。你可以使用拖放界面轻松地添加、删除和重新排列字段，并立刻观察清单窗口中的变化。清单字段中的项目与相关的浏览器字段格式化器之间的紧密联系是非常有用的。任何时候将光标移动到清单窗口中的新位置，浏览器字段格式化器都会移动相应的选项卡和相关字段，以便可以立刻识别与特定项目相关的选项。关于浏览器字段格式化器的更多讨论，请参阅 12.1.4 节的 "特殊工具编辑功能"。

要控制清单窗口中各个元素的外观，可以使用 Edit→Tool Options，如第 4 章所述。清单窗口中的每个字段的独特子菜单允许你根据自己的喜好对每个字段进行微调。虽然与每个字段相关的功能各不相同，但通常可以控制显示颜色、相关的默认值、配置和格式。例如，喜欢汇编代码的用户可以选择调整 EOL Comments Field 中的默认参数，如图 7-13 所示，激活 Show Semicolon at Start of Each Line 选项，从而以熟悉的格式查看汇编代码注释。

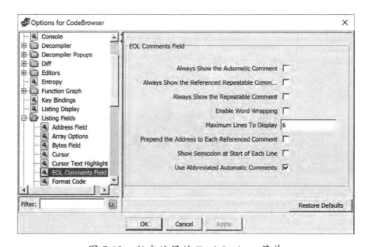

图 7-13：行末注释的 Tool Options 菜单

要为清单窗口中的单行或多行选择的背景着色，可以通过右键菜单中的 Colors 选项选择一种颜色。可用的颜色范围很广，并且还为最近使用的颜色提供了快速选择的选项。通过这个菜单，你还可清除一行、多行或整个文件的背景颜色。

注意：如果当前没有为清单设置背景颜色，则不会出现清除选项。

7.3.2　格式化指令操作数

在自动分析过程中，Ghidra 对如何格式化与每条指令相关的操作数做出了许多决定，特别是各种指令类型使用的各种整数常量。除此之外，这些常量可以表示跳转或调用指令中的相对偏移量、全局变量的绝对地址、算术运算值或程序员定义的常量。为了使反汇编更具有可读性，Ghidra 尽可能使用符号名称而不是数字。

在某些情况下，格式化的决定是基于被反汇编的指令（如调用指令）的上下文做出的。在其他情况下，决定是基于正在使用的数据（如访问全局变量或栈帧或结构体的偏移量）。通常情况下，Ghidra 可能无法识别使用常量的确切上下文。发生这种情况时，该常量通常会被格式化为十六进制值。

如果你不是世界上少有的精通十六进制的人，那么你会喜欢上 Ghidra 的操作数格式化功能。假设反汇编清单中有如下内容：

```
08048485 MOV      dword ptr [EBP + local_18],0xa
0804848c MOV      byte ptr [EBP + local_58],0x41
```

右击十六进制常量 0x41 可以打开如图 7-14 所示的上下文菜单（有关该示例的上下文，请参阅图 6-7）。该常量可以被重新格式化为图右侧显示的各种数字表示形式，或者作为字符常量（因为该值属于 ASCII 可打印的范围内）。这是一个非常有用的功能，因为你可能没有意识到指定常量可以有多种表示方法。在所有情况下，如果选择了一个特定选项，菜单都会显示将要替换操作数文本的确切文本。

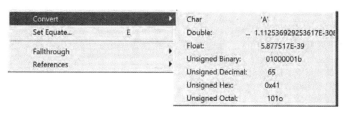

图 7-14：常量的格式化选项

在许多情况下，程序员在源代码中使用命名的常量。这种常量可能是#define 语句（或其他等效语句）的结果，或者它们同属于一组枚举类型的常量。不幸的是，当编译器完成对源代码的处理后，就不能再确定源代码中使用的是符号常量还是字面数字常量。幸运的是，Ghidra 维护了与许多常用库相关的命名常量的大型目录，例如 C 标准库或 Windows API。该目录可以通过与任何常量值相关的上下文菜单中的 Set Equate 选项(或热键 E)进行访问。选择常量 0xa 的这个选项可以打开 Set Equate 对话框（图 7-15）。

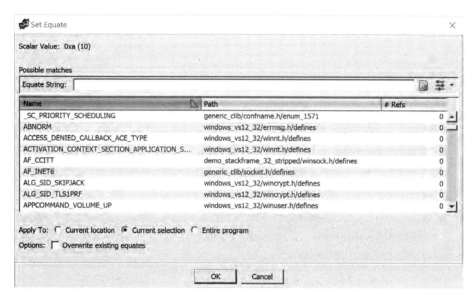

图 7-15：Set Equate 对话框

该对话框是根据我们试图格式化的常量值对 Ghidra 内部的常量列表进行过滤的结果。在这种情况下，我们可以滚动查看 Ghidra 知道的与数值 0xA 等同的所有常量。如果我们确定该值被用于创建一个 X.25 风格的网络连接，我们可能会选择 AF_CCITT，并最终得到如下反汇编代码：

```
08048485 MOV       dword ptr [EBP + local_18],AF_CCITT
```

标准常量列表有助于确定某个常量是否与已知名称相关联，并且节省我们大量阅读 API 文档以查找潜在匹配项的时间。

7.3.3 操纵函数

Ghidra 提供了在反汇编中操纵函数的能力（例如，更正 Ghidra 识别为属于函数的代码，或更改函数的属性），当你的想法与自动分析的结果不一致时，这是非常有用的手段。在某些情况下，例如 Ghidra 未能找到对某个函数的调用时，由于没有明显的方法可以调用它，所以该函数可能无法被识别。在其他情况下，Ghidra 可能无法正确定位函数的结尾，需要我们手动更正反汇编代码。如果编译器将函数拆分到多个地址范围内，或者在优化代码的过程中，编译器为了节省空间而合并了两个或多个函数的共有结束序列，此时 Ghidra 可能无法定位到函数的末尾。

创建新函数

可以从不属于任何函数的现有指令创建新函数。创建函数的方法是：右击要包含在新函数中的第一条指令，并选择 Create Function 选项（或热键 F）。如果你选择了一个范围，那么它将成为函数体。如果没有选择范围，那么 Ghidra 将跟踪控制流来尝试确定函数体的边界。

删除函数

可以通过将光标放置在函数签名内，并使用热键 DELETE 来删除现有函数。如果你认为 Ghidra 在自动分析过程中出了错，或者你在创建函数时出了错，可能会希望将其删除。请注意，虽然函数及其相关属性不存在了，但底层的字节内容不会发生任何变化，因此可以根据需要重新创建该函数。

编辑函数属性

Ghidra 将几种属性与它所识别的每个函数关联起来，可以从 CodeBrowser 菜单中选择 Windows →Functions 选项来查看。（虽然默认情况下只显示五种属性，但你可以右击列标题来添加 16 种额外属性中的任何一种。）要编辑这些属性，可以将光标放置在函数块注释和反汇编代码开始前列出的最后一个局部变量之间的区域内，并从右键菜单中打开编辑函数对话框。图 7-16 显示了该对话框的一个例子。

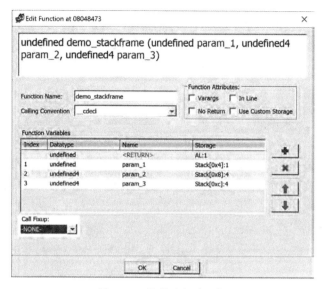

图 7-16：编辑函数对话框

下面解释可通过该对话框修改的每个属性：

● 函数名称（Function Name）

可以在对话框顶部的文本框中或 Function Name 字段中修改名称。

● 函数属性（Function Attributes）

该区域可以启用五个可选功能属性，前四个属性 Varargs、In Line、No Return 和 Use Custom Storage，都是默认不选的复选框。第五个可选属性 Call Fixup，出现在对话框的左下方，默认是 NONE，并提供一个下拉菜单，可以从中选值。如果你修改了函数的任何属性，Ghidra 会自动将函数更新后的原型传播到整个反汇编中可能显示的所有位置。

Varargs 选项表示函数需要可变数量的参数（例如 printf）。如果你编辑（在图 7-16 顶部的文本字段中）函数的参数列表，使最后一个参数带有省略号（...），则 Varargs 也会被启用。In Line 选项对反汇编分析没有影响，只是在函数原型中加入 inline 关键字（请注意，如果一个函数实际上是由编译器内联产生的，那你不会在反汇编中看到该函数的独立实体，因为它的主体会嵌入调用它的函数主体中）。当知道一个函数永远不会返回时（例如，它使用 exit 或不透明谓词跳转到另一个函数），可以使用 No Return 选项。当一个函数被标记为 No Return 时，Ghidra 会认为调用该函数之后的字节是不可访问的，除非有其他证据支持它们的可访问性，例如针对这些字节的跳转指令。Use Custom Storage 选项允许你覆盖 Ghidra 对参数和返回值的存储位置和大小的分析。

● 调用约定（Calling Convention）

该下拉菜单允许你修改函数使用的调用约定。修改调用约定可能会改变 Ghidra 的栈指针分析，因此正确处理调用约定是很重要的。

● 函数变量（Function Variables）

该区域允许你在指导下编辑函数变量。当你修改这四列与变量相关的数据时，Ghidra 将提供信息，以帮助你适当地修改内容。例如，试图修改 param_1 的存储位置将提示："Enable 'Use Custom Storage' to allow editing of Parameter and Return Storage"。右侧的四个图标允许你添加、删除和浏览变量。

7.3.4　数据与代码的转换

在自动分析阶段，数据字节可能被错误地归类为代码字节并被反汇编为指令，或者代码字节可能被错误地归类为数据字节并被格式化为数据值。发生这种情况的原因有很多，包括一些编译器将数据嵌入程序的代码部分，以及一些代码字节从未被直接引用为代码，因此 Ghidra 选择不反汇编它们。特别是混淆程序往往故意模糊代码和数据之间的区别（见第 21 章）。

重新格式化任何内容的第一个选择是删除当前格式（代码或数据）。通过右击你想取消定义的项目，并选择 Clear Code Bytes（或热键 C），就可以取消对函数、代码或数据的定义。取消定义某个项目会导致底层字节被重新格式化为原始的字节列表。在执行取消定义操作之前，可以通过单击和拖动操作来选择地址范围，从而取消大区域的定义。例如下面这段简单的函数清单：

```
004013e0    PUSH    EBP
004013e1    MOV     EBP,ESP
004013e3    POP     EBP
004013e4    RET
```

取消定义此函数将产生这里显示的一系列未分类的字节，我们几乎可以以任何方式对其进行重新格式化：

```
004013e0    ??    55h    U
004013e1    ??    89h
004013e2    ??    E5h
004013e3    ??    5Dh    ]
004013e4    ??    C3h
```

要反汇编未定义的字节序列，可以右击要反汇编的第一个字节，并从菜单中选择 Disassemble。这将使 Ghidra 在该点上开始运行递归下降算法。在执行代码转换操作之前，通过点击和拖动来选择地址范围，可以将大区域转换为代码。

将代码转换为数据稍微复杂一些。首先，你不能使用上下文菜单直接将代码转换为数据，除非你首先将要转换为数据的指令取消定义，然后适当地格式化字节。基本的数据格式化将在下一节讨论。

7.4　基本的数据转换

要理解一个程序的行为，正确的数据格式化可能和正确的代码格式化一样重要。Ghidra 从各种来源获取信息，并通过算法来确定在反汇编中格式化数据的最合适方法。例如：

- 可以从寄存器的使用方式来推断数据的类型和大小。从内存加载 32 位寄存器的指令意味着相关内存位置包含 4 字节的数据类型（尽管我们可能无法区分是 4 字节整数还是 4 字节指针）。
- 函数原型可用于为函数参数指定数据类型。为了达到这个目的，Ghidra 维护了一个庞大的函数原型库，对传递给函数的参数进行分析，以试图将参数与内存位置联系起来。如果发现了这种联系，就可以将该数据类型应用到相关的内存位置。考虑一个函数，其单一参数是指向 CRITICAL_SECTION（Windows API 数据类型）的指针。如果 Ghidra 能够确定调用该函数时传递的地址，则该地址将被标记为 CRITICAL_SECTION 对象。
- 对字节序列的分析可以揭示可能的数据类型。这正是扫描二进制文件的字符串内容时发生的情况。当遇到 ASCII 字符的长序列时，假设它们代表字符数组也不是没有道理的。

在接下来的几节中，我们将讨论一些可以在反汇编中对数据执行的基本转换。

7.4.1　指定数据类型

Ghidra 提供了数据大小和类型的描述符，最常见的是 byte、word、dword 和 qword，分别代表长度为 1、2、4 和 8 字节的数据。可以通过右击任何包含数据（不是指令）的反汇编行，并选择 Set Data Type 来设置或更改数据类型，如图 7-17 所示。

图 7-17：Data 子菜单

该菜单允许选择数据类型，并立刻更改当前选定项目的格式和数据大小。Cycle 选项可以让你在一组相关的数据类型中快速循环，例如数字、字符和浮点类型，如图 7-18 所示（有相关热键）。例如，重复按 F 可以在浮点类型和双浮点类型之间循环，因为它们是该循环组中唯一的项目。

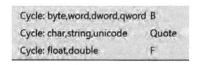

图 7-18: Cycle 组

切换数据类型可能导致数据项变大、变小或保持不变。如果一个项目的大小保持不变，唯一可观察到的变化是数据的格式化方式。例如，如果你将项目的大小从 ddw（4 字节）减少到 db（1 字节），则其他多出来的字节都是未定义的。如果你增加了项目的大小，Ghidra 会警告产生的冲突并指示如何解决。图 7-19 中显示了一个涉及数组大小的例子。

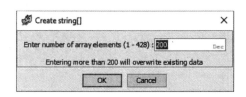

图 7-19: 数组声明和警告的例子

7.4.2 处理字符串

选择 Search→For Strings 会弹出如图 7-20 所示的对话框，在这里你可以设置和控制特定字符串搜索的条件。虽然该窗口中大多数字段都不需要特别说明，但 Ghidra 特有的功能是能够将词模型（Word Model）与搜索相关联。词模型可用于确定特定字符串在给定的上下文中是否被认为是一个词。词模型将在第 13 章中讨论。

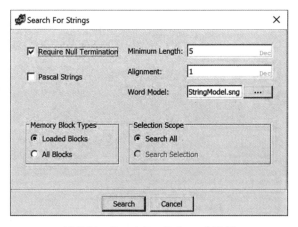

图 7-20: Search For Strings 对话框

执行搜索后，结果将显示在字符串搜索窗口中（图 7-21）。后续的搜索将在同一窗口中被标记出来，窗口标题栏将包含每个搜索的时间戳，以便对它们进行排序。

字符串搜索窗口的最左边一列包含指示字符串定义状态的图标（从未定义到冲突）。这些图标的含义如图 7-22 所示。要显示或隐藏任何类别的字符串，请切换标题栏中的相应图标。

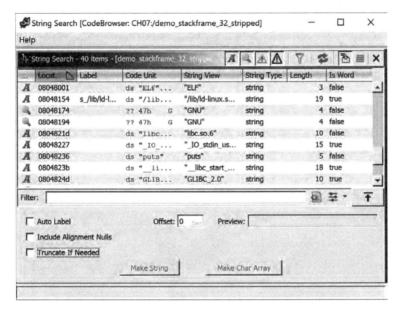

图 7-21：显示搜索结果的字符串搜索窗口

Icon	Definition
𝐴	The string is already defined (and thus appears in the Defined Strings window). Such strings are usually the target of a cross-reference.
🔍	The string is not defined. The string is not the target of a cross-reference, and the bytes generally appear as individual hex values.
⚠	Part of the string has been defined. Usually this is a string that has a defined string as a substring.
⚠	The string conflicts (overlaps) with something already defined such as existing instructions or data.

图 7-22：字符串切换图标的定义

使用这些图标可以轻松识别代码中尚未定义为字符串的项目，通过选择这些项目并根据需要点击"Make String"或"Make Char Array"按钮，可以从这些项目中创建字符串或字符数组。这些新定义的实体会显示在 Defined Strings 窗口中，请参见 5.3.3 节"字符串定义窗口"。

7.4.3　定义数组

对于源自高级语言的反汇编清单，其中一个缺点是，它们很少提供关于数组大小的线索。在反汇编清单中，如果数组中的每个项目都在自己的行上指定，则数组可能需要大量的空间。以下清单显示了数据节中的一个项目序列，其中只有第一项被其他指令引用，这表明它可能是数组中的第一个元素。通常，数组中的其他元素不会被直接引用，而是通过相对于数组开头的索引计算来引用。

```
    DAT_004195a4                        XREF[1]:  main:00411727(W)
 004195a4    undefined4    ??
 004195a8    ??            ??
 004195a9    ??            ??
```

004195aa	??	??
004195ab	??	??
004195ac	??	??
004195ad	??	??
004195ae	??	??
004195af	??	??
004195b0	??	??
004195b1	??	??
004195b2	??	??
004195b3	??	??
004195b4	??	??
004195b5	??	??
004195b6	??	??

Ghidra 可以将连续的数据定义组合成单个数组定义。要创建数组，可以选择数组的第一个元素，并使用上下文菜单中的 Data→Create Array 选项（或热键 "["）。系统会提示你输入数组中元素的数量，或者也可以使用 Ghidra 给出的默认值（如果选择了一个数据范围，而不是单个值，则 Ghidra 将使用你的选择范围作为数组边界）。默认情况下，与数组元素相关的数据类型和大小是基于第一个元素的数据类型。数组以折叠的形式显示，但可以展开来查看各个元素。每行显示的元素数量在 CodeBrowser 窗口的 Edit→Tool Option 选项中控制。有关数组的更多细节将在第 8 章中讨论。

7.5　小结

本章包含了 Ghidra 用户需要执行的最常见操作。反汇编操作可以让你将理论知识与 Ghidra 在分析阶段产生的信息相结合，从而产生更有价值的信息。与源代码中一样，有效地使用名称、分配数据类型和详细的注释，不仅可以帮你记住所分析的内容，还可以极大地帮助其他使用你工作进展的人。在下一章中，我们将看看如何处理更复杂的数据结构，例如 C 结构体，并研究编译后 C++的一些底层细节。

第 8 章

数据类型和数据结构

理解在分析二进制文件时遇到的数据类型和数据结构是逆向工程的基础。传递给函数的数据是逆向函数签名（函数所需参数的数量、类型和顺序）的关键。除此之外，通过函数中声明和使用的数据类型和数据结构，可以知道每个函数的功能是什么。因此，从汇编语言层面理解数据类型和数据结构如何表示和操作，是非常重要的。

本章我们将用大量时间来讨论这些对逆向工程的成功至关重要的话题。我们会演示如何识别汇编代码中使用的数据结构，并在 Ghidra 中为这些结构建模。我们会演示 Ghidra 丰富的结构布局如何节省你的分析时间。由于 C++类是 C 结构体的复杂扩展，本章将以逆向编译后的 C++程序作为结尾。现在，让我们开始讨论编译后程序中发现的各种数据类型和结构体吧。

8.1 理解数据

作为逆向工程师，需要把反汇编中看到的数据都弄明白。观察一个变量作为已知函数的参数如何使用，是将特定数据类型与变量联系起来的最简单的方法。在分析阶段，Ghidra 会尽一切努力，根据它拥有的所有函数原型来推断所使用变量的数据类型。

对于导入的库函数，Ghidra 通常已经知道该函数的原型。在这种情况下，可以在清单窗口或符号树窗口中将鼠标指针悬停在函数名上，来很方便地查看其原型。如果 Ghidra 不知道函数的参数序列，那么它至少应该知道该函数是从哪个库导入的（见符号树窗口的 Imports 文件夹）。发生这种情况时，了解该函数签名和行为的最佳方式是查阅相关手册和 API 文档，或者直接在搜索引擎中搜索。

要理解二进制程序的行为，最简单的方法就是对程序调用的库函数进行分类。例如，C 程序调用 connect 函数是为了创建网络连接，Windows 程序调用 RegOpenKey 函数是为了访问注册表。尽管如此，要理解如何以及为什么调用这些函数，还需要做进一步的分析。

要知道一个函数是如何调用的，需要先知道与该函数相关的参数。来看一个 C 程序，在获取 HTML 页面的时候调用了 connect 函数。为了调用该函数，程序需要知道托管网页服务器的 IP 地址和目标端口，这是由名为 getaddrinfo 的库函数提供的。Ghidra 知道这是一个库函数，所以在调用时添加了一条注释，以便在清单窗口中为我们提供额外的信息，如下所示：

```
00010a30 CALL getaddrinfo int getaddrinfo(char * __name, c...
```

你可以通过多种方式获得关于此调用的更多信息。将鼠标指针悬停在指令右侧的注释缩写上，可以看到 Ghidra 提供的完整函数原型，包括函数调用中传递的参数。将鼠标指针悬停在符号树中的函数名上，也可以在弹出窗口中看到函数原型和参数。或者，还可以从右键菜单中选择 Edit Function，它以可编辑格式提供了相同的信息。如果想了解更多信息，可以使用数据类型管理器窗口查找特定参数，例如 addrinfo 数据类型。如果在前面的清单中单击了 getaddrinfo，可以看到图 8-1 中的内容被复制到了清单中（这是一个 thunk 函数，会在 10.3 节中讲解）。

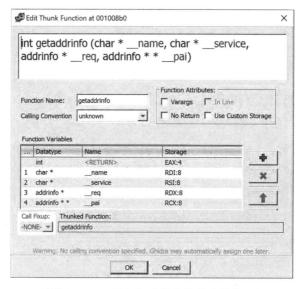

图 8-1：getaddrinfo 函数的编辑函数窗口

最后，其实并不需要浏览符号树和数据类型管理器窗口来获得这些信息，因为它们已经被应用到了反编译器窗口中。可以看一下反编译器窗口，Ghidra 已经通过已加载类型库的信息，为结构体中包含的字段分配了成员名称（addrinfo）。对于这个例子，可以在下面这段来自反编译器的代码中，看到成员名称 ai_family 和 ai_socktype，我们就知道 local_48 是一个结构体，用于获取 connect 函数所需的信息。ai_family 表示使用 IPv4 地址（2 等同于符号常量 AF_INET），ai_socktype 表示使用流套接字（1 等同于符号常量 SOCK_STREAM）。

```
local_48.ai_family = 2;
local_48.ai_socktype = 1;
local_10 = getaddrinfo(param_1,"www",&local_48,&local_18);
```

8.2 识别数据结构的使用

虽然原始数据类型通常适用于处理器的寄存器或指令的操作数，但复合数据类型，如数组和结构体，通常需要更复杂的指令序列，才能访问它们包含的各个数据项。Ghidra 实现了一些技术，用于提高使用了复合数据类型的代码的可读性，但在讨论这项技术之前，我们需要先熟悉一下这类代码。

8.2.1　数组成员访问

就内存布局而言，数组是最简单的复合数据结构。通常，数组是连续的内存块，包含相同类型的连续元素（同构集合）。数组的大小是数组中元素的数量与每个元素的大小的乘积。在 C 语言中，声明整数数组的方式如下：

```
int array_demo[100];
```

其大小的计算方法如下：

```
int bytes = 100 * sizeof(int); // or 100 * sizeof(array_demo[0])
```

可以指定一个索引值来访问单个数组元素，该索引值可以是变量也可以是常量，如下所示是有效的数组引用：

```
❶ array_demo[20] = 15;               // fixed index into the array
   for (int i = 0; i < 100; i++) {
❷    array_demo[i] = i;              // varying index into the array
```

假设 sizeof(int) 是 4 字节，那么第一次❶所访问的是数组中以 80 字节为偏移量的整数值，而第二次❷是数组中分别以 0、4、8、…、96 字节为偏移量的整数值。在大多数情况下，第二次数组访问的偏移量必须在运行时才能计算出来，因为循环计算器 i 的值在程序编译时无法确定。因此，每次通过循环时都要计算 i*4 的乘积，以得到进入数组的确切偏移量。

另外，数组的访问方式不仅取决于所使用的索引类型，还取决于数组在程序内存空间中被分配的位置。

全局分配的数组

当数组被分配在程序的全局数据区（例如.data 和.bss 部分）时，编译器在编译时就知道数组的基址，因此它可以为使用固定索引访问的数组元素计算出固定地址。考虑下面这个程序，它在访问全局数组时使用了固定索引和变量索引。

```
int global_array[3];
int main(int argc, char **argv) {
    int idx = atoi(argv[1]); //not bounds checked for simplicity
    global_array[0] = 10;
    global_array[1] = 20;
    global_array[2] = 30;
    global_array[idx] = 40;
}
```

C 语言数组索引

为简单起见，我们说 C 语言数组使用整数作为索引，可以是变量也可以是常量。实际上，任何可以被计算或解释为整数的表达式都是有效索引。一般情况下，任何可以使用整数的地方，也都可以使用计算结果为整数的表达式。当然，也不仅仅局限于整数。C 语言会评估你提供的任何表达式，并试图使其适用于预期的变量类型。如果这些值超出了数组范围，可能会产生可利用的安全漏洞，数据会被读取或写入数组外的内存区域，或者当目标地址在程序中是一个无效地址时，那么程序将直接崩溃。

我们来看剥离了符号信息版本的二进制文件，主函数的部分反汇编代码如下所示：

```
...
00100657 CALL     atoi
0010065c MOV      dword ptr [RBP + local_c],EAX
0010065f MOV      dword ptr [DAT_00301018],10 ❶
00100669 MOV      dword ptr [DAT_0030101c],20 ❷
00100673 MOV      dword ptr [DAT_00301020],30 ❸
0010067d MOV      EAX,dword ptr [RBP + local_c]
00100680 CDQE
00100682 LEA      RDX,[RAX*4] ❹
0010068a LEA      RAX,[DAT_00301018] ❺
00100691 MOV      dword ptr [RDX + RAX*1]=>DAT_00301018,40 ❻
...
```

虽然该程序只有一个全局变量（全局数组），但反汇编代码❶❷❸似乎指示了三个全局变量：分别为 DAT_00301018、DAT_0030101c 和 DAT_00301020。然而，LEA 指令❺加载的是前面看到的一个全局变量地址❶，它与偏移量（RAX*4）❹相加从而扩展了内存访问地址❻，这种情况通常说明 DAT_00301018 很可能是一个全局数组的基址。带注释的操作数=> DAT_00301018❻为我们提供了数组的基址，40 将被写到这里。

什么是剥离的二进制文件

在编译器生成目标文件时，它们必须包含足够的信息，以便链接器能够完成相应的工作。其中一项就是利用编译器生成的符号信息来解析目标文件之间的引用，例如调用一个主体位于不同文件中的函数。在许多情况下，链接器会结合目标文件中的所有符号表信息，并将合并信息包含在生成的可执行文件中。这些信息对于可执行文件的正常运行并不是必须的，但从逆向工程的角度来看是非常有用的，因为 Ghidra（以及调试器等其他工具）可以使用符号表信息来恢复函数和全局变量的名称和大小。

剥离一个二进制文件意味着删除可执行文件中对其运行没有影响的部分。这可以通过命令行工具 strip 对可执行文件进行处理来实现，也可以向编译器/链接器提供构建选项（gcc/ld 的-s）来让它们自己生成剥离的二进制文件。除了符号表信息，strip 还可以删除任何调试符号信息，如局部变量名和类型信息，这些信息是在构建时嵌入二进制文件里的。在缺乏符号信息时，逆向工程工具就必须具有识别和命名函数和数据的算法。

根据 Ghidra 分配的名称，我们知道该全局数组是从地址 00301018 开始的 12 个字节。在编译阶段，编译器使用固定索引（0、1、2）来计算数组中相应元素的实际地址（00301018、0030101c 和

00301020），并且通过❶、❷和❸处的全局变量来引用。根据赋予这些位置的数值，可以推测出数组中的元素是 32 位整数（dword）。如果导航到清单中的关联数据，可以看到以下内容。

```
    DAT_00301018
00301018        ??          ??
00301019        ??          ??
0030101a        ??          ??
0030101b        ??          ??
    DAT_0030101c
0030101c        ??          ??
0030101d        ??          ??
0030101e        ??          ??
0030101f        ??          ??
    DAT_00301020
00301020        ??          ??
00301021        ??          ??
00301022        ??          ??
00301023        ??          ??
```

问号表示该数组可能是在程序的.bss 节中分配的，并且在文件映像中没有初始值。

在反汇编代码中，当使用变量来索引访问数组时，会更容易识别，而当使用常量索引来访问全局数组时，相应的数组元素会被显示为全局变量。另外，使用变量索引还可以看出❺处数组的基址和❹处单个元素的大小，因为数组的偏移量必须通过索引来计算得到。（在汇编语言中，这种扩展地址操作将整数数组的索引转换为数组元素的字节偏移量。）

使用上一章中讲过的 Ghidra 类型和数组格式化操作（Data→Create Array），我们可以将 DAT_000301018 格式化为包含三个元素的整数数组，从而让反汇编中的索引操作使用数组名，而不是偏移量：

```
00100660 MOV dword ptr [INT_ARRAY_00301018],10
0010066a MOV dword ptr [INT_ARRAY_00301018[1]],20
00100674 MOV dword ptr [INT_ARRAY_00301018[2]],30
```

Ghidra 分配的默认数组名是 INT_ARRAY_00301018，包含了数组的类型和起始地址。

更新注释中的符号信息

当你开始识别数据类型并修改符号名称时，可以选择自动更新注释，以确保添加到清单中的有价值的注释不会因此过时或难以跟踪。符号注释选项用于将引用包含到符号中，并随着对符号的修改而自动更新（参见第 132 页的"注释"部分）。

让我们看一下创建数组之前（图 8-2）和之后（图 8-3）的反编译器窗口。在图 8-2 中，第 2 行的警告是另一条重要线索，说明你可能正在查看一个数组，并且整数值的赋值操作也说明了数组类型为整数。

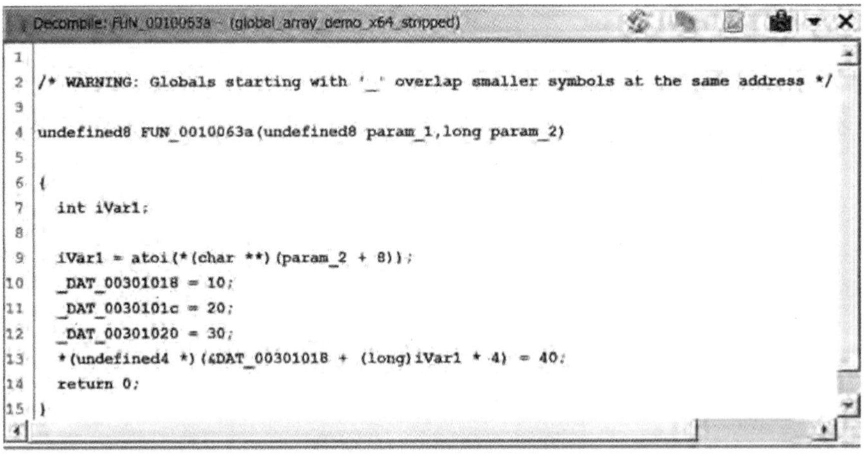

图 8-2：创建数组之前的反编译器窗口

完成整数数组创建之后，反编译器窗口中的代码会自动更新，以使用新创建的数组变量，如图 8-3 所示。

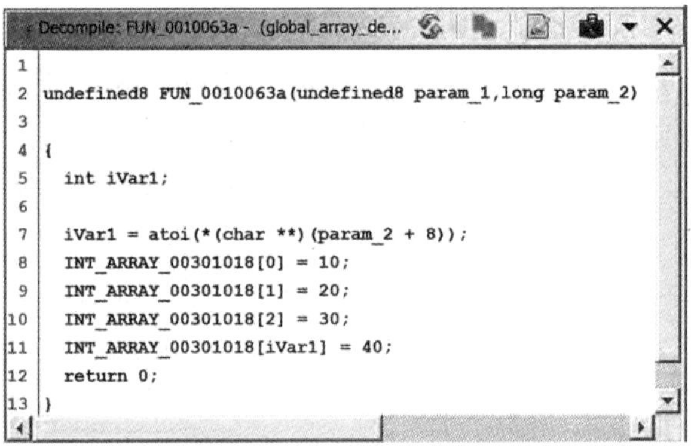

图 8-3：创建数组之后的反编译器窗口

栈分配的数组

对于编译时在栈上作为局部变量分配给函数的数组，编译器是无法得知其绝对地址的，所以即使是使用常量索引来访问，也需要在运行时进行一些计算。尽管存在这些差异，编译器通常还是将栈分配的数组视为与全局分配的数组几乎完全相同。

将前面的例子稍作修改得到如下程序，使用栈分配的数组来取代全局数组：

```
int main(int argc, char **argv) {
    int stack_array[3];
    int idx = atoi(argv[1]); //bounds check omitted for simplicity
    stack_array[0] = 10;
    stack_array[1] = 20;
    stack_array[2] = 30;
    stack_array[idx] = 40;
}
```

在编译时，stack_array 将被分配的地址是未知的，所以编译器不能像对待 global_array[2]那样预先计算 stack_array[2]的地址。但是，编译器可以计算出数组中任意元素的相对位置。例如，元素 stack_array[2]与数组开头的偏移量是 2*sizeof(int)，并且编译器在编译时就很清楚这一点。如果编译器选择在栈帧内偏移量为 EBP-0x18 的位置分配 stack_array，它会计算出 EBP-0x18+2*sizeof(int)得到 EBP-0x10，从而减轻运行时访问 stack_array[2]的计算量。这在下面的清单中非常明显：

```
        undefined main()
            undefined        AL:1              <RETURN>
            undefined4       Stack[-0xc]:4      local_c   ❶
            undefined4       Stack[-0x10]:4     local_10
            undefined4       Stack[-0x14]:4     local_14
            undefined4       Stack[-0x18]:4     local_18
            undefined4       Stack[-0x1c]:4     local_1c
            undefined8       Stack[-0x28]:8     local_28
0010063a PUSH      RBP
0010063b MOV       RBP,RSP
0010063e SUB       RSP,0x20
00100642 MOV  ❷   dword ptr [RBP + local_1c],EDI
00100645 MOV       qword ptr [RBP + local_28],RSI
00100649 MOV       RAX,qword ptr [RBP + local_28]
0010064d ADD       RAX,0x8
00100651 MOV       RAX,qword ptr [RAX]
00100654 MOV       RDI,RAX
00100657 MOV       EAX,0x0
0010065c CALL      atoi
00100661 MOV  ❸   dword ptr [RBP + local_c],EAX
00100664 MOV  ❹   dword ptr [RBP + local_18],10
0010066b MOV       dword ptr [RBP + local_14],20
00100672 MOV       dword ptr [RBP + local_10],30
00100679 MOV       EAX,dword ptr [RBP + local_c]
0010067c CDQE
0010067e MOV       dword ptr [RBP + RAX*0x4 + -0x10],40  ❺
00100686 MOV       EAX,0x0
0010068b LEAVE
0010068c RET
```

这个数组比全局数组更难检测。该函数看起来有六个不相关的变量❶（local_c、local_10、local_14、local_18、local_1c 和 local_28），而不是一个包含三个整数的数组和一个整数索引变量。其中两个局部变量（local_1c 和 local_28）是函数的两个参数 argc 和 argv，被保存起来供以后使用❷。

常量索引值的使用往往会掩盖栈分配数组的存在，因为你只能看到对单个局部变量的赋值❹。只有乘法才能提示一个数组的存在，因为每个元素都是 4 字节❺。让我们进一步分解这条语句：RBP 保存了栈帧基址指针地址；RAX*4 是数组索引（由 atoi 转换并保存在 local_c 中❸）乘以数组元素的大小；-0x10 是从 RBP 到数组开头的偏移量。

将局部变量转换为数组的过程与在清单的数据部分创建数组略有不同。因为栈结构体的信息与函数中的第一个地址相关联，不能只选择栈变量的一部分，所以应该将鼠标指针放在数组开头的变量 local_18 上，右击并从菜单中选择 Set Data Type→Array，然后指定数组中元素的个数。Ghidra 将显示一条警告信息，提示我们创建的数组与局部变量存在冲突，如图 8-4 所示。

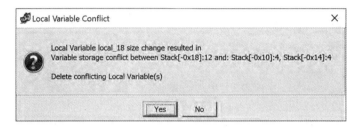

图 8-4：定义栈数组时关于潜在冲突的警告

如果继续，尽管有潜在冲突，你依然可以在清单窗口中看到创建的数组，如下所示：

```
...
00100664 MOV dword ptr [RBP + local_18[0]],10
0010066b MOV dword ptr [RBP + local_18[1]],20
00100672 MOV dword ptr [RBP + local_18[2]],30
...
```

即使定义了数组，图 8-5 中的反编译清单也跟源代码不一样。反编译器忽略了静态数组赋值，因为它认为这些赋值对函数的结果没有影响。对 atoi 的调用和由此产生的赋值依然存在，因为 Ghidra 无法判断调用 atoi 会造成什么影响，但它将 atoi 返回的结果误认为是数组的第四个元素（反汇编清单中的 local_c，反编译清单中的 iVar1）。

```
Decompile: main - (stack_array_d...

1
2   undefined8 main(undefined8 param_1,long param_2)
3
4   {
5     int iVar1;
6     undefined4 local_18 [4];
7
8     iVar1 = atoi(*(char **)(param_2 + 8));
9     local_18[iVar1] = 40;
10    return 0;
11  }
```

图 8-5：定义数组后函数的反编译视图

堆分配的数组

堆分配的数组是通过动态内存分配函数进行分配的，例如 malloc（C）和 new（C++）。从编译器的角度来看，处理堆分配数组的主要区别在于，编译器必须根据内存分配函数返回的地址来生成对数组的所有引用。下面的 C 程序在堆中分配了一个小数组：

```
int main(int argc, char **argv) {
    int *heap_array = (int*)malloc(3 * sizeof(int));
    int idx = atoi(argv[1]); //bounds check omitted for simplicity
    heap_array[0] = 10;
```

```
    heap_array[1] = 20;
    heap_array[2] = 30;
    heap_array[idx] = 40;
}
```

对应的反汇编代码比前面两个例子要复杂一些：

```
    undefined main()
        undefined       AL:1              <RETURN>
        undefined8      Stack[-0x10]:8    heap_array
        undefined4      Stack[-0x14]:4    local_14
        undefined4      Stack[-0x1c]:4    local_1c
        undefined8      Stack[-0x28]:8    local_28
0010068a PUSH     RBP
0010068b MOV      RBP,RSP
0010068e SUB      RSP,0x20
00100692 MOV      dword ptr [RBP + local_1c],EDI
00100695 MOV      qword ptr [RBP + local_28],RSI
00100699 MOV      EDI,0xc ❶
0010069e CALL     malloc
001006a3 MOV      qword ptr [RBP + heap_array],RAX ❷
001006a7 MOV      RAX,qword ptr [RBP + local_28]
001006ab ADD      RAX,0x8
001006af MOV      RAX,qword ptr [RAX]
001006b2 MOV      RDI,RAX
001006b5 CALL     atoi
001006ba MOV      dword ptr [RBP + local_14],EAX
001006bd MOV      RAX,qword ptr [RBP + heap_array]
001006c1 MOV      dword ptr [RAX],10 ❸
001006c7 MOV      RAX,qword ptr [RBP + heap_array]
001006cb ADD      RAX,0x4 ❹
001006cf MOV      dword ptr [RAX],20
001006d5 MOV      RAX,qword ptr [RBP + heap_array]
001006d9 ADD      RAX,0x8 ❺
001006dd MOV      dword ptr [RAX],30
001006e3 MOV      EAX,dword ptr [RBP + local_14]
001006e6 CDQE
001006e8 LEA      RDX,[RAX*0x4] ❻
001006f0 MOV      RAX,qword ptr [RBP + heap_array]
001006f4 ADD❼     RAX,RDX
001006f7 MOV      dword ptr [RAX],40
001006fd MOV      EAX,0x0
00100702 LEAVE
00100703 RET
```

数组的起始地址（通过 malloc 的 RAX 寄存器返回）保存在局部变量 heap_array 中❷。在本例中，与前面的例子不同，对数组的每次访问都是从读取 heap_array 的内容开始，以获得数组的基址。对 heap_array[0]、heap_array[1] 和 heap_array[2] 的引用分别需要 0❸、4❹和 8❺字节的偏移量。变量索引数组访问 heap_array[idx] 是通过多条指令实现的，先将数组索引乘以数组元素的大小得到数组内的偏移量❻，然后将计算结果加上数组的基址❼。

堆分配的数组有一个非常好的特性：分配给数组的元素个数可以根据数组大小和单个元素的大小来计算得到。传递给内存分配函数的参数（传递给 malloc 的 12❶）表明了分配给数组的字节数。用这个参数除以单个元素的大小（本例中为 4 字节，通过偏移量❸❹❺和乘法因子❻可以看出），就可以得到数组中元素的个数。在本例中，就是分配了一个包含三个元素的数组。

另外，反编译器也能识别这个数组，如图 8-6 所示。（数组指针的名称是 puVar2，表示它是一个无符号整数指针，使用 pu 作为前缀。）

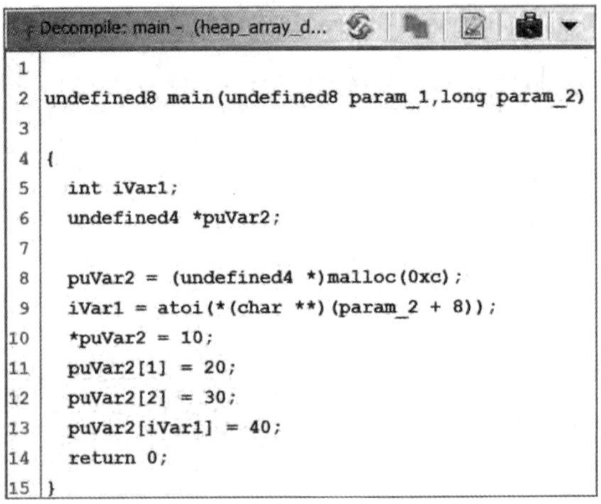

```
Decompile: main - (heap_array_d...
1
2   undefined8 main(undefined8 param_1,long param_2)
3
4   {
5       int iVar1;
6       undefined4 *puVar2;
7
8       puVar2 = (undefined4 *)malloc(0xc);
9       iVar1 = atoi(*(char **)(param_2 + 8));
10      *puVar2 = 10;
11      puVar2[1] = 20;
12      puVar2[2] = 30;
13      puVar2[iVar1] = 40;
14      return 0;
15  }
```

图 8-6：堆数组函数的反编译视图

在这个函数中，与栈分配数组的函数不同，反编译清单显示了常量索引数组的赋值，尽管它们通常会被排除，因为数组没有用于其他操作或者从函数返回。这里的情况有所不同，因为这些赋值不只是在操作栈变量：这些栈变量实际上是 malloc 从堆中请求的内存指针，通过它们写入的数据不是保存到局部栈变量，而是保存到它们指向的内存。当函数退出时，这些指针（堆数组的起始地址）可能会丢失，但它们的值会在内存中持续存在，因此这个特殊的例子实际上存在内存泄漏。

总之，当变量用于数组索引时，数组最容易被识别出来。数组访问操作需要先通过数组元素的大小计算偏移，然后将结果加上数组的基址，这些指令可以在反汇编清单中看到。

8.2.2 结构体成员访问

C 结构体，这里统称为结构体，将数据项集合（通常是异构的）组合成一个复合数据类型。在源代码中，结构体数据字段是通过名称而不是索引来访问的。不幸的是，这些信息丰富的字段名被编译器替换成了数字偏移量，所以当你查看反汇编代码时，结构体字段的访问看起来与使用常量索引访问数组元素非常相似。

下面的结构体定义包含五个异构字段，在后面的示例中会用到：

```
struct ch8_struct {   //Size   Minimum offset   Default offset
    int field1;       // 4           0                0
```

```
    short field2;      // 2         4                 4
    char field3;       // 1         6                 6
    int field4;        // 4         7                 8
    double field5;     // 8         11                16
};                     // Minimum total size: 19 Default size: 24
```

当编译器遇到一个结构体定义时，它会计算出结构体占用的总字节数，并确定每个字段的偏移量。分配给结构体的最小空间，由结构体中每个字段所需空间的总和决定。但是，你绝不能因此认为编译器会使用最小空间来分配结构体。默认情况下，编译器会将结构体字段与内存地址对齐，从而最高效地读写这些字段。例如，4 字节的整数字段会被对齐到能被 4 整除的偏移量，而 8 字节的双精度字段会被对齐到能被 8 整除的偏移量。根据结构体的组成，编译器可能会插入填充字节以满足对齐要求，这意味着结构体的实际大小将大于其组成字段大小的总和。在前面例子的注释中，可以看到结构体的默认偏移量和实际大小，它们的总和是 24 而不是最小值 19。

通过指定编译器选项来要求特定的成员对齐，可以将结构压缩到所需的最小空间。Microsoft C/C++ 和 GNU gcc/g++ 都可以识别 pack 杂注（progma），用于控制结构体字段的排列。GNU 编译器还可以识别 packed 属性，用于在结构体整体的层面上控制结构体对齐。要求结构体字段进行 1 字节对齐，会让编译器将结构体压缩到最小空间。在示例中，可以在最小偏移栏看到偏移量和结构体大小（注意，以这种方式对齐数据后，某些处理器的性能会更好，但另外一些处理器可能会因为数据没有以特定边界对齐而产生异常）。

了解这些事实后，让我们看看编译后的代码是如何处理结构体的。和数组一样，对结构体成员的访问是通过将结构体的基址加上所需成员的偏移量来实现的。然而，虽然数组偏移可以在运行时由提供的索引值计算出来（因为每个数组元素的大小相同），但结构体偏移必须在编译时计算出来，作为固定偏移量出现在编译后的代码中，因而看起来与使用常量索引的数组引用几乎完全相同。

在 Ghidra 中创建结构体比创建数组更复杂，所以我们在下一节中再做讲解，这里展示几个结构体的反汇编和反编译的例子。

全局分配的结构体

和全局分配的数组一样，全局分配的结构体地址在编译时就可获知。这使得编译器能够在编译时计算出结构体中每个成员的地址，而不必在运行时做任何计算。下面是访问全局分配结构体的例子：

```
struct ch8_struct global_struct;
int main() {
    global_struct.field1 = 10;
    global_struct.field2 = 20;
    global_struct.field3 = 30;
    global_struct.field4 = 40;
    global_struct.field5 = 50.0;
}
```

如果这个程序是用默认的结构体对齐选项编译的，可能会得到下面的反汇编代码：

```
    undefined main()
        undefined         AL:1              <RETURN>
001005fa PUSH    RBP
001005fb MOV     RBP,RSP
001005fe MOV     dword ptr [DAT_00301020],10
00100608 MOV     word ptr [DAT_00301024],20
00100611 MOV     byte ptr [DAT_00301026],30
00100618 MOV     dword ptr [DAT_00301028],40
00100622 MOVSD   XMM0,qword ptr [DAT_001006c8]
0010062a MOVSD   qword ptr [DAT_00301030],XMM0
00100632 MOV     EAX,0x0
00100637 POP     RBP
00100638 RET
```

这段反汇编代码在访问结构体成员时无须做任何计算，如果没有源代码，根本无法判断这是一个结构体。因为编译器在编译时已经完成了所有偏移量的计算，所以这个程序似乎引用的是五个全局变量，而不是一个结构体中的五个字段。你应该能够注意到，这里的情况与前面使用常量索引值的全局分配数组的例子非常相似。

在图 8-2 中，统一的偏移量加上数值能够让我们确定这是一个数组。而在本例中，我们也可以确定这不是一个数组，因为变量的大小不是统一的（分别为 dword、word、dword 和 qword），只是我们还缺乏足够的证据来确定这是不是一个结构体。

栈分配的结构体

和栈分配的数组一样，栈分配的结构体也很难仅根据栈布局来识别，而且反编译器也没能提供其他线索。修改前面的程序，使用栈分配的结构体并在 main 函数中声明，可以得到如下汇编代码：

```
    undefined main()
        undefined         AL:1              <RETURN>
        undefined8     Stack[-0x18]:8   local_18
        undefined4     Stack[-0x20]:4   local_20
        undefined1     Stack[-0x22]:1   local_22
        undefined2     Stack[-0x24]:2   local_24
        undefined4     Stack[-0x28]:4   local_28
001005fa PUSH    RBP
001005fb MOV     RBP,RSP
001005fe MOV     dword ptr [RBP + local_28],10
00100605 MOV     word ptr [RBP + local_24],20
0010060b MOV     byte ptr [RBP + local_22],30
0010060f MOV     dword ptr [RBP + local_20],40
00100616 MOVSD   XMM0,qword ptr [DAT_001006b8]
0010061e MOVSD   qword ptr [RBP + local_18],XMM0
00100623 MOV     EAX,0x0
00100628 POP     RBP
00100629 RET
```

同样，因为编译器在编译时确定了栈帧中每个字段的相对偏移量，所以在访问结构体字段时不需要进行任何计算。在本例中，我们看到的同样是五个变量，而不是一个包含五个字段的结构体变量。实际上，local_28 应该是这个 24 字节结构体的第一个变量，其他每个变量也都应该以某种统一的方式访问，以反映它们是结构体中的字段这一事实。

堆分配的结构体

堆分配的结构体展现出了关于结构体大小及其字段布局的更多信息。如果一个结构体被分配到程序堆中，编译器在访问其字段时，必须生成代码来计算字段地址，因为结构体地址在编译时是未知的。对于全局分配的结构体，编译器能够计算出一个固定的起始地址；对于栈分配的结构体，编译器能够计算出结构体起始地址与相关栈帧的帧指针之间的固定关系；而对于堆分配的结构体，编译器引用该结构体的唯一办法，就是使用指向该结构体起始地址的指针。

修改前面的程序，在 main 函数中声明一个指针，并给它分配足够的内存块，以容纳堆分配的结构体：

```
int main() {
    struct ch8_struct *heap_struct;
    heap_struct = (struct ch8_struct*)malloc(sizeof(struct ch8_struct));
    heap_struct->field1 = 10;
    heap_struct->field2 = 20;
    heap_struct->field3 = 30;
    heap_struct->field4 = 40;
    heap_struct->field5 = 50.0;
}
```

对应的反汇编代码如下所示：

```
      undefined main()
          undefined       AL:1               <RETURN>
          undefined8      Stack[-0x10]:8     heap_struct
0010064a PUSH    RBP
0010064b MOV     RBP,RSP
0010064e SUB     RSP,16
00100652 MOV     EDI,24 ❶
00100657 CALL    malloc
0010065c MOV     qword ptr [RBP + heap_struct],RAX
00100660 MOV     RAX,qword ptr [RBP + heap_struct]
00100664 MOV     dword ptr [RAX],10 ❷
0010066a MOV     RAX,qword ptr [RBP + heap_struct]
0010066e MOV     word ptr [RAX + 4],20 ❸
00100674 MOV     RAX,qword ptr [RBP + heap_struct]
00100678 MOV     byte ptr [RAX + 6],30 ❹
0010067c MOV     RAX,qword ptr [RBP + heap_struct]
00100680 MOV     dword ptr [RAX + 8],40 ❺
00100687 MOV     RAX,qword ptr [RBP + heap_struct]
0010068b MOVSD   XMM0,qword ptr [DAT_00100728]
00100693 MOVSD   qword ptr [RAX + 16],XMM0 ❻
00100698 MOV     EAX,0x0
```

```
0010069d LEAVE
0010069e RET
```

在这个例子中，我们可以看出该结构体的大小和布局。根据 malloc❶请求的内存大小，可以推测出结构体大小是 24 字节。该结构体包含以下字段：

- 一个 4 字节字段（dword），偏移量为 0；❷
- 一个 2 字节字段（word），偏移量为 4；❸
- 一个 1 字节字段，偏移量为 6；❹
- 一个 4 字节字段（dword），偏移量为 8；❺
- 一个 8 字节字段（qword），偏移量为 16；❻

根据浮点指令（MOVSD）的使用，可以进一步推测出 qword 字段实际上是 double 类型的。

将程序按 1 字节对齐的方式压缩结构体，得到的反汇编代码如下所示：

```
0010064a PUSH    RBP
0010064e SUB     RSP,16
00100652 MOV     EDI,19
00100657 CALL    malloc
0010065c MOV     qword ptr [RBP + local_10],RAX
00100660 MOV     RAX,qword ptr [RBP + local_10]
00100664 MOV     dword ptr [RAX],10
0010066a MOV     RAX,qword ptr [RBP + local_10]
0010066e MOV     word ptr [RAX + 4],20
00100674 MOV     RAX,qword ptr [RBP + local_10]
00100678 MOV     byte ptr [RAX + 6],30
0010067c MOV     RAX,qword ptr [RBP + local_10]
00100680 MOV     dword ptr [RAX + 7],40
00100687 MOV     RAX,qword ptr [RBP + local_10]
0010068b MOVSD   XMM0,qword ptr [DAT_00100728] =
00100693 MOVSD   qword ptr [RAX + 11],XMM0
00100698 MOV     EAX,0x0
0010069d LEAVE
0010069e RET
```

唯一的区别是结构体变小了（现在只有 19 字节），每个结构体字段进行了重新排列，所以偏移量有所变化。

无论在编译程序时使用了什么对齐方式，找到在程序堆中分配和操作的结构体，是确定给定数据结构的大小和布局的最快方法。但是在许多函数中，结构体布局并不是那么直观、通过直接访问就可以理解的。你可能需要跟踪结构体指针的使用，并记下每次指针解引用时的偏移量，最终才能拼凑出结构体的完整布局。在 19.2.3 节 "示例 3：自动创建结构体" 中，你将看到反编译器是如何自动化这一过程的。

结构体数组

有些人觉得复合数据结构体很有魅力；可以在大型数据结构体中嵌入小型结构体，从而创造出任意复杂度的结构体。例如，结构体数组、结构体中的结构体、以及数组组成的结构体等。前面关于数组和结构体的讨论同样适用于这种嵌套类型。以下面这个程序为例，heap_struct 指向一个包含五个 ch8_struct 元素的数组。

```
int main() {
    int idx = 1;
    struct ch8_struct *heap_struct;
    heap_struct = (struct ch8_struct*)malloc(sizeof(struct ch8_struct) * 5);
    heap_struct[idx].field1 = 10;
}
```

在底层，访问 field1 字段需要将索引值乘以数组元素的大小（在这里是结构体的大小），然后加上该字段的偏移量。对应的反汇编代码如下所示：

```
        undefined main()
            undefined    AL:1                  <RETURN>
            undefined4   Stack[-0xc]:4         idx
            undefined4   Stack[-0x18]:8        heap_struct
0010064a PUSH      RBP
0010064b MOV       RBP,RSP
0010064e SUB       RSP,16
00100652 MOV       dword ptr [RBP + idx],1
00100659 MOV  ❶   EDI,120
0010065e CALL      malloc
00100663 MOV       qword ptr [RBP + heap_struct],RAX
00100667 MOV       EAX,dword ptr [RBP + idx]
0010066a MOVSXD    RDX,EAX
0010066d MOV  ❷   RAX,RDX
00100670 ADD       RAX,RAX
00100673 ADD       RAX,RDX
00100676 SHL  ❸   RAX,3
0010067a MOV       RDX,RAX
0010067d MOV       RAX,qword ptr [RBP + heap_struct]
00100681 ADD  ❹   RAX,RDX
00100684 MOV  ❺   dword ptr [RAX],10
0010068a MOV       EAX,0
0010068f LEAVE
00100690 RET
```

该函数在堆中分配了 120 字节❶。RAX 中的数组索引通过一系列操作被乘以 24❷，以 SHL RAX,3 结束❸，然后加上数组的起始地址❹（如果你不知道为什么从❷开始的一系列操作等同于乘以 24，不必担心，类似的代码序列会在第 20 章中讲解）。因为 field1 是结构体的第一个成员，所以在生成其最终地址时，不需要添加额外的偏移量❺。

从这些事实中，我们可以推测出数组元素的大小（24），数组元素的个数（120/24=5），以及在每个数组元素的开头（偏移量为 0）有一个 4 字节（dword）的字段。至于每个结构体中剩余的 20 字节是如何分配给其他字段的，这段清单里没有提到。通过图 8-7 中的反编译清单，可以更容易地推测出数组大小（0x18 的十六进制是 24）。

```
┌ Decompile: main - (heap_struct_array_demo_x64_stripped)
1
2  undefined8 main(void)
3
4  {
5    void *pvVar1;
6
7    pvVar1 = malloc(120);
8    *(undefined4 *)((long)pvVar1 + 0x18) = 10;
9    return 0;
10 }
```

图 8-7：堆结构体数组的反编译清单

8.3　用 Ghidra 创建结构体

在上一章中，我们见识了 Ghidra 的数组聚合能力，它将一长串的数据声明变成一个反汇编行，从而简化反汇编代码清单。在下面几节中，我们将讨论 Ghidra 如何使用各种工具来改善操作结构体的代码的可读性。我们的目标是将 [EDX+10h] 之类的结构体引用替换成更具可读性的 [EDX+ch8_struct.field_e]。

当发现程序正在操作一个数据结构时，需要确定：是否要将结构体的字段名合并到反汇编清单中，或者是否能够理解分散在清单中的所有数字偏移量。在某些情况下，Ghidra 可能会识别出 C 标准库或 Windows API 中定义的一部分结构体，并利用它对该结构体布局的认知，将数字偏移量转换成符号化的字段名。这是最理想的情况，因为可以减少很多工作。等对 Ghidra 如何处理通常的结构体定义有了更多了解，我们会回来继续讨论这种情况。

8.3.1　创建结构体

当遇到一个 Ghidra 不认识的结构体时，可以选中数据并通过右键菜单创建这个新的结构体。选择 Data→Create Structure（或使用热键 shift-[）可以打开创建结构体窗口，如图 8-8 所示。由于已经选中了一个数据块（已定义的或未定义的都可以），Ghidra 将尝试识别出与其格式或大小相同的现有结构体。你可以从窗口中选择一个现有的，也可以创建一个新的结构体。在这里，我们使用之前讨论过的全局分配结构体的示例代码，并创建一个名为 ch8_struct 的新结构体。单击确定后，该结构体就成为数据类型管理器窗口中的正式类型，并且传导到其他 CodeBrowser 窗口。

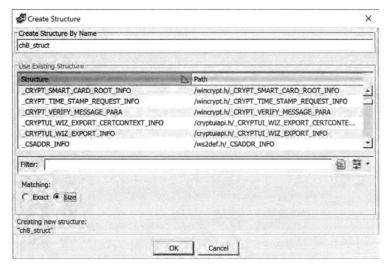

图 8-8：创建结构体窗口

让我们看看本次创建对 CodeBrowser 窗口的影响，先从清单窗口开始。正如本章前面所示，反汇编清单并未提示这里是一个结构体，代码里只是一些看似不相关的全局变量：

```
001005fa PUSH     RBP
001005fb MOV      RBP,RSP
001005fe MOV      dword ptr [DAT_00301020],10
00100608 MOV      word ptr [DAT_00301024],20
00100611 MOV      byte ptr [DAT_00301026],30
00100618 MOV      dword ptr [DAT_00301028],40
00100622 MOVSD    XMM0,qword ptr [DAT_001006c8]
0010062a MOVSD    qword ptr [DAT_00301030],XMM0
00100632 MOV      EAX,0
00100637 POP      RBP
00100638 RET
```

导航到相关数据项，选择范围（00301020 到 00301037）并创建关联结构，你将看到结构中的各个数据项现在与一个名为 ch8_struct_00301020 的结构体相关联，并且每项都有以 field_ 开头的名称，包含相对于结构体第一个元素的偏移量。

```
00401035 POP      EBP
001005fb MOV      RBP,RSP
001005fe MOV      dword ptr [ch8_struct_00301020],10
00100608 MOV      word ptr [ch8_struct_00301020.field_0x4],20
00100611 MOV      byte ptr [ch8_struct_00301020.field_0x6],30
00100618 MOV      dword ptr [ch8_struct_00301020.field_0x8],40
00100622 MOVSD    XMM0,qword ptr [DAT_001006c8]
0010062a MOVSD    qword ptr [ch8_struct_00301020.field_0x10],XMM0
00100632 MOV      EAX,0
00100637 POP      RBP
00100638 RET
```

这只是其中一个随着结构体创建而发生变化的窗口。回想一下，反编译器窗口曾经弹出过一个有用的警告，提示我们可能正在操作结构体或数组。在创建这个结构体之后，警告消失了，并且反编译代码与原始 C 代码更接近了，如图 8-9 所示。

```
Decompile: main - (global_struct_demo_x64_stripped)
1
2   undefined8 main(void)
3
4   {
5     ch8_struct_00301020._0_4_ = 10;
6     ch8_struct_00301020._4_2_ = 20;
7     ch8_struct_00301020._6_1_ = 30;
8     ch8_struct_00301020._8_4_ = 40;
9     ch8_struct_00301020._16_8_ = 0x4049000000000000;
10    return 0;
11  }
```

图 8-9：结构体创建之后的反编译视图

关于联合体

联合体是一种与结构体相似的数据结构，它们之间的主要区别是，结构体字段有唯一的偏移量和自己专属的内存空间，而联合体字段从偏移量 0 开始就是相互重叠的。结果就是联合体的所有字段共享相同的内存空间。Ghidra 的联合体编辑器窗口看起来与结构体编辑器窗口相似，功能也基本相同。

如图 8-10 所示，新创建的结构体现在也出现在了 CodeBrowser 的数据类型管理器窗口中，关联窗口显示的是 ch8_struct 被引用的列表。

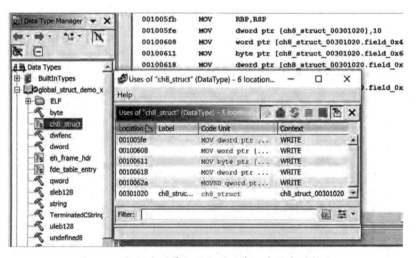

图 8-10：数据类型管理器和引用窗口中的新结构体

8.3.2 编辑结构体成员

此时，新创建的结构体在 Ghidra 中呈现为一个连续的未定义字节集合，在示例程序访问的每个偏移处都有交叉引用，而不是呈现为一个已定义数据类型的集合（通过每项的大小和使用方法来定义）。要想定义每个字段的类型，你可以在清单窗口中对结构体进行编辑，方法是右击并在 Data 选项中选择合适的数据类型。或者，你还可以双击结构体，在数据类型管理器中进行编辑。

在数据类型管理器中双击新创建的结构体（如图 8-10 所示），可以打开结构体编辑器窗口（如图 8-11 所示），窗口中显示了 24 个未定义类型的元素，每个元素的长度均为 1。通过研究反汇编代码，可以确定结构体中元素的个数，以及各元素的大小和类型，当然还可以直接从图 8-9 中的反编译清单中找到答案。

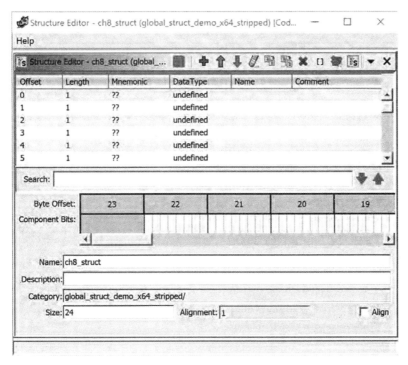

图 8-11：结构体编辑器窗口

图 8-9 的反编译清单显示，新结构体 ch8_struct_00301020 中有五个字段，字段名称由两个整数组成。第一个整数表示相对于该结构体基址的偏移量，第二个整数表示使用的字节数。利用这些信息（以及一些有用的字段名），可以更新结构体编辑器窗口，如图 8-12 所示。窗口中的字节偏移量（Byte Offset）和组成位（Component Bits）滚动条提供了结构体的可视化表示。当一个结构体被编辑时，反编译器窗口（图 8-12 左侧）、清单窗口和其他相关窗口都会被更新。

由于 field_c 是字符类型，且整数 30 代表的是一个不可见字符（RS），所以反编译器将其转换为对应的 ASCII 字符（0x1e）。在结构体编辑器中，填充字节（用助记符"??"表示）已经被包含进去，用于对字段进行对齐，每个字段的偏移和结构体总大小（24 字节）与前面看到的一样。

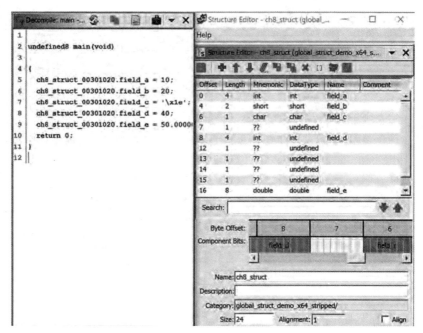

图 8-12：编辑结构体之后的反编译器和结构体编辑器窗口

8.3.3 应用结构体布局

你已经看到了如何利用现有的和新创建的结构体定义，来将现有内存与特定的内存布局进行关联，以及这种关联是如何通过 CodeBrowser 窗口进行传导的，从而让程序内容更加清晰。通过将结构体的数字偏移量转换为符号引用（例如[EBX+ch8_struct]），甚至给符号引用赋予一个有意义的名称，可以大大增强内存引用的可读性。Ghidra 具有层次性的符号表示，让我们清楚地知道正在访问的是什么类型的结构体，以及是结构体中的哪个字段。

Ghidra 构建了一个库，包含从常见 C 头文件中解析得到的已知结构体布局。结构体布局定义了它的总大小，每个字段的名称、大小和起始偏移量。即使在程序的数据部分没有与结构体布局相关的内容，你也可以在处理结构体指针时使用它。

你可能会遇到[reg+N]形式的内存引用（例如[RAX+0x12]），其中 reg 是寄存器名，用作指针，N 是常数，表示在 reg 所指向内存中的偏移量。这就是常见的结构体成员访问模式，reg 指向结构体的开头，N 选择位于结构体偏移量 N 处的字段。在某些情况下，Ghidra 在你的帮助下，可以让此类内存引用更加清晰地反映出被指向结构体的类型，以及被引用结构体中的特定字段。

让我们看一下本章开头示例的 32 位版本，在名为 get_page 的函数中对服务器发出 HTTP 页面请求。在这个版本的二进制文件中，Ghidra 判断该函数接收三个栈分配的参数，在清单窗口中如下所示：

```
undefined get_page(undefined4 param_1, undefined param_2...
    undefined      AL:1            <RETURN>
    undefined4     Stack[0x4]:4    param_1
```

```
undefined      Stack[0x8]:1      param_2
undefined4     Stack[0xc]:4      param_3
```

反编译器窗口显示，param_3 在 connect 调用中使用了一些偏移量：

```
iVar1=connect(local_14,*(sockaddr **)(param_3+20),*(socklen_t*)(param_3+16));
```

通过跟踪调用序列和被调用函数的返回值，我们发现 param_3 是一个指向 addrinfo 结构体的指针，因此可以将其数据类型修改为 addrinfo*（在清单窗口或反编译器窗口中使用 CTRL-L）。完成后这条反编译语句将被替换为下面这条语句，包含了更多信息：

```
iVar1 = connect(local_14, param_3->ai_addr, param_3->ai_addrlen);
```

可以看到，指针运算已经被结构体字段引用所取代，因为源代码中通常是很少有指针运算的。为更新程序变量的数据类型付出的所有努力都是值得的，因为你节省了未来更多的时间。

8.4　C++逆向入门

C++类是 C 语言结构体面向对象的扩展，因此在结束数据结构的讨论之前，我们有必要介绍一下编译后 C++代码的各种特性。详细介绍 C++超出了本书的范围，所以我们只介绍一些重点内容，以及 Microsoft C++与 GNU g++编译器之间的一些差异。

请记住，牢固掌握 C++语言的基础知识，对理解编译后的 C++代码非常有帮助。像继承和多态这样的面向对象概念，在源代码层面上都是很难完全掌握的。如果不理解这些概念，就试图从汇编层面深入研究，很可能会陷入困境。

8.4.1　this 指针

this 指针可用于所有非静态 C++成员函数。每当这样的函数被调用时，this 都被初始化为指向用于调用该函数的对象。以下面的 C++函数调用为例：

```
// object1, object2, and *p_obj are all the same type.
object1.member_func();
object2.member_func();
p_obj->member_func();
```

在对 member_func 的三次调用中，this 分别取值为&object1、&object2 和 p_obj。

最简单的做法是把 this 视为传递给所有非静态函数的第一个隐藏参数。如第 6 章所述，Microsoft C++编译器利用 thiscall 调用约定，将 this 传递给 ECX 寄存器（x86）或 RCX 寄存器（x86-64）。GNU g++编译器则将 this 完全视为非静态成员函数的第一个（最左边）参数。在 32 位 x86 Linux 上，用于调用函数的对象的地址在调用函数前被放到栈顶。在 x86-64 Linux 上，this 被放到第一个参数寄存器 RDI 中。

从逆向工程的角度来看，在函数调用前将地址放入 ECX 寄存器，可能意味着两件事：首先，该文件是使用 Microsoft C++编译器编译的；其次，该函数可能是一个成员函数。当同一个地址被传递给两个或更多的函数时，我们可以得出结论，这些函数都属于同一个类层次结构。

在一个函数中，在初始化之前使用 ECX 意味着调用者必然已经初始化了 ECX（回顾 6.3.5 节的"基于寄存器的参数"），并且该函数可能是一个成员函数（尽管该函数可能只是使用了 fastcall 调用约定）。此外，当一个成员函数将 this 指针传递给其他函数时，说明这些函数与该成员函数同属一个类。

在用 GNU g++编译的代码中，对成员函数的调用在某种程度上没有那么多，因为 this 看起来就像是第一个参数一样。当然，如果一个函数不以指针作为它的第一个参数，那么它肯定不属于成员函数。

8.4.2　虚函数和虚表

虚函数用于在 C++程序中实现多态行为。编译器会为每个包含虚函数的类（或通过继承得到的子类）生成一个表，其中包含指向类中每个虚函数的指针。这样的表称为虚表（vftable）。每个包含虚函数的类的实例都会获得一个额外的数据成员，指向该类的虚表。虚表指针被分配为类实例的第一个数据成员，当在运行时创建对象时，其构造函数会将它指向合适的虚表。当该对象调用一个虚函数时，通过在对象的虚表中进行查询来选择正确的函数。因此，虚表是在运行时用于解析虚函数调用的底层机制。

下面我们举例说明虚表的使用，考虑下面的 C++类定义：

```
class BaseClass {
    public:
        BaseClass();
❶      virtual void vfunc1() = 0; ❷
        virtual void vfunc2();
        virtual void vfunc3();
        virtual void vfunc4();
    private:
        int x;
        int y;
};
class SubClass : public BaseClass { ❸
    public:
        SubClass();
❹      virtual void vfunc1();
        virtual void vfunc3();
        virtual void vfunc5();
    private:
        int z;
};
```

在这个例子中，SubClass 是 BaseClass 的一个子类❸。BaseClass 包含四个虚函数❶，而 SubClass 包含五个虚函数❹（四个继承自 BaseClass，其中两个被重写，加上新的 vfunc5）。在 BaseClass 中，

vfunc1 是一个纯虚函数（pure virtual function），在其声明中用=0 表示❷。纯虚函数在其声明的类中没有实现，必须在子类中重写，然后该类才被认为是一个具体类。换句话说，没有名为 BaseClass::vfunc1 的函数，并且在子类提供实现之前，不能实例化任何对象。SubClass 提供了这样一个实现，所以 SubClass 可以创建对象。在面向对象术语中，BaseClass::vfunc1 是一个抽象函数（abstract function），使得 BaseClass 成为一个抽象基类（abstract base class）（也就是说，一个不完整的类因为缺乏至少一个函数的实现，是不能直接实例化的）。

乍一看，BaseClass 似乎包含两个数据成员，而 SubClass 包含三个数据成员。但是，回想一下前面提到的，任何包含虚函数的类，不管是显式的还是继承的，都包含一个虚表指针。因此，BaseClass 的实例化对象实际上有三个数据成员，而 SubClass 的实例化对象有四个数据成员，且它们的第一个数据成员都是虚表指针。在 SubClass 中，虚表指针实际上是从 BaseClass 中继承来的，而不是专门为它自己引入的。图 8-13 是一个简化的内存布局，其中动态分配了一个 SubClass 对象。在创建对象的过程中，新对象的虚表指针被初始化为指向正确的虚表（本例中是 SubClass 的虚表）。

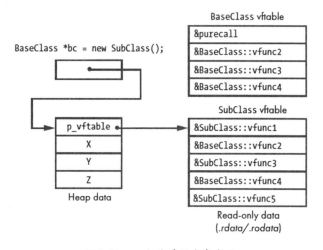

图 8-13：一个简单的虚表布局

SubClass 的虚表中包含两个指向属于 BaseClass 的函数（BaseClass::vfunc2 和 BaseClass::vfunc4）的指针，这是因为 SubClass 没有重写这些函数，而是直接从 BaseClass 继承得来。BaseClass 的虚表还显示了纯虚函数的处理方法。因为没有针对纯虚函数 BaseClass::vfunc1 的实现，所以在 BaseClass 的虚表中没有存储 vfunc1 的地址。在这种情况下，编译器会插入一个错误处理函数的地址，在微软库中称为 purecall，在 GNU 库中称为 __cxa_pure_virtual。理论上，这些函数不应该被调用，但万一被调用，它们就会导致程序的异常终止。

在 Ghidra 中操作类时，必须要考虑到虚表指针。因为 C++类是 C 结构体的扩展，可以使用 Ghidra 的结构体定义功能来定义 C++类的布局。对于多态类，必须将一个虚表指针作为类中的第一个字段，并且在计算对象的总大小时，也必须考虑虚表指针。这种情况在使用 new 操作符动态分配对象时最为明显，传递给 new 的大小值不仅包括类（以及任何超类）中所有显式声明的字段所需的空间，也包括虚表指针所需的空间。

下面的例子动态创建了一个 SubClass 对象，其地址保存在 BaseClass 的一个指针中。然后，这个指针被传递给一个函数（call_vfunc），这个函数使用该指针来调用 vfunc3。

```
void call_vfunc(BaseClass *bc) {
    bc->vfunc3();
}
int main() {
    BaseClass *bc = new Subclass();
    call_vfunc(bc);
}
```

由于 vfunc3 是一个虚函数并且 bc 指向一个 SubClass 对象，编译器必须确保 SubClass::vfunc3 被调用。下面是 call_vfunc 的 32 位汇编代码，使用 Microsoft C++编译器，演示了如何解析虚函数调用：

```
        undefined __cdecl call_vfunc(int * bc)
            undefined       AL:1            <RETURN>
            int *           Stack[0x4]:4    bc
004010a0 PUSH      EBP
004010a1 MOV       EBP,ESP
004010a3 MOV       EAX,dword ptr [EBP + bc]
004010a6 MOV  ❶   EDX,dword ptr [EAX]
004010a8 MOV  ❷   ECX,dword ptr [EBP + bc]
004010ab MOV  ❸   EAX,dword ptr [EDX + 8]
004010ae CALL ❹   EAX
004010b0 POP       EBP
004010b1 RET
```

整个过程是，虚表指针（SubClass 的虚表地址）从结构体中读取并保存到 EDX 中❶，this 指针被移动到 ECX 中❷，虚表被索引并将第三个指针（本例中为 SubClass::vfunc3 的地址）保存到 EAX 中❸，最后调用虚函数❹。

虚表索引操作❸看起来非常类似于结构体引用操作，实际上也并没有什么不同。我们可以定义一个新结构体来表示一个类和它的虚表（在数据类型管理器窗口中右击），然后使用该结构体（如图 8-14）来提高反汇编和反编译代码的可读性。

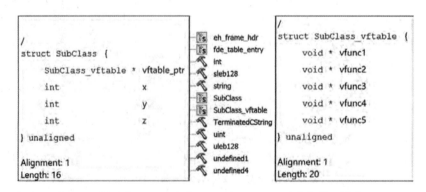

图 8-14：显示新 SubClass 和 SubClass_vftable 的数据管理器窗口

引用了新结构体的反编译器窗口如图 8-15 所示。

```
Decompile: call_vfunc - (call_vfunc.exe)

1
2   void __cdecl call_vfunc(SubClass *bc)
3
4   {
5     (*(code *)bc->vftable_ptr->vfunc3)();
6     return;
7   }
```

图 8-15：反映 SubClass 结构体定义的反编译器窗口

一个类的虚表只在两种情况下被直接引用：在类的构造函数和析构函数中。当你找到一个虚表时，可以利用 Ghidra 的数据交叉引用功能（参见第 9 章）来快速定位相关类的所有构造函数和析构函数。

8.4.3 对象生命周期

了解对象的构建和撤销机制，有助于明确对象的层次结构和嵌套对象关系，以及快速识别类的构造函数和析构函数。

什么是构造函数

类的构造函数是一个初始化函数，在创建该类的新对象时被调用，提供了在类中初始化变量的机会。其反义词是析构函数，当对象脱离作用域或动态分配对象被显式删除时被调用，它会执行清理任务，例如释放打开的文件描述符和动态分配的内存资源。正确编写析构函数可以减少内存泄漏的风险。

对象的存储类决定了何时调用其构造函数[1]。对于全局和静态分配的对象（静态存储类），构造函数在程序启动并进入 main 函数之前被调用。对于栈分配对象（动态存储类），构造函数在该对象进入声明对象的函数作用域时被调用。在许多情况下，对象一进入声明它的函数，其构造函数就会被调用。但是，当对象在一个嵌套的块语句中声明时，其构造函数在进入这个块之前不会被调用（如果它确实进入的话）。对于在堆上动态分配的对象，创建分为两个步骤：首先调用 new 操作符来分配对象的内存，然后调用构造函数来初始化对象。Microsoft C++ 会确保在调用构造函数之前，new 的结果不为空，但 GNU g++ 不会这样做。

new 是什么

new 操作符在 C++ 中用于动态内存分配，与 C 语言中 malloc 的使用方式基本相同。它用于从堆中分配内存，让程序在执行期间能够根据需要请求空间。new 操作符内置于 C++ 语言中，而 malloc 只是一个标准库函数。请记住，C 是 C++ 的一个子集，所以你可能会在 C++ 程序中同时看到这两

---

1 变量的存储类大致定义了它在程序执行期间的生命周期。C 语言中两个最常见的存储类是静态存储类和动态存储类。静态变量的存储空间在程序执行期间一直存在。而动态变量与函数调用相关，只在特定函数调用的执行期间存在。

种操作。malloc 和 new 之间最明显的区别是，对对象类型调用 new 会隐式调用该对象的构造函数，而 malloc 返回的内存在提供给调用者之前是没有初始化的。

执行构造函数时，会发生以下一系列操作：

（1）如果该类拥有一个超类，则调用超类的构造函数。

（2）如果该类包含任何虚函数，则虚表指针被初始化为指向该类的虚表。这样可能会覆盖在超类构造函数中初始化的虚表指针，实际上也是我们希望的结果。

（3）如果该类包含本身就是对象的数据成员，则调用这些数据成员的构造函数。

（4）最后，调用该类的构造函数。

从开发者的角度来看，构造函数不指定返回类型，也不允许返回任何值。有些编译器实际上将 this 作为结果返回，并在调用者中使用，但这属于编译器的实现细节，C++开发者是无法访问这个返回值的。

析构函数则是在对象生命周期结束时被调用。对于全局和静态对象，析构函数在 main 函数结束后由执行的清理代码调用。对于栈分配的对象，析构函数在对象脱离作用域时被调用。对于堆分配的对象，析构函数在分配给对象的内存释放之前通过 delete 操作符调用。

析构函数执行的操作与构造函数执行的操作大致相同，但执行顺序大致相反：

（1）如果该类包含任何虚函数，则恢复对象的虚表指针，使其指向相关类的虚表。如果在创建子类的过程中覆盖了虚表指针，就需要执行这一步。

（2）执行开发者指定的析构函数代码。

（3）如果该类包含本身就是对象的数据成员，则执行这些成员的析构函数。

（4）最后，如果该对象拥有一个超类，则调用超类的析构函数。

通过了解超类构造函数和析构函数的调用时间，可以得到相关超类的调用链，从而跟踪一个对象的继承层次结构。

关于重载函数

重载函数是具有相同名称但参数不同的函数。C++要求每个版本的重载函数在接受参数类型的顺序或数量上都各不相同。换句话说，虽然它们共享相同的函数名，但每个函数原型必须是唯一的，并且每个重载函数体在二进制文件的反汇编代码中可以被唯一标识。注意，不要与 printf 这类函数混淆，它们虽然接受可变数量的参数，但只对应了唯一的函数体。

8.4.4 名称改编

名称改编（name mangling）也称为名称修饰（name decoration），是C++编译器用来区分重载函数的机制。为了给重载函数生成唯一的内部名称，编译器使用额外的字符来修饰函数名称，包含关于函数的各种信息：函数（或其所属类）所属的命名空间（如果有的话）、函数所属的类（如果有的话），以及调用函数所需的参数序列（类型和顺序）。

名称改编是编译器为 C++程序实现的一个细节，不属于 C++语言规范。因此，编译器制造商各自开发了往往是互不兼容的名称改编约定。幸运的是，Ghidra 能够理解 Microsoft C++、GNU g++ v3（及更高版本）以及其他一些编译器使用的名称改编约定，并提供了 FUN_address 形式的函数名来代替改编名称。改编名称也确实包含了关于每个函数签名的有价值信息，Ghidra 将这些信息添加到符号表窗口，并传导到反汇编及其他窗口中（如果要确定一个没有改编名称的函数签名，可能需要对该函数的输入输出数据流进行分析）。

8.4.5　运行时类型识别

C++提供了各种操作符，可在运行时确定（typeid）和检查（dynamic_cast）一个对象的数据类型。为实现这些操作，C++编译器必须将每个多态类的特定类型信息嵌入程序的二进制文件中。当在运行时执行 typeid 和 dynamic_cast 操作时，库函数子例程会引用特定类型信息，以确定被引用的多态对象确切的运行时类型。不幸的是，与名称改编一样，运行时类型识别（RTTI）是一个编译器实现细节，而不是一个语言问题，并且也没有标准来统一编译器的 RTTI 实现。

我们将简要介绍 Microsoft C++和 GNU g++编译器在 RTTI 实现上的异同。具体来说，我们将描述如何定位 RTTI 信息，以及如何获得其所属的类的信息。有关微软 RTTI 实现的详细内容，可以查看本章末尾列出的参考资料，其中详细介绍了如何遍历一个类的继承层次结构，包括在使用多重继承时如何进行追踪。

考虑下面这个使用了多态的简单程序：

```
  class abstract_class {
      public:
          virtual int vfunc() = 0;
  };
  class concrete_class : public abstract_class {
      public:
          concrete_class(){};
          int vfunc();
  };
  int concrete_class::vfunc() {return 0;}
❶ void print_type(abstract_class *p) {
      cout << typeid(*p).name() << endl;
      }
  int main() {
      abstract_class *sc = new concrete_class(); ❷
      print_type(sc);
  }
```

print_type 函数打印指针 p 所指向对象的类型❶。在本例中，它必须打印 "concrete_class"，因为在主函数中创建了一个 concrete_class 对象❷。print_type，更确切地说是 typeid，是如何知道 p 所指向对象的类型的呢？

答案很简单，因为每个多态对象都包含一个指向虚表的指针，而编译器将类的类型信息与虚表放在一起。具体来说，编译器在类的虚表前面放了一个指针，指向一个结构体，其中包含了该虚表所属的类的类型信息。在 Microsoft C++代码中，该指针指向一个微软 RTTICompleteObjectLocator 结构体，其中又包含了一个指向 TypeDescriptor 结构体的指针。正是 TypeDescriptor 结构体包含了一个指定多态类名称的字符数组。

只有在使用 typeid 或 dynamic_cast 操作符的 C++程序中才需要 RTTI 信息。大多数编译器提供了选项，可以在不需要 RTTI 信息的二进制文件中禁止其生成。因此，如果你遇到包含虚表，却不包含 RTTI 信息的二进制文件，不必感到惊讶。

对于使用 Microsoft C++编译器构建的 C++程序，Ghidra 包含一个默认启用的 RTTI 分析器，能够识别微软 RTTI 结构体，并将其在反汇编清单中注释出来（如果存在的话），同时从 RTTI 结构体中恢复类名，并添加到符号树窗口的 Classes 文件夹中。Ghidra 没有用于非 Windows 二进制文件的 RTTI 分析器，如果它遇到一个未剥离的非 Windows 二进制文件，且能够理解二进制文件中使用的名称改编方案，那么它会将可用的名称信息添加到符号树的 Classes 文件夹中。但对于一个剥离的非 Windows 二进制文件，Ghidra 将无法自动恢复任何类名，也无法识别虚表或 RTTI 信息。

8.4.6　继承关系

通过分析编译器特定的 RTTI 实现，可以弄清楚类的继承关系。但是如果程序没有使用 typeid 或 dynamic_cast 操作符，可能就不存在 RTTI 信息。在这种情况下，我们如何确定 C++类之间的继承关系呢？

确定继承层次结构的最简单方法是，观察创建对象时对超类构造函数的调用链。这种技术的最大阻碍是内联构造函数的使用。在 C/C++中，被声明为内联（inline）的函数通常被编译器视为一个宏，并且该函数的代码将被扩展，以代替函数的显式调用。内联函数隐藏了正在使用一个函数的事实，因为在汇编语言层面不会生成调用语句。此时，我们很难发现一个超类函数实际上已经被调用。

分析和比较虚表是另一种用于确定继承关系的方法。例如，在比较图 8-14 中的虚表时，我们注意到 SubClass 的虚表包含两个与 BaseClass 的虚表相同的指针。因此得出结论，BaseClass 和 SubClass 一定有某种联系。但要想判断谁是基类，谁是子类，需要我们运用如下准则：

- 当两个虚表包含相同数量的条目时，对应的两个类可能存在继承关系。
- 当 X 类的虚表包含比 Y 类更多的条目时，X 类可能是 Y 类的子类。
- 当 X 类的虚表包含的条目同时也包含在 Y 类的虚表中时，必然存在以下关系之一：X 是 Y 的子类；Y 是 X 的子类；或者 X 和 Y 都是同一个超类 Z 的子类。
- 当 X 类的虚表包含的条目同时也包含在 Y 类的虚表中，且 X 类的虚表至少包含一个 purecall 条目，而 Y 类的虚表中没有这个条目时，那么 Y 类很可能是 X 类的子类。

虽然上面罗列的准则并不全面，但已经足够我们用来判断图 8-14 中 BaseClass 和 SubClass 之间的关系了。在本例中，后三条准则都适用，但最关键的还是最后一条，基于这些虚表分析，我们得出结论，SubClass 是 BaseClass 的子类。

8.4.7　C++逆向参考资料

关于 C++逆向工程有一些非常好的资料[1]。虽然这些文章中的许多细节主要适用于 Microsoft C++ 编译器编译的程序，但许多概念也同样适用于使用其他 C++编译器编译的程序。

8.5　小结

除了最简单的程序，你可能会在各种程序中遇到复杂的数据类型。了解如何访问数据结构中的数据，以及如何识别有关这些数据结构布局的线索，是一项基本的逆向工程技能。Ghidra 提供了许多专门用于处理数据结构的功能，熟悉这些功能能够大大提高你操作数据的能力，从而将更多的时间放在理解如何及为何操作这些数据上。在下一章中，我们将继续讨论 Ghidra 的基本功能，并深入研究交叉引用。

---

1 Igor Skochinsky 的文章，地址是链接 8-1；Paul Vincent Sabanal 和 Mark Vincent Yason 的论文 *Reversing C++*，地址是链接 8-2。

第9章
交叉引用

在对二进制文件进行逆向工程时，最常见的两个问题是："这个函数是从哪里调用的？"和"哪些函数访问了这个数据？"。这些及类似的问题都是为了对程序中各种资源的引用进行识别和分类。下面两个例子可以说明这类问题的用处。

示例 1

在查看二进制文件中大量的 ASCII 字符串时，你发现其中一个非常可疑："在 72 小时内付款，否则恢复密钥将被销毁，你的数据将永远被加密。"就其本身而言，这个字符串只是一个间接证据，我们绝不能因此就认为该二进制文件具有执行加密勒索软件攻击的能力或意图。问自己一个问题：二进制文件中的哪里引用了这个字符串？该问题的答案将帮助你快速定位到程序中使用该字符串的位置。反过来，这些信息又能帮助你定位到与该字符串相关的加密勒索软件代码，或者证明该字符串实际上是无害的。

示例 2

你已经定位到了一个包含栈分配缓冲区的函数，它可以被溢出，并可能导致程序被利用。你想开发一个利用程序来确认或演示该漏洞是否存在，因此需要找到该函数在哪里执行，于是就引出问题：哪些函数可以调用这个存在漏洞的函数？这些函数都传递什么数据给它？沿着这些问题往下走，并跟踪所有潜在的调用链，就可能找到那条利用溢出的调用链。

9.1 引用基础

Ghidra 可以通过其丰富的显示和访问引用信息来帮助你分析上面两种情况（以及更多的情况）。在本章中，我们将讨论 Ghidra 提供的引用类型，访问引用信息的工具，以及解释这些信息的方法。在第 10 章，我们将使用 Ghidra 的绘图功能来研究引用关系的可视化表示。

所有引用都遵循一定的规则。每种引用都与一种方向表示法有关。所有的引用都是从一个地址到另一个地址。如果你熟悉图论，可以把地址看成有向图中的节点（或顶点），并把引用看成连接节点的有方向的边。图 9-1 是有向图的一个简单示例，三个节点 A、B 和 C 通过两条有向边相连接。

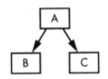

图 9-1：三个节点和两条边的有向图

有向边用箭头指示，以表明沿边移动的方向。在图 9-1 中，可以从 A 移动到 B，但不能从 B 移动到 A，类似于单行道。如果箭头是双向的，则可以进行双向移动。

Ghidra 有两种基本的引用类型：正向引用和反向引用（每个类型也可以细分子类型）。反向引用较为简单，也是逆向工程中使用最多的。反向引用也称交叉引用，提供了一种在清单中的位置（如代码和数据）之间进行导航的方法。

9.1.1　交叉引用（反向引用）

在 Ghidra 中反向引用通常简称为 XREF，是术语交叉引用（cross-reference）的助记符。在本文中，我们只有在提到 Ghidra 清单、菜单项或对话框中的特定字符序列（XREF）时才使用术语 XREF。其他时候，在提到反向引用时我们仍然使用更通用的术语交叉引用。在深入讨论交叉引用之前，我们先来看 Ghidra 中 XREF 的一个具体示例。

示例 1：基本的 XREF

```
**************************************************************
*                      FUNCTION                            *
**************************************************************
undefined demo_stackframe(undefined param_1, undefined4. . .
        undefined     AL:1              <RETURN>
        undefined     Stack[0x4]:4      param_1
        undefined4    Stack[0x8]:4      param_2    XREF[1]:❶  0804847f❷ (R)❸
        undefined4    Stack[0xc]:4      param_3    XREF[1]:    08048479(R)
        undefined4    Stack[-0x10]:4    local_10   XREF[1]:    0804847c(W)
        undefined4    Stack[-0x14]:4    local_14   XREF[2]:    08048482(W),
                                                               08048493(R)
        undefined4    Stack[-0x18]:4    local_18   XREF[2]:    08048485(W),
                                                               08048496(R)
        undefined1    Stack[-0x58]:1    local_58   XREF[1]:    0804848c(W)
demo_stackframe                                    XREF[4]:    Entry Point(*),
                                                               main:080484be(c)❹,
                                                               080485e4, 08048690(*)
```

Ghidra 不仅用 XREF❶指示一个交叉引用，还用 XREF 后面的索引值指示了交叉引用的数量，这一部分（例如 XREF[2]:）称为 XREF 标头。观察清单里的所有标头，可以看到大多数交叉引用只有一个引用地址，只有少部分有更多。

标头后面是交叉引用相关的地址❷，它是一个可导航的对象。地址后面是一个包在括号里的类型指示器❸。对于数据交叉引用（本例就是这种情况），有效的类型有 R（表示该变量从相应 XREF 地址读取）、W（表示该变量在该地址写入）和*（表示该位置的地址被作为指针）。总之，数据交叉引用是在声明数据的清单中确定的，相应的 XREF 条目提供了指向数据被引用位置的链接。

格式化 XREF

与清单窗口中的大多数条目一样，你可以控制与交叉引用相关的显示属性。选择 Edit→Tool Options 打开 CodeBrowser 的可编辑选项，由于 XREF 是清单窗口的一部分，所以可以在清单字段文件夹中找到。选中后将打开如图 9-2 所示的对话框（包含默认选项）。如果你把 XREF 的最大显示数量修改为 2，所有超出这个数量的交叉引用的标头将显示为 XREF[more]。选项 Display Non-local Namespace 可以帮助你快速识别所有不在当前函数体中的交叉引用。更多关于这些选项的信息可以查看 Ghidra 帮助文档。

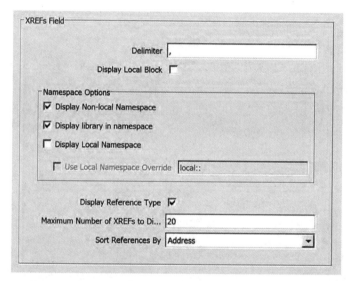

图 9-2：XREF 字段编辑窗口的默认选项

该清单还包含一个代码交叉引用❹，这是一个非常重要的概念，因为它在 Ghidra 生成函数图和函数调用图中发挥重要作用，因此将是第 10 章的重点。代码交叉引用用于指示一条指令将控制器转交给另一条指令。指令转移控制权的方式被称为流（flow），有下面三种基本类型：顺序流、跳转流和调用流。根据目标地址是近地址还是远地址，跳转流和调用流还可以进一步细分。

顺序流（sequential flow）是最简单的流类型，它表示从一条指令到下一条指令的线性流，是所有非分支指令（如 ADD）的默认执行流。除了指令在反汇编清单中列出的顺序，顺序流没有特殊的显示标识：如果指令 A 与指令 B 之间有一条顺序流，则指令 B 在反汇编清单中紧跟在指令 A 后面显示。

示例 2：跳转和调用 XREF

该示例包含跳转和调用的代码交叉引用。与数据交叉引用一样，代码交叉引用在清单窗口中也有一个对应的 XREF 条目。下面的清单显示了 main 函数的相关信息：

```
***************************************************************
*                       FUNCTION                           *
***************************************************************
undefined4 __stdcall main(void)
    undefined4     EAX:4              <RETURN>
    undefined4     Stack[-0x8]:4      ptr      ❶XREF[3]:      00401014(W),
                                                              0040101b(R),
                                                              00401026(R)
main                                           ❷XREF[1]:      entry:0040121e(c)
```

你可以清楚地识别出与栈变量相关的三个 XREF❶，以及与函数本身相关的 XREF❷。对于 entry:0040121e(c)这个 XREF，冒号左边的地址（或者本例中的标识符）表示引用（或源）实体，在本例中，控制权从 entry 转移。冒号右边是 entry 中的具体地址，表示交叉引用的来源。末尾的(c)表示这是对 main 函数的调用（CALL）。简单来说，这条交叉引用的含义是：main 是从 entry 中的 0040121e 地址调用的。

双击交叉引用地址来跟踪链接，将被带到 entry 中的指定地址，在那里可以查看调用情况。虽然 XREF 是一个单向链接，但可以双击函数名（main）或使用 CodeBrowser 工具栏中的向后导航箭头快速返回到 main。

```
0040121e CALL main
```

在下面的清单中，XREF 上的(j)后缀表示该地址是一个跳转（JUMP）的目标。

```
004011fe JZ        LAB_00401207 ❶
00401200 PUSH      EAX
00401201 CALL      __amsg_exit
00401206 POP       ECX
    LAB_00401207                              XREF[1]: 004011fe(j) ❷
00401207 MOV       EAX,[DAT_0040acf0]
```

与前面的例子类似，我们可以双击 XREF 地址❷来导航到转移控制权的语句，并通过双击相关标签❶来返回。

9.1.2　引用示例

让我们通过一个从源代码到反汇编的示例来展示各种类型的交叉引用。下面的 simple_flows.c 程序包含了 Ghidra 交叉引用功能的各种操作，就像注释本文中所说的。

```
int read_it;            // integer variable read in main
int write_it;           // integer variable written 3 times in main
int ref_it;             // integer variable whose address is taken in main
void callflow() {}      // function called twice from main
```

```
int main() {
    int *ptr = &ref_it;         // results in a "pointer" style data reference (*)
    *ptr = read_it;             // results in a "read" style data reference (R)
    write_it = *ptr;            // results in a "write" style data reference (W)
    callflow();                 // results in a "call" style code reference (c)
    if (read_it == 3) {         // results in "jump" style code reference (j)
        write_it = 2;           // results in a "write" style data reference (W)
    }
    else {                      // results in an "jump" style code reference (j)
        write_it = 1;           // results in a "write" style data reference (W)
    }
    callflow();                 // results in an "call" style code reference (c)
}
```

代码交叉引用

清单 9-1 显示了前面程序的反汇编代码。

```
        undefined4 __stdcall main(void)
            undefined4      EAX:4               <RETURN>
            undefined4      Stack[-0x8]:4   ptr     XREF[3]:        00401014(W),
                                                                   0040101b(R),
                                                                   00401026(R)
        main                                       XREF[1]:        entry:0040121e(c)
00401010 PUSH     EBP
00401011 MOV      EBP,ESP
00401013 PUSH     ECX
00401014 MOV  ❶   dword ptr [EBP + ptr],ref_it
0040101b MOV      EAX,dword ptr [EBP + ptr]
0040101e MOV  ❷   ECX,dword ptr [read_it]
00401024 MOV      dword ptr [EAX]=>ref_it,ECX
00401026 MOV      EDX,dword ptr [EBP + ptr]
00401029 MOV      EAX=>ref_it,dword ptr [EDX]
0040102b MOV      [write_it],EAX
00401030 CALL ❸   callflow
00401035 CMP      dword ptr [read_it],3
0040103c JNZ      LAB_0040104a
0040103e MOV      dword ptr [write_it],2
00401048 JMP  ❹   LAB_00401054


    LAB_0040104a                               XREF[1]:❺      0040103c(j)
0040104a MOV dword ptr [write_it],1
    LAB_00401054                               XREF[1]:       00401048(j)
00401054 CALL     callflow
00401059 XOR      EAX,EAX
0040105b MOV      ESP,EBP
0040105d POP      EBP
0040105e RET  ❻
```

清单 9-1：simple_flows.exe 中 main 的反汇编

　　除了 JMP❹和 RET❻，每条指令到它的下一条指令都有一个相关的顺序流。用于调用函数的指令，如 x86 中的 CALL 指令❸，被分配了一个调用流（call flow），表示将控制权转移到目标函数。调用流在目标函数（流的目标地址）处通过 XREF 进行标记。清单 9-1 中 callflow 函数的反汇编代码如清单 9-2 所示。

```
undefined __stdcall callflow(void)
    undefined    AL:1    <RETURN>
    callflow                                XREF[4]: 0040010c(*),
                                                     004001e4(*),
                                                     main:00401030(c),
                                                     main:00401054(c)

00401000 PUSH    EBP
00401001 MOV     EBP,ESP
00401003 POP     EBP
00401004 RET
```

清单 9-2：callflow 的反汇编

其他 XREF

　　有时你会在清单中看到一些奇怪的东西。清单 9-2 中标识为 main:的两个 XREF 比较容易解释，我们可以从 main 中追溯到这两个对 callflow 的调用。但另外两个指针类型的 XREF，0040010c(*) 和 004001e4(*)是什么呢？事实证明，这些奇怪的东西其实是特定代码的制品。该程序是运行在 Windows 上的 PE 文件，而这两个 XREF 会将我们带到 PE 头中，位于清单的 Headers 部分，引用地址（包括相关字节码）如下所示：

```
0040010c 00 10 00 00 ibo32 callflow      BaseOfCode
. . .
004001e4 00 10 00 00 ibo32 callflow      VirtualAddress
```

　　那么为什么这个函数会在 PE 头中引用呢？经过一番搜索我们知道了：callflow 恰好位于 text 段的头部，而这两个 PE 字段间接引用了 text 段的起始地址，因此 callflow 函数中就出现了这两个预期之外的 XREF。

　　在本例中，我们看到 callflow 被 main 调用了两次，分别来自地址 00401030 和 00401054。函数调用产生的交叉引用通过后缀(c)来区分，并在源位置中显示了调用地址和调用函数。

　　每个无条件和有条件分支指令都将分配一个跳转流（jump flow）。有条件分支同时还将分配一个顺序流，从而在条件不成立时对流进行控制。无条件分支没有顺序流，因为其跳转总是成立。跳转流的交叉引用显示在 JNZ 的目标地址处❺，如清单 9-1 所示。与调用流一样，跳转交叉引用显示了引用位置的地址（跳转来源），并通过后缀(j)来区分。

基本块

　　在程序分析中，基本块是一段没有分支的最大指令序列，可以从头到尾顺序执行。因此，每个基本块都有一个入口点（块中的第一条指令，通常是分支指令的目标）和一个出口点（块中的最后一条指令，通常是分支指令）。基本块的第一条指令可能是多个代码交叉引用的目标，而其余指令都不能作为代码交叉引用的目标。最后一条指令可能是多个代码交叉引用的来源，如条件跳转，或者流入一条作为多个代码交叉引用目标的指令（根据定义，它必须开启一个新的基本块）。

数据交叉引用

数据交叉引用用于跟踪二进制文件访问数据的方式。三种最常见的数据交叉引用分别用于表示：某个位置何时被读取、何时被写入以及何时被引用。前面示例程序中的全局变量如清单 9-3 所示，它提供了几个数据交叉引用的例子。

```
    read_it                          XREF[2]: main:0040101e(R),
                                              main:00401035(R)

0040b720 undefined4   ??
    write_it                         XREF[3]: main:0040102b(W),
                                              main:0040103e(W),
                                              main:0040104a(W)

0040b724 ??           ??
0040b725 ??           ??
0040b726 ??           ??
0040b727 ??           ??
    ref_it                           XREF[3]: main:00401014(*),
                                              main:00401024(W),
                                              main:00401029(R)

0040b728 undefined4   ??
```

清单 9-3：simple_flows.c 中的全局变量

读交叉引用（read cross-reference）表示正在读取某个内存位置的内容。读交叉引用只能来自某个指令地址，并指向任意程序位置。在清单 9-1 中，全局变量 read_it 被读了两次。根据该清单中显示的相关交叉引用注释，可以知道 main 中哪些位置引用了 read_it，并且从后缀(R)也能识别出是读交叉引用。清单 9-1 中对 read_it❷的读取是将 32 位数据读入 ECX 寄存器，因此 Ghidra 将 read_it 格式化为 undefined4（未指定类型的 4 字节值）。Ghidra 经常根据一个数据在程序中的操作方式，来尝试推测出该数据的大小。

在清单 9-1 中全局变量 write_it 被引用了三次。相关的写交叉引用（write cross-reference）被生成并显示为 write_it 变量的注释，通过后缀(W)来区分，以指示修改该变量内容的程序位置。在本例中，尽管有足够的信息支持，但 Ghidra 并没有将 write_it 格式化为一个 4 字节的变量。与读交叉引用一样，写交叉引用只能来自指令地址，并指向任意程序位置。一般来说，以程序指令字节为目标的写交叉引用表示这是一段自修改代码，在恶意软件对抗混淆的例程中经常遇到。

第三种类型的数据交叉引用是指针交叉引用（pointer cross-reference），表示正在使用某个位置的地址（而不是该位置的内容）。清单 9-1 中使用了全局变量 ref_it 的地址❶，从而得到了清单 9-3 中 ref_it 的指针交叉引用，通过后缀(*)来区分。指针交叉引用通常是由代码或数据中的地址所派生的结果。正如第 8 章所讲的，数组访问操作通常通过将数组起始地址加上一个偏移量来实现，大多数全局数组的首地址通常可以通过指针交叉引用来识别。因此，大多数字符串的开头（字符串在 C/C++ 中是字符数组）也是指针交叉引用的目标。

与读写交叉引用不同，指针交叉引用可以来自指令地址或数据地址。例如，来自程序数据段的指针交叉引用可以是各种地址表（例如虚表，表中的每一项生成一个对相应虚函数的指针交叉引用）。让我们以第 8 章中的 SubClass 作为例子，下面是 SubClass 虚表的反汇编清单。

```
    SubClass::vftable           XREF[1]: SubClass_Constructor:00401062(*)
  00408148 void * SubClass::vfunc1 vfunc1
❶ 0040814c void * BaseClass::vfunc2 vfunc2
  00408150 void * SubClass::vfunc3 vfunc3
  00408154 void * BaseClass::vfunc4 vfunc4
  00408158 void * SubClass::vfunc5 vfunc5
```

可以看到，位于 0040814c❶ 的数据项是一个指向 BaseClass::vfunc2 的指针。导航到 BaseClass::vfunc2，可以看到下面的清单：

```
    *************************************************************
    *                    FUNCTION                     *
    *************************************************************
    undefined __stdcall vfunc2(void)
        undefined      AL:1              <RETURN>
        undefined4     Stack[-0x8]:4     local_8     XREF[1]: 00401024(W)
    BaseClass::vfunc2                                XREF[2]: 00408138(*) ❶,
                                                             0040814c(*) ❷
  00401020 PUSH      EBP
  00401021 MOV       EBP,ESP
  00401023 PUSH      ECX
  00401024 MOV       dword ptr [EBP + local_8],ECX
  00401027 MOV       ESP,EBP
  00401029 POP       EBP
  0040102a RET
```

与大多数函数不同，该函数没有代码交叉引用。相反，我们看到了两个指针交叉引用，表明该函数在两个位置被引用。第二个 XREF❷ 就是前面所说的 SubClass 虚表项。跟踪第一个 XREF❶，我们被导航到了 BaseClass 的虚表，它也包含一个指向该虚函数的指针。

这个例子表明，C++虚函数基本不会被直接调用，通常也不会是调用交叉引用的目标。根据虚表的创建方式，所有 C++虚函数都至少被一个虚表项所引用，并且总是作为至少一个指针交叉引用的目标（注意，重写一个虚函数不是必须的）。

当二进制文件中包含足够的信息时，Ghidra 就能为你找到虚表。在符号树的 Classes 文件夹中，Ghidra 找到的任何虚表都作为其对应类条目的一项被列出来。在符号树窗口中单击一个虚表，可以导航到程序数据段中的对应位置。

9.2　引用管理窗口

现在，你可能已经注意到 XREF 注释在清单窗口中十分常见，这是因为交叉引用所形成的链接是将程序连接在一起的关键。交叉引用描述了功能内和功能间的依赖关系，大多数成功的逆向工程都需要全面了解它们的行为。下面我们介绍使用 Ghidra 管理交叉引用的几个选项。

9.2.1　XRefs 窗口

可以使用 XREF 标头来了解关于某个特定交叉引用的更多信息，如下所示：

```
undefined4 Stack[-0x10]:4 local_10      XREF[1]:      0804847c(W)
undefined4 Stack[-0x14]:4 local_14      XREF[2]:❶     08048482(W),
                                                      08048493(R)
```

双击 XREF[2] 的标头❶，将出现相关的 XRefs 窗口，如图 9-3 所示，其中包含更详细的交叉引用列表。默认情况下，该窗口会显示位置、标签（如果有）、引用的反汇编代码和引用类型。

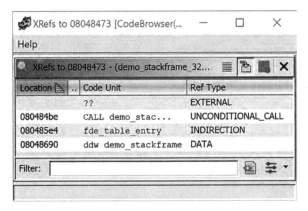

图 9-3：XRefs 窗口

9.2.2　References To 窗口

另一个有助于理解程序流的窗口是 References To 窗口。右击清单窗口中的任意位置，选择 References→Show Reference to Address，将打开图 9-4 所示的窗口。

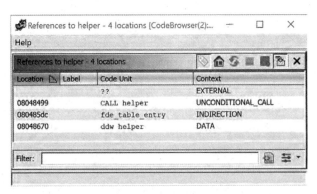

图 9-4：References To 窗口

在本例中，我们选择了 helper 函数的起始地址。在此窗口中，单击任意条目可以导航到相关位置。

9.2.3 符号引用窗口

5.3.4 节 "符号表和符号引用窗口" 中介绍的另一个引用视图是符号表和符号引用窗口的结合。默认情况下，当你选择 Window→Symbol References，将得到两个相关窗口。一个显示整个符号表中的每个符号，另一个显示对符号的相关引用。选择符号表窗口中的任意条目（函数、虚表等）都可以将相关的符号引用显示在符号引用窗口中。

引用列表可以用来快速识别调用某个特定函数的每个位置。例如，很多人认为 C 语言的 strcpy 是一个危险函数，因为它将源字符数组（包括相关的空终止符）复制到目标数组中，却完全没有检查目标数组是否足以容纳源数组的所有字符。你可以在清单中找到任意一个对 strcpy 的调用，并使用上述方法打开 References To 窗口。当然也可以直接打开符号引用窗口，快速找到 strcpy 及所有相关引用。

9.2.4 高级引用操作

在本章开头，我们将术语反向引用等同于交叉引用，并简要提到了 Ghidra 中也有正向引用，其包括两种类型。推断正向引用（inferred forward reference）一般会自动添加到清单中，并与反向引用一一对应，只不过是以相反方向进行的。换句话说，我们通过反向引用从目标地址移动到源地址，通过推断正向引用从源地址移动到目标地址。

第二种类型是显式正向引用（explicit forward reference），管理起来要比其他交叉引用复杂得多。显式正向引用又包含几种子类型，分别是内存引用、外部引用、栈引用和寄存器引用。除了查看引用，Ghidra 还允许你添加和编辑各种引用类型。

当 Ghidra 的静态分析无法确定在运行时计算的跳转和调用目标，但你却从其他分析中得知了该目标时，可以添加自己的交叉引用。下面的代码我们已经在第 8 章中见过，是一个虚函数调用。

```
0001072e PUSH     EBP
0001072f MOV      EBP,ESP
00010731 SUB      ESP,8
00010734 MOV      EAX,dword ptr [EBP + param_1] ❶
00010737 MOV      EAX,dword ptr [EAX]
00010739 ADD      EAX,8
0001073c MOV      EAX,dword ptr [EAX]
0001073e SUB      ESP,12
00010741 PUSH     dword ptr [EBP + param_1]
00010744 CALL ❷  EAX
00010746 ADD      ESP,16
00010749 NOP
0001074a LEAVE
0001074b RET
```

EAX❷中保持的值取决于 param_1❶中传递的指针的值。因此，Ghidra 没有足够的信息来创建将 00010744（CALL 指令的地址）链接到调用目标的交叉引用。手动添加交叉引用（例如到 SubClass::vfunc3）可以将目标函数链接到调用图中，从而改进 Ghidra 对程序的分析。右击该调用❷

并选择 References→Add Reference from，将打开如图 9-5 所示的对话框。此对话框也可以通过 References→Add/Edit 选项打开。

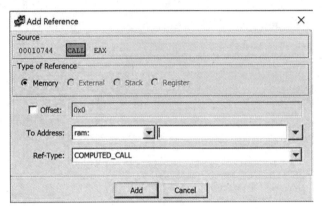

图 9-5：添加引用对话框

将目标函数的地址指定为 To Address 设置，并确保选择了正确的 Ref-Type 设置。然后单击添加（Add）按钮，Ghidra 将创建引用，并在目标地址处显示新的交叉引用，以(c)结尾。关于正向引用的更多信息，包括其他引用类型和引用操作，可以查看 Ghidra 帮助文档。

9.3 小结

引用是一种强大的工具，可以帮助理解二进制文件中的各个部分是如何相互关联的。我们详细介绍了交叉引用及相关功能，在以后的章节中还会用到它们。在下一章中，我们将介绍引用的可视化表示，由此产生的图形可以帮助我们更好地理解函数中的控制流和二进制文件中函数之间的关系。

第10章

图形

正如我们前一章中所做的那样，用图形直观地展示数据（见图 9-1），提供了一种简洁明了的机制来展示图形中节点之间的连接关系，并帮助我们识别那些在将图形作为抽象数据类型来操作时难以发现的模式。Ghidra 的图形视图提供了一个新视角（除了反汇编和反编译清单）来查看二进制文件的内容。通过将函数和其他类型的块表示为节点，将流和交叉引用表示为边（连接节点的线），可以让你快速查看函数中的控制流以及文件中函数之间的关系。经过足够的练习，你可能会发现，常见的控制结构如 switch 语句和嵌套的 if/else 结构，在图形中比在长文本清单中更容易识别。在第 5 章中，我们简要介绍了函数图和函数调用图窗口。在本章中，我们将更深入地了解 Ghidra 的图形功能。

由于交叉引用将各个地址连接了起来，它们自然就可以用于将二进制文件绘制成图形。通过限制顺序流和特定类型的交叉引用，可以得到一些有助于分析二进制文件的图形。虽然流和交叉引用充当图中的边，但节点背后的含义可能会有所不同。根据我们希望生成的图形类型，节点可能包含一条或多条指令，甚至包含整个函数。我们先从 Ghidra 如何将代码组织成块开始，再讨论 Ghidra 中可用的图形类型。

10.1 基本块

在计算机程序中，基本块是一条或多条指令的集合，在块的开头有一个入口，结尾有一个出口。除了最后一条指令，基本块中的每条指令都将控制权转移给块中紧跟其后的指令。同样，除了第一条指令外，基本块中的每条指令都从块中前一条指令处接收控制权。在 9.1.1 节"交叉引用（反向引用）"中，我们将这种执行方式称为顺序流。有时你会发现，在一个基本块中包含函数调用，你会想："调用函数的地方不是应该结束基本块吗，就像跳转一样？"其实不是，出于确定基本块的目的，函数调用虽然将控制权转移到当前块之外，但并不影响块内的顺序流，除非你知道被调用的函数不会正常返回。

一旦基本块中的第一条指令被执行，该块的其余部分就能保证执行完成。这对程序的运行时插桩有很大好处，因为不再需要为了记录哪些指令被执行而对程序的每条指令下断点，甚至单步执行程序。相反，可以在每个基本块的第一条指令上下断点，当一个断点被命中时，就可以认为相关块中的每条指令都将被执行。让我们把注意力转移到 Ghidra 的函数图功能上，从另一个角度来观察一下块。

10.2 函数图

第 5 章中介绍的函数图窗口，以图形的形式显示单个函数。下面的程序包含单个基本块组成的单个函数，方便对 Ghidra 的函数图功能做简单展示。

```c
int global_array[3];

int main() {
    int idx = 2;
    global_array[0] = 10;
    global_array[1] = 20;
    global_array[2] = 30;
    global_array[idx] = 40;
}
```

选中 main 函数并打开函数图窗口（Window→Function Graph），将看到仅包含一个基本块的函数图，如图 10-1 所示。

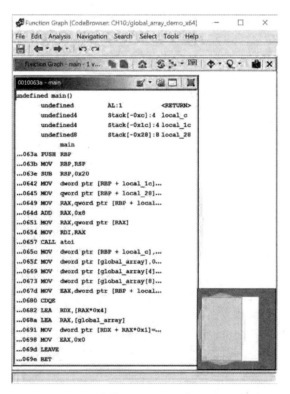

图 10-1：右下角带卫星视图的单块函数图窗口

　　函数图窗口和清单窗口有一个有用的双向链接。如果并排查看这两个窗口，同步的清单和图形表示可以帮助你更好地理解函数的控制流。在函数图窗口中所做的修改（例如，重命名函数、变量等）将立即反映在清单窗口中，反过来也一样，尽管可能需要刷新窗口才能看到这些变化。

图形块布局

　　随着函数变得越来越复杂，每个函数中块的数量可能会增加。当第一次生成函数图时，链接块的边是衔接在一起的。这意味着它们以 90 度角整齐地弯曲，因此不会隐藏在节点后面，从而构成了一个整齐的网格布局，所有边的所有组件都是水平或垂直的。如果你决定通过拖动节点来改变图形布局，这些边可能会失去衔接，恢复成直线，隐藏在图形中其他节点的后面。图 10-2 展示了两种图形的对比，左边是衔接的图形，右边是非衔接的图形。在任何时候刷新函数图窗口，将恢复到原来的布局。

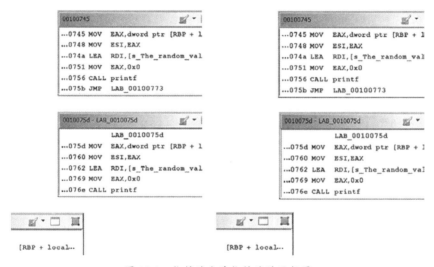

图 10-2：衔接边和非衔接边的函数图

　　如果单击函数图窗口中的任意一行文本，清单窗口中的光标将移动到反汇编中的相应位置。如果双击函数图中的数据，清单窗口将导航到反汇编数据段中的相应数据位置，而函数图窗口则保持在当前函数的位置（虽然 Ghidra 目前没有提供基于图形的数据或数据之间关系的可视化，但确实可以在清单视图中查看数据的同时在图形视图中查看相关代码）。

　　让我们用一个简单的例子来展示清单窗口和函数图窗口之间的关系。假设你在图 10-1 中看到了 global_array 变量，并想了解更多关于它的类型，于是你在图形视图中双击它的名称导航过去，可以看到 Ghidra 将 global_array 归类为未定义字节的数组（undefined1），并通过索引来访问第四个和第八个元素。如果你将清单窗口数据段中的数组定义从 undefined1[12]修改为 int[3]（分别显示在图 10-3 的上半部分和下半部分），你将立即看到该声明对函数图窗口（以及反编译器窗口）中反汇编代码的影响：索引值变为 1 和 2，以反映每个数组元素的新大小为 4 字节。

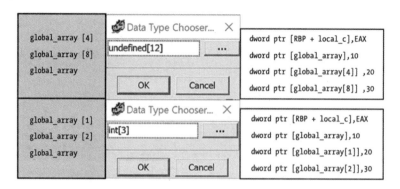

图 10-3：修改数组声明对函数图和清单窗口的影响

只要不单击其他函数，就可以在清单窗口中灵活地导航。你可以滚动浏览整个清单窗口的内容、单击并修改数据段、修改函数等。如果单击了另一个函数，那么图形视图将被更新，并显示新选中函数的图形。

什么是交互阈值

当与函数图窗口交互时，特别是与复杂函数交互时，可能需要将图形缩小，从而看到想看的内容。当单个节点变得太小，无法进行有效的交互时，就是超过了交互阈值（interaction threshold），函数图中的每个节点的阴影用来指示这种情况。虚拟地址可能只显示最不重要的值，并且图形显示中的节点数量太多，也会变得不方便。你试图选择一个节点中的内容，最终却选择了这个块。如果所面对的这个函数的复杂度将你置于交互阈值之外，也不要绝望，可以单击任意节点来聚焦到它身上，或者双击来将其放大。

函数图窗口中的菜单和工具栏如图 10-4 所示。

图 10-4：函数图工具栏

函数图实际上不过是清单窗口中单个函数的图形化展示，所以 CodeBrowser 的所有菜单（除了 Window 菜单）❶在函数图窗口中都是可用的。CodeBrowser 工具栏❷中可用的功能包括保存当前打开文件的状态、撤销与恢复，以及在当前导航链中向前和向后导航。请注意，由于窗口之间是链接的，当导航到当前函数之外（或返回当前函数）时，函数图窗口的内容也会随之改变。

函数图工具栏按钮❸及其默认行为如图 10-5 所示。

	Copy to Ghidra clipboard	This functionality is available in a number of Ghidra windows and varies based on the window in which they appear as well as the content that is selected when the operation is activated. In some cases with incompatible content, you will see an error message.
	Paste from Ghidra clipboard	
	Go to function entry point	This button takes you to the entry point block in the Function Graph window.
	Reload graph	When you reload a graph, all positioning and grouping information is lost. The operation reverts to the original view.
	Nested code layout	Nested code layout allows you to retain the grouping information while changing the associated layout.
	Edit code block fields	This edits the code block fields in the Function Graph window. It does not affect the code block fields in the Listing window.
	Block hover mode	These options help you to control the appearances of the graph as you are exploring the flow of control. The block that is currently selected is the focus block. The block that the mouse is hovering over is the hover block. This functionality allows you to closely examine relationships between blocks.
	Block focus mode	
	Snapshot	This button creates and opens a disconnected copy of the current Function Graph window that is not linked to the listing.

图 10-5：函数图工具栏按钮及其默认行为

每个基本块也有一个工具栏❹，可以让你修改块，并通过将几个块（顶点）组合成一个块来合并成一个组（图 10-6 解释了工具栏按钮及其默认行为）。这个功能非常有用，可以降低高度嵌套的函数导致的图形复杂度。例如，当你理解了某个循环代码的行为，并且觉得不需要再看到循环代码后，可以选择将所有嵌套在循环语句中的块折叠成一个图形节点。根据你将嵌套块分组的数量，图形的可读性可能会大大增强。要对节点进行分组，必须按住 Ctrl 键并单击选中所有的成员节点，然后在你认为应该置于该组顶部的节点上，单击 "Combine vertices" 按钮。Restore group 是一个非常有用的按钮，可以让你快速查看组内的情况，然后重新将其折叠。

	Background color	Select a background color for a block or group of blocks. This color is reflected in the Function Graph window as well as the Listing window.
	Jump to XREF	This button displays a list of cross-references to the entry point of the function.
	Fullscreen/Graph view	This is a toggle button that allows you to view the graph block in a full window.
	Combine vertices	This button will combine selected vertices into a single group.
	Restore group	This option is displayed only after you have ungrouped vertices, and it provides the option to regroup them.
	Ungroup vertices	This option is available only if vertices have been grouped and allows you to ungroup the vertices.
	Add vertex to group	This option is available only if vertices have been grouped and allows you to add a vertex to a group.

图 10-6：函数图基本块的工具栏按钮及其默认行为

要了解函数图相关的其他功能，需要看一个有更多基本块的例子，程序如下所示：

```
int do_random() {
    int r;
    srand(time(0));
    r = rand();
    if (r % 2 == 0) {
        printf("The random value %d is even\n", r);
    }
    else {
        printf("The random value %d is odd\n", r);
    }
    return r;
}
int main() {
    do_random();
}
```

do_random 函数包含控制结构（if/else），形成了一个包含四个基本块的图形，我们在图 10-8 中将其标出。观察有多个块的函数，可以更明显地看出函数图是一个控制流图，它的边表示从一个块到另一个块的流。请注意，Ghidra 的函数图布局被称为嵌套代码布局（nested code layout），与 C 代码的流非常相近，这使得你可以很容易地在更大的程序上下文中查看清单和反编译器窗口的图形表示。为了维护这个视图，我们强烈建议修改图形选项，让边围绕顶点排列（Edit→Tool Options→Function Graph→Nested Code Layout→Route Edges Around Vertices）。在默认情况下，Ghidra 更倾向于将边置于节点后面，这往往会对节点之间的关系产生误导。

刷新过时的图形

虽然清单中的一些变化会立即反映在函数图窗口中，但在其他情况下，图形可能会过时（与清单视图不同步）。此时，Ghidra 会在图形窗口的底部显示图 10-7 中的信息。

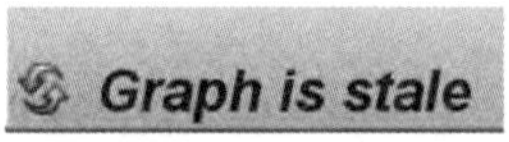

图 10-7：过时的图形警告信息

单击消息左侧的回收按钮可以刷新图形，而不必恢复到原来的布局（当然，也可以选择刷新并重新布局）。

在图 10-8 所示的图形中，BLOCK-1 是进入该函数的唯一入口点。与所有基本块一样，这个块在块内呈现出指令之间的顺序流动。块内的三个函数调用（time、srand 和 rand）都没有破坏基本块，因为 Ghidra 假定所有的函数都会返回并继续执行剩余指令。如果 BLOCK-1 末尾的 JNZ 条件不满足，即随机数为偶数，则进入 BLOCK-2。如果 JNZ 条件满足，即随机数为奇数，则进入 BLOCK-3。最后一个块 BLOCK-4，是在 BLOCK-2 或 BLOCK-3 执行完成后进入的。请注意，单击一条边会使其高亮，看起来比别的边更粗。在图中，连接 BLOCK-1 和 BLOCK-3 的边被选中并显示为粗体。

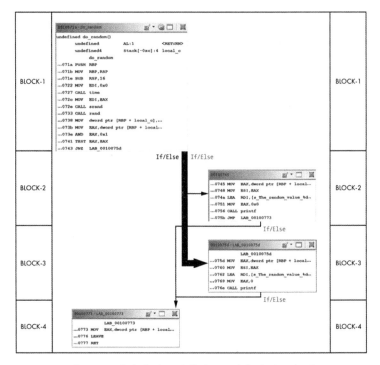

图 10-8：当条件满足时将流用黑线标出的函数图

如果你有一个特别长的基本块，并希望将其分割成更小的块，或者希望从视觉上隔离代码的一部分以便进一步分析，可以通过在块中引入新的标签来实现。使用热键 L 在 BLOCK-1 调用 srand 之前的 0010072e 行插入新标签，将在图 10-9 中的函数图中增加第五个基本块。新引入的边表示流，并且没有与之关联的交叉引用。

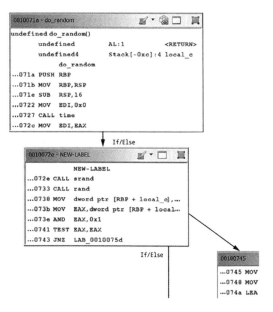

图 10-9：新标签引入了新基本块的函数图

与函数图形交互

虽然在书中无法显示，但与图形交互时，函数图窗口可能呈现出不同颜色、动画和弹出信息。

边：边的颜色是根据它所代表的控制流来确定的。可以通过 Edit→Tool Options 窗口来控制边的颜色，如图 10-10 所示。默认情况下，对于有条件跳转，绿色的边表示条件满足（跳转），红色的边表示条件不满足（不跳转）。而对于无条件跳转，则使用蓝色的边来表示跳转。单击一条边或一组边可以让其变粗，并显示为相同颜色的高亮阴影。

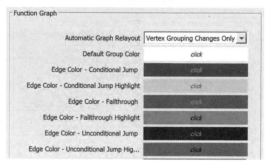

图 10-10：函数图颜色自定义选项

节点：每个节点的内容是相应基本块的反汇编清单，交互方式与清单窗口相同。例如，将鼠标指针悬停在名称上，将弹出一个显示指定位置反汇编的窗口。当把鼠标指针悬停在一个节点上时，Ghidra 将通过相关边的路径高亮动画来显示控制流方向。该路径高亮选项可以在 Edit→Tool Options 中禁用。

卫星图：卫星图（图形的缩小版概览）和函数图窗口一样，在当前选中块的周围显示一个黄色的光环。为了便于识别，函数入口块（包含函数入口点地址）在卫星图上是绿色的，而任何出口块（包含 ret 或类似指令）是红色的。即使在图形中修改了这两个块的背景色，它们在卫星图中的颜色也不会改变。所有其他块则与图形窗口中的颜色保持一致。

10.3 函数调用图

函数调用图有助于快速了解程序中函数调用的层次结构，它与函数图类似，但每个块代表整个函数体，每条边代表一个函数到另一个函数的调用交叉引用。

为了讨论函数调用图，我们使用以下程序来创建一个简单的函数调用层次结构：

```
#include <stdio.h>
void depth_2_1() {
    printf("inside depth_2_1\n");
}
void depth_2_2() {
    fprintf(stderr, "inside depth_2_2\n");
}
void depth_1() {
    depth_2_1();
    depth_2_2();
```

```
    printf("inside depth_1\n");
}
int main() {
    depth_1();
}
```

使用 GNU gcc 编译该程序的动态链接版本,并使用 Ghidra 加载二进制文件后,我们可以使用 Window→Function Call Graph 来生成函数调用图。默认情况下,创建的函数调用图将以当前选中函数为中心,选中 main 时的情况如图 10-11 所示(为了看得更清楚,卫星图在这些例子中被隐藏。要取消隐藏,可以单击图 10-11 右下角的图标)。

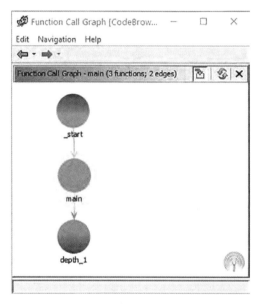

图 10-11:以 main 为中心的函数调用图

标题栏中的字符串 main(3 functions; 2 edges)提示我们当前函数名称,以及显示的函数和边的数量。将鼠标指针悬停在图形中的一个节点上,在该节点的顶部或底部将显示展开(+)或折叠(-)图标,如图 10-12 所示。

图 10-12:带展开/折叠图标的函数调用图节点

展开图标用于显示额外的输入或输出函数,反之,折叠图标用于收缩节点。例如,当函数 depth_1 被展开时,单击它的折叠图标,将使函数图从如图 10-13 所示变为如图 10-11 所示。

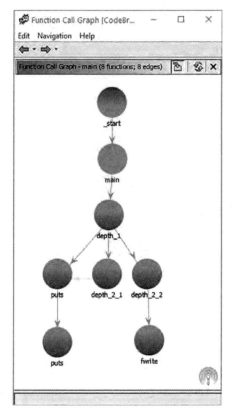

图 10-13：从 main 展开的函数调用图

　　与每个节点相关联的右键菜单提供了选项，可以在同一水平面上同时展开或收缩所有节点的所有输出边。这相当于同时单击同一层面上所有节点的展开（＋）或折叠（－）图标。最后，双击图形中的一个节点，可以将图形集中在选中的节点上，并完全展开所有输入和输出的边。有一个默认为禁用但很多人认为有帮助的选项，提供了放大和缩小的功能，它可以通过 Edit→Tool Options 并勾选 Scroll Wheel Pans 选项来启用。当转移焦点时，Ghidra 会在缓存中维护一个简短的图形历史，以便在返回时恢复图形状态。这样就可以随意展开和收缩节点并导航到其他地方，然后在返回时恢复图形，并继续分析。

　　图 10-14 显示的是同一个程序，但焦点在_start 而不是 main，大多数节点被完全展开以显示图形的全部范围。除了 main 函数和相关子函数，我们还可以看到由编译器插入的包装代码。这些代码负责库的初始化和终止，以及在将控制权转移给 main 函数之前正确地配置环境（你可能会注意到，编译器将 puts 和 fwrite 的调用分别替换成了 printf 和 fprintf，因为它们在打印静态字符串时效率更高）。

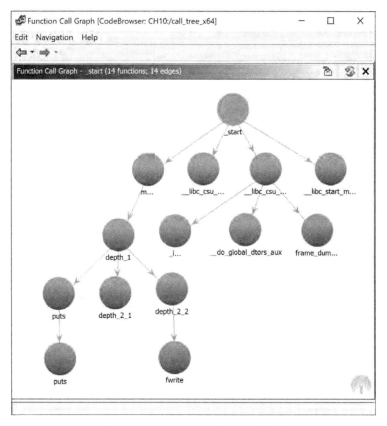

图 10-14：从 _start 展开的函数调用图

thunk 函数

你可能注意到了，图 10-14 所示的图形中包含对 puts 的多次（显示是递归）调用。欢迎来到 thunk 函数的神奇世界。thunk 函数是编译器生成的，它有助于调用那些在编译时地址未知的函数（例如动态链接的库函数）。Ghidra 将地址未知的函数称为 thunked 函数。编译器将程序对 thunked 函数的所有调用替换为对 thunk 函数存根（stub）的调用，这些存根被编译器插入可执行文件中。thunk 函数存根通常会先进行查表，获得 thunked 函数的运行时地址，然后再将控制权转移给 thunked 函数。在相关 thunked 函数地址已知后，thunk 存根所查询的表会在运行时进行填充。这个表在 Windows 可执行文件中通常称为导入表，而在 ELF 二进制文件中通常称为全局偏移表（或 GOT）。

如果我们在清单窗口中从 depth_1 导航到 puts，会发现它位于如下代码中：

```
**************************************************************
*                   THUNK FUNCTION                          *
**************************************************************
        thunk int puts(char *  __s)
           Thunked-Function: <EXTERNAL>::puts
int             EAX:4             <RETURN>
char *          RDI:8             __s
           puts@@GLIBC_2.2.5
           puts    XREF[2]: puts:00100590(T),
```

		puts:00100590(c), 00300fc8(*)
00302008	??	??
00302009	??	??
0030200a	??	??

这个 thunk 函数清单出现在 Ghidra 命名为 EXTERNAL 的程序段中。像这样的 Ghidra thunked 函数清单是外部库在运行时被动态加载和链接到进程中的结果，这意味着库在静态分析中通常是不可用的。虽然该清单告诉了你被调用的函数和库，但函数代码是不能直接访问的（除非该库也被加载到 Ghidra 中，这可以在导入过程中通过选项页面完成）。

这里我们还观察到一种新的 XREF 类型。第一个 XREF 的后缀为(T)，表示它是一个指向 thunked 函数的链接。

现在，让我们再来看看 call_tree 程序的静态链接版本。从 main 函数生成的初始图形与图 10-11 中动态链接版本的图形相同。但是，为了了解静态链接二进制文件中图形的潜在复杂性，我们来研究两个看起来相对简单的展开图。puts 函数的输出调用如图 10-15 所示，标题栏显示 puts(9 functions; 11 edges)。请注意，在程序被完全分析之前，标题栏中的总数可能是不准确的。

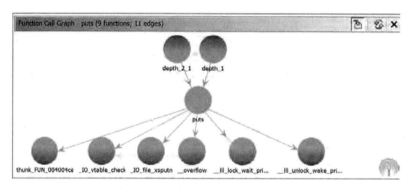

图 10-15：静态链接二进制文件中的 puts 函数的输出调用

当将焦点转移到 _lll_lock_wait_private 时，会看到一个包含 70 个节点和 230 条边的图形，其中的一部分显示在图 10-16 中。

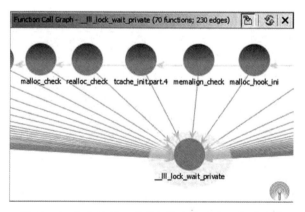

图 10-16：静态链接二进制文件中展开的函数调用图

虽然静态链接二进制文件很复杂，使用相关图形时很有挑战性，但 Ghidra 也可以帮助我们进行分析。首先，可以通过热键 G 或从程序入口符号导航中找到 main 函数。其次，一旦在清单中找到了 main，就可以打开并轻松地控制相关函数调用图中显示的内容。

10.4　树

Ghidra 将与特定二进制文件相关的许多层次概念用树状结构呈现出来。虽然不一定是纯理论意义上的树，但这些结构提供了展开和折叠节点的能力，并可以看到不同类型的节点之间的层次关系。在第 5 章中讨论 CodeBrowser 窗口时，我们介绍了程序树、符号树、函数调用树和数据类型管理器（也以树的形式呈现）。这些树状视图可以与其他视图同时使用，在分析二进制文件时提供额外信息。

10.5　小结

图形是一种强大的工具，可以帮助分析任何二进制文件。如果习惯于查看纯文本格式的反汇编代码，可能需要一些时间来适应使用基于图形的显示。在 Ghidra 中要记住，所有文本显示中可用的信息在图形视图中同样可用，虽然格式上有些区别。例如，交叉引用在图形中显示为连接块的边。

选择查看哪个图形取决于你想了解二进制文件的什么内容。如果想了解一个特定函数是如何访问的，那可能需要查看函数调用图。当然还可以查看函数图，因为它们都提供了关于程序运行的有价值信息。

你已经了解了将 Ghidra 作为单独实例运行，并且当你作为唯一的逆向工程师时可用的基本功能，现在是时候研究如何将 Ghidra 作为协作工具使用了。在下一章中，我们将讲解 Ghidra 服务器及其提供的逆向工程协作环境。

第 11 章
协作逆向工程

现在，你应该已经可以轻松使用 Ghidra 项目环境和许多可用的工具和窗口了。你知道如何创建新项目、导入文件、导航和操作反汇编，也知道 Ghidra 数据类型、数据结构和交叉引用。但是你对项目规模有概念吗？一个 200MB 的二进制文件可能会产生长达百万行的反汇编代码，并且由数十万个函数组成。即使能找到最大的显示器，也只能在屏幕上同时查看其中的几百行。

承担这样的重大任务往往需要一个团队来完成，但这又带来了另一个问题：如何同步每个人的工作，以便在协作时不会产生混乱？现在是时候扩展对 Ghidra 的讨论，以涵盖团队在共享项目上的协同工作了。Ghidra 对协作式逆向工程的支持使其在软件分析工具中独树一帜。在本章中，我们将介绍 Ghidra 标准发行版中的协作服务器，包括安装、配置和使用，以帮助你将更多精力放在最重要的逆向问题上。

11.1 团队协作

软件逆向工程（SRE）是一个复杂的过程，很少有人能够精通其所有的复杂问题。让具有不同技能的分析师同时分析一个二进制文件，可以大大减少获得所需结果的时间。例如，擅长分析复杂程序控制流的专家可能不适合分析和记录相关的数据结构，擅长恶意软件分析的专家可能不适合发现漏洞，时间紧迫的人可能无法写大量注释信息，尽管这样做对未来很有帮助，但短期内会让他们无法分析其他代码。大家都想单独分析同一个二进制文件，但认识到在这个过程中，有一些大家都要做的共同步骤。一个人想要休假或者想咨询专家意见时，需要将单独的任务转交给他人。有时，让多人同时检查同一件事情，可能对提高完整性很有帮助。反正无论动机如何，Ghidra 的共享项目功能都可以支持各种形式的协作逆向工程。

11.2 Ghidra Server 设置

Ghidra 中的协作是通过共享的 Ghidra Server 实例实现的。如果你是负责配置 Ghidra Server 的系统管理员，可以有多种选择，例如，是把它部署在服务器裸机上，还是部署在虚拟环境中，以便于迁移和重复安装。本章中用来演示 Ghidra 协作功能的部署方法，只适合于开发和实验环境。如果要配置 Ghidra Server 用于生产环境，应该仔细阅读 Ghidra Server 的文档，并确定适合你环境和具体使用情况的配置（描述 Ghidra Server 的部署、所有安装选项和相关方法，已经超出了本书的内容范围）。

虽然 Ghidra Server 可以部署在所有支持 Ghidra 的平台上，但我们假设你熟悉 Linux 命令行和系统管理，所以将演示在 Linux 环境下运行 Ghidra Server 实例。首先，为了方便演示，我们对 Ghidra Server 的配置文件（在 server/server.conf 中指定）做一些小修改，这样在完成初始安装、配置、管理和访问控制后，就不会过分依赖 Linux 命令行的使用。按照 Ghidra Server 文档中的建议，将默认的 Ghidra 仓库目录修改为我们自己选择的目录，并调整用户管理和访问控制设置。

> **Ghidra Server 安装选项**
>
> Ghidra Server 支持丰富的安装选项，这里只介绍其中的一部分，更多内容可以查看服务器菜单或者 server/svrREADME.html 文档。
> - 平台：裸机、虚拟机、容器等。
> - 操作系统：多种型号的 Windows、Linux 和 macOS。
> - 认证方法：选择其他人的访问方式，提供了从无认证到 PKI 认证之间的多种方案。
> - 准备工作：可以通过容器、脚本、.bat 文件、详细说明，甚至自定义方法来进行安装。

以下步骤将引导你完成脚本安装过程，在 Ubuntu 主机上创建环境并初始化一组 Ghidra 用户。

（1）定义脚本中使用的一些环境变量，包括正在安装的 Ghidra 版本：

```
#set some environment variables
OWNER=ghidrasrv
SVRROOT=/opt/${OWNER}
REPODIR=/opt/ghidra-repos
GHIDRA_URL=https://ghidra-sre.org/ghidra_version.zip
GHIDRA_ZIP=/tmp/ghidra.zip
```

（2）安装两个包（unzip 和 OpenJDK），用于完成安装过程和运行服务器：

```
sudo apt update && sudo apt install -y openjdk-version-jdk unzip
```

（3）创建一个非特权用户来运行服务器，并在安装 Ghidra Server 的目录之外创建一个新目录来存放共享的 Ghidra 仓库。服务器配置指南中建议将服务器可执行文件和仓库放在不同的目录中，以便于将来更新服务器。Ghidra Server 管理工具（svrAdmin）将使用服务器管理用户的主目录：

```
sudo useradd -r -m -d /home/${OWNER} -s /usr/sbin/nologin -U ${OWNER}
sudo mkdir ${REPODIR}
sudo chown ${OWNER}.${OWNER} ${REPODIR}
```

（4）下载 Ghidra 并解压缩，将其移动到服务器根目录。确保你下载的 Ghidra 是最新的公开版本（发布日期在.zip 文件名中）：

```
wget ${GHIDRA_URL} -O ${GHIDRA_ZIP}
mkdir /tmp/ghidra && cd /tmp/ghidra && unzip ${GHIDRA_ZIP}
```

```
sudo mv ghidra_* ${SVRROOT}
cd /tmp && rm -f ${GHIDRA_ZIP} && rmdir ghidra
```

（5）创建一个原始服务器配置文件的备份，并更改仓库的位置：

```
cd ${SVRROOT}/server && cp server.conf server.conf.orig
REPOVAR=ghidra.repositories.dir
sed -i "s@^$REPOVAR=.*\$@$REPOVAR=$REPODIR@g" server.conf
```

（6）在 Ghidra Server 的启动参数中添加-u 参数，这样就可以在连接时指定用户名，而不是被迫使用他们的本地用户名。出于演示的目的，该选项允许你在一台机器上以多个不同的用户身份登录，以及在多台机器上以同一用户登录。有些版本的 Ghidra 希望把仓库路径作为最后一个命令行参数，所以我们将 parameter.2 修改为 paramter.3，然后在被修改行的前面添加 paramter.2=-u。

```
PARM=wrapper.app.parameter.
sed -i "s/^${PARM}2=/${PARM}3=/" server.conf
sed -i "/^${PARM}3=/i ${PARM}2=-u" server.conf
```

（7）将 Ghidra Server 进程和 Ghidra Server 目录的所有权修改为 ghidrasvr 用户（因为这只是一个演示服务器，所以没有修改其他参数。强烈建议你阅读文档 server/svrREADME.html，使用适合生产部署的配置）。

```
ACCT=wrapper.app.account
sed -i "s/^.*$ACCT=.*/$ACCT=$OWNER/" server.conf
sudo chown -R ${OWNER}.${OWNER} ${SVRROOT}
```

（8）将 Ghidra Server 安装为服务，并添加授权连接服务器的用户。

```
sudo ./svrInstall
sudo ${SVRROOT}/server/svrAdmin -add user1
sudo ${SVRROOT}/server/svrAdmin -add user2
sudo ${SVRROOT}/server/svrAdmin -add user3
```

虽然本章后面会更详细地介绍访问控制，但这里很重要，需要提一下，因为用户必须存在于 Ghidra Server 实例所使用的身份验证系统中。默认情况下，每名用户必须在 24 小时内从 Ghidra 客户端通过默认密码 changeme（必须在首次登录时修改）登录。如果用户没有按时激活，该账户将被锁定并需要重新设置。Ghidra 为 Ghidra Server 系统管理员提供了多种认证选择，从最简单的密码认证到公钥基础设施（PKI）认证都有。这里我们选择使用本地 Ghidra 密码认证（也是默认的）。

如果你想安装自己的 Ghidra Server，或者只是想深入了解各种安装选项，可以查看 Ghidra 目录下的 server/svrREADME.html。

项目仓库

团队工作的一个优势是多人可以同时处理同一个二进制文件。但有时优势也可能变成劣势，因为当多名用户与同一内容进行交互时，就有可能引入条件竞争，此时，执行操作（如保存更新的文件）的顺序会影响到最终结果。Ghidra 通过项目仓库和版本控制系统来控制哪些变化被提交、何时提交，以及由谁提交。

Ghidra 仓库会检查文件进出，跟踪版本历史，并让你看到当前签出的文件。当签出一个文件时，你会得到文件的副本。当完成了文件处理，并将其签入时，该文件的新版本会被创建，并成为文件历史的一部分，如果其他人也签入了该文件的一个新版本，则仓库将帮助你解决冲突。我们将在本章的后面演示如何与仓库交互。

11.3　共享项目

到目前为止，我们只创建并使用了独立的 Ghidra 项目，这适合在一台计算机上工作的单个分析师使用。现在你已经配置了 Ghidra Server 并授予自己访问权，让我们来看看创建共享项目的过程。共享项目可以让任何授权连接到 Ghidra Server 的用户访问，从而促进项目协作和并发。

11.3.1　创建共享项目

当创建一个新项目（File→New Project）并选择共享项目时，必须指定与 Ghidra Server 关联的服务器信息，如图 11-1 左侧所示。默认端口为 13100，需要输入服务器的主机名或 IP 地址，并可能需要进行验证，这取决于你对 Ghidra Server 的配置。

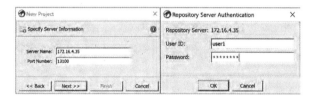

图 11-1：登录 Ghidra Server 仓库

在图的右侧，我们使用安装脚本创建的用户 user1 来登录。如果这是该用户的第一次登录，则需要修改默认密码 changeme，正如前面所说的。

接下来，选择现有仓库或输入新仓库名称来创建一个新仓库，如图 11-2 所示。在本例中，我们将创建名为 CH11 的新仓库。

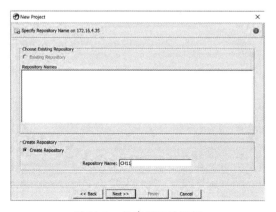

图 11-2：新建项目对话框

单击"Next"按钮将创建一个新仓库和新项目，并打开你熟悉的项目窗口，如图 11-3 所示。

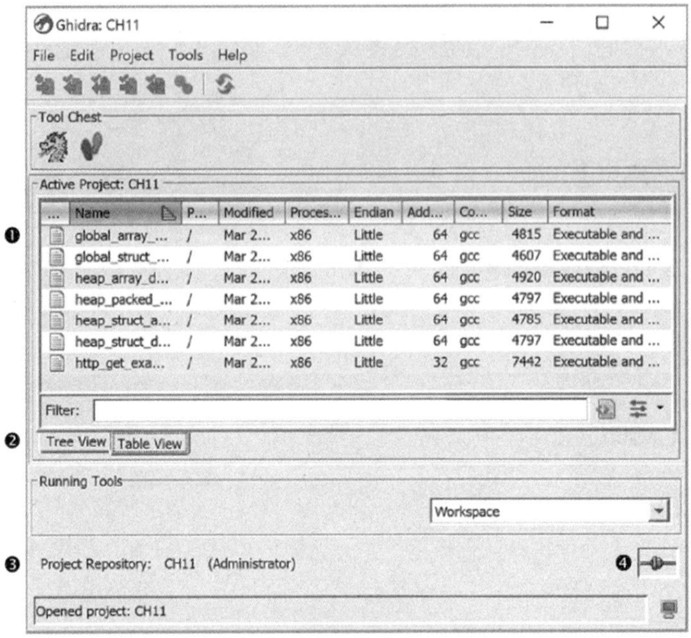

图 11-3：显示表格视图的共享项目窗口

我们已经导入了一些文件❶，并使用表格来显示它们，而不是项目文件默认的树形结构。表格视图（Table View）是选项卡式布局的选择之一❷，它提供了关于项目中每个文件的更多信息。项目窗口显示了项目仓库的名称（CH11），你在项目中的角色（管理员）❸，以及右边一个显示与服务器连接信息的图标。在本例中，将鼠标指针悬停在图标❹上，将显示消息"Connected as user1 to 172.16.4.35."。如果你没有连接，该图标将是一个断开的链接，而不是图片中显示的已连接的链接。

11.3.2 项目管理

创建项目并拥有管理员后，授权用户就可以登录服务器并开始使用该项目。登录成功后，你将进入 Ghidra 项目窗口，在那里可以访问你拥有授权的项目。

谁是这里的老大

服务器管理员负责创建 Ghidra Server 账户，并配置连接到服务器的认证协议。服务器管理本身是一种面向命令行的行为，不要求服务器管理员本身是 Ghidra 用户。在客户端，任何授权用户都可以在 Ghidra Server 上创建仓库，并自动成为他们所创建仓库的管理员。这使得他们可以完全控制仓库，包括允许谁访问以及每个用户所拥有的访问类型。创建仓库后，管理员可以通过 Ghidra 的项目窗口授予其他授权用户访问权。

我不想共享

为非共享项目使用 Ghidra Server 安装也有好处。最初，你对 Ghidra 的安装和使用都是在同一台计算机上进行的，项目和文件也都存放在这里。这意味着所有的分析工作都依赖于这台计算机。Ghidra Server 则可以方便地从各种设备上对文件进行多点访问，并且可以在访问前要求身份认证。如果需要，还可以将项目从非共享项目转为共享项目。但有一点限制是，需要连接到 Ghidra Server 来检出或检入文件。

11.4 项目窗口菜单

现在我们已经创建并连接到了 Ghidra Server，项目窗口中的可用选项变得更有意义。因为一些以前无法使用的选项现在有了新的上下文。在本节以及第 12 章中，我们将讨论各个菜单组件，以及如何使用它们来改进分析过程。

11.4.1 文件菜单

文件菜单如图 11-4 所示，前五个选项是标准的文件类操作，其行为与所有菜单驱动的应用程序一样。我们将详细讲解那些标有数字的选项。

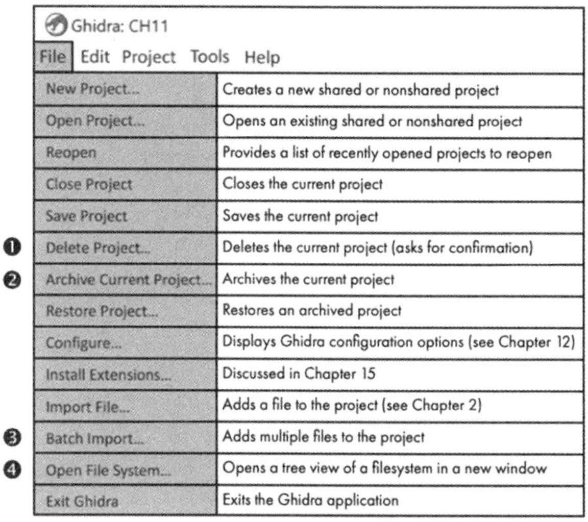

图 11-4：文件菜单

删除项目（Delete Project）

删除项目❶在 Ghidra 中是无法撤销的永久性操作。幸运的是，执行该操作需要额外确认。首先，不能删除当前活动的项目，这将意外删除的风险降到最低。其次，必须完成以下步骤才能删除一个项目：

（1）从菜单中选择 File→Delete Project。

（2）浏览（或输入）要删除的项目名称。

（3）在弹出的确认窗口中确认删除项目。

删除项目将同时删除所有与它关联的文件。因此，最好先通过选项 Archive Current Project❷将当前项目归档。

当前项目归档（Archive Current Project）

归档项目将保存项目、关联文件和相关工具配置的快照。将项目归档通常出于以下目的：

- 项目将被删除，但你希望保留一个副本，以防万一。
- 你想要将项目打包以迁移到另一台服务器。
- 你想要让项目在不同 Ghidra 版本之间传输。
- 你想要创建项目的备份。

归档项目的步骤如下：

（1）关闭 CodeBrowser 和所有相关工具。

（2）从菜单中选择 File→Archive Current Project。

（3）选择归档文件在本地计算机上存放的位置和文件名。

如果你选择了现有文件的名称，可以选择更改名称或覆盖现有文件。归档文件可以通过 Restore Project 选项轻松恢复。

批量导入（Batch Import）

批量导入选项（如图 11-4 所示❸）可以在一次操作中将文件集合导入项目中。当你选择 File→Batch Import 时，Ghidra 将出现一个类似于图 11-5 所示的文件浏览器窗口，用于选择你想要导入文件的所在目录。

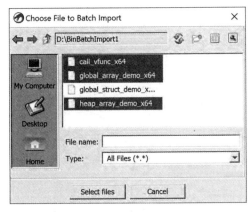

图 11-5：在批量导入窗口中选择导入文件

可以从单个目录或整个目录中选择单个（或多个）文件，添加到批量导入列表中。在你高亮显示文件并单击"Select files"按钮后，将出现批量导入窗口，其中包含了你已经选择导入的文件。在图 11-6 中，目录 BinBatchImport1 中的每个文件被单独加载，而目录 BinBatchImport2 则作为一个包含五个文件的目录被整体加载，正如目录名称右侧的备注所示。可以添加/删除文件来优化导入列表，还可以控制多个选项，包括在目录中搜索文件的递归深度。

为了确定批量导入窗口中合适的深度限制，或者只是为了探索文件系统，可以使用 Open File System 菜单项（如图 11-4 所示❹）。该选项在一个单独的窗口中打开所选的文件系统容器（.zip 文件、.tar 文件、目录等）。最好事先确定深度，因为需要打开第二个 Ghidra 实例来同时操作两个窗口，在单个实例中一个窗口会阻止对其他窗口的访问。

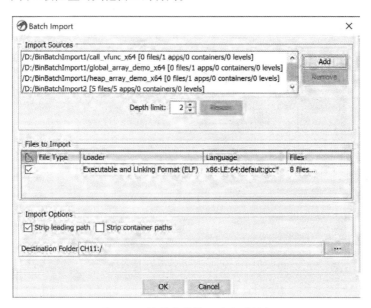

图 11-6：批量文件导入确认对话框

11.4.2 编辑菜单

编辑菜单如图 11-7 所示。Tool Options 和 Plugin Path 选项将在第 12 章中介绍，但 PKI 选项与 Ghidra Server 的设置相关，所以在这里讲解。

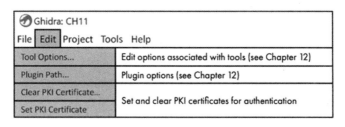

图 11-7：编辑菜单

PKI 证书

正如本章前面所述，设置 Ghidra Server 时有多种认证方法可选。我们创建了一个简单的服务器，并使用用户名和密码进行认证。PKI 证书则比较复杂，虽然具体实现可能不同，但下面的 Ghidra Server 示例，代表了一个合理的 PKI 客户端认证过程。

- User1 希望得到认证，以便在 Ghidra Server 项目上工作。她有一个客户端证书，其中包括她的用户名和一个公钥。她还有一个与证书中所包含公钥相对应的私钥，她将其安全地保存起来，以便在这样的重要场合使用。她的证书是由 Ghidra Server 信任的证书授权机构（CA）加密签署的。

- User1 向服务器提供了证书，服务器从中提取出公钥和用户名，并检查证书是否有效（例如，不在证书吊销列表中，在有效日期范围内，并且具有来自可信 CA 的有效签名，等等）。如果所有的检查都通过，服务器将确认有效证书并将 User1 的身份绑定到公钥上。现在，User1 需要证明她拥有对应的私钥，以便 Ghidra Server 可以根据提取到的公钥对其进行验证。只要私钥确实是由 User1 持有的，并且 Ghidra Server 验证通过，就可以认为 User1 是授权用户。

Ghidra Server 的自述文件（server/svrREADME.html）中描述了管理 PKI 证书颁发机构的过程。Set PKI Certificate 和 Clear PKI Certificate 菜单项允许用户将自己与密钥文件（*.pfx、*.pks、*.p12）相关联（或解除关联）。当设置 PKI 证书时，用户将得到一个文件导航窗口，来确定合适的密钥库。该证书可以在任何时候通过 Clear PKI Certificate 选项来删除。如果你选择启用 PKI 认证，可以使用 Java 的 keytool 工具来管理密钥、证书和 Java 密钥库。

11.4.3 项目菜单

项目菜单如图 11-8 所示，为管理项目级别的活动提供了便利，包括查看和复制其他项目、修改密码，以及管理用户对项目的访问。

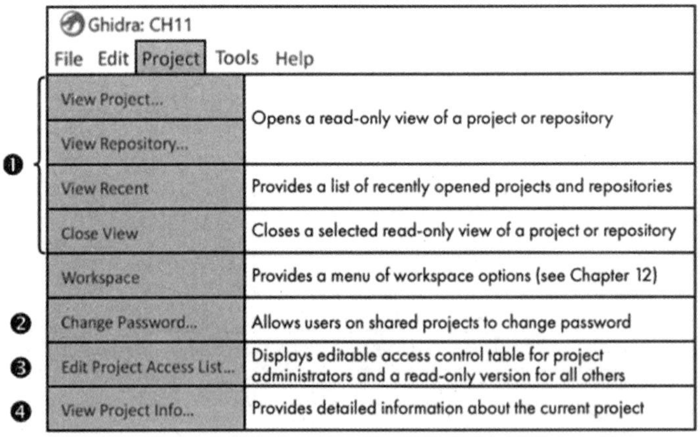

图 11-8：项目菜单

查看项目和仓库

前四个选项❶与查看项目和仓库有关。前两个选项 View Project 和 View Repository，可以在活动项目（Active Project）窗口旁边的新窗口中打开项目（本地）或仓库（远程服务器）的只读版本。在图 11-9 中，本地项目 ExtraFiles 已经在活动项目窗口旁边打开。你可以探索这个只读项目，或者从 READ-ONLY Project Data 窗口中拖动任何文件或目录到活动项目窗口。如图 11-9 所示，三个选中的文件（扩展名为 NEW）已经从项目数据窗口复制到活动项目 CH11 中。

　　下一个选项 View Recent 提供了最近项目列表，可以加快项目或仓库的查找过程。Close View 选项用于关闭只读视图（尽管在某些 Ghidra 版本中该选项处于非活动状态）。一个更简单可靠的替代方法是单击要关闭的项目选项卡底部的 X，如图 11-9 右下所示。

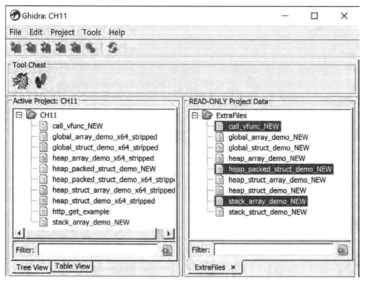

图 11-9：使用项目窗口查看另一个项目

修改密码和项目访问

　　Change Password 选项（如图 11-8 所示❷）只对共享项目的用户可用，前提是 Ghidra Server 配置了允许修改密码的认知方法。这一过程分为两步，首先是确认对话框，如图 11-10 所示，然后是与最初强制修改密码时相同的密码修改选项对话框。

图 11-10：密码修改确认对话框

　　虽然用户可以各自控制自己的密码，但共享项目还提供了控制谁可以访问项目以及授予每个用户什么权限的能力。正如本章前面提到的，Ghidra Server 的系统管理员对访问有一定的控制权。具体来说，系统管理员可以为仓库指定管理员，并创建和删除用户账户。

　　在客户端，如果你是管理员，还可以通过 Edit Project Access List 选项（如图 11-8 所示❸）来控制访问。单击该选项打开如图 11-11 所示的对话框，你可以从项目中添加和删除用户，并控制他们的

相关权限。每个用户只能从最小权限（左边的 Read Only）到最大权限（右边的 Admin）中选择一种
权限等级。

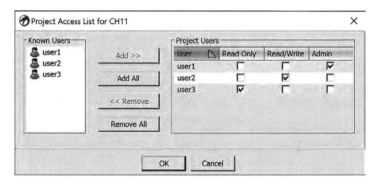

图 11-11：访问控制窗口

查看项目信息

最后一个菜单项是 View Project Info（如图 11-8 所示❹），所打开的对话框中的选项取决于该项
目是否托管在 Ghidra Server 上。图 11-12 中的对话框示例显示了非共享项目（左）和共享项目（右）
的项目信息。虽然显示的信息非常简单，但窗口底部的按钮允许你将非共享项目转换为共享项目（使
用 Convert to Shared 按钮），或者修改项目信息。

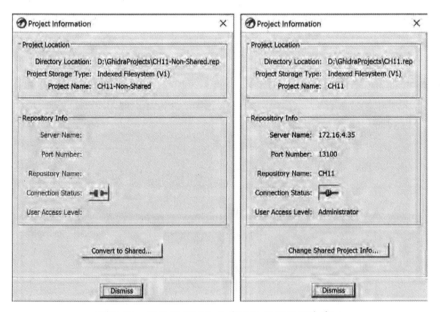

图 11-12：非共享项目和共享项目的项目信息窗口

单击"Convert to Shared"按钮将打开一个对话框，要求你指定服务器信息并输入项目管理员的
用户 ID 和密码。接下来的步骤允许你指定仓库、添加用户、设置权限，并最终确认转换项目。请注
意，此操作无法撤销，并且会删除所有现有的本地版本历史记录。

11.5　项目仓库

此时，你可能很想知道如何在保持项目完整性的同时共享项目。本节将介绍在团队协作时，Ghidra 如何在同一个共享项目中保留每个人的工作。在深入研究这个过程之前，我们先介绍与 Ghidra 共享项目相关的文件类型。下面从项目与仓库之间的关系开始。

仓库是版本控制过程的一个关键因素。在创建新的非共享项目时，会同时创建一个项目文件（.gpr 文件）和一个扩展名为.rep 的仓库目录，以方便版本控制。此外，还会创建一些其他文件，用于控制锁、版本等，了解每个文件的用途对于使用 Ghidra 并不是特别关键。对于非共享项目，所有文件都在本地计算机上，位于创建项目时指定的目录中（参考第 4 章）。

当创建共享项目时，可以选择创建新仓库，或者从现有仓库中选择，如本章前面所述（参见图 11-2）。如果选择创建新仓库，那么项目与仓库之间存在一对一关系，你也就成为了项目管理员。如果选择现有仓库，那么除非你拥有该仓库，否则你将不是这个新创建项目的管理员。无论哪种情况，.gpr 文件和.rep 目录都拥有相同的名称。如果仓库被命名为 RepoExample，则项目文件将被命名为 RepoExample.gpr，仓库文件夹将被命名为 RepoExample.rep（尽管有后缀名，但仓库也是文件夹，而不是文件）。

总结一下，如果你创建了仓库，那么你就是项目管理员，并且可以控制其他人对仓库的访问。如果你选择了现有仓库，那么你就是用户，拥有项目管理员分配给你的权限。那么，当多个用户想要对同一个项目进行更改时，会发生什么？这就是版本控制发挥作用的地方。

> **版本控制和版本跟踪**
>
> Ghidra 包含两个非常不同的版本控制系统。在本章中，我们讨论的是版本控制（version control），系统这个概念很快就会变得很清楚。Ghidra 还有一个版本跟踪（version tracking）功能，用来识别两个二进制文件之间的差异（和相似性）。在逆向工程社区中，这个过程通常被称为二进制差分（binary differencing）。目标可能包括识别不同版本的二进制文件中的更新、识别恶意软件家族中的函数、识别签名等。鉴于相关源代码无法获得并进行基于源代码的差分，此功能可能非常重要。第 23 章将详细介绍 Ghidra 的版本跟踪功能。

11.5.1　版本控制

在任何可以由多名用户进行更改或需要记录更改历史的系统中，版本控制都是一个重要的概念。版本控制允许你管理系统更新并有效控制条件竞争。项目窗口中有一个版本控制工具栏（图 11-13），其许多操作都要求关闭相关文件才能完成。

图 11-13：Ghidra 项目窗口的版本控制工具栏

根据所选文件，这些图标被启用以进行有效的版本控制操作。构成版本控制工作流程的基本操作如图 11-14 所示（图中加入了一个相似的 git 命令栏）。

Icon	Action	Special option(s)	Similar git commands
	Add file to version control	Keep File Checked Out	git add git commit
	Check out file	None	git clone (ish)
	Update checked-out file with latest version	Keep File Checked Out	git pull
		Create .keep file	
	Check in file	Keep File Checked Out	git commit git push
		Create .keep file	
	Undo checkout	Save Copy with .keep extension	git checkout
	Find my checkouts recursively	None	git status

图 11-14：Ghidra 版本控制工具栏操作

除了使用工具栏图标，还可以通过右键的上下文菜单来执行版本控制操作。

合并文件

当协作团队决定签入他们对项目所做的更改时，会出现以下两种情况之一：

- **没有冲突（No conflict）**：在这种情况下，自从用户签出文件后，没有新版本的文件被签入。由于不存在潜在冲突（没有用户尚未意识到的已提交的、冲突的更改），正在签入的文件将成为该文件的新版本。旧版本将以归档的方式保留，版本号递增，以确保可以跟踪到连续的版本链。

- **潜在冲突（Potential conflict）**：在这种情况下，在用户签出文件后，有其他用户提交了新的更改。文件签入的顺序会影响生成的"当前版本"。此时，Ghidra 将开启合并过程。如果提交没有引入冲突，Ghidra 将继续自动合并过程。如果检测到冲突，则必须由用户手动解决每个冲突。

作为一个冲突的例子，假设 user1 和 user2 都签出了同一个文件，然后 user2 将函数 FUN_00123456 的名字改为 hash_something 并签入了他们的更改。同时，user1 分析了同一个函数并将其命名为 compute_hash。当 user1 最终签入他们的更改时（在 user2 之后），将被告知存在命名冲突，并要求在签入操作完成之前，从 hash_something 和 compute_hash 中选择正确的函数名。关于这个过程的更多信息可以查看 Ghidra 帮助文档。

版本控制注释

当你在版本控制下添加或修改文件时，应该添加注释来解释所做的事情。每个版本控制操作都会显示一个带有注释字段和特殊选项的对话框。图 11-15 显示了添加文件到版本控制时的注释对话框。

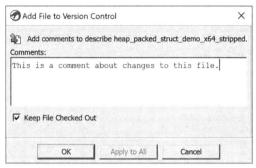

图 11-15：将文件添加到版本控制时的注释对话框

标题栏显示正在执行的操作，下面有相关图标以及你应该在注释文本框中输入的内容描述。如果选择了多个文件，除非你单击"Apply to All"按钮，否则任何注释都只与第一个文件相关联。注释文本框的下方是与正在执行的操作相关的特殊选项，用户可以选择或取消。关于每个操作的特殊选项，可以查看图 11-14 的第三列。

11.5.2　示例场景

很多错综复杂的问题、选项和术语都与共享项目有关。为了阐明与 Ghidra Server 和共享项目相关的一些概念，我们通过示例来进行展示，先从项目的概念开始。

项目（project）是存在于客户端机器上的本地实体（就像本地的 Git repo）。共享项目还与 Ghidra Server 上的仓库相关联（就像 Git remote），该仓库是所有协作分析工作结果的存储位置。文件在被导入并添加到版本控制之后才会被共享，在此之前是私有的。因此，用户可以将文件导入项目中，此时它们是私有的，然后选择将其添加到版本控制，此时它们是共享的。

文件劫持

Ghidra 有一个特殊的术语（与 Project Data Tree 图标关联），用于处理一种在共享项目环境中经常发生的情况。如果你的项目中有一个私有文件（已导入但尚未添加到版本控制），而另一个用户将同名文件添加到仓库中，你的文件将被劫持。这种情况经常发生，以至于 Ghidra 提供了右键上下文菜单选项来进行处理。你需要关闭被劫持的文件，然后从上下文菜单中选择 Undo Hijack 选项，如果需要的话，它允许你接受仓库中的文件，并保留一份你自己文件的副本。解决劫持的其他方法包括重命名文件、将其移动到其他项目，或者将其删除。

实际上，项目权限其实就是仓库权限。如果你使用现有仓库来创建项目，实际上就是说："这个本地项目是由服务器上的仓库远程支持的（就像 Git clone）"。下面让我们看一些共享项目的活动，来观察它们如何影响共享项目的环境：

（1）user1 创建一个名为 CH11-Example 的新共享项目（和关联的新仓库），添加 user2 和 user3，并为它们分配权限（见图 11-16）。

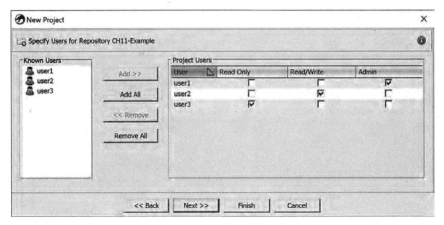

图 11-16：场景示例，步骤 1

（2）user2 创建一个与现有的 CH11-Example 仓库相关联的新共享项目（即 user2 克隆了 CH11-Example）。请注意，该项目与 user1 的项目名称不同，但仓库（远程）相同。此外，user2 对该仓库的权限显示在窗口底部（见图 11-17）。

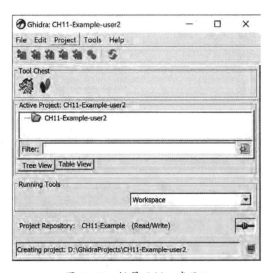

图 11-17：场景示例，步骤 2

（3）user1 导入一个文件并将其添加到版本控制，然后 user2 也能看到（大致相当于 git add/commit/push），见图 11-18。

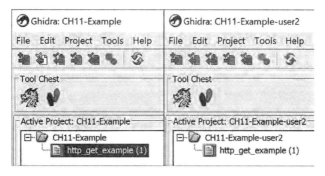

图 11-18：场景示例，步骤 3

（4）user1 和 user2 各自将相同的文件导入它们的项目中，但暂不添加到版本控制。此时它们是私有文件（见图 11-19）。

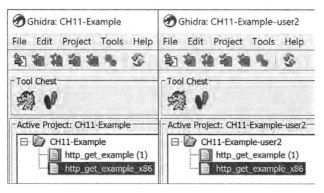

图 11-19：场景示例，步骤 4

（5）user2 将第二个文件添加到版本控制（将其签入），该文件变为共享的。user1 现在将其视为一个被劫持的文件（见图 11-20）。

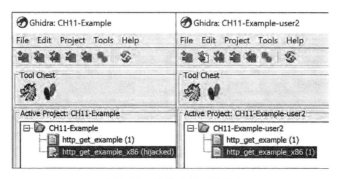

图 11-20：场景示例，步骤 5

（6）user1 从右键菜单中选择 Undo Hijack，可以用仓库中的版本替换自己的文件，如果需要的话，可以保留一份自己文件的副本。这里选择接受仓库中的版本，并保留文件副本（已经将该文件移到其他项目中，扩展名为.keep）。现在一切又正常了，user1 此时看到的第二个文件与 user2 将其添加到版本控制时的相同（见图 11-21）。

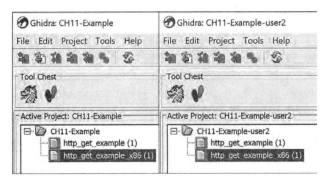

图 11-21：场景示例，步骤 6

（7）user1 签出第二个文件，对其进行分析，然后再将其签入。此时，user1 和 user2 都能看到该文件的分析版本（version 2），如图 11-22 所示。

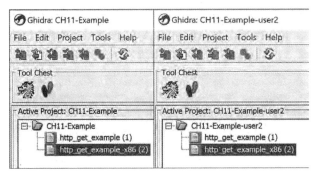

图 11-22：场景示例，步骤 7

（8）user3 创建一个新项目，并与上面的同一个仓库关联（见图 11-23）。此时 user3 可以看到所有文件，并可以在本地进行修改（包括添加私有文件），但不可以提交到仓库，因为她没有被赋予写权限（该项目在窗口底部标记为 "Read Only"）。

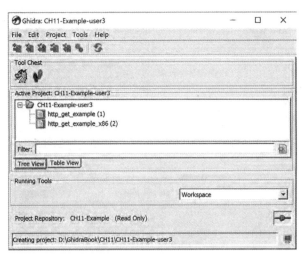

图 11-23：场景示例，步骤 8

（9）user2 在下班前签入了她的所有文件。这很重要，因为她想用家里的计算机继续在该项目上工作。由于项目不在她家的计算机上，所以她需要登录到 Ghidra Server，并使用现有仓库创建一个新项目。这将在她的计算机上创建项目，从而继续工作（如果下班前没有签入所有文件，那么她在家里就无法访问最新的工作）。

（10）其他用户回家后，也可以使用 Ghidra Server 继续他们的协同工作。

11.6　小结

并不是每个人都需要 Ghidra Server 或共享项目来促进协作式逆向工程，但许多相关功能也可以用于非共享项目。剩余章节我们主要讨论非共享项目，并在适当的时候提一下共享项目和 Ghidra Server。无论你的 Ghidra 安装配置如何，其默认的配置、工具和视图很可能并适合你的工作流程。下一章将重点介绍 Ghidra 的配置、工具和工作区，以及如何让它们更好地为你工作。

第 12 章

自定义 Ghidra

在使用 Ghidra 一段时间后，你可能更喜欢其中一些设置，并希望在每次打开新项目时将其作为默认设置，或者希望将其应用于某个特定项目中的所有文件。你可能会感到困惑，为什么有些设置可以在会话之间延续，而其他设置在每次加载新项目或新文件时需要重新设置。在本章中，我们将讲解如何自定义 Ghidra 的默认外观和行为，以更好地满足你对逆向工程的需求。

为了理解某些自定义的范围，需要先对插件（plugin）和工具（tool）这两个术语进行区分。通常来说两者的含义如下所示。

- 插件：插件是用于向 Ghidra 添加功能的软件组件（例如，字节查看器、清单窗口等），经常以窗口的形式出现，但也有许多插件在幕后工作（例如，分析器）。
- 工具：工具可以是一个插件，也可以是一组协同工作的插件，通常表现为一个有用的图形用户界面（GUI），以帮助用户完成任务。我们一直在广泛使用的工具 CodeBrowser 就是用作 GUI 框架的窗口。函数图也是一个工具。

如果没有严格遵守这些定义，也没有关系。因为在许多情况下，区分这两者根本无关紧要。例如，一些菜单，如本章后面要讲的工具选项菜单，尽管归类于工具，但其选项可以同时适用于工具和插件。在这种情况以及其他更多的情况下，区分并不重要，因为对两者的处理方式是一样的。即使术语的使用有所不同，也应该能够完成自定义过程。

除了自定义 Ghidra，本章还将讨论 Ghidra 的工作区。工作区将工具与配置结合起来，提供了设计和使用个性化虚拟桌面的能力。

12.1 CodeBrowser 窗口

在第 4 章和第 5 章中，我们介绍了 CodeBrowser 和它的许多相关窗口，以及一些基本的自定义选项。现在，我们将在进入 Ghidra 项目窗口和工作区之前，演示一个更全面的 CodeBrowser 自定义示例。

12.1.1 重新排列窗口

以下六个基本操作用于控制各个窗口相对于 CodeBrowser 窗口的显示位置。

- **Open**：窗口通常使用 CodeBrowser 的窗口菜单打开。每个窗口都有默认值来控制其打开的位置。
- **Close**：单击窗口右上角的"×"图标可以关闭窗口（如果你重新打开一个已关闭的窗口，它将出现在相同的位置，而不是默认位置）。
- **Move**：通过拖放来移动窗口。
- **Stack**：使用拖放功能来堆叠和取消堆叠窗口。
- **Resize**：将鼠标指针悬停在两个窗口中间的边界上，会出现一个箭头，允许你扩大和缩小与边界相邻的窗口。
- **Undock**：你可以从 CodeBrowser 窗口中将工具移出，但重新将其移入并不是那么容易，如图 12-1 所示。

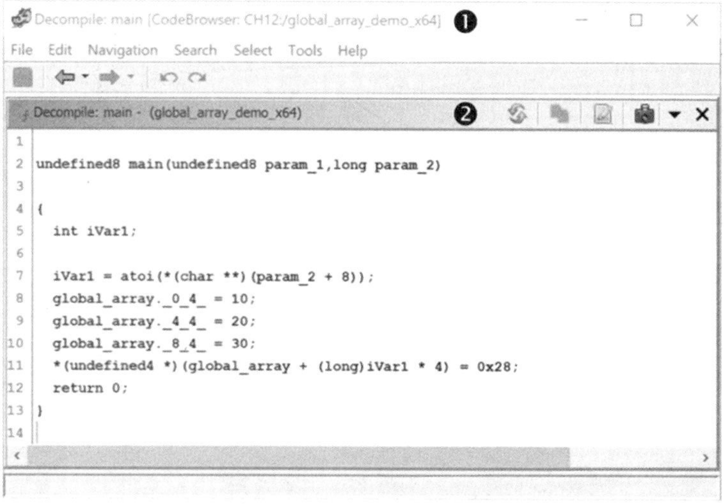

图 12-1：将反编译器窗口移入

为了将窗口重新移入，你不能单击标题栏❶，因为这样做只会将窗口拖到 CodeBrowser 的前面。相反，你应该单击内部标题栏❷来重新移入或堆叠窗口。现在可以重新排列窗口了，让我们使用 Edit →Tool Options 菜单来自定义窗口吧。

12.1.2 编辑工具选项

选择 Edit→Tool Options，将打开一个 CodeBrowser 选项窗口，如图 12-2 所示。该窗口允许控制与各个 CodeBrowser 组件关联的选项。

可用的选项由每个组件的开发者决定，它们之间的显著差异反映了各个工具的特殊性。由于描述所有可用工具的选项将占用本书的篇幅，这里我们只看一些影响前几章中讨论过的工具的编辑，以及一些在多个工具中相似的编辑。

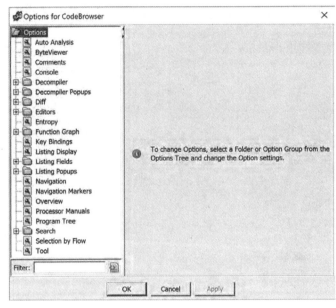

图 12-2：默认的 CodeBrowser Edit→Tool Options 窗口

许多工具使用颜色来识别属性，相关的调色板也是可配置的。在选项窗口中选一个默认颜色，将打开标准的颜色编辑对话框，如图 12-3 所示。这为你提供了控制 CodeBrowser 中许多项目颜色的选项。

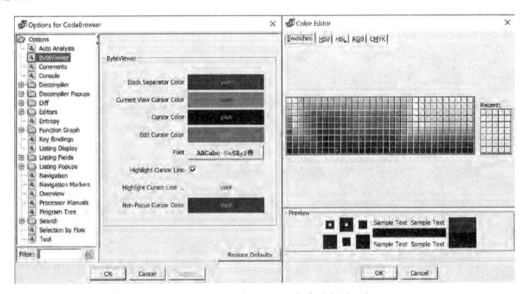

图 12-3：Edit→Tool Options 颜色编辑对话框

在图 12-3 中，可以为字节查看器窗口中的六个项目选择颜色：Block Separator、Current View Cursor、Cursor、Edit Cursor、Highlight Cursor Line 和 Non-Focus Cursor。除了在字节查看器窗口中自定义颜色，还可以选择字体并高亮光标栏。更方便的是，任何 CodeBrowser 工具的选项面板在右下角都有一个 Restore Defaults 选项。这使你能够在一些分析步骤中使用特殊的配色方案，然后在完成后又恢复到工具的默认配色。

除了更改外观，许多工具还提供了在编辑选项中设置参数的功能。在前几章介绍新功能时我们已经见识过，例如，可以控制自动分析中使用哪些分析器。一般来说，只要是有默认值的东西，就有办法修改。

一些总体性工具的设置也可以通过选项窗口进行访问和修改。例如，按键绑定用于指定 Ghidra 动作和热键序列之间的映射，在默认的 CodeBrowser 窗口中有超过 500 个动作，可以使用选项窗口创建或重新分配一个热键绑定。重新分配热键在许多情况下很有用，包括通过热键提供额外的命令、修改默认序列为更容易记忆的序列，以及修改可能与操作系统或终端应用程序使用的其他序列冲突的序列。你甚至可以重新映射所有热键以匹配其他反汇编程序的热键。

如图 12-4 所示，每个按键绑定都有三个关联字段。第一个字段（第一列）是动作名称，在某些情况下，它对应一个菜单命令（例如，Analysis→Auto Analyze）。在其他情况下，它是一个与菜单命令相关的参数（例如，Analysis Options 中的 Aggressive Instruction Finder）。

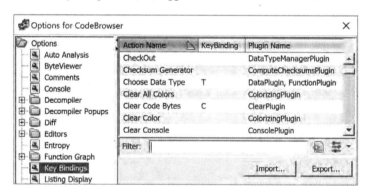

图 12-4：Edit→Tool Options 按键绑定选项

第二列是与动作相关的真实按键绑定（热键），最后一列是实现该动作的插件名称[1]。不是所有的动作都有相关联的热键，但你可以选中它并在文本框中输入所需的热键来为其分配。如果该热键已经与另一个动作相关联，会显示出该热键所有其他用途的列表。当你使用一个有多个按键绑定的热键时，你将得到一个潜在动作列表，然后从中选择合适的动作。

12.1.3　编辑工具

在 Edit→Tool Options 窗口的底部有一个 Tool 的选项，它的含义根据进入选项对话框的菜单所使用的工具而变化。通常，这里指的是 CodeBrowser 或项目窗口，图 12-5 显示了 CodeBrowser 工具的默认配置选项。对话框的标题栏提供了最明显的线索，即我们正在查看的是 CodeBrowser 的选项页面。

---

1 这里同样说明了在不重要的场合，术语可以混用。插件名称一列中的大多数条目都是插件，但也包括一些工具，如配置工具。在这种情况下，你也可以给它们分配热键。

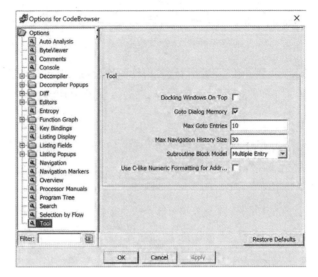

图 12-5：使用 Edit→Tool Options→Tool 编辑 CodeBrowser 选项

12.1.4　特殊工具编辑功能

有些工具的编辑功能集成在它们各自的窗口中，这样你就可以立即看到选项对相关内容的影响。清单窗口提供了最广泛的内置编辑功能集，使用 7.3.1 节"更改代码显示选项"中介绍的浏览器字段格式化器，可以对反汇编的文本内容进行高度配置。图 12-6 展示了一个打开默认浏览器字段格式化器的清单窗口。

图 12-6：打开默认浏览器字段格式化器的清单窗口

在格式化器顶部有一排标签❶，代表反汇编中的各种字段类型。在本例中，我们正在查看指令，所以选中了 Instruction/Data 标签。格式化器的其余部分❷显示与 Instruction/Data 部分中与地址相关的每个独立字段的条形图。在本例中，光标位于清单窗口中的一个地址上，所以 Address 字段被高亮显示。

可以使用浏览器字段格式化器来更改清单的外观。它的功能非常广泛，每个字段都有自己的相关选项。这里我们只讨论一些简单的，其中许多功能外观与在 CodeBrowser 编辑窗口中的类似。你可以拖动它们到新位置来重新排列字段，增加或减少字段的宽度，以及增加、删除、启用或禁用单个字段。

图 12-7 显示了删除 Bytes 字段后的相同清单内容。我们已经在前几章的许多清单图片中删除了该字段，以压缩清单并在可用空间中显示更多内容。

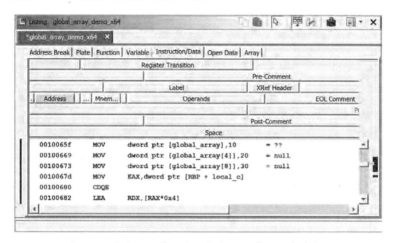

图 12-7：自定义浏览器字段格式化器选项的清单窗口

12.1.5   保存 CodeBrowser 布局

关闭 CodeBrowser 时，你可以保存任何与文件相关的布局更改。或者，你可以不保存就退出，这将产生一个警告信息，以确保你了解这样做的影响。如果你使用 CodeBrowser 窗口中的 File→Save Tool 选项，则当前的 CodeBrowser 外观将与活动项目中的当前文件相关联。下次打开文件时，Ghidra 将使用保存的 CodeBrowser 布局。当你同时打开多个 CodeBrowser 实例并修改了其中的一些（或全部），可能会导致工具配置冲突。然后 Ghidra 将显示一个新的保存工具对话框，如图 12-8 所示。

图 12-8：Ghidra 保存工具时可能存在冲突的对话框

在本章后面，我们将展示如何使用这个和类似的自定义功能，来创建一个新的强大的工具套件，这些工具可以针对你个人的逆向工程任务和品位来进行调整。

12.2　Ghidra 项目窗口

让我们切换回如图 12-9 所示的 Ghidra 项目窗口。主菜单在上一章已经讨论过了。在讨论项目窗口的自定义之前，我们先来看看窗口中还未讨论过的两个区域。

图 12-9：Ghidra 项目窗口

Tool Chest❷显示了所有能够操作你导入项目中的二进制文件的工具图标。默认情况下，有两个工具可用。龙图标是 CodeBrowser 的默认图标，而脚印图标与 Ghidra 的版本控制工具相关。在本章后面，将演示如何通过修改和导入工具，以及构建自己的工具来补充工具箱。

Running Tools❸包含每个运行工具实例的图标。在本例中，我们已经将每个项目文件在单独的 CodeBrowser 窗口中打开。因此有四个 CodeBrowser 实例在运行，单击其中任何一个都会将相关工具带到桌面的前台。

回到 Ghidra 项目窗口的菜单上❶，看看一些自定义窗口的选项。首先来看图 12-10 所示 Ghidra 项目的四个 Edit→Tool Options 动作，其中两个选项与 CodeBrowser 中的相同：Key Bindings 和 Tool。

在图 12-10 中选中了按键绑定选项。Ghidra 项目工具的动作明显比 CodeBrowser 工具少得多，因此按键绑定的选项也少得多。你可能已经注意到，大多数动作都与 FrontEndPlugin 有关（Ghidra Project 工具也称为 Ghidra Frontend，这些术语在整个 Ghidra 环境和帮助文档中是通用的）。

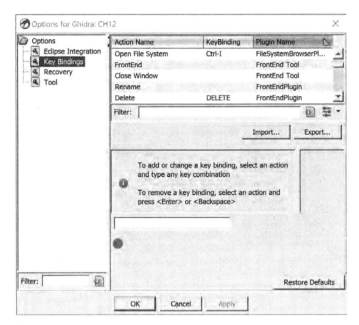

图 12-10：Ghidra 项目窗口 Edit->Tool Options

Eclipse Integration 是第 15 章的重点，所以在这里暂时不讨论。Recovery 用于设置快照频率，默认值是 5 分钟，设置为 0 表示禁止快照。

最后一个选项 Tool，通常指当前上下文中活动的工具，在这里就是 Ghidra 项目工具。相关选项如图 12-11 所示，我们将重点关注 Swing Look And Feel 和 Use Inverted Colors 选项，它们可以改变 Ghidra 窗口的外观。

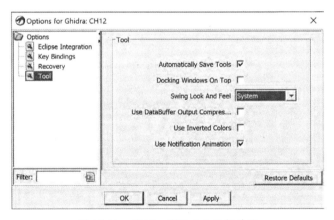

图 12-11：Ghidra 项目工具编辑选项

在 Swing Look And Feel 中选择 Metal 并选中 Use Inverted Colors，会产生一个深色主题，受到许多逆向工程师的欢迎。这个修改将在重启 Ghidra 后生效，新的样式将用于所有的 Ghidra 窗口，包括 CodeBrowser 和反编译器窗口。图 12-12 显示的是 CodeBrowser 窗口的一部分。

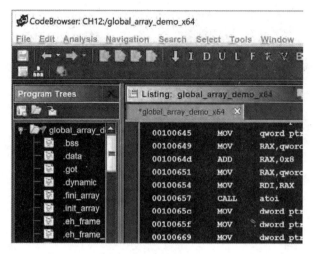

图 12-12：使用深色主题的 CodeBrowser 窗口

现在你已经知道了如何改变 Ghidra 的外观，以满足个性需求。让我们回到文件菜单，并研究配置在上下文中意味着什么。选择 File→Configure 选项将显示三类 Ghidra 插件集，如图 12-13 所示，每一类都有不同的用途。

Ghidra Core 包含在默认 Ghidra 配置中一直使用的一组插件，提供了对逆向工程至关重要的基本功能。Developer 提供的插件可以帮助开发新插件，如果想要更多地了解 Ghidra 开发，可以从这里开始。Experimental 中的插件没有经过彻底的测试，可能会破坏 Ghidra 实例的稳定性，所以要谨慎使用。

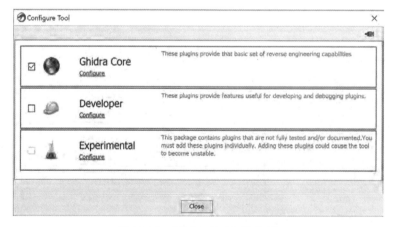

图 12-13：Ghidra 项目配置选项

虽然只有 Ghidra Core 作为 Ghidra 默认安装的一部分被启用，但也可以勾选其他选项旁边的复选框来启用它们。使用每个类别下方的 Configure 选项来选择（或取消）出现在该类别列表里的各个插件。图 12-14 显示了 Ghidra Core 插件列表，包括每个插件的描述和分类。在此菜单中单击一个 Ghidra 插件，屏幕底部的窗口将提供有关该插件的额外信息。

两个额外的 Ghidra 项目菜单选项可用于 Ghidra 配置。第一个是 File→Install Extensions，我们将

在第 15 章中讨论。另一个是 Edit→Plugin Path，用于添加、修改和删除新的用户插件路径，它告诉
Ghidra 在其安装的默认位置之外寻找其他 Java 类。通过这个选项，可以在 Ghidra 实例中加入额外的
插件和类。编辑插件路径需要重启 Ghidra 才能看到结果。

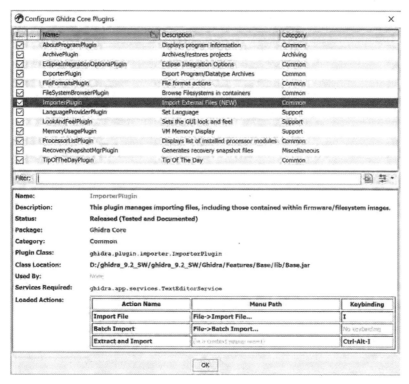

图 12-14：选中 ImporterPlugin 后的 Ghidra Core 配置窗口

现在，你已经看到了如何修改插件选项，我们继续扩展插件的使用。工具菜单选项允许执行与
工具相关的操作，包括创建新工具（如果现有工具无法满足需求）。在本例中，我们使用现有的插件
集合来构建和工作，而不是从头开始开发插件。

12.3　工具菜单

大多数工具选项都在 Ghidra 项目窗口的 Tools 菜单中提供，如图 12-15 所示。到目前为止，一
直在使用和修改默认工具 CodeBrowser，因为它是主要的分析工具。现在将演示如何在 Ghidra 中创
建自定义工具。

如果已经尝试修改过 CodeBrowser 工具，我们来考虑一个案例，如何检查一个有很多函数调用、
浏览起来很复杂的文件。在第 10 章中，我们演示了使用函数调用图和函数图来帮助理解程序的控制
流。这两个图都是在各自的窗口中打开的，如果同时打开了很多个文件，就可能带来挑战。让我们
用一个名为 ExamineControlFlow 的专门工具来解决这些挑战，可以使用它来分析程序中的控制流。

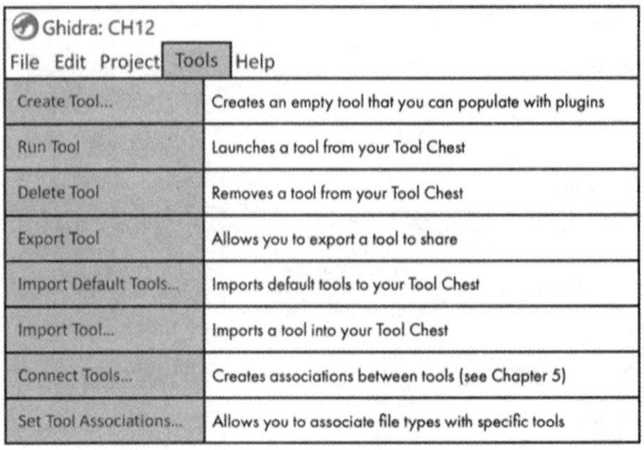

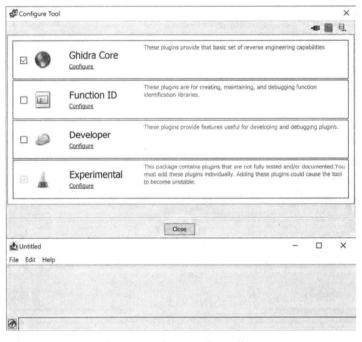

图 12-15：Ghidra 工具菜单选项

当选择 Tools→Create Tool 菜单选项时，将会看到两个窗口，如图 12-16 所示。图中的上层窗口
显示的插件选项与在图 12-13 中看到的相似，但有一个额外的类别 Function ID，我们将在第 13 章中
讨论。下层窗口是一个空的、无标题的工具开发窗口，可以通过自定义它来创建工具
ExamineControlFlow。

图 12-16：Ghidra 配置工具窗口

可以使用 Ghidra Core 的插件来编写新工具。当选择 Ghidra Core 类别时，工具开发窗口会弹出
Ghidra Core 的选项，如图 12-17 所示。所生成的窗口与 CodeBrowser 有很多相同之处，这很正常，
因为 CodeBrowser 也是基于 Ghidra Core 开发的。

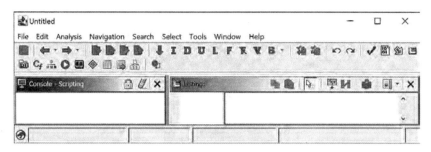

图 12-17：配置前的新未命名工具

需要在新工具中删除一些不需要的插件，然后指定需要的窗口。单击 Ghidra Core 下方的 Configure 选项并删除以下不需要的插件（也可以删除许多其他插件，但为了简洁起见，这里选择先不删除）：

- Console
- DataTypeManagerPlugin
- EclipseIntegrationPlugin
- ProgramTreePlugin

这些插件中的每一个都与其他插件相关联，因此，当从新工具中将它们删除时，Ghidra 将显示警告信息，其中包括正在被删除的其他插件的列表。可以在任何时候从新工具中选择 File→Configure 来重新添加插件。图 12-18 中的例子显示了与删除 DataTypeManagerPlugin 相关的警告信息。

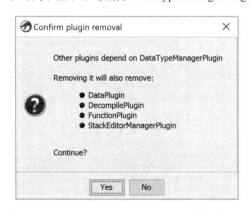

图 12-18：DataTypeManagerPlugin 的插件依赖警告

另外，还可以控制新工具的布局。在本例中，你希望在同一个工具中看到清单、函数调用图和函数图窗口。使用前面章节介绍的方法，可以使用新工具中的 Window 菜单打开所需的窗口，然后将它们拖到想要的位置。这个新的未命名工具如图 12-19 所示。

如果想要经常使用这个工具并与协作者共享它，应该通过选择 File→Save Tool As 来将其保存，打开的对话框将提示你为工具命名并选择图标（如图 12-20 所示）。你可以从提供的图标中选择，也可以使用你自己的图像文件，支持的格式有.jpg、.png、.gif 等。

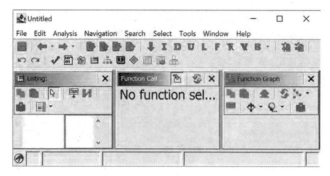

图 12-19：新未命名工具

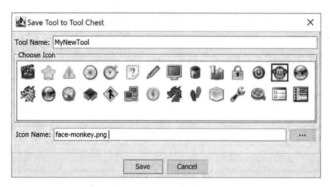

图 12-20：为新工具选择图标

这个新工具（以及你创建的其他工具）将成为工具箱的一部分，并作为一个选项显示在项目中，如图 12-21 所示。

图 12-21：工具箱中显示新工具选项的新项目

要与他人分享新工具，可以使用 Tools→Export Tools 将其导出。Ghidra 会要求选择保存位置，然后创建一个包含工具规范的.tool 文件。要导入工具，可以使用 Tools→Import Tool 选项。

当在 Ghidra 项目窗口中双击一个文件时，默认情况下会在 CodeBrowser 中打开，但也可以右击文件并从上下文菜单中选择工具箱中的任何工具，或者直接拖动文件到想要的工具上。

使用 Ghidra 次数越多，就越会意识到，没有一种万能的 Ghidra 界面可以为每个逆向任务提供所需要的工具。作为一名逆向工程师，分析特定文件的方法很大程度上取决于文件本身、分析目标以及实现该目标的进度。

本章和前面章节的大部分内容都是描述如何改变 Ghidra 的外观和感觉，以及可用的工具，来满足需求。自定义 Ghidra 的最后一步是保存所创建的这些配置，这样就可以根据正在进行的分析项目来选择合适的配置。这是通过创建和保存 Ghidra 工作区来实现的。

12.4 工作区

Ghidra 工作区可以看成一个虚拟桌面，其中包括当前配置的工具和相关文件。假设你正在分析一个二进制文件，发现它与上周分析的另一个文件有相似的特征，你想对这两个文件进行比较，以确定两个函数的相似之处，但同时还想继续分析这个文件。这是在同一个文件上需要处理的两个问题。

要想同时推进这两条路径，其中一种办法是创建与每个分析问题相关的工作区。可以在 Ghidra 项目窗口中选择 Project→Workspace→Add 来保留当前的分析，并给新工作区取一个名字。在本例中，我们将其命名为 FileAnalysis。然后，要从工具箱中打开另一个工具，也许可以使用集成了差分视图（Diff View）的专用工具来比较这两个文件（参见第 23 章），然后用同样的方法创建第二个工作区（FileComparison）。现在，可以通过图 12-22 所示的下拉菜单选择工作区，或者使用 Project→Workspace 菜单中的 Switch 选项，在可用的工作区之间轻松切换。

图 12-22：Ghidra 项目窗口中的工作区选项

12.5 小结

当开始使用 Ghidra 时，你可能对它的默认行为和默认 CodeBrowser 布局非常满意。然而，随着你对 Ghidra 的基本功能越来越熟悉，肯定会找到自定义 Ghidra 的方法，来适配你的逆向工程工作流程。虽然一个章节不可能完全覆盖 Ghidra 提供的每一个可选项，但我们已经介绍并提供了一些自定义功能的示例，在逆向工作中很可能会用到。其他有用的工具和选项将留给好奇的读者去自由探索。

第 13 章
Ghidra 功能扩展

我们希望从高质量的逆向工程工具中得到的东西是，对二进制文件做尽可能多的全自动识别和注释。在理想情况下，100%的指令被识别并组成二进制文件中 100%的原始函数。每个函数都有名称和完整的原型，所以函数操作的所有数据也会被识别出来，包括原始数据类型。这正是 Ghidra 的目标，从二进制文件被导入开始，一直到自动分析完成，再将其无法完成的其他工作交给用户。

在本章中，我们将了解 Ghidra 用于识别二进制文件中各种结构的技术，并讨论如何增强它的这种能力。我们首先讨论初始加载和分析过程，在这些步骤中你所做的选择将帮助 Ghidra 决定为你所分析的文件提供哪些资源。这是你在向 Ghidra 提供它可能无法自动检测到的信息，以便 Ghidra 在分析阶段能够做出更明智的决策。之后，我们将研究 Ghidra 如何利用词模型、数据模型和函数识别算法，以及如何增强它们，使其更适合你的特定逆向任务。

13.1 导入文件

在导入过程中，图 13-1 所示的对话框展示了 Ghidra 对文件标识的初步分析，用于指导文件的加载过程。你可以修改任何字段或者直接使用 Ghidra 建议的选择。通过 Options 按钮可以访问额外选项，根据正在加载的文件类型会有所不同。图 13-1 显示了 PE 文件的选项，而图 13-2 显示了 ELF 二进制文件的选项。

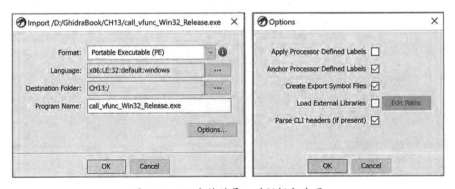

图 13-1：PE 文件的导入对话框和选项

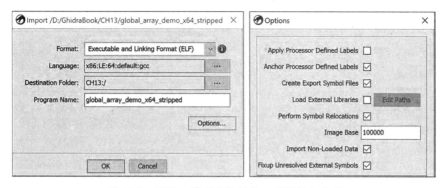

图 13-2：ELF 二进制文件的导入对话框和选项

语言/编译器规范

图 13-1 和图 13-2 中的 Language 字段明确规定了 Ghidra 将如何解释你正在加载的文件中被识别为机器码的任何字节。语言/编译器规范由三到五个用冒号分隔的子字段组成，如下所述：

- 处理器字段（processor）指定生成二进制文件的处理器类型。它将 Ghidra 引导到 Ghidra/Processors 下的一个特定子目录。
- 端序字段（endian）指定二进制文件处理器的字节顺序，可以是小端序（LE）或大端序（BE）。
- 架构大小（或位数）字段（size）通常与所选处理器的指针大小一致（16/32/64 位）。
- 处理器变体/模式字段（variant）用于选择所选处理器的特定型号或标识特定的操作模式。例如，对于 x86 处理器，可以选择系统管理模式、实模式、保护模式或默认模式。对于 ARM 处理器，可以选择 v4、v4T、v5、v5T、v6、Cortex、v7、v8 或 v8T 等型号。
- 编译器字段（compiler）指定编译该二进制文件的编译器或调用约定。有效的名称包括 windows、gcc、borlandcpp、borlanddelphi 和 default。

图 13-3 将语言标识符 ARM:LE:32:v7:default 分解为其组成字段。加载器最重要的工作之一就是推断出正确的语言/编译器规范。

Language				Compiler
Processor	Endian	Size	Variant	
ARM	LE	32	v7	Default

图 13-3：语言/编译器规范示例

Format 选项指定 Ghidra 将使用哪个加载器来导入文件。Ghidra 依靠加载器对特定文件格式的详细了解来识别文件特征，并选择合适的插件来进行分析。一个优秀的加载器能够识别特定的内容或结构特征，以确定文件的类型、架构，甚至是用于创建二进制文件的编译器。有关编译器的信息可以增强函数识别。为了识别编译器，加载器会检查二进制文件的结构，以查找编译器特定的特征（如数字、名称、位置和程序段的顺序），或者在二进制文件中搜索编译器特定的字节序列（如代码块或字符串）。例如，在使用gcc编译的二进制文件中经常能发现类似GCC: (Ubuntu 7.3.0-27ubuntu1~18.04) 7.3.0 的版本字符串。

当 Ghidra 加载完成后，将显示导入结果摘要窗口，如图 13-4 所示。

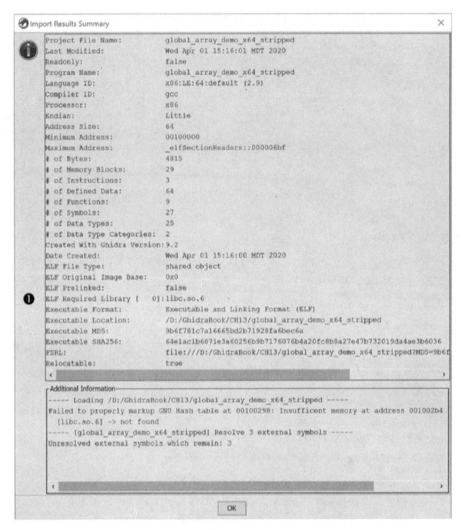

图 13-4：ELF 二进制文件的导入结果摘要窗口

这个摘要标识了一个 ELF 依赖库 libc.so.6❶（注意，如果该文件是静态链接的，就不需要这个库了）。当可执行文件依赖多个共享库时，可能会列出多个库文件。了解程序依赖于哪些库可以帮助你在分析该程序时找到可能需要的资源。例如，如果 libssl.so 或 libcrypto.so 出现在依赖库列表中，你可能需要找到 OpenSSL 文档甚至源代码。本章后面我们将讨论 Ghidra 如何利用源代码。文件被成功导入后，就可以对该文件进行自动分析了。

13.2　分析器

自动分析是由一组合作的分析工具（分析器）完成的，它们可以手动激活（例如，在打开一个新文件时），也可以在检测到可能影响反汇编结果的变化时自动激活。分析器根据其类型按优先级顺序依次运行，这是因为一个分析器所作的更改会影响到后续的分析器。例如，在函数分析器检查所有调用并创建函数之后，栈分析器才能查看函数。我们将在第 15 章构建分析器时详细研究这种层次结构。

当在 CodeBrowser 中打开一个新文件并选择自动分析时，Ghidra 会显示可用于该文件的分析器列表。默认的和可选的分析器列表取决于加载器提供的文件信息（这些信息也作为导入摘要的一部分显示给用户，如图 13-4 所示）。例如，Windows x86 PE RTTI 分析器在分析 ELF 或 ARM 二进制文件时用处不大。默认选择的分析器可以通过 Edit→Tool Options 菜单进行修改。

使用 CodeBrowser 中的 Analysis→One Shot 菜单，一些分析器也可以作为单次分析运行。如果一个分析器支持单次运行，并适用于被分析文件的类型，它就会出现在列表中。单次分析的主要用处是，运行那些在初始化分析时没有选择的分析器，或者在找到新信息后重新运行一个分析器，并从中得到额外的收益。例如，如果在初始化分析时收到一个缺失 PDB 的错误信息，可以找到该 PDB 文件，然后运行 PDB 分析器。

CodeBrowser→Analysis 菜单中的 Analyze All Open 选项，可以使用 Edit→Tool Options 中选择的分析器列表，一次性对项目中所有打开的文件进行分析。如果项目中所有打开的文件具有相同的结构（语言/编译器规范），则所有文件都将被分析。任何与当前文件架构不匹配的文件都不会包含在分析中，这确保了分析器与被分析文件的类型保持一致。

许多 CodeBrowser 工具，包括分析器，都依赖于各种制品来识别文件中的重要结构。幸运的是，我们可以扩展其中的许多制品来提高 Ghidra 的能力。首先我们将讨论词模型文件，以及如何使用它们来识别搜索结果中的特殊字符串和字符串类型。

13.3　词模型

词模型（word model）提供了一种识别特殊字符串和字符串类型的方法。例如已知的标识符、电子邮件地址、目录路径名、文件扩展名等等。当你的字符串搜索与一个词模型相关联时，字符串搜索结果窗口将包含一个名为 IsWord 的列，指示该字符串是否是根据词模型找到的。将感兴趣的字符串定义为有效词，然后对其进行过滤，是确定字符串优先级以便进一步分析的好方法。

在更高的层面上，词模型使用有效字符串的训练集来确定"如果三元组 X（三个字符的序列）出现在长度为 Z 的序列 Y 中，那么 Y 是一个单词的概率为 P。"由此产生的概率被间接用作阈值，以确定在分析期间该字符串是否应该被视为一个有效词。

图 13-5 中所示的 StringModel.sng 是 Ghidra 中用于字符串搜索的默认词模型文件。

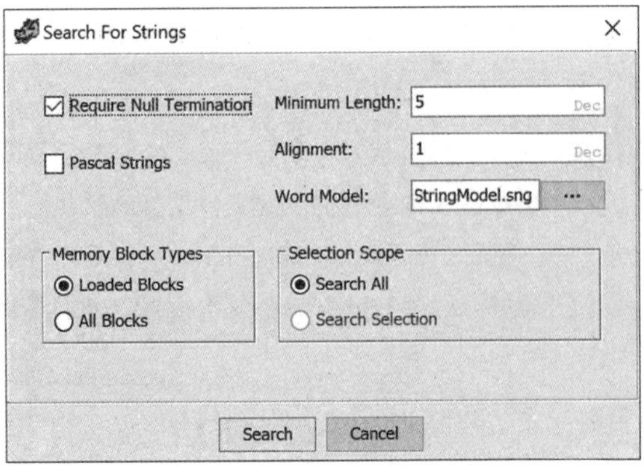

图 13-5：搜索字符串对话框

以下是 StringModel.sng 文件的一部分，显示了一个有效词模型文件的格式：

```
❶  # Model Type: lowercase
❷  # Training file: contractions.txt
   # Training file: uniqueStrings_012615_minLen8.edited.txt
   # Training file: connectives
   # Training file: propernames
   # Training file: web2
   # Training file: web2a
   # Training file: words
❸  # [^] denotes beginning of string
   # [$] denotes end of string
   # [SP] denotes space
   # [HT] denotes horizontal tab
❹  [HT] [HT] [HT] 17
   [HT] [HT] [SP] 8
   [HT] [HT] ( 1
   [HT] [HT] ; 1
   [HT] [HT] \ 25
   [HT] [HT] a 2
   [HT] [HT] b 1
   [HT] [HT] c 1
```

文件的前 12 行是关于模型的元数据注释。在本例中，模型类型❶是 lowercase，这可能意味着模型不区分大小写字母。这个模型所使用的训练文件名被列出❷，这些名字通常表明了其内容：contractions.txt 可能是一个有效缩写的文件，如 can't。下面四行描述了三元组中使用的一些代表不可打印 ASCII 字符的符号❸。实际的三元组列表从❹开始，每行包含三元组中的三个字符，后面再跟一个数值，用于确定该三元组是单词的一部分的概率。

可以编辑 StringModel.sng 或创建新的模型文件并将它们存放在 Ghidra/Features/Base/data/stringngrams 中，然后在搜索字符串对话框中的 Word Model 字段中选择新文件，来补充或替换默认词模型。修改词模型的原因有很多，例如添加已知恶意软件家族特有的字符串，或检测非英语的单词。最后，词模型提供了一种强大的方法，通过在字符串窗口中标记它们，来控制 Ghidra 将其识别为更高优先级的字符串类型。

通过类似的方法，可以编辑和扩展 Ghidra 识别的数据类型。

13.4　数据类型

数据类型管理器用于管理与文件关联的所有数据类型。Ghidra 允许你将数据类型定义存储在数据类型存档文件中来进行重用。数据类型管理器窗口中的每个根节点都是一个数据类型存档。图 13-6 中的数据类型管理器窗口，包含三个被 Ghidra 加载器选中的数据类型存档。

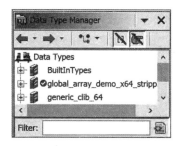

图 13-6：数据类型管理器窗口

BuiltInTypes 存档在窗口中始终存在，它包含了 Ghidra 中所有（且仅）由实现了 ghidra.program.model.data.BuiltInDataType 接口的 Java 类建模的类型。Ghidra 在其类路径中搜索每一个这样的类来填充存档。

第二个存档针对正在分析的文件，并与该文件的名称相同。在本例中，存档与 global_array_demo_x64 文件相关联，旁边的复选标记表示它与获得文件相关联。刚开始，Ghidra 用与文件格式相关的数据类型（例如，与 PE 或 ELF 相关的数据类型）来填充这个存档。在自动分析过程中，Ghidra 会将在程序中使用的其他类型从其他存档中复制过来。换句话说，该存档包含了数据类型管理器已知的所有数据类型的子集，这些数据类型恰好在当前程序中使用。另外，该存档还包含了你在 Ghidra 中创建的任何自定义数据类型，如 8.3 节"用 Ghidra 创建结构体"中所讨论的。

第三个存档提供了 64 位 ANSI C 函数原型和 C 库数据类型。这个特殊的存档包含从 64 位 Linux 系统的标准 C 库头文件中提取的信息，它是 Ghidra 默认安装中几个与平台相关的存档之一。它的出现是因为该二进制文件依赖于 libc.so.6 库，如图 13-4 所示。Ghidra 默认安装有四个额外的平台相关存档，位于 Ghidra/Features/Base/data/typeinfo 目录下特定平台的子目录下。文件名表示它们所支持的平台：generic_clib.gdt、generic_clib_64.gdt、mac_osx.gdt、windows_vs12_32.gdt 和 windows_vs12_64.gdt。（所有 Ghidra 数据类型存档都使用.gdt 扩展名。）

除了 Ghidra 加载器自动选择的存档，还可以在数据类型管理器窗口中添加自己的数据类型存档作为节点。为了演示，图 13-7 显示了将所有默认.gdt 文件添加到数据类型列表后的数据类型管理器窗口。图的右边是操作档案和数据类型的菜单。使用 Open File Archive 菜单项加载其他存档，只需在打开的文件浏览器中进行选择即可。

要在 BuiltInTypes 存档中添加新的内置类型，需要在 Ghidra 的类路径中添加相应的.class 文件。如果在 Ghidra 运行时添加类型，则必须刷新 BuiltInTypes 使其生效（见图 13-7）。刷新操作会使 Ghidra 重新扫描类路径，以找到任何新添加的 BuiltInDataType 类。你可以在 Ghidra 源代码中找到许多内置类的例子，地址是：Ghidra/Framework/SoftwareModeling/src/main/java/ghidra/program/model/data。

图 13-7：加载了所有默认存档并展开选项菜单的数据类型管理器

13.4.1　创建新的数据类型存档

在分析二进制文件时，你不可能预先知道会遇到哪些数据类型。Ghidra 发行版中包含的存档包括从 Windows（Windows SDK）和 Unix（C 库）系统最常见的库中挑选出来的数据类型。当 Ghidra 不包含你正在分析的程序中使用的数据类型信息时，它允许你创建新数据类型存档，以多种方式填充它们并与他人分享。在下面的章节中，我们将讨论创建新数据类型存档的三种方法。

解析 C 头文件

C 头文件是数据类型信息最常见的来源之一。假设你拥有所需的头文件，或者花点时间创建它们，就可以使用 C-Parser 插件从现有的 C 头文件中提取信息来创建自己的数据类型存档。例如，如果你经常分析与 OpenSSL 加密库链接的二进制文件，就可以下载 OpenSSL 的源代码，并为其创建数据类型和函数签名的存档。

这个过程并不像看起来那么简单，因为头文件中经常夹杂着宏，旨在根据所使用的编译器和针对的操作系统和架构来影响编译器行为。例如，下面的 C 结构体在 32 位系统上编译时占用 8 字节，在 64 位系统上则占用 16 字节。这种变化就给试图充当通用预处理器的 Ghidra 造成了麻烦，需要你来指导 Ghidra 完成解析过程以创建有用的存档。当在 Ghidra 中使用存档时，必须确保该存档的创建方式是与你正在分析的二进制文件兼容的（也就是说，不要在分析 32 位文件时加载 64 位存档）。

要解析一个或多个 C 头文件，需要在 CodeBrowser 中选择 File→Parser C Source，打开如图 13-8

所示的对话框。Source files to parse 部分提供了头文件的有序列表，供插件解析使用。这里顺序很重要，因为一个文件的数据类型和预处理指令可能用于下一个文件。

Parse Options 选项框提供了一个选项列表，类似于编译器命令行选项，会影响 C-Parser 插件的行为。解析器只识别大多数编译器都能理解的-I（包含目录）和-D（定义宏）选项。Ghidra 以.prf 文件的形式提供了一些预处理器配置，你可以从中选择，为常见的操作系统和编译器组合提供合适的默认值。你也可以自定义任何可用的配置，或者从头开始创建自己的配置，并将其保存到自己的.prf 文件中，以供将来使用。对解析器选项的一个常见修改是正确设置 C-Parser 的目标架构，因为所有提供的配置都是针对 x86 的。例如，如果要分析小端序 ARM 二进制文件，可以在面向 Linux 的配置中将-D_X86_修改为-D__ARMEL__。

插件的输出可以通过 Parse to Program 按钮合并到当前的活动文件中，也可以通过 Parse to File 保存在单独的 Ghidra 数据类型存档文件（.gdt）中。关于 C-Parser 的更多信息可以查看 Ghidra 帮助文档。

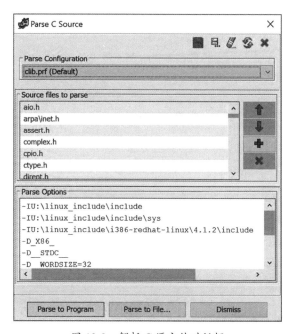

图 13-8：解析 C 源文件对话框

创建新文件存档

作为解析 C 头文件的替代方法，你可能想把分析文件时创建的自定义数据类型存放到一个存档中，从而与其他 Ghidra 用户共享，或者在其他 Ghidra 项目中使用。数据类型管理器的 New File Archive 选项（参见图 12-7）要求你选择文件名和保存地址，然后创建一个新的空存档，并添加到数据类型管理器窗口中。可以使用 8.3 节中描述的技术向存档中添加新类型。存档创建完成后，可以把它分享给其他 Ghidra 用户，或者在其他 Ghidra 项目中使用。

创建新项目存档

项目数据存档仅存于创建它的项目中。如果希望在项目中的多个文件中重复使用自定义数据类型，但又不希望在项目外使用这些数据类型，那么这样做会很有用。在数据类型管理器中，New Project Archive 选项（参见图 13-7）要求在项目中选择一个文件夹来保存新存档，然后创建一个新的空存档，并添加到数据类型管理器窗口中。与其他数据类型的存档一样，可以根据需要向存档中添加新类型。

13.5 Function ID 分析器

当开始对二进制文件进行逆向工程时，最不想做的事可能就是浪费时间去逆向库函数，因为这些函数的行为可以通过阅读手册、阅读源代码或者在网上搜索来轻松掌握。不幸的是，静态链接的二进制文件模糊了应用程序代码和库代码之间的区别：整个库与应用程序代码被组合起来形成单个可执行文件。幸运的是，Ghidra 有一些工具可以识别和标记库代码（无论这些代码是来自于库存档，还是仅仅是多个二进制文件中代码重用的结果），使我们能够将注意力集中在应用程序独有的代码上。Function ID 分析器使用 Ghidra 包含的函数签名来识别许多常见的库函数，并且可以使用 Function ID 插件来扩展函数签名数据库。

Function ID 分析器与 Function ID 数据库（FidDbs）一起工作，该数据库使用哈希值的层次结构来描述函数。每个函数都会计算出一个完整哈希（旨在抵御可能由链接器引入的变化）和一个特别哈希（有助于区分函数变体）。两者的主要区别是，特别哈希可能包括常数操作数的特定值（基于启发式），而完整哈希则不包括。它们与有关父函数和子函数的信息结合在一起，形成了每个库函数的指纹，并记录在 FidDbs 中。Function ID 分析器为正在分析的二进制文件中的每个函数生成相同类型的指纹，并将其与相关 FidDbs 中的所有已知指纹进行对比。当发现匹配时，Ghidra 会从 FidDbs 中恢复函数的原始名称，将合适的标签应用于被分析的函数，将该函数添加到符号树窗口，并更新该函数的块注释。下面是_malloc 函数的一个块注释示例：

```
****************************************************************
* Library Function - SingleMatch                              *
* Name: _malloc                                               *
* Library: Visual Studio 2005 Release                         *
****************************************************************
```

FidDb 中的函数信息是分层存储的，包括名称、版本和变体。变体字段用于对编译器设置等信息进行编码，这些信息会影响哈希值，但不属于版本号的一部分。

Function ID 分析器提供了几个选项，当你在 Auto Analysis 对话框中选择分析器时可以访问，以控制分析器的行为，如图 13-9 所示。Instruction count threshold 是一个可调整的阈值，用于减少小函数在随机匹配时产生的误报。当一个函数被错误地匹配到一个库函数时，就产生了误报。当一个函数没有匹配到一个它应该匹配的库函数时，就产生了漏报。阈值大致代表了一个函数、它的父函数和它的子函数必须包含的最小指令数，该条件满足时认为匹配成功。关于匹配分数的更多信息，请参考 Ghidra 帮助文档中的 "Scoring and Disambiguation"。

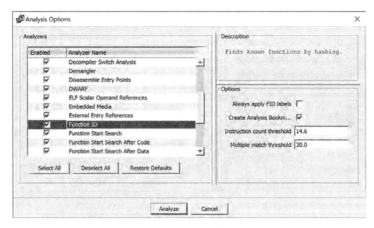

图 13-9：自动分析选项

由于二进制文件中的实际功能通常包含在函数中，因此扩展函数签名的能力对于最大程度地减少重复劳动非常重要，这项工作由 Function ID 插件来提供。

13.6　Function ID 插件

Function ID 插件（不要与 Function ID 分析器混淆）允许你创建、修改和控制 FidDbs。该插件在 Ghidra 的默认安装中没有启用。在 CodeBrowser 窗口中选择 File→Configure，然后单击 Function ID 复选框可以将其启用。单击 Function ID 下方的 Configure，并选择 FidPlugin 来查看该插件的额外信息，如图 13-10 所示。

图 13-10：FidPlugin 细节

将其启用后，Function ID 插件将通过 CodeBrowser 的 Tools→Function ID 菜单进行控制，如图 13-11 所示。

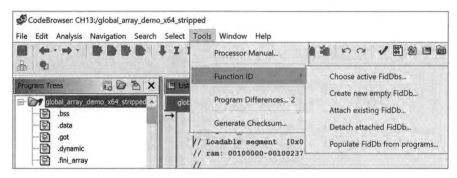

图 13-11：CodeBrowser 的 Function ID 子菜单

在讨论如何使用 Function ID 插件扩展 Ghidra 签名之前，我们先简单说一下以下五个新菜单项。

- **Choose active FidDbs**：显示活动的 Function ID 数据库，每一个都可以使用关联的复选框进行选择和取消。
- **Create new empty FidDb**：允许你创建和命名新的 Function ID 数据库。当选择 Choose active FidDbs 时，这个新的 FidDb 将被列出。
- **Attach existing FidDb**：显示一个文件选择对话框，你可以将现有的 FidDb 添加到活动数据库列表中。添加完成后，可以选择 Choose active FidDbs 来查看新列表。
- **Detach existing FidDb**：只能用于已经被手动连接的 FidDb。该操作会删除所选 FidDb 和当前 Ghidra 实例之间的关联。
- **Populate FidDb from programs**：生成新的函数指纹并添加到现有的 FidDb 中。图 13-12 中的对话框是用来控制这个过程的，稍后将讲解它的使用。

图 13-12：Populate Fid Database 对话框

13.6.1　插件示例：UPX

当 Ghidra 自动识别出了二进制文件中的大部分库函数，只有极少部分无法识别时，我们的逆向工程任务也就被大大简化。我们可以专注于 Ghidra 无法识别的小部分函数中，这里往往包含着新奇有趣的功能。但如果 Ghidra 无法识别出任何函数时，逆向任务就将更具挑战性。如果我们手动识别出这些函数，并扩展了 Ghidra 的能力，从而在将来自动识别相同函数，就能减少未来的很多工作量。下面通过一个示例来展示这种扩展的强大程度。

　　假设我们将一个 64 位的 Linux ELF 二进制文件加载到 Ghidra 中并自动分析。生成的符号树条目如图 13-13 所示，我们使用符号树导航到入口点并检查代码。初步分析后我们认为，该二进制文件是用 Ultimate Packer for eXecutatbles（UPX）打包的，并且我们所看到的函数是由 UPX 打包器添加的，并用于在运行时解开二进制文件。通过比较我们在入口处看到的字节和 UPX 入口点函数公开的字节，可以确认这个事实（或者，我们可以自己创建一个 UPX 打包的二进制文件进行比较）。现在，将这些信息添加到我们的 FidDb 中，下一次如果再遇到 UPX 打包的 64 位 Linux 二进制文件，就不必重复刚才的分析。

图 13-13：upx_demo1_x64_static.upx 中可疑的 UPX 打包函数

　　添加到 FidDb 中的函数应该有一个有意义的名字。因此，我们修改了示例中的函数名，以表明它们是 UPX 打包器的一部分，如图 13-14 所示，然后将这些函数添加到一个新的 Function ID 数据库中，以便 Ghidra 将来可以标记这些函数。

图 13-14：upx_demo1_x64_static.upx 中标记的 UPX 打包函数

　　我们通过选择 Tools→Function ID→Create new empty FidDb 来创建一个新的 FidDb，并将其命名为 UPX.fidb；然后选择 Tools→Function ID→Populate FidDb from programs，用从更新的二进制文件中提取的信息来填充新数据库；并在结果对话框中输入该 FidDb 的相关信息，如图 13-15 所示。

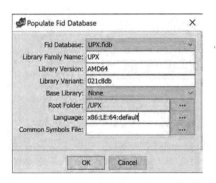

图 13-15：Populate Fid Database 对话框

每个字段的用途和输入的值如下所示。

- **Fid Database**：UPX.fidb 是新 FidDb 的名称。下拉列表允许你从已经创建的所有 FidDb 中进行选择。

- **Library Family Name**：选择用于描述该库的名称，从中提取函数数据。在本例中我们输入了 UPX。

- **Library Version**：可以是版本号、平台名称或两种的结合。由于 UPX 可用于许多平台，我们根据二进制文件的体系结构来选择库的版本。

- **Library Variant**：该字段是这个库与其他相同版本的库进行区分的额外信息。在本例中，我们使用了 GitHub 上 UPX 仓库（链接 13-1）中该版本的提交 ID。

- **Base Library**：这里你可以引用另一个 FidDb，Ghidra 将使用它来建立父/子关系。我们没有使用基本库，因为 UPX 是完全独立的。

- **Root Folder**：该字段用于命名 Ghidra 项目文件夹。所选文件夹中的所有文件都将在函数提取过程中进行处理。在本例中，我们从下拉菜单中选择"/UPX"。

- **Language**：包含与新 FidDb 相关联的 Ghidra 语言标识符。要从根文件夹进行处理，文件的语言标识符必须与这个值相匹配。该条目是从二进制文件的 Import Results Summary 窗口填充的，但也可以使用文本框右侧的按钮进行修改。

- **Common Symbols File**：该字段指定一个文件，其中包含应该从提取过程中排除的函数列表。在本例中这个字段是不需要的。

单击"OK"按钮开始提取过程。完成后可以看到 FidDb 的填充结果如图 13-16 所示。

新的 FidDb 创建后，Ghidra 就可以使用它来识别正在分析的二进制文件中的函数。我们加载一个新的 UPX 打包的 64 位 Linux ELF 二进制文件 upx_demo2_x64_static.upx 来证明这一点，并在没有 Function ID 分析器的情况下自动分析该文件。如图 13-17 所示，生成的符号树显示了五个未识别函数，正如我们所预期的那样。

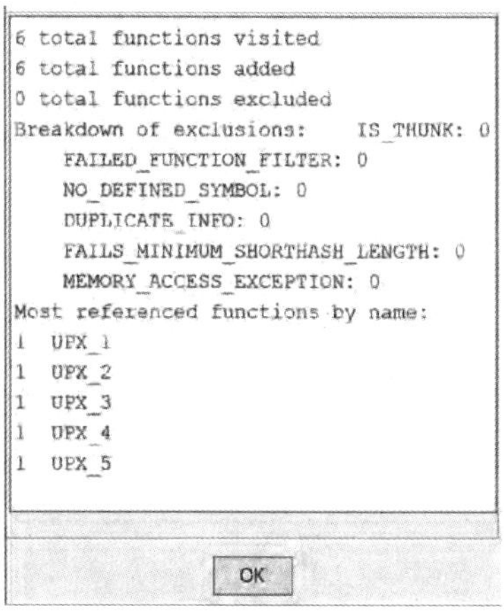

6 total functions visited
6 total functions added
0 total functions excluded
Breakdown of exclusions: IS_THUNK: 0
FAILED_FUNCTION_FILTER: 0
NO_DEFINED_SYMBOL: 0
DUPLICATE_INFO: 0
FAILS_MINIMUM_SHORTHASH_LENGTH: 0
MEMORY_ACCESS_EXCEPTION: 0
Most referenced functions by name:
1 UPX_1
1 UPX_2
1 UPX_3
1 UPX_4
1 UPX_5
OK

图 13-16：UPX FidDb 的填充结果窗口

Symbol Tree
Imports
Exports
Functions
entry
FUN_00457b1a
FUN_00457b58
FUN_00457cec
FUN_00457cfd
FUN_00457d68
Labels

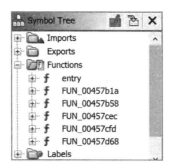

图 13-17：Function ID 分析前 upx_demo2_x64_static.upx 的符号树条目

将 Function ID 作为单次分析运行（Analysis→One Shot→Function ID），生成的符号树结果如图 13-18 所示，其中包含了 UPX 函数名。

Symbol Tree
Imports
Exports
Functions
entry
UPX_1
UPX_2
UPX_3
UPX_4
UPX_5
Labels

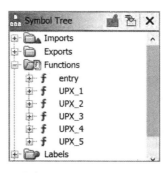

图 13-18：Function ID 分析后 upx_demo2_x64_static.upx 的符号树条目

分析器还使用新的函数名和块注释来更新清单窗口，如下面的 UPX_1 所示。该块注释包含了我们在创建 FidDb 时提供的信息：

```
**************************************************************
* Library Function - Single Match                            *
* Name: UPX_1                                                *
* Library: UPX AMD64 021c8db                                 *
```

```
      ************************************************************
                          undefined UPX_1()
        undefined          AL:1              <RETURN>
           UPX_1                              XREF[1]:     UPX_2:00457c08(c)
00457b1a 48 8d 04 2f LEA RAX,[RDI + RBP*0x1]
00457b1e 83 f9 05    CMP ECX,0x5
```

创建新的 FidDb 只是扩展 Ghidra 函数识别能力的开始。你可以分析与函数相关的参数，并将它们保存在数据类型存档中。然后，当 Function ID 正确识别到函数时，将数据类型管理器中合适的条目拖到清单窗口中的函数上，将更新函数原型的参数。

13.6.2 插件示例：分析静态库

当对静态链接的二进制文件进行逆向时，可能首先希望有一个 FidDb，可以匹配链接到该二进制文件中的函数，这样 Ghidra 就可以自动识别库代码，节省了分析它的工作量。下面的例子将解决两个重要问题：（1）如何知道你是否有这样的 FidDb，以及（2）如果没有该怎么办？第一个问题的答案很简单，Ghidra 附带了至少 12 个 FidDbs（以.fidbf 文件的形式），都与 Visual Studio 库代码有关。如果二进制文件不是 Windows 文件，并且你还没有创建或导入任何 FidDbs，那么就需要使用 Ghidra Function ID 插件来制作自己的 FidDb（从而解决第二个问题）。

在填充新 FidDb 时最重要的一点是，你需要一个输入源，它与你计划应用 FidDb 的二进制文件有很高的匹配概率。在 UPX 示例中，二进制文件中所包含的代码是将来很可能再次遇到的。而在静态链接的二进制文件中，我们通常只想尽可能多地匹配出该二进制文件中的代码。

有多种方法可以确定你所处理的是一个静态链接的二进制文件。在 Ghidra 中，查看符号树中的 Imports 文件夹。对于完全静态链接的二进制文件，这个文件夹将是空的，因为它不需要导入任何函数。对于部分静态链接的二进制文件，可能会有一些导入函数，因此可以在 Defined Strings 窗口中寻找知名库的版权或版本字符串。

在命令行中，可以使用如 file 和 strings 这样的简单工具：

```
$ file upx_demo2_x64_static_stripped
    upx_demo2_x64_static_stripped: ELF 64-bit LSB executable, x86-64,
    version 1 (GNU/Linux), statically linked, for GNU/Linux 3.2.0,
    BuildID[sha1]=54e3569c298166521438938cc2b7a4dda7ab7f5c, stripped
$ strings upx_demo2_x64_static_stripped | grep GCC
    GCC: (Ubuntu 7.4.0-1ubuntu1~18.04.1) 7.4.0
```

file 的输出告诉我们二进制文件是静态链接的，去掉了所有符号，并且来自 Linux 系统（一个剥离的二进制文件不包含任何熟悉的名称，也就无法提示我们任何函数的行为）。使用 grep GCC 过滤字符串输出，可以识别到编译器 GCC 7.4.0，以及用于构建二进制文件的 Linux 发行版 Ubuntu 18.04.1（使用 CodeBrowser 的 Search→Program Text 功能，将 GCC 作为限定词，也可以找到相同的信息）。

该二进制文件很可能与 libc.a 链接[1]，所以我们从 Ubuntu 18.04.1 中获得 libc.a 的副本，并将其作为恢复剥离二进制文件中符号的起点（二进制文件中的其他字符串可能会导致我们选择其他静态库进行 Function ID 分析，但本例我们限定为 libc.a）。

要用 libc.a 来填充 FidDb，Ghidra 必须识别它所包含的指令和函数。存档文件格式（以.a 结尾）为其他文件定义了一个容器，最常见的是目标文件（.o），编译器可能将其提取并链接到可执行文件中。Ghidra 导入容器文件的过程与导入二进制文件的过程不同，因此当我们使用 File→Import 导入 libc.a 时，就像导入单个文件时通常所做的那样，Ghidra 提供了替代的导入模式，如图 13-19 所示。（这些其他选项也可以从文件菜单中获得。）

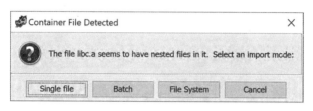

图 13-19：导入容器文件

单文件（Single File）模式要求 Ghidra 将容器作为单个文件导入。由于容器不是可执行文件，Ghidra 可能会建议你在导入时使用原始二进制格式，并执行最少的自动化分析。在文件系统（File System）模式下，Ghidra 会打开一个文件浏览器窗口（见图 13-20）来显示容器文件的内容。此时，可以使用上下文菜单中的选项，从容器中选择任意文件组合来导入 Ghidra。

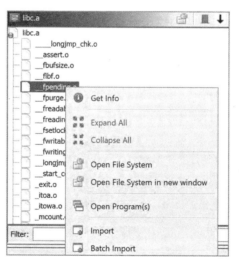

图 13-20：文件系统导入模式

在批处理（Batch）模式下，Ghidra 将自动导入容器中的文件，而不会暂停显示单个文件的信息。在对容器的内容进行初始化处理后，Ghidra 会显示如图 13-21 所示的批量导入对话框。单击 "OK" 按钮之前，可以查看正在导入的每个文件的信息，为批量导入添加更多文件，设置导入选项，并在

---

1 C 标准库函数的存档。libc.a 用于类 UNIX 操作系统上静态链接的二进制文件中。

Ghidra 项目中选择目标文件夹。图 13-21 显示，我们即将从 libc.a 存档中导入 1690 个文件到 CH13 项目的根目录中。

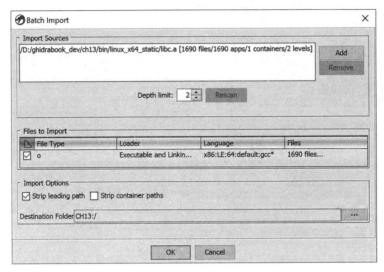

图 13-21：Ghidra 批量导入对话框

单击 OK 开始导入过程（可能需要一些时间）。导入完成后，就可以在 Ghidra 项目窗口中浏览新导入的文件。由于 libc.a 是容器文件，它将作为文件夹显示在项目窗口中，你可以浏览其内容并打开和分析文件夹中的任意文件。

现在，我们终于可以将每个 libc 函数的指纹添加到 FidDb 中，并使用它对静态链接的二进制文件样本进行 Function ID 分析。这个过程与 UPX 示例相似，首先创建一个新的空 FidDb，然后从程序中填充它。本例中的程序将是新导入 libc.a 文件夹中的全部内容。这里我们遇到了一个重大挑战。

当选择文件来填充新的 FidDb 时，必须确保每个文件都经过 Ghidra 的正确分析，以识别函数及其相关指令（Function ID 哈希过程的输入）。到目前为止，我们只看到 Ghidra 在 CodeBrowser 中打开程序时对其进行分析，但对于 libc.a，我们面临的是分析其中 1690 个单独文件的艰巨任务。打开一次分析一个文件将消耗大量时间。即使在导入时打开所有文件并使用 Ghidra 的 Analyze All Open 选项，仍然需要花时间处理所有 1690 个文件（并且可能需要手动干预，调整工具选项和资源分配，从而在 Ghidra 实例中执行如此规模的任务）。

这个任务看起来很难处理，因为这就不是我们应该通过 Ghidra GUI 来手动解决的那种任务。这是一个定义明确的重复性任务，不应该需要人工干预。幸运的是，接下来的三章将介绍可以用来自动化完成这项任务和其他任务的方法。在 16.2.2 节的"自动创建 FidDb"中，我们将重新审视这项具体任务，并演示如何使用 Ghidra 的无头操作模式轻松完成批量处理。

不管用什么方法来处理 libc.a，处理完成后，就可以回到 Function ID 插件并填充新的 FidDb，产生的结果如下：

```
FidDb Populate Results
```

```
2905 total functions visited
2638 total functions added
267 total functions excluded
Breakdown of exclusions: FAILS_MINIMUM_SHORTHASH_LENGTH: 234
    DUPLICATE_INFO: 9
    FAILED_FUNCTION_FILTER: 0
    IS_THUNK: 16
    NO_DEFINED_SYMBOL: 8
    MEMORY_ACCESS_EXCEPTION: 0
Most referenced functions by name:
749 __stack_chk_fail
431 free
304 malloc
...
```

现在新的 FidDb 可以使用了，它可以帮助 Function ID 分析器匹配 upx_demo2_x64_static_stripped 中包含的许多函数，大大减少了我们对该二进制文件的逆向工作量。

13.7　小结

本章展示了 Ghidra 的一些扩展方式，包括解析 C 源文件、扩展词模型以及使用 Function ID 插件提取函数指纹。当二进制文件中包含静态链接代码或从以前分析过的二进制文件中重复使用的代码时，可以将这些函数与 Ghidra FidDbs 匹配，从而节省手动处理大量代码的麻烦。可以预见，由于存在如此多的静态链接库，Ghidra 不可能包含所有可能使用到的 FidDb 文件。在必要时需要自己创建 FidDb 文件，建立起一个适合你特定需求的 FidDb 集合。在第 14 章和第 15 章中，我们将介绍 Ghidra 强大的脚本功能，以进一步扩展 Ghidra 的功能。

第14章
Ghidra 脚本开发

没有一种应用程序可以满足每个用户的所有需求。要预测可能出现的每一个潜在用例是不可能的。Ghidra 的开源模型满足并促进了开发者的功能请求和创新贡献。然而，有时你需要立即解决手头的问题，不能等待别人来实现新功能。Ghidra 集成了脚本功能，以支持意料之外的用例和对 Ghidra 行为的程序化控制。

脚本的使用潜力是无限的，可以从简单的单行程序到自动化常见任务或执行复杂分析的成熟程序。在本章中，我们将重点介绍 CodeBrowser 接口提供的基础脚本开发功能，包括内部脚本环境，并使用 Java 和 Python 开发脚本。然后在第 15 章继续介绍其他集成脚本选项。

14.1 脚本管理器

Ghidra 脚本管理器可以通过 CodeBrowser 菜单选择 Window→Script Manager 来打开，如图 14-1 所示。该窗口也可以使用 CodeBrowser 工具栏中的脚本管理器图标打开（一个绿色的圆圈，里面包含箭头，也显示在脚本管理器的左上角）。

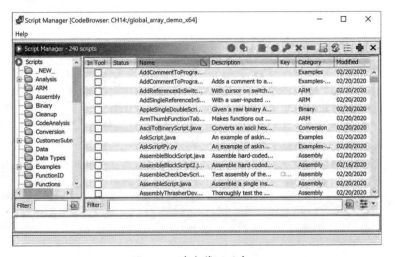

图 14-1：脚本管理器窗口

14.1.1 脚本管理器窗口

在安装新的 Ghidra 时，脚本管理器窗口加载了 240 多个脚本，它们被组织在一个类别树中，如图 14-1 左侧所示。其中一些文件夹包含子文件夹，提供了更详细的脚本分类。你可以展开或折叠这些文件夹来查看脚本的组织情况。选择一个单独的文件夹或子文件夹，会将显示范围限制在所选文件夹内的脚本中。为了填充这个窗口，Ghidra 会在它所有名为 ghidra_scripts 的子目录中，找到所有脚本并编制索引。同时，Ghidra 还会在你的主目录中寻找名为 ghidra_scripts 的目录，同样为找到的所有的脚本编制索引。

默认脚本集涵盖了非常多的功能，其中一些是用来演示脚本的基本概念的。脚本列表提供了关于每个脚本的更多细节。与大多数 Ghidra 表格一样，你可以控制显示哪些列，以及列的排列顺序。默认情况下，除了 Created 和 Path，该表的所有可用字段都会显示。这六列提供了脚本的如下信息。

- **Status**：表示脚本的状态。该字段一般是空白的，但有时会包含一个红色图标，指示脚本有错误。如果你将工具栏图标与该脚本相关联，则该图标会显示在此列中。
- **Name**：包含脚本的文件名，包括其扩展名。
- **Description**：从脚本中的元数据注释中提取的描述信息。该字段可能很长，但你可以将鼠标悬停在该字段上来阅读全部内容。关于该字段的更多内容将在 14.2 节的“脚本开发”中介绍。
- **Key**：指示是否为运行脚本分配按键绑定。
- **Category**：指定脚本在脚本管理器的类别树中列出的路径。这是一个逻辑路径，而不是在文件系统中的路径。
- **Modified**：脚本最后一次保存的日期。对于默认脚本，就是 Ghidra 实例的安装日期。

窗口左侧的过滤字段用于搜索脚本类别，而右侧的过滤字段则用于搜索脚本名称和描述。底部的窗口以易处理的格式显示所选脚本的元数据，包括从脚本中提取的字段。元数据字段的格式和含义将在 14.2.1 节的“编写 Java 脚本”中讨论。

虽然脚本管理器提供了大量信息，但该窗口的主要功能来自它所提供的工具栏。工具栏概览如图 14-2 所示。

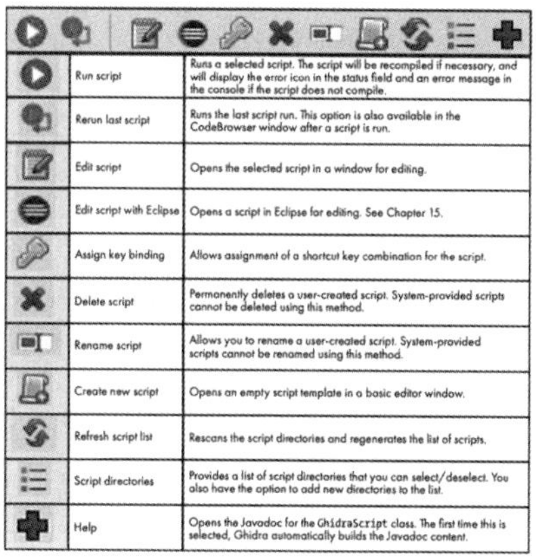

	Run script	Runs a selected script. The script will be recompiled if necessary, and will display the error icon in the status field and an error message in the console if the script does not compile.
	Rerun last script	Runs the last script run. This option is also available in the CodeBrowser window after a script is run.
	Edit script	Opens the selected script in a window for editing.
	Edit script with Eclipse	Opens a script in Eclipse for editing. See Chapter 15.
	Assign key binding	Allows assignment of a shortcut key combination for the script.
	Delete script	Permanently deletes a user-created script. System-provided scripts cannot be deleted using this method.
	Rename script	Allows you to rename a user-created script. System-provided scripts cannot be renamed using this method.
	Create new script	Opens an empty script template in a basic editor window.
	Refresh script list	Rescans the script directories and regenerates the list of scripts.
	Script directories	Provides a list of script directories that you can select/deselect. You also have the option to add new directories to the list.
	Help	Opens the Javadoc for the `GhidraScript` class. The first time this is selected, Ghidra automatically builds the Javadoc content.

图 14-2：脚本管理器工具栏

14.1.2 脚本管理器工具栏

脚本管理器没有提供帮助你管理脚本的菜单。相反，所有的脚本管理操作都与脚本管理器工具栏上的工具相关联（见图 14-2）。

虽然大多数菜单选项在图 14-2 的描述中都很清楚了，但编辑选项仍然值得进一步讨论。第 15 章将介绍如何使用 Eclipse 进行编辑，因为它有利于实现更高级的脚本功能。Edit script 选项可以打开一个带有工具栏的原始文本编辑器窗口，如图 14-3 所示。相关操作提供了编辑文件的基本功能。有了编辑器，我们就可以着手编写实际的脚本了。

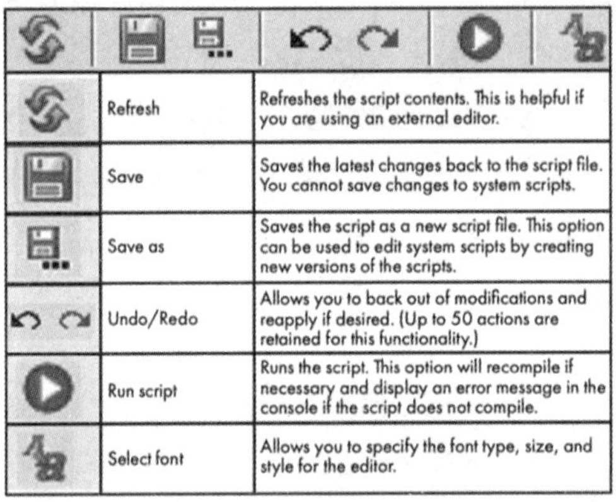

图 14-3：Edit script 工具栏

14.2 脚本开发

在 Ghidra 中开发脚本有多种方法。在本章中，我们将重点介绍使用 Java 和 Python 编写脚本，因为它们是脚本管理器窗口中现有脚本所使用的语言。240 多个系统脚本中大部分都是 Java 编写的，所以我们从用 Java 编写和开发脚本开始。

14.2.1 编写 Java 脚本

在 Ghidra 中，用 Java 编写的脚本实际上是一个完整的类规范，旨在无缝编译、动态加载到正在运行的 Ghidra 实例中，然后调用并最终卸载。这个类必须扩展 Ghidra.app.script.GhidraScript 类，实现 run()方法，并以注释的方式提供关于脚本的 Javadoc 格式的元数据。我们将展示脚本文件的结构，描述元数据的要求，查看一些系统脚本，然后继续编辑现有脚本并构建自己的脚本。

当选择 Create New Script 选项新建 Java 脚本时，将打开如图 14-4 所示的脚本编辑器。我们将新脚本命名为 CH14_NewScript。

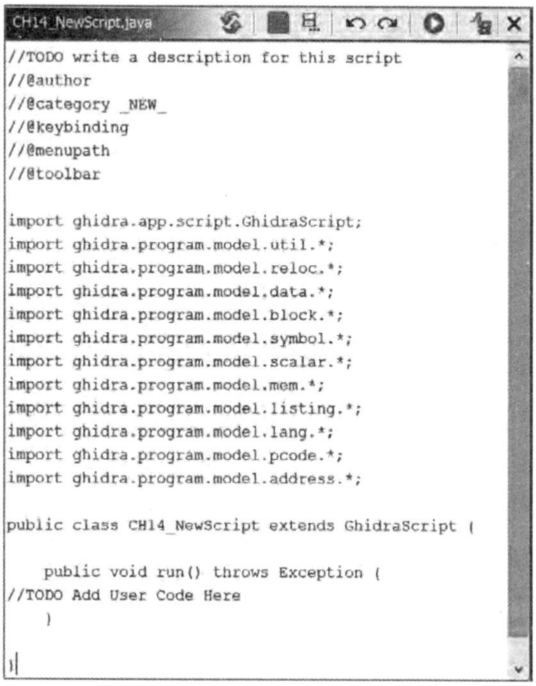

```
CH14_NewScript.java       🌀  ■ 昆  ↶↷  ▶  🔖 ✕
//TODO write a description for this script
//@author
//@category _NEW_
//@keybinding
//@menupath
//@toolbar

import ghidra.app.script.GhidraScript;
import ghidra.program.model.util.*;
import ghidra.program.model.reloc.*;
import ghidra.program.model.data.*;
import ghidra.program.model.block.*;
import ghidra.program.model.symbol.*;
import ghidra.program.model.scalar.*;
import ghidra.program.model.mem.*;
import ghidra.program.model.listing.*;
import ghidra.program.model.lang.*;
import ghidra.program.model.pcode.*;
import ghidra.program.model.address.*;

public class CH14_NewScript extends GhidraScript {

    public void run() throws Exception {
//TODO Add User Code Here
    }
}
```

图 14-4：一个新的空脚本

文件的顶部是元数据注释和标签，用于提供预期的 Javadoc 信息。这些信息也被用来填充脚本管理器窗口中的字段（见图 14-1）。任何在类、字段或方法声明前以"//"开头的注释都将成为脚本 Javadoc 描述的一部分。其他注释可以嵌入脚本，而不会被包含在描述中。此外，元数据注释中还支持以下标签：

- **@author**：提供有关脚本作者的信息。这些信息由作者决定是否提供，可以包括任何相关的细节（例如名字、联系方式、创建时间等）。

- **@category**：决定脚本在类别树中出现的位置。这是唯一的强制性标签，必须在所有的 Ghidra 脚本中定义。英文句号（dot）字符作为类别名称的路径分隔符（流入，@category Ghidrabook.CH14）。

- **@keybinding**：用于记录从 CodeBrowser 窗口访问脚本的快捷方式（例如，@keybinding K）。

- **@menupath**：为脚本定义一个以句号分隔的菜单路径，并提供从 CodeBrowser 菜单中运行脚本的方法（例如，@menupath File.Run.ThisScript）。

- **@toolbar**：将一个图标与脚本相关联。该图标在 CodeBrowser 窗口中显示为一个工具栏按钮，可以用来运行脚本。如果 Ghidra 在脚本目录或 Ghidra 安装目录中找不到图像，则使用默认图像（例如，@toolbar myimage.png）。

当遇到一个新的 API 时（如 Ghidra API），你可能需要花一些时间，才能在不经常查阅可用的 API 文档的情况下熟练地编写脚本。Java 尤其需要注意类路径问题，并正确地导入所需的支持包。一个既省时又省心的方法是编辑现有程序而不是创建新程序，我们将采用这种方法来展示一个简单的脚本示例。

14.2.2　编辑脚本示例：正则搜索

假设你的任务是开发一个脚本，接受用户输入的正则表达式，并将匹配的字符串输出到控制台。此外，这个脚本需要出现在特定项目的脚本管理器中。虽然 Ghidra 提供了多种方法来完成这项任务，但这里需要通过编写脚本来实现。为了找到具有类似功能的脚本作为基础，你可以通过脚本管理器中的类别树查看 Strings 和 Search 类别的内容，然后过滤 "strings" 这个词并找到其他选项。使用过滤器可以得到更全面的与字符串相关的脚本列表。在本例中，你将编辑列表中的第一个脚本 CountAndSaveStrings.java，该脚本与你想编写的脚本有些共同功能。

通过右击所需的脚本并选择 Edit with basic editor，可以在编辑器中打开脚本，作为我们开发新功能的良好起点。然后，使用 Save as 选项以新名称 FindStringsByRegex.java 保存脚本。作为 Ghidra 默认安装的系统脚本，Ghidra 不允许在脚本管理器窗口中进行编辑（尽管你可以在 Eclipse 和其他编辑器中编辑）。你还可以先编辑文件再另存文件，因为 Ghidra 可以防止你意外地将任何修改内容写入现有的 CountAndSaveStrings.java 脚本中。

原始的 CountAndSaveStrings.java 包含以下元数据：

```
❶  /* ###
    * IP: GHIDRA
    *
    * Licensed under the Apache License, Version 2.0 (the "License");
    * you may not use this file except in compliance with the License.
    * You may obtain a copy of the License at
    * http://www.apache.org/licenses/LICENSE-2.0
    * Unless required by applicable law or agreed to in writing, software
    * distributed under the License is distributed on an "AS IS" BASIS,
    * WITHOUT WARRANTIES OR CONDITIONS OF ANY KIND, either express or implied.
    * See the License for the specific language governing permissions and
    * limitations under the License.
    */
❷  //Counts the number of defined strings in the current selection,
    //or current program if no selection is made,
    //and saves the results to a file.
❸  //@category CustomerSubmission.Strings
```

保留、修改或删除脚本的许可协议❶不会影响脚本或相关 Javadoc 的执行。我们将修改脚本的描述❷，以便 Javadoc 和脚本管理器中显示的信息能够准确地描述该脚本。该脚本的作者只写了五个可用标签中的一个❸，所以我们将为未填充的标签添加占位符，如下所示：

```
// Counts the number of defined strings that match a regex in the current
// selection, or current program if no selection is made, and displays the
// number of matching strings to the console.
//
//@author Ghidrabook
//@category Ghidrabook.CH14
//@keybinding
//@menupath
```

```
//@toolbar
```

类别标签 Ghidrabook.CH14 将被添加到脚本管理器的树状图中，如图 14-5 所示。

原始脚本的下一部分包含 Java 的 import 语句。在创建新脚本时 Ghidra 包含了一长串导入列表，如图 14-4 所示，对于字符串搜索来说，只需要如下的导入语句即可，因此我们将保留与原始 CountAndSaveStrings.java 相同的列表：

```
import ghidra.app.script.GhidraScript;
import ghidra.program.model.listing.*;
import ghidra.program.util.ProgramSelection;

import java.io.*;
```

保存新脚本，然后在脚本管理器中选择它，可以看到如图 14-5 所示的内容。我们的新类别包含在类别树中，脚本的元数据显示在信息窗口和脚本表格中。该表只包含 Ghidrabook.CH14 一个脚本，因为它是所选类别中唯一的脚本。

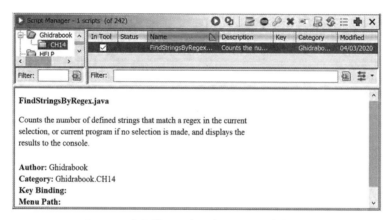

图 14-5：脚本管理器窗口中显示的新脚本信息

本书不是一本 Java 教程，所以我们只展示对脚本所做的改动，而不解释 Java 的语法和功能。下面描述了 CountAndSaveStrings.java 的行为：

（1）获取程序清单的内容以进行搜索。

（2）获取要保存结果的文件。

（3）打开该文件。

（4）遍历程序清单：计算符合条件的字符串数量，并将每个符合条件的字符串写入文件。

（5）关闭该文件。

（6）将符合条件的字符串数量输出到控制台。

我们希望修改后的脚本能实现如下功能：

（1）获取程序清单的内容以进行搜索。

（2）要求用户输入一个要搜索的正则表达式（regex）。

（3）遍历程序清单：计算符合条件的字符串数量，并将每个符合条件的字符串输出到控制台。

（4）将符合条件的字符串数量输出到控制台。

新脚本将比原始脚本简短得多，因为不需要与文件系统交互并执行相关的错误检查。脚本实现如下：

```
public class FindStringsByRegex extends GhidraScript ❶ {
    @Override
    public void run() throws Exception {
        String regex =
            askString("Please enter the regex",
            Please enter the regex you're looking to match:);

        Listing listing = currentProgram.getListing();

        DataIterator dataIt;
        if (currentSelection != null) {
            dataIt = listing.getDefinedData(currentSelection, true);
        } else {
            dataIt = listing.getDefinedData(true);
        }

        Data data;
        String type;
        int counter = 0;
        while (dataIt.hasNext() && !monitor.isCancelled()) {
            data = dataIt.next();
            type = data.getDataType().getName().toLowerCase();
            if (type.contains("unicode") || type.contains("string")) {
                String s = data.getDefaultValueRepresentation();
                if (s.matches(regex)) {
                    counter++;
                    println(s);
                }
            }
        }
        println(counter + " matching strings were found");
    }
}
```

你为 Ghidra 编写的所有 Java 脚本都必须扩展（继承）名为 Ghidra.app.script.GhidraScript 的现有类。保存脚本的最终版本后，可以在脚本管理器中选择它并运行。此时会看到图 14-6 中的提示，包含我们要搜索的正则表达式，以此来对脚本进行测试。

图 14-6：新脚本提示输入正则表达式

当新脚本运行完成后，CodeBrowser 控制台会显示如下内容：

```
FindStringsByRegex.java> Running...
FindStringsByRegex.java> "Fatal error: glibc detected an invalid stdio handle\n"
FindStringsByRegex.java> "Unknown error "
FindStringsByRegex.java> "internal error"
FindStringsByRegex.java> "relocation error"
FindStringsByRegex.java> "symbol lookup error"
FindStringsByRegex.java> "Fatal error: length accounting in _dl_exception_create_format\n"
FindStringsByRegex.java> "Fatal error: invalid format in exception string\n"
FindStringsByRegex.java> "error while loading shared libraries"
FindStringsByRegex.java> "Unknown error"
FindStringsByRegex.java> "version lookup error"
FindStringsByRegex.java> "sdlerror.o"
FindStringsByRegex.java> "dl-error.o"
FindStringsByRegex.java> "fatal_error"
FindStringsByRegex.java> "strerror.o"
FindStringsByRegex.java> "strerror"
FindStringsByRegex.java> "__strerror_r"
FindStringsByRegex.java> "_dl_signal_error"
FindStringsByRegex.java> "__dlerror"
FindStringsByRegex.java> "_dlerror_run"
FindStringsByRegex.java> "_dl_catch_error"
FindStringsByRegex.java> 20 matching strings were found
FindStringsByRegex.java> Finished!
```

这个简单的示例展示了如何扩展 Ghidra 的 Java 脚本功能，现有脚本都可以依照这个方法很容易地进行修改，新脚本也可以使用脚本管理器从头开始构建。我们将在第 15 章和第 16 章介绍一些更复杂的 Java 脚本功能，但 Java 只是 Ghidra 提供的脚本选项之一，它还允许用 Python 编写脚本。

14.2.3　编写 Python 脚本

脚本管理器的 240 多个脚本中只有少数是用 Python 编写的。可以在脚本管理器中过滤 ".py" 扩展名来轻松找到 Python 脚本，大部分都可以在类别树中的 Examples.Python 类别中找到，并且包含类似于图 14-7 中所示的免责声明。

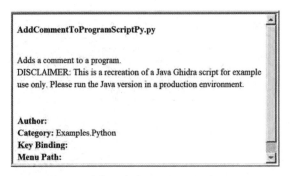

图 14-7：带有免责声明的 Python 脚本示例

如果更喜欢使用 Python，那么该目录中的下面三个例子是很好的起点：

- **ghidra_basic.py**：该脚本包含与 Ghidra 相关的基本 Python 脚本示例。
- **python_basics.py**：非常基础的介绍，包含你可能会用到的许多 Python 命令。
- **jython_basic.py**：扩展了 Python 的基本命令，以展示 Jython 特有的内容。

这些示例中所展示的 Ghidra 功能仅仅是可用的 Ghidra API 的皮毛。在你准备好从 Python 脚本中访问 Ghidra 的全部 Java API 之前，可能需要先花一些时间阅读 Ghidra 的 Java 示例库。

除了运行 Python 脚本，Ghidra 还提供了 Python 解释器，允许使用 Python/Jython 直接访问与 Ghidra 相关的 Java 对象，如图 14-8 所示。

Ghidra 中 Python 的未来

Python 在创建脚本方面很受欢迎，因为它简单又有很多可用的库，虽然 Ghidra 发行版中的大多数脚本都是用 Java 编写的，但开源逆向工程社区很可能会使用 Python 作为 Ghidra 的主要脚本语言。Ghidra 依赖 Jython 来支持 Python（它的优点是可以直接访问 Ghidra 的 Java 对象），但 Jython 只兼容 Python 2（特别是 2.7.1），而不兼容 Python 3。虽然 Python 2 在 2020 年 1 月就结束了生命周期，但其脚本将继续在 Ghidra 中运行，任何新的 Python 2 脚本都应尽可能以兼容 Python 3 的方式编写。

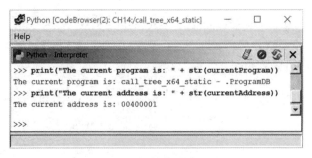

图 14-8：Python 解释器的 print 示例

通过在 CodeBrowser 中选择 Window→Python，可以打开 Python 解释器。关于使用该解释器的更多内容，可以查看 Ghidra 帮助文档。如果在使用 Python 和 Python 解释器时想获得 API 信息，可以在图 14-8 所示的解释器窗口的左上方选择 Help→Ghidra API Help，打开关于 GhidraScript 类的
Javadoc 内容。另外，Python 有一个内置的 help()函数，在 Ghidra 中已经将其修改为可以直接访问
Ghidra 的 Javadoc。在解释器中输入 help(object)来使用该函数，如图 14-9 所示。例如，
help(currentProgram)可以显示描述 Ghidra API 类 ProgramDB 的 Ghidra Javadoc 内容。

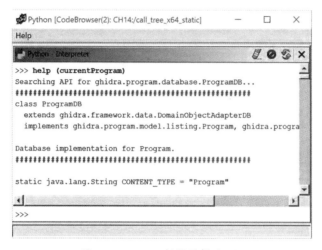

图 14-9：Python 解释器帮助示例

14.2.4　支持其他语言

最后，Ghidra 还可以支持除 Java 和 Python 以外的其他脚本语言，这使你可以将逆向工程工具包
中的现有脚本引入 Ghidra 工作流中。更多内容可以查看 Ghidra 帮助文档。

14.3　Ghidra API 简介

现在，你已经获得了编辑和运行 Ghidra 脚本所需的所有信息。是时候使用 Ghidra API 来扩展你
的脚本能力，并与 Ghidra 制品进行更直接的交互了。Ghidra 使用两种不同的方式来对外提供 API。

Program API 定义了一个对象层次结构，它有很多层，顶部是 Program 类。在不同版本的 Ghidra
中这个 API 可能会有变化。Flat API 则是将 Program API 进行了扁平化处理，通过单个类
FlatProgramAPI 来公开所有层次的 API。Flat API 通常是访问许多 Ghidra 结构的最方便的方式。此外，
它在不同版本的 Ghidra 中很少有变化。

接下来，我们将重点介绍一些更有用的 Flat API 功能。必要时，我们还会提供 Program API 中特
定类的详细信息。这里使用 Java 作为主要语言，因为它相当于 Ghidra 的母语。

Ghidra API 中包含许多包、类和相关函数，用于与 Ghidra 项目和相关文件的对接，所有这些都
在 Ghidra 提供的 Javadoc 风格的文档中有详细说明，可以单击脚本管理器窗口中的红色加号来访问。
这些文档与 Ghidra 提供的示例脚本一起，是了解 API 及如何使用它们的主要参考资料。要想知道如
何实现某个功能，最常见的方法是浏览 Ghidra 类，根据名称寻找似乎可以满足需求的类。随着你对

Ghidra 越来越熟悉，对命名规则和文件组织的理解会帮助你更快地识别合适的类。

Ghidra 遵循 Java Swing 的模型-委托（model-delegate）架构，其中数据值和特征存储在模型中，并由用户界面委托对象（如树、列表和表格视图）显示。委托对象需要处理事件，如鼠标点击，以更新数据和刷新视图。绝大多数情况下，脚本将专注于封装在模型中的数据，这些模型类用于表示各种程序和逆向工程结构。

本节的其余部分主要介绍常用的模型类和它们之间的关系，以及与它们互动的有用的 API。我们不会试图覆盖整个 Ghidra API，以及更多可用的函数和类，要想详细了解它们，可以阅读权威文档，即 Ghidra 附带的 Javadoc 和最终构建 Ghidra 的 Java 源代码。

14.3.1　地址接口

地址（Address）接口描述了地址空间中地址的模型。所有的地址都由偏移量来表示，最大为 64 位。分段地址可以由分段值进一步限定。在许多情况下，地址的偏移量相当于程序清单中的虚拟地址。getOffset 方法用于从一个地址实例中获取 long offset 值。许多 Ghidra API 函数需要 Address 对象作为参数，或者作为结果返回。

14.3.2　符号接口

符号（Symbol）接口定义了所有符号的共同属性。一个符号至少由名称和地址组成。这些属性可以通过以下成员函数来获取：

- Address getAddress()：返回 Symbol 对象的地址。
- String getName()：返回 Symbol 对象的名称。

14.3.3　引用接口

引用（Reference）在源地址和目的地址之间建立了交叉引用关系（如第 9 章所述），并以引用类型作为特征。与引用相关的有用函数包括：

- public Address getFromAddress()：返回该引用的源地址。
- public Address getToAddress()：返回该引用的目的地址。
- public RefType getReferenceType()：返回用于描述源地址和目的地址之间链接关系的 RefType 对象。

14.3.4　GhidraScript 类

虽然这个类并不代表二进制文件中的任何特定属性，但你所写的每个脚本都必须是 GhidraScript 的子类，而它本身又是 FlatProgramAPI 的子类。因此，脚本可以立即访问整个 Flat API，你唯一的任务就是提供"protected abstract void run() throws Exception;"函数的具体实现，让脚本做一些有趣的事情。GhidraScript 类的其余部分使你可以访问最常用的资源，以便与 Ghidra 用户和正在分析的程序进行交互。这个类中还包含一些有用的函数和数据成员（包括从 FlatProgramAPI 中继承来的），总结如下。

有用的数据成员

GhidraScript 类提供了对脚本中许多常用对象的快捷访问，包括以下内容：

- protected Program currentProgram;

这是当前打开的程序。Program 类将在后面讨论。该数据成员就像是你获取更多有趣信息（如指令和符号列表）的门户。

- protected Address currentAddress;

这是当前光标位置的地址。Address 类将在后面讨论。

- protected ProgramLocation currentLocation;

描述当前光标位置的 ProgramLocation 对象，包括其地址、光标行、列和其他信息。

- protected ProgramSelection currentSelection;

ProgramSelection 对象代表在 Ghidra GUI 中选择的地址范围。

- protected TaskMonitor monitor;

TaskMonitor 类用于更新长时间运行的任务的状态，并检查这个长时间运行的任务是否已经被用户取消（monitor.isCancelled()）。你编写的任何长时间运行的循环都应该包含对 monitor.isCancelled 的调用，作为一个额外的终止条件，以确定用户是否已经尝试取消脚本运行。

用户界面函数

GhidraScript 类为基本的用户界面操作提供了方便的函数，范围从简单的消息输出到更具交互性的对话框元素。这里描述了一些常见的用户界面功能：

- public void println(String message)

将结尾带有换行符的 message 打印到 Ghidra 控制台窗口。该函数用于以非侵入的方式打印脚本的状态信息或结果。

- public void printf(String message, Object... args)

将 message 作为 Java 格式的字符串使用，并将格式化的 args 字符串打印到 Ghidra 控制台窗口。

- public void popup(final String message)

在弹出对话框中显示 message，要求用户选择确定才能继续执行脚本。这是向用户显示状态信息的更具侵入性的方式。

- public String askString(String title, String message)

众多可用的询问（ask）函数之一。askString 显示一个文本输入对话框，使用 message 作为提示，并返回用户输入的文本。

- public boolean askYesNo(String title, String question)

使用对话框向用户提出一个是或不是的问题。是则返回真，否则返回假。

- public Address askAddress(String title, String message)

显示对话框，使用 message 作为提示，将用户的输入解析为 Address 对象。

- public int askInt(String title, String message)

显示对话框，使用 message 作为提示，将用户的输入解析为 int 类型。

- public File askFile(final String title, final String approveButtonText)

显示系统文件选择器对话框，并返回代表用户所选文件的 Java File 对象。

- public File askDirectory(final String title, final String approveButtonText)

显示系统文件选择器对话框，并返回代表用户所选目录的 Java File 对象。

- public boolean goTo(Address address)

将所有连接的 Ghidra 反汇编窗口重新定位到 address。该函数的重载版本接受 Symbol 或 Function 参数，并执行相同的动作。

地址相关函数

对于处理器来说，地址通常只是一个恰好指向内存位置的数字。Ghidra 使用 Address 类来代表地址。GhidraScript 提供的封装函数可以将数字转换为 Address 对象。

- public Address toAddr(long offset)

该函数在默认地址空间中创建 Address 对象。

读取程序内存

Memory 类表示连续范围的字节值，例如加载到 Ghidra 的可执行文件的内容。在 Memory 对象中，每个字节值都与一个地址相关联，尽管该地址可能被标记为未初始化，且没有可获取的值。如果你试图使用无效地址访问内存对象中的某个位置，Ghidra 会抛出 MemoryAccessException 异常。关于可用 API 函数的完整描述，可以查看 Memory 类的文档。下面的便捷函数通过 Flat API 公开了 Memory 类的一些内容。

- public byte getByte(Address addr)

返回从地址 addr 获取的单字节值。byte 数据类型在 Java 中是有符号类型，所以值的范围在−128 到 127 之间。

- public byte[] getBytes(Address addr, int length)

从 addr 地址开始的内存中返回 length 字节。

- public int getInt(Address addr)

从 addr 地址开始的内存中返回 4 字节的值，作为 Java int 类型。该函数与符号无关，根据二进制的底层架构来重组 int 值。

- public long getLong(Address addr)

从 addr 地址开始的内存中返回 8 字节的值，作为 Java long 类型。该函数与符号无关，根据二进制的底层架构来重组 long 值。

程序搜索函数

根据要搜索的项目类型，Ghidra 的搜索功能存在于不同的 Program API 类中。Memory 类包含原始字节的搜索功能。代码单元（如 Data 和 Instruction）、注释文本和相关的迭代器是从 Listing 类中获得的。符号/标签和相关的迭代器是通过 SymbolTable 类获得的。下面的便捷函数通过 Flat API 公开了一些可用的搜索功能：

- public Data getFirstData()

返回程序中的第一个数据项。

- public Data getDataAfter(Data data)

返回 data 之后的下一个数据项，如果不存在，则返回 null。

- public Data getDataAt(Address address)

从 address 地址返回数据项，如果不存在，则返回 null。

- public Instruction getFirstInstruction()

返回程序中的第一条指令。

- public Instruction getInstructionAfter(Instruction instruction)

返回 instruction 之后的下一条指令，如果不存在，则返回 null。

- public Instruction getInstructionAt(Address address)

从 address 地址返回指令，如果不存在，则返回 null。

- public Address find(String text)

在清单窗口中搜索 text 字符串。搜索顺序如下：

（1）块注释

（2）前注释

（3）标签

（4）代码单元助记符和操作数

（5）行末注释

（6）可重复注释

（7）后注释

成功的搜索将返回包含匹配项的地址。请注意，由于受搜索顺序的影响，如果严格按照地址递增的顺序来考虑的话，所返回的地址可能不是该文本在反汇编清单中第一次出现的位置。

- public Address find(Address start, byte[] values);

从 start 地址开始在内存中搜索指定的字节值序列。当 start 为 null 时，从二进制文件中最低的有效地址开始搜索。成功的搜索将返回匹配序列中第一个字节的地址。

- public Address findBytes(Address start, String byteString)

从 start 地址开始在内存中搜索指定的 byteString，可能包含正则表达式。当 start 为 null 时，从二进制文件中最低的有效地址开始搜索。成功的搜索将返回匹配序列中第一个字节的地址。

操作标签和符号

脚本中经常需要操作已命名的位置。以下函数可用于处理 Ghidra 数据库中的命名位置：

- public Symbol getSymbolAt(Address address)

返回与给定地址关联的 Symbol 对象，如果没有，则返回 null。

- public Symbol createLabel(Address address, String name, Boolean makePrimary)

将给定名称 name 分配给给定地址 address。Ghidra 允许将多个名称分配给同一个地址。如果 makePrimary 为真，则新名称将成为与地址关联的主名称。

- public List<Symbol> getSymbols(String name, Namespace namespace)

返回命名空间 namespace 中名为 name 的所有符号的列表。当命名空间为 null 时，则搜索全局命名空间。如果结果为空，则命名的符号不存在。如果结果只包含一个元素，则该名称是唯一的。

使用函数

许多脚本被设计用来分析程序中的函数。以下函数可用于访问有关程序函数的信息：

- public final Function getFirstFunction()

返回程序中的第一个 Function 对象。

- public Function getGlobalFunctions(String name)

返回命名函数的第一个 Function 对象，如果不存在，则返回 null。

- public Function getFunctionAt(Address entryPoint)

返回位于 entryPoint 地址处函数的 Function 对象，如果不存在，则返回 null。

- public Function getFunctionAfter(Function function)

返回 function 函数的后继函数的 Function 对象，如果不存在，则返回 null。

- public Function getFunctionAfter(Address address)

返回 address 地址之后开始的函数的 Function 对象，如果不存在，则返回 null。

使用交叉引用

第 9 章中讨论了交叉引用。在 Ghidra Program API 中，顶层的 Program 对象包含一个 ReferenceManager，用于管理程序中的引用。与其他许多程序结构一样，Flat API 也提供了访问交叉引用的便捷函数，这里介绍几个：

- public Reference[] getReferencesFrom(Address address)

返回源自 address 地址的所有 Reference 对象的数组。

- public Reference[] getReferencesTo(Address address)

返回终止于 address 地址的所有 Reference 对象的数组。

程序操作函数

在自动化分析任务时，你可能想在程序中添加新的信息。Flat API 为修改程序的内容提供了各种函数，包括：

- public final void clearListing(Address address)

删除 address 地址处定义的任何指令或数据。

- public void removeFunctionAt(Address address)

删除 address 地址处的函数。

- public boolean disassemble(Address address)

从 address 地址开始执行递归下降反汇编。如果执行成功，则返回 true。

- public Data createBytc(Address address)

将指定地址处的项转换为数据字节。此外，还可以使用 createWord、createDword、createQword 和其他数据创建函数。

- public boolean setEOLCoomment(Address address, String comment)

在给定地址 address 处添加行末注释。其他与注释相关的函数包括 setPlateComment、setPrecomment 和 setPostcomment。

- public Function creatcFunction(Address entryPoint, String name)

在 entryPoint 地址处创建名为 name 的函数。Ghidra 将试图通过定位函数的返回指令来自动识别函数结尾。

- public Data createAsciiString(Address address)

在 address 地址处创建以 null 结尾的 ASCII 字符串。

- public Data createAsciiString(Address address, int length)

在 address 地址处创建指令长度为 length 的 ASCII 字符串。如果长度小于等于零，Ghidra 将尝试自动定位字符串的 null 终止符。

- public Data createUnicodeString(Address address)

在 address 地址处创建以 null 结尾的 Unicode 字符串。

14.3.5　Program 类

Program 类代表了 Program API 层次结构的根节点和二进制文件数据模型的最外层。通常会使用 Program 对象（通常是 currentProgram）来访问二进制文件模型。常用的 Program 类成员函数包括：

- public Listing getListing()

获取当前程序的 Listing 对象。

- public FunctionManager getFunctionManager()

获取程序的 FunctionManager 对象，它提供了对二进制文件中已标识的所有函数的访问。这个类提供了将 Address 映射回包含它的函数的功能（ Function getFunctionContaining(Address addr) ）。此外，它还提供了 FunctionIterator，在你想要处理程序中的每个函数时非常有用。

- public SymbolTable getSymbolTable()

获取程序中的 SymbolTable 对象，它允许你处理单个符号或遍历程序中的每个符号。

- public Memory getMemory()

获取与此程序关联的 Memory 对象，它允许你处理原始程序字节内容。

- public ReferenceManager getReferenceManager()

获取程序的 ReferenceManager 对象，可用于添加和删除引用，以及获取许多类型的引用的迭代器。

- public Address getMinAddress()

获取程序中的最低有效地址。通常是二进制文件的内存基地址。

- public Address getMaxAddress()

获取程序中的最高有效地址。

- public LanguageID getLanguageID()

获取对象形式的二进制文件语言规范。然后可以使用 getIdAsString() 函数获取语言规范本身。

14.3.6　函数接口

函数（Function）接口定义了函数对象所需的 Program API 行为。成员函数提供对通常与函数相关的各种属性的访问，包括以下内容：

- public String getPrototypeString(boolean formalSignature, Boolean includeCallingConvention)

以字符串形式返回 Function 对象的原型。这两个参数影响返回的原型字符串的格式。

- public AddressSetView getBody()

返回包含函数代码体的地址集。地址集由一个或多个地址范围组成，并允许出现一个函数的代码分布在几个不连续的内存范围中的情况。可以获取 AddressIterator 来访问集合中的所有地址，或者获取 AddressRangeIterator 来迭代每个范围。请注意，必须使用 Listing 对象来获取函数主体中包含的实际指令（参见 getInstructions）。

- public StackFrame getStackFrame()

返回与函数关联的栈帧。结果可用于获取关于函数局部变量和基于栈的参数的布局详情。

14.3.7　指令接口

指令（Instruction）接口定义了指令对象所需的 Program API 行为。成员函数提供对通常与指令相关的各种属性的访问，包括以下内容：

- public String getMnemonicString()

返回指令的助记符。

- public String getComment(int commentType)

返回与指令关联的 commentType 注释，如果没有给定类型的注释与该指令关联，则返回 null。commentType 可以是 EOL_COMMENT、PRE_COMMENT、POST_COMMENT 或 REPEATABLE _COMMENT 中的一个。

- public int getNumOperands()

返回与该指令关联的操作数的个数。

- public int getOperandType(int opIndex)

返回 OperandType 类中定义的操作数类型标志的位掩码。

- public String toString()

返回指令的字符串表现形式。

14.4　Ghidra 脚本开发示例

接下来，我们将介绍一些相当常见的情况，可以用脚本来解决。为简洁起见，只展示每个脚本的 run()函数主体。

14.4.1　示例 1：枚举函数

许多脚本对单个函数进行操作。例如，生成以特定函数为根节点的调用树，生成函数的控制流图，以及分析程序中每个函数的栈帧。清单 14-1 遍历程序中的每个函数，并打印其基本信息，包括函数的起始和结束地址、函数参数的个数，以及函数局部变量的个数。所有的输出都发送到控制台窗口。

```
// ch14_1_flat.java
void run() throws Exception {
    int ptrSize = currentProgram.getDefaultPointerSize();
❶  Function func = getFirstFunction();
    while (func != null && !monitor.isCancelled()) {
        String name = func.getName();
        long addr = func.getBody().getMinAddress().getOffset();
        long end = func.getBody().getMaxAddress().getOffset();
❷      StackFrame frame = func.getStackFrame();
❸      int locals = frame.getLocalSize();
❹      int args = frame.getParameterSize();
        printf("Function: %s, starts at %x, ends at %x\n", name, addr, end);
        printf(" Local variable area is %d bytes\n", locals);
        printf(" Arguments use %d bytes (%d args)\n", args, args / ptrSize);
❺      func = getFunctionAfter(func);
    }
}
```

清单 14-1：函数枚举脚本

该脚本使用 Ghidra 的 Flat API 来遍历所有函数，从第一个函数❶开始依次推进每个函数❺。在这个过程中，获取对每个函数栈帧的引用❷，局部变量的个数❸和基于栈的参数的个数❹，最后在继续下一轮遍历之前打印每个函数的摘要。

14.4.2　示例 2：枚举指令

在给定函数中，你可能想要枚举每条指令。清单 14-2 计算了当前光标所在位置所标识的函数中包含的指令个数。

```
// ch14_2_flat.java
public void run() throws Exception {
    Listing plist = currentProgram.getListing();
❶  Function func = getFunctionContaining(currentAddress);
    if (func != null) {
```

```
❷    InstructionIterator iter = plist.getInstructions(func.getBody(), true);
     int count = 0;
     while (iter.hasNext() && !monitor.isCancelled()) {
         count++;
         Instruction ins = iter.next();
     }
❸    popup(String.format("%s contains %d instructions\n",
                         func.getName(), count));
  }
  else {
     popup(String.format("No function found at location %x",
                         currentAddress.getOffset()));
  }
}
```

清单 14-2：指令枚举脚本

该函数首先获取对包含光标的函数的引用❶。如果这样的函数存在，下一步就是使用程序的
Listing 对象获取该函数的 InstructionIterator❷。遍历循环计算获取到的指令的个数，并通过弹出消息
对话框将总数报告给用户❸。

14.4.3　示例 3：枚举交叉引用

遍历交叉引用可能会比较混乱，因为有多个函数可以访问交叉引用数据，而且代码交叉引用是
双向的。为了获得想要的数据，需要针对具体情况访问合适的交叉引用类型。

第一个交叉引用示例如清单 14-3 所示，我们通过遍历函数中的每条指令来确定该指令是否调用
了另一个函数，从而得到函数中所有的函数调用列表。实现此目的的一种方法是解析
getMnemonicString 函数的结果来查找调用指令。这不是一种非常可移植或有效的解决方法，因为用
于调用函数的指令在不同处理器类型中是不同的，并且需要做额外的解析，来确定调用的是哪个函
数。交叉引用避免了这些困难，因为它们是处理器无关的，并且直接告诉了我们交叉引用的目标。

```
// ch14_3_flat.java
void run() throws Exception {
    Listing plist = currentProgram.getListing();
❶   Function func = getFunctionContaining(currentAddress);
    if (func != null) {
        String fname = func.getName();
        InstructionIterator iter = plist.getInstructions(func.getBody(), true);
❷       while (iter.hasNext() && !monitor.isCancelled()) {
            Instruction ins = iter.next();
            Address addr = ins.getMinAddress();
            Reference refs[] = ins.getReferencesFrom();
❸           for (int i = 0; i < refs.length; i++) {
❹               if (refs[i].getReferenceType().isCall()) {
                    Address tgt = refs[i].getToAddress();
                    Symbol sym = getSymbolAt(tgt);
                    String sname = sym.getName();
```

```
                long offset = addr.getOffset();
                printf("%s calls %s at 0x%x\n", fname, sname, offset);
            }
        }
    }
  }
}
```

清单 14-3：枚举函数调用

> **危险函数**
>
> C 函数 strcpy 和 sprintf 被认为是危险的，因为它们允许无限制地复制字符串到目标缓冲区。
> 虽然程序员可以在每次使用前对源缓冲区和目标缓冲区的大小进行检查来保证安全，但也有很多
> 不知道其危险性的程序员忘记了检查。例如，strcpy 函数的声明如下：
>
> char *strcpy(char *dest, const char *source);
>
> strcpy 函数将源缓冲区中遇到的所有字符（包括第一个空终止符）复制到给定的目标缓冲区。
> 根本问题在于，在运行时没有办法确定任何数组的大小，而且 strcpy 也不能确定目标缓冲区的大
> 小是否足够容纳从源缓冲区复制过来的所有数据。这种未经检查的复制操作是造成缓冲区溢出的
> 主要原因。

首先获得对包含光标的函数的引用❶。然后遍历函数中的每条指令❷，以及源自每条指令的每
个交叉引用❸。我们只对调用其他函数的交叉引用感兴趣，所以必须测试 getReferenceType❹的返回
值来确定 isCall 是否为真。

14.4.4　示例 4：寻找函数调用

交叉引用对于识别引用特定位置的每条指令也很有用。在清单 14-4 中，我们遍历了所有对特定
符号的交叉引用（而不是上一个例子中的源自某条指令）。

```
   // ch14_4_flat.java
❶ public void list_calls(Function tgtfunc) {
       String fname = tgtfunc.getName();
       Address addr = tgtfunc.getEntryPoint();
       Reference refs[] = getReferencesTo(addr);
❷     for (int i = 0; i < refs.length; i++) {
❸         if (refs[i].getReferenceType().isCall()) {
               Address src = refs[i].getFromAddress();
❹             Function func = getFunctionContaining(src);
               if (func.isThunk()) {
                   continue;
               }
               String caller = func.getName();
               long offset = src.getOffset();
❺             printf("%s is called from 0x%x in %s\n", fname, offset, caller);
           }
```

```
    }
  }
❻ public void getFunctions(String name, List<Function> list) {
      SymbolTable symtab = currentProgram.getSymbolTable();
      SymbolIterator si = symtab.getSymbolIterator();
      while (si.hasNext()) {
          Symbol s = si.next();
          if (s.getSymbolType() != SymbolType.FUNCTION || s.isExternal()) {
              continue;
          }
          if (s.getName().equals(name)) {
              list.add(getFunctionAt(s.getAddress()));
          }
      }
  }
  public void run() throws Exception {
      List<Function> funcs = new ArrayList<Function>();
      getFunctions("strcpy", funcs);
      getFunctions("sprintf", funcs);
      funcs.forEach((f) -> list_calls(f));
}
```

清单 14-4：枚举函数的调用者

在本例中，我们编写了一个辅助函数 getFunctions❻来收集与我们感兴趣的函数相关联的
Function 对象。对于每个函数，我们调用第二个辅助函数 list_calls❶来处理对该函数的所有交叉引用
❷。如果交叉引用的类型被确定为调用型交叉引用❸，则获取调用者❹并将其函数名显示给用户❺。
除此之外，这种方法可用于创建一个低成本的安全分析器，高亮显示所有对 strcpy 和 sprintf 等函数
的调用。

14.4.5　示例 5：模拟汇编语言行为

有时可能需要编写脚本来模拟正在分析的程序的行为。原因有很多，例如，该程序是自修改的，
就像很多恶意软件程序一样，或者该程序可能包含一些编码数据，需要在运行时进行解码。如果不
能运行程序并将修改后的数据从运行时进程的内存中提取出来，将如何理解程序的行为呢？

如果解码过程不是特别复杂，可以快速编写脚本来模拟程序运行时的相同操作。以这种编写脚
本的方式来解码数据，在不知道程序行为或无法访问运行程序的平台时，就不需要运行程序了。例
如，如果没有 MIPS 运行环境，就不能运行 MIPS 二进制文件并观察它可能进行的任何数据解码操作。
但是，可以编写 Ghidra 脚本来模拟二进制文件的行为，并在 Ghidra 项目中进行必要的修改，所有这
些操作都不需要 MIPS 运行环境。

下面的 x86 代码是从 DEFCON CTF 二进制文件中提取的[1]：

```
 08049ede MOV      dword ptr [EBP + local_8],0x0
```

---

1 由 DEFCON 15 上 CTF 的组织者 Kenshoto 提供。DEFCON CTF 是每年在 DEFCON 上举行的黑客竞赛。

```
    LAB_08049ee5
08049ee5 CMP       dword ptr [EBP + local_8],0x3c1
08049eec JA        LAB_08049f0d
08049eee MOV       EDX,dword ptr [EBP + local_8]
08049ef1 ADD       EDX,DAT_0804b880
08049ef7 MOV       EAX,dword ptr [EBP + local_8]
08049efa ADD       EAX,DAT_0804b880
08049eff MOV       AL,byte ptr [EAX]=>DAT_0804b880
08049f01 XOR       EAX,0x4b
08049f04 MOV       byte ptr [EDX],AL=>DAT_0804b880
08049f06 LEA       EAX=>local_8,[EBP + -0x4]
08049f09 INC       dword ptr [EAX]=>local_8
08049f0b JMP       LAB_08049ee5
```

这段代码对嵌入到程序二进制文件中的私钥进行解码。使用清单 14-5 中的脚本，我们可以在不运行程序的情况下提取私钥。

```
// ch14_5_flat.java
public void run() throws Exception {
    int local_8 = 0;
    while (local_8 <= 0x3C1) {
        long edx = local_8;
        edx = edx + 0x804B880;
        long eax = local_8;
        eax = eax + 0x804B880;
        int al = getByte(toAddr(eax));
        al = al ^ 0x4B;
        setByte(toAddr(edx), (byte)al);
        local_8++;
    }
}
```

清单 14-5：使用 Ghidra 脚本模拟汇编语言

清单 14-5 是根据以下规则生成的上述汇编语言序列的等效翻译：

- 对于汇编代码中的每个栈变量和寄存器，声明一个合适类型的脚本变量。
- 对于每条汇编语言语句，编写一个模拟其行为的语句。
- 通过读写脚本中声明的相应变量来模拟读写栈变量。
- 使用 getByte、getWord、getDword 或 getQword 函数来模拟从非栈位置的读取行为，具体取决于被读取的数据量（1、2、4 或 8 字节）。
- 使用 setByte、setWord、setDword 或 setQword 函数来模拟对非栈位置的写入行为，具体取决于写入的数据量。
- 如果代码中包含终止条件不是很明显的循环，可以从声明一个无限循环开始，如 while(true){...}，然后在遇到终止循环的语句时插入一个 break 语句。
- 当汇编代码调用函数时，事情就变得复杂了。为了正确模拟汇编代码的行为，必须模拟被调用函数的行为，包括提供一个在被模拟代码的上下文中有意义的返回值。

随着汇编代码复杂性的增加，编写脚本来模拟汇编语言序列的所有方面将变得更具挑战性。但并不需要完全理解正在模拟的代码是如何工作的。尝试一次翻译一条或两条指令。如果每条指令都得到了正确的翻译，那么脚本作为一个整体应该能正确地模拟原始汇编代码的完整行为。脚本编写完成后，就可以用它来更好地理解底层汇编。在第 21 章分析被混淆的二进制文件时，将再次使用这种方法以及更通用的模拟功能。

例如，我们完成了示例算法的转换，并花了一些时间思考它是如何工作的，就可以将模拟脚本缩短如下：

```
public void run() throws Exception {
    for (int local_8 = 0; local_8 <= 0x3C1; local_8++) {
        Address addr = toAddr(0x804B880 + local_8);
        setByte(addr, (byte)(getByte(addr) ^ 0x4B));
    }
}
```

脚本执行后，可以看到解码后的私钥从地址 0x804B880 开始。如果不想在模拟代码执行时修改 Ghidra 数据库，可以调用 printf 来代替 setByte 函数，这样就可以将结果输出到 CodeBrowser 控制台，或者也可以将二进制数据写到磁盘文件中。不要忘记，除了 Ghidra 的 Java API，还可以使用所有的标准 Java API 类，以及安装在系统上的任何其他 Java 包。

14.5　小结

编写脚本为自动化重复任务和扩展 Ghidra 功能提供了一种强大的方法。本章介绍了 Ghidra 使用 Java 和 Python 编辑和创建新脚本的功能。在 CodeBrowser 环境中构建、编译和运行 Java 脚本的综合能力让你可以扩展 Ghidra 的功能，而不需要深入理解 Ghidra 开发环境的底层复杂性。第 15 章和第 16 章将介绍 Eclipse 集成环境以及在无头模式下如何运行 Ghidra。

第 15 章

Eclipse 和 GhidraDev

与 Ghidra 一起分发的脚本和在第 14 章中创建的脚本都相对简单。所需的编码很少，这大大简化了开发和测试阶段的工作。Ghidra 脚本管理器所提供的基础脚本编辑器非常适合快速且粗糙的工作，但缺乏管理复杂项目的能力。对于更实质性的任务，Ghidra 提供了一个插件，可以方便地使用 Eclipse 开发环境进行开发。在本章中，将介绍 Eclipse 以及它在开发更高级的 Ghidra 脚本中可以发挥的作用。我们还展示如何使用 Eclipse 来创建新的 Ghidra 模块，并且在后续章节中还会继续使用，因为将通过它来扩展 Ghidra 加载器，并讨论 Ghidra 处理器模块的内部工作原理。

15.1 Eclipse

Eclipse 是一个被许多 Java 开发者使用的集成开发环境（IDE），这使得它非常适合于 Ghidra 开发。虽然可以在同一台机器上同时运行 Eclipse 和 Ghidra，但它们之间没有任何交互，将两者整合在一起可以大大简化 Ghidra 的开发。如果没有集成，Eclipse 就只是 Ghidra 环境之外的另一个脚本编辑选项。而集成后，就能拥有一个丰富的 IDE，其中包括 Ghidra 特有的功能、资源和模板，从而促进 Ghidra 的开发过程。将两者进行集成并不难，只需要为彼此提供一些关于对方的信息，以便它们可以一起使用。

15.1.1 Eclipse 集成

为了让 Ghidra 和 Eclipse 可以一起工作，Eclipse 需要安装 GhidraDev 插件。可以从 Ghidra 或 Eclipse 中集成这两个应用程序。两者集成方法的说明都包含在 GhidraDev_README.html 文档中，可以在 Ghidra 安装目录的 Extensions/Eclipse/GhidraDev 目录中找到。

虽然书面文档会带你过一遍这个过程的细节，但最简单的起点是选择一个需要 Eclipse 的 Ghidra 操作，例如 Edit Script with Eclipse（见图 14-2）。如果选择了该选项，并且之前没有集成过 Eclipse 和 Ghidra，那么系统将提示你输入建立连接所需的目录信息。根据你的设置，可能需要提供 Eclipse 安装目录、Eclipse 工作区目录、Ghidra 安装目录、Eclipse 插件目录，以及可能用于与 Eclipse 通信以进行脚本编辑的端口号。

　　Ghidra 帮助文档将帮助你克服集成过程中遇到的任何困难。真正的冒险家可以尝试探索 Ghidra 源代码仓库中 Ghidra/Features/Base/src/main/java/ghidra/app/plugin/core/eclipse 目录下的集成插件。

15.1.2　启动 Eclipse

　　Ghidra 和 Eclipse 集成完成后，就可以用它们来编写 Ghidra 脚本和插件了。在 Eclipse 集成到 Ghidra 后的第一次启动时，可能会看到图 15-1 所示的对话框，要求在 Ghidra 实例和 Eclipse GhidraDev 实例之间建立一个通信路径。

图 15-1：GhidraDevUser 同意对话框

　　继续往前，将看到 Eclipse IDE 的欢迎界面，如图 15-2 所示。这个 Eclipse 实例的菜单栏上增加了一个新的 GhidraDev 菜单，用于创建更复杂的脚本和 Ghidra 工具。

图 15-2：Eclipse IDE 欢迎界面

　　Ghidra Eclipse 的登录界面，也就是 "Welcome to the Eclipse IDE for Java Developers" 工作台，包含大量教程、文档和关于 Eclipse IDE 和 Java 信息的链接，可以为刚接触 Eclipse 的用户提供必要的背景支持，也可以让有经验的用户随时回顾复习。为了继续 Ghidra 开发，我们将重点讨论如何利用 GhidraDev 菜单来增强 Ghidra 的现有能力，建立新能力，以及自定义 Ghidra 来改进逆向工作流程。

15.1.3　使用 Eclipse 编辑脚本

　　在 Eclipse 中安装 GhidraDev 插件后，就可以使用 Eclipse IDE 创建新脚本或编辑现有脚本了。当我们从使用 Ghidra 的脚本管理器创建和编辑脚本，迁移到使用 Eclipse 时，需要记住的是，虽然可以从脚本管理器启动 Eclipse，但只能对现有脚本进行编辑（见图 14-2）。如果想编辑新脚本，需要先启动 Eclipse，然后使用 GhidraDev 菜单来创建新脚本。无论是自己启动 Eclipse，还是通过 Ghidra 的脚本管理器启动 Eclipse，在本章的剩余部分，我们都使用 Eclipse 而不是脚本管理器的基础脚本编辑器来创建和修改 Ghidra 的脚本和模块。

要编辑我们在 14.2.2 节"编辑脚本示例：正则搜索"中创建的第一个脚本，可以从 Eclipse 菜单中选择 File→Open File，并导航到脚本 FindStringsByRegex.java。打开该脚本后，就可以开始使用 Eclipse 中丰富的编辑功能了。图 15-3 显示了脚本的前几行，其中注释和导入被折叠起来，折叠行是 Eclipse IDE 的默认功能，如果你在 Ghidra 提供的基础编辑器和 Eclipse 之间切换，可能会有点不习惯。

```
📄 FindStringsByRegex.java ⊠
  2⊕  * IP: GHIDRA▢
 25
⊿26⊕ import ghidra.app.script.GhidraScript;▢
 31
 32  public class FindStringsByRegex extends GhidraScript {
 33
 34⊕     @Override
⊿35      public void run() throws Exception {
 36          String regex =
 37              askString("Please enter the regex",
 38                  "Please enter the regex you're looking to match:");
```

图 15-3：Eclipse 编辑器显示的 FindStringsByRegex

默认情况下只显示一行注释，你可以单击图标（第 2 行左侧的"+"）来展开内容并显示所有注释，如果需要的话，也可以折叠内容（第 34 行左侧的"-"）。第 26 行的导入语句也是如此。将鼠标指针悬停在任何折叠部分的图标上，将会在弹出窗口中显示隐藏的内容。

在开始构建扩展 Ghidra 功能的示例之前，需要更多地了解 GhidraDev 菜单和 Eclipse IDE。让我们将注意力转移到 GhidraDev 菜单上，研究它的各种选项，以及如何在上下文中使用它们。

15.2　GhidraDev 菜单

展开的 GhidraDev 菜单如图 15-4 所示，包含五个选项，可以使用它们来控制开发环境和处理文件。在本章中，我们重点讨论 Java 开发，尽管 Python 在一些窗口中也作为备选项。

图 15-4：GhidraDev 菜单选项

15.2.1　GhidraDev→New

GhidraDev→New 菜单提供了三个子菜单选项，如图 15-5 所示。所有这三个选项都会启动向导来帮助完成相关的创建过程。我们从最简单的选项开始，也就是创建一个新的 Ghidra 脚本。这是第

14 章中讨论的创建脚本的另一种方法。

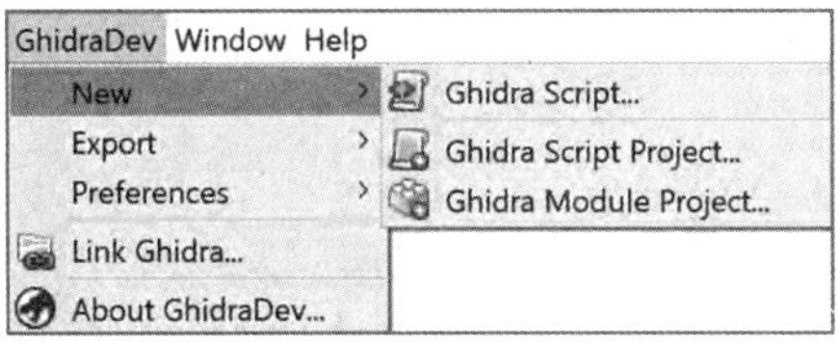

图 15-5：GhidraDev→New 子菜单

创建脚本

使用 GhidraDev→New→Ghidra Script 创建新脚本时会出现一个对话框，允许输入关于新脚本的信息。图 15-6 显示了一个已填充内容的对话框示例。除了目录和文件信息，该对话框还收集了我们在脚本管理器的基础编辑器中手动输入到脚本文件中的相同元数据。

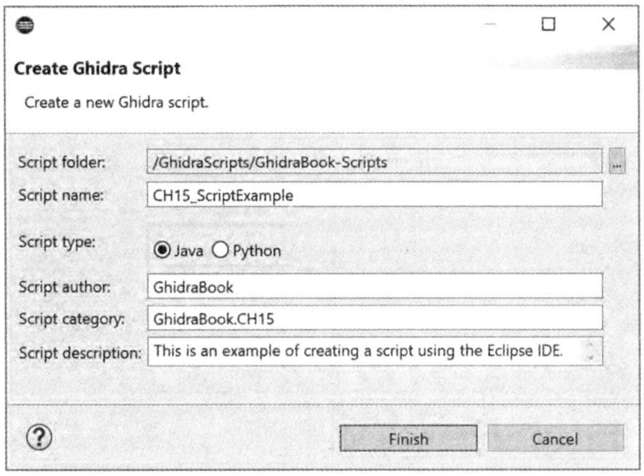

图 15-6：创建 Ghidra 脚本对话框

单击对话框底部的 Finish 按钮将生成如图 15-7 所示的脚本模板。图 15-6 中输入的元数据包含在脚本顶部的注释部分中。这些内容的格式与第 14 章中看到的元数据相同（见图 14-4 的顶部）。在 Eclipse 中编辑该脚本时，与脚本中每个待办项相关联的任务标签（剪贴板图标，如图 15-7 中第 14 行左侧可见）会标识出需要完成工作的位置。你可以随意删除和插入任务标签。

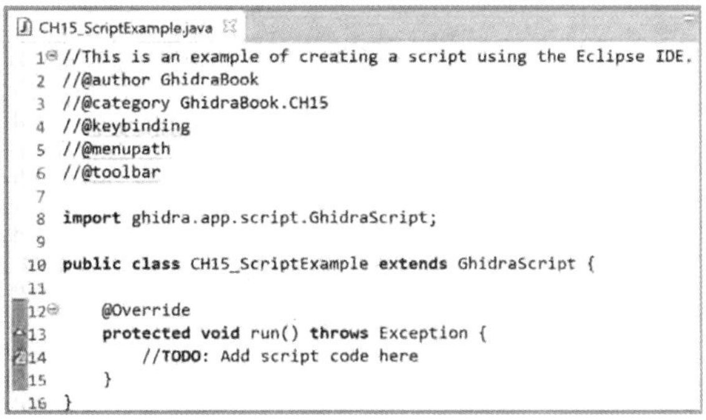

图 15-7：创建的新脚本模板

Eclipse 不会像 Ghidra 基础编辑器那样给脚本预装导入语句列表（见图 14-4 ）。但不用担心，Eclipse 通过提示你使用的东西需要相关的导入语句，来帮助进行管理。例如，如果将图 15-7 中的待办注释替换为 Java ArrayList 的声明，Eclipse 会给该行添加一个错误标签，并在 ArrayList 下面画上红线。将鼠标指针悬停在错误标签或 ArrayList 上，会出现一个快速修复建议的窗口，如图 15-8 所示。

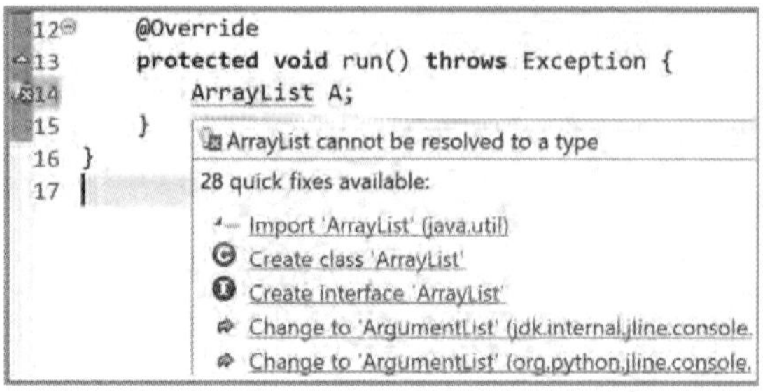

图 15-8：Eclipse 快速修复选项

选择建议列表中的第一个选项将指示 Eclipse 将所选的导入语句添加到脚本中，如图 15-9 所示。虽然在 CodeBrowser 脚本管理器中创建新脚本时加载潜在的导入语句列表很有帮助，但在 Eclipse 中却不是那么必要。

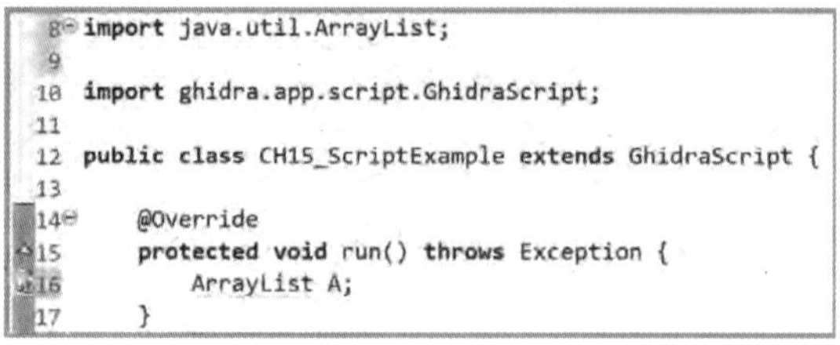

图 15-9：Eclipse 快速修复导入错误

创建脚本项目

GhidraDev→New 菜单的第二个选项是创建新脚本项目，如图 15-10 所示。我们将第一个脚本项目命名为 CH15_ProjectExample_linked，并将其放在为 Eclipse 设置的默认目录中。Create run configuration 复选框允许你创建一个运行配置，它为 Eclipse 提供了启动 Ghidra 的必要信息（命令行参数、目录路径等），并可以使用 Eclipse 来运行和调试 Ghidra 中的脚本。让该复选框处于默认的选中状态，然后单击 "Finish" 按钮，使用默认格式完成创建，并将脚本项目链接到主目录。

我们将创建第二个脚本项目 CH15_ProjectExample，这一次单击 "Next" 按钮。这将显示一个对话框，包含两个默认选中的链接选项（因此我们的第一个项目名称中有_linked 扩展名）。第一个选项链接到主脚本目录，第二个选项链接到 Ghidra 安装脚本目录。在这里链接代表的是，你的主脚本目录和 Ghidra 安装脚本目录的文件夹将被添加到新项目中，使你在项目工作时可以轻松访问这些目录中的任何脚本。

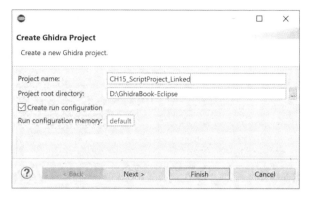

图 15-10：创建 Ghidra 脚本项目对话框

选中或取消这些选项，然后单击"Finish"按钮，其结果将在后面讨论 Eclipse 包资源管理器时再讲解。这里我们取消第一个链接复选框，如图 15-11 所示。

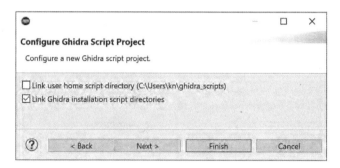

图 15-11：脚本项目的 Eclipse 配置选项

创建模块项目

GhidraDev→New 菜单的最后一个选项是创建 Ghidra 模块项目[1]。注意不要与 Ghidra 模块（如分析器、加载器等）混淆，Ghidra 模块项目将新 Ghidra 模块的代码与相关的帮助文件、文档和其他资源（如图标）聚合在一起。此外，你可以对新模块如何与 Ghidra 中的其他模块交互进行控制。我们将在本章和以后章节的上下文中演示 Ghidra 模块。

选择 New→Ghidra Module Project 将显示如图 15-12 所示的对话框，我们应该都很熟悉了，因为它与脚本项目对话框完全一样。将新项目命名为 CH15_ModuleExample，以便在包资源管理器中容易识别。

此时单击"Next"按钮将允许你基于现有的 Ghidra 模板创建新模块，如图 15-13 所示。默认情况下，所有的选项都被选中。根据开发目标，可以将其更改为不包含任何模板、包含部分模板或包含所有模板。所选择的任何选项都将被组合到包资源管理器中的一个项目中。在本例中，我们已经

---

1 这两种类型的 Ghidra 模块都不同于 Java 模块，后者是在 Java 9 中引入的，作为封装包和其他资源的一种手段，并提供了保持包私有化或与选定的其他模块共享单个包的能力，有效地允许模块控制服务的共享。关于模块和其他 Java 主题的其他文档可以在这里找到：链接 15-1。

取消了所有的选项。

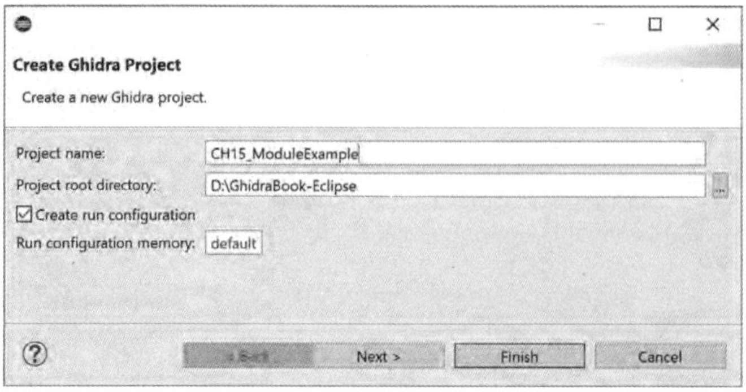

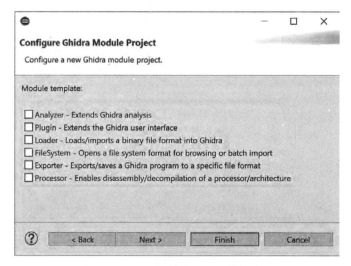

图 15-12：Eclipse 模块项目对话框

虽然大多数选择都会生成带有任务标签的相关源代码模板，但有两个例外。首先，如果没有选择任何一个模块模板，你将不会有模板文件。其次，处理器模块不会产生模板文件，但会产生其他支持内容。（处理器模块将在第 18 章中讨论。）

图 15-13：Ghidra 模块项目的模板选项

现在已经知道了如何创建 Ghidra 脚本、脚本项目和模块项目，让我们将注意力转移到 Eclipse 包资源管理器[1]上，以便更好地理解如何在新项目上工作。

15.2.2 浏览包资源管理器

Eclipse 的包资源管理器（Package Explorer）是完成 Ghidra 扩展应用所需的 Ghidra 文件的门户。这里我们展示分层结构，然后深入研究通过 GhidraDev 菜单创建 Ghidra 项目和模块的例子。图 15-14

---

1 包资源管理器已经存在了一段时间，但模块是最近才加入 Java 的。在默认配置下，包资源管理器可以看成你所创建或导入的 Java 项目的项目资源管理器。

显示了 Eclipse 包资源管理器窗口的一个示例，其中包含我们在本章前面创建的项目，以及为演示各种选项对包资源管理器内容产生的影响而创建的一些其他项目。

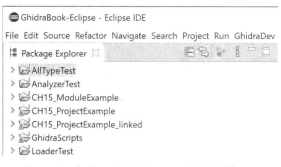

图 15-14：包含示例模块和项目的包资源管理器

我们先看这两个脚本项目。CH15_ProjectExample_linked 是在创建时同时选中了两个链接选项的脚本项目（见图 15-11）。另一个类似的项目是 CH15_ProjectExample，但这次同时取消了两个链接选项，其在包资源管理器中部分展开的条目如图 15-15 所示。

该脚本项目中包含以下四个组件：

- **JUnit4**：这是一个开源的 Java 单元测试框架。更多信息请访问链接 15-2。
- **JRE System Library**：这是 Java 运行时环境系统库。
- **Referenced Libraries**：这些被引用的库不属于 JRE 系统库，而是 Ghidra 安装的一部分。
- **Ghidra**：这是当前 Ghidra 的安装目录。我们已经展开了该目录，以便能看到第 3 章中介绍的熟悉的文件结构（见图 3-1）。

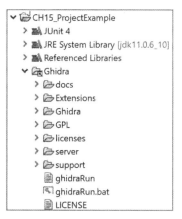

图 15-15：包资源管理器中取消链接的脚本项目

将图 15-15 的内容与图 15-16 所示的 CH15_ProjectExample_linked 的展开内容进行比较。对于该脚本项目，我们选中了两个链接选项。链接用户主脚本目录将在项目层次结构中得到 Home scripts 条目，并让我们可以轻松访问之前编写的脚本，以便用作示例或进行修改。

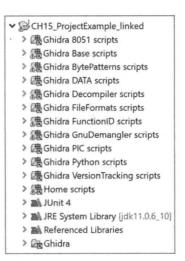

图 15-16：包资源管理器中选中链接的脚本项目

链接 Ghidra 安装脚本目录将得到图 15-16 中所有以 "Ghidra" 开头并以 "scripts" 结尾的文件夹。它们中的每一个都对应了 Ghidra 安装中 Ghidra/Features 目录下的一个脚本目录[1]。展开这些文件夹中的任何一个，都可以访问 Ghidra 安装中包含的每个脚本的源代码。与主脚本一样，它们可以作为修改示例，也可以作为创建新脚本的基础。虽然不能在 Ghidra 脚本管理器的基础脚本编辑器中修改这些脚本，但可以在 Eclipse 和 Ghidra 项目环境以外的其他编辑器中修改它们。完成了新脚本的创建和编辑后，就可以将其保存到脚本项目中合适的脚本目录中，下次打开 Ghidra 脚本管理器时即可使用。

现在我们已经了解了 Eclipse 包资源管理器中的脚本，下面来看 Ghidra 模块项目是如何表示的。我们的项目在包资源管理器中部分展开的内容如图 15-17 所示。

图 15-17：包资源管理器中 CH15_ModuleExampleModule 的层次结构

---

1 脚本在 Eclipse 包资源管理器（以及 Ghidra/Features 目录）中的位置不一定与脚本管理器中的脚本组织形式一致。这是正常的事情，因为 Ghidra/Features 目录中的脚本被组织到具有共同功能的文件夹中，而 Ghidra 脚本管理器中的脚本组织是基于每个脚本的类别元数据。

重新构建脚本

在第 14 章中，我们在 Ghidra 脚本管理器环境中展示了一个简单示例。修改现有脚本 CountAndSaveStrings，并使用它来构建一个新脚本 FindStringsByRegex。通过以下步骤可以在 Eclipse IDE 中完成相同的任务：

（1）在 Eclipse 中搜索 CountAndSaveStrings.java。（按"Ctrl+Shift+R"组合键）

（2）双击在 Eclipse 编辑器中打开该文件。

（3）用新的类和注释替换现有的类和注释。

（4）将该文件（EclipseFindStringsByRegex.java）保存到推荐的 ghidra_scripts 目录中。

（5）在 Ghidra 的脚本管理器窗口中运行新脚本。

可以手动启动 Ghidra 来访问脚本管理器窗口。或者在 Eclipse IDE 中选择 Run As 选项，这将显示图 15-18 中的对话框。第一个选项启动 Ghidra，第二个选项启动非 GUI 版本的 Ghidra，这是第 16 章的内容。

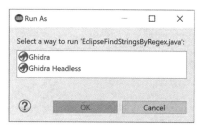

图 15-18：Eclipse 的 Run As 选项

Ghidra 启动后，就可以从脚本管理器运行脚本并使用 Eclipse 对其进行编辑。

模块项目包括以下新元素：

- src/main/java：这是源代码的位置。如果创建的模块类型有可用模板，则相关的.java 文件就放在这个目录中。

- src/main/help：创建或扩展内容时，可以使用该目录中的文件和信息，将其他有用的信息添加到 Ghidra 帮助文档中。

- src/main/resources：与 src/main 目录中的许多其他条目一样，展开这些内容将引导你找到对应的 README.txt 文件，其中包含了关于该目录的用途以及如何使用它的附加信息。例如，src/main/resources/images/README.txt 文件告诉你这里是存放任何与模块相关的图像或图标文件的位置。

- ghidra_scripts：这是该模块存放 Ghidra 脚本的位置。

- data：该文件夹存放与该模块一起使用的任何独立数据文件（虽然没有禁止与其他模块类型一起使用，但该文件夹主要用于处理器模块，这将在第 18 章中讲解）。

- lib：用于存放该模块所需的任何.jar 文件。

- os：包含用于 linux、oxs64 和 win64 的子目录，以保存该模块可能依赖的任何本地二进制文件。

- src：用于存放单元测试用例。
- build.gradle：Gradle 是一个开源的构建系统。该文件用于构建 Ghidra 扩展程序。
- extension.properties：该文件用于保存与扩展程序相关的元数据。
- Module.manifest：可以在该文件中输入与模块相关的信息，例如配置信息。

你可能已经在图 15-14 中注意到，我们创建了额外的测试模块（AnalyzerTest、AllTypeTest 和 LoaderTest）。每一个都是用不同的模块模板选项的组合创建的（参见图 15-13），这将为每个项目实例化一组不同的文件。当使用这些模板作为项目的起点时，了解 Eclipse 和 Ghidra 为你做了哪些工作，以及还有哪些需要你自己完成，是非常有用的。

我们先从 AnalyzerTest 目录开始，来演示分析器模板的使用。展开 src/main/java 目录，找到名为 AnalyzerTestAnalyzer.java 的文件，该名称是模块名（AnalyzerTest）和模板类型（Analyzer）的组合。双击该文件在编辑器中打开，可以看到如图 15-19 所示的代码。与本章前面的脚本模板一样，Eclipse IDE 提供了带有相关注释的任务标签，以指导我们构建分析器，并提供了展开和折叠内容的选项。LoaderTest 模块包含构建加载器的模板，这将在第 17 章中进一步讲解。剩下的 AllTypeTest 模块，是当你跳过选择模块模板选项时的默认模块，它将用所有模块来填充 src/main/java 目录，如图 15-20 所示。

```
  2⊕ * IP: GHIDRA□
 16  package analyzertest;
 17
 18⊕ import ghidra.app.services.AbstractAnalyzer;□
 26
 27⊝ /**
⊿28  * TODO: Provide class-level documentation that describes what this analyzer does.
 29  */
 30  public class AnalyzerTestAnalyzer extends AbstractAnalyzer {
 31
⊿32⊕     public AnalyzerTestAnalyzer() {□
 38
⊿40⊕     public boolean getDefaultEnablement(Program program) {□
 46
⊿48⊕     public boolean canAnalyze(Program program) {□
 55
⊿57⊕     public void registerOptions(Options options, Program program) {□
 64
⊿66⊕     public boolean added(Program program, AddressSetView set, TaskMonitor monitor, MessageLog log)□
 74  }
```

图 15-19：模块的默认分析器模板（注释、导入和函数已折叠）

图 15-20：默认模块源代码的内容示例

现在我们已经看到了 Ghidra 和 Eclipse 在创建新模块时所提供的帮助，下面让我们通过这些信息来构建一个新的分析器。

15.3　示例：Ghidra 分析器模块项目

了解了 Eclipse 集成的基础知识之后，让我们来构建一个简单的 Ghidra 分析器，用于识别清单中潜在的 ROP gadgets。我们将简化软件开发过程，因为这只是一个简单的示例项目。主要过程包括以下步骤：

（1）定义问题。

（2）创建 Eclipse 模块。

（3）构建分析器。

（4）使用 Eclipse 测试分析器。

（5）添加分析器到 Ghidra 安装中。

（6）使用 Ghidra 测试分析器。

什么是 ROP gadget？

在漏洞利用开发中，ROP 指的是返回导向编程（return-oriented programming）。一种旨在消灭原始 shellcode 注入的软件安全缓解措施是确保没有同时可写和可执行的内存区域。这种缓解措施通常被称为 Non-eXecutable（NX）或数据执行保护（Data Execution Prevention, DEP），因为不可能将 shellcode 注入内存（必须是可写的），然后再将控制权转移到该 shellcode（必须是可执行的）。

ROP 技术旨在劫持程序的堆栈（通常通过基于栈的缓冲区溢出），将精心设计的返回地址和数据序列放入栈中。在溢出后的某个时间点，程序开始使用攻击者提供的返回地址，而不是正常程序执行时放在栈中的返回地址。攻击者放在栈上的返回地址指向程序内存地址，这些位置已经包含了正常程序和库所加载和操作的代码。由于被利用程序的原作者没有设计程序来完成攻击者的工作，因此攻击者往往需要挑选现有代码的一部分并以特定顺序组合在一起。

ROP gadget 就是这样的代码片段，排序机制通常依赖于 gadget 以返回指令结束的特征（因此是面向返回的），该指令从现有攻击者控制的栈中获取地址，并将控制权转移到下一个 gadget。一个 gadget 通常只执行一个非常简单的任务，如从栈中加载寄存器。下面这个简单的 gadget 可以用来在 x86-64 系统上初始化 RAX：

```
POP RAX    ; pop the next item on the attacker-controlled stack into RAX
RET        ; transfer control to the address contained in the next stack item
```

由于每个可利用的程序都是不同的，所以攻击者不能依赖任何给定二进制文件中存在的一组特定的 gadget。gadget 自动搜索工具可以在二进制文件中搜索可能被用作 gadget 的指令序列，并将它们呈现给攻击者，由攻击者来决定使用哪些来完成攻击。最复杂的 gadget 搜索工具可以推断 gadget 的语义，并自动排列以执行指定的动作，从而省去攻击者自己动手的麻烦。

15.3.1　步骤 1：定义问题

我们的任务是设计和开发一个指令分析器，用于识别二进制文件中简单的 ROP gadget。该分析器需要添加到 Ghidra 中，并作为 Ghidra 分析器菜单中一个可选的分析器使用。

15.3.2 步骤 2：创建 Eclipse 模块

选择 GhidraDev→New→Ghidra Module Project 通过分析器模块模板创建一个名为 SimpleROP 的新模块。这将在 SimpleROP 模块的 src/main/java 文件夹中创建名为 SimpleROPAnalyzer.java 的文件。生成的包资源管理器视图如图 15-21 所示。

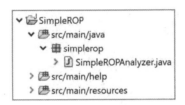

图 15-21：包资源管理器中 SimpleROP 的 src/main 条目

15.3.3 步骤 3：构建分析器

生成的 SimpleROPAnalyzer.java 代码的一部分如图 15-22 所示。函数已被折叠，以便可以看到所有提供的分析器方法。在开发代码时如果需要导入，Eclipse 会自动提示，所以我们可以直接对需要执行的任务进行编码，并在 Eclipse 提示时添加推荐的导入语句。

```
 SimpleROPAnalyzer.java 
  2  * IP: GHIDRA
 16  package simplerop;
 17
 18 import ghidra.app.services.AbstractAnalyzer;
 26
 27 /**
 28  * TODO: Provide class-level documentation that describes what thi
 29  */
 30 public class SimpleROPAnalyzer extends AbstractAnalyzer {
 31
 32     public SimpleROPAnalyzer() {
 38
 40     public boolean getDefaultEnablement(Program program) {
 46
 48     public boolean canAnalyze(Program program) {
 55
 57     public void registerOptions(Options options, Program program)
 64
 66     public boolean added(Program program, AddressSetView set, Task
 74 }
```

图 15-22：SimpleROPAnalyzer 模板

图 15-22 中的六个任务标签（在行号的左侧）指示我们应该从哪里开始开发。在处理每项任务时，我们将展开相关的部分，以及相关的前后内容（请注意，为了便于阅读，有些内容被打包或重新格式化，并尽量减少注释以节省空间）。

从功能层面上来讲，我们将依赖以下类级别的声明：

```
private int gadgetCount = 0;       // Counts the number of gadgets
private BufferedWriter outFile;    // Output file
```

```
// List of "interesting" instructions
   private List<String> usefulInstructions = Arrays.asList(
      "NOP", "POP", "PUSH", "MOV", "ADD", "SUB", "MUL", "DIV", "XOR");
// List of "interesting" instructions that don't have operands
   private List<String> require0Operands = Arrays.asList("NOP");
// List of "interesting" instructions that have one operand
   private List<String> require1RegOperand = Arrays.asList("POP", "PUSH");
// List of "interesting" instructions for which we want the first
// parameter to be a register
   private List<String> requireFirstRegOperand = Arrays.asList(
      "MOV", "ADD", "SUB", "MUL", "DIV", "XOR");
// List of "start" instructions that have ZERO operands
   private List<String> startInstr0Params = Arrays.asList("RET");
// List of "start" instructions that have ONE register operand
   private List<String> startInstr1RegParam = Arrays.asList("JMP", "CALL");
```

与每个声明相关的注释描述了每个变量的用途。各种 List 变量包含了组成 gadget 的指令，并根据它们需要的操作数和操作类型，以及是否是某个 gadget 的合法起始指令，对它们进行分类。因为我们的 gadget 构造算法在内存中是反向工作的，所谓的起始（start）指令实际上是指算法运行的一个起点。而在程序运行时，这些相同的起始指令实际上是 gadget 中执行的最后一条指令。

步骤 3-1：更新类的注释

我们展开第一个任务标签，可以看到以下任务描述：

```
/**
 * TODO: Provide class-level documentation that describes what this
 * analyzer does.
 */
```

将现有的待办注释替换为描述分析器工作内容的注释：

```
/**
 * This analyzer searches through a binary for ROP gadgets.
 * The address and contents of each gadget are written to a
 * file called inputfilename_gadgets.txt in the user's home directory.
 */
```

步骤 3-2：命名并描述分析器

展开下一个任务标签，可以看到待办注释和需要编辑的代码行。在 Eclipse IDE 中，需要修改的代码以紫色字体显示，并且有一个指示相关任务的名称。该任务包含以下内容：

```
// TODO: Name the analyzer and give it a description.
public SimpleROPAnalyzer() {
    super("My Analyzer",
        "Analyzer description goes here",
        AnalyzerType.BYTE_ANALYZER);
}
```

这两个字符串需要替换成有意义的内容。此外，还需要指定分析器的类型。为了便于解决各分析器之间的依赖关系，Ghidra 将分析器分为以下类别：字节、数据、函数、函数修饰符、函数签名和指令。在这里，我们要构建的是一个指令分析器，代码如下：

```
public SimpleROPAnalyzer() {
    super("SimpleROP",
    "Search a binary for ROP gadgets",
    AnalyzerType.INSTRUCTION_ANALYZER);
}
```

步骤 3-3：确定该分析器是否默认启用

第三个任务要求我们确定该分析器是否默认启用，如果是，就返回 true。这里我们不希望它默认启用，因此不需要修改代码。

```
public boolean getDefaultEnablement(Program program) {
    // TODO: Return true if analyzer should be enabled by default
    return false;
}
```

步骤 3-4：确定该分析器适用的输入类型

第四个任务是确定该分析器与输入程序的兼容性：

```
public boolean canAnalyze(Program program) {
    // TODO: Examine 'program' to determine of this analyzer
    // should analyze it.
    // Return true if it can.
    return false;
}
```

由于该分析器只用于演示，我们假设输入文件与分析器都是兼容的，因此只是简单地返回 true。在现实中，应该在使用分析器之前添加代码来验证分析文件的兼容性。例如，只有在确定文件是 x86 二进制文件时才返回 true。这个验证工作的示例可以在 Ghidra 安装中的大多数分析器中找到（Ghidra/Features/Base/lib/Base-src/Ghidra/app/analyzers），通过 Eclipse 中的模块目录即可访问：

```
public boolean canAnalyze(Program program) {
    return true;
}
```

步骤 3-5：注册分析器选项

第五个任务是给分析器用户提供一些自定义的特殊选项。

```
public void registerOptions(Options options, Program program) {
    // TODO: If this analyzer has custom options, register them here
    options.registerOption("Option name goes here", false, null,
                           "Option description goes here");
}
```

由于该分析器只用于演示，我们不会添加任何选项。选项可能允许用户做出一些选择，例如选择输出文件，选择对清单进行注释，等等。当选中一个分析器时，该分析器的选项将显示在分析器窗口中：

```java
public void registerOptions(Options options, Program program) {
}
```

步骤 3-6：执行分析

第六个任务强调的是执行分析器时被调用的函数。

```java
public boolean added(Program program, AddressSetView set, TaskMonitor monitor,
                MessageLog log) throws CancelledException {
    // TODO: Perform analysis when things get added to the 'program'.
    // Return true if the analysis succeeded.
    return false;
}
```

这是模块中完成这项任务的部分，包含四个方法，下面分别详细介绍：

```java
//**********************************************************************
//此方法在调用分析器时被调用。
//**********************************************************************
❶  public boolean added(Program program, AddressSetView set, TaskMonitor
                        monitor, MessageLog log) throws CancelledException {
       gadgetCount = 0;
       String outFileName = System.getProperty("user.home") + "/" +
                         program.getName() + "_gadgets.txt";
       monitor.setMessage("Searching for ROP Gadgets");
       try {
           outFile = new BufferedWriter(new FileWriter(outFileName));
       } catch (IOException e) {/* pass */}
       // iterate through each instruction in the binary
       Listing code = program.getListing();
       InstructionIterator instructions = code.getInstructions(set, true);
❷     while (instructions.hasNext() && !monitor.isCancelled()) {
           Instruction inst = instructions.next();
❸         if (isStartInstruction(inst)) {
               // We found a "start" instruction. This will be the last
               // instruction in the potential ROP gadget so we will try to
               // build the gadget from here
               ArrayList<Instruction> gadgetInstructions =
                   new ArrayList<Instruction>();
               gadgetInstructions.add(inst);
               Instruction prevInstr = inst.getPrevious();
❹             buildGadget(program, monitor, prevInstr, gadgetInstructions);
           }
       }
       try {
           outFile.close();
```

```
        } catch (IOException e) {/* pass */}
        return true;
    }
    //*************************************************************************
    // 递归调用此方法，直到找到一条我们在 ROP gadget 中不想要的指令。
    //*************************************************************************
    private void buildGadget(Program program, TaskMonitor monitor,
                            Instruction inst,
                            ArrayList<Instruction> gadgetInstructions) {
        if (inst == null || !isUsefulInstruction(inst) ❺ ||
            monitor.isCancelled()) {
            return;
        }
        gadgetInstructions.add(inst);
❻      buildGadget(program, monitor, inst.getPrevious() ❼, gadgetInstructions);
        gadgetCount += 1;
❽      for (int ii = gadgetInstructions.size() - 1; ii >= 0; ii--) {
            try {
                Instruction insn = gadgetInstructions.get(ii);
                if (ii == gadgetInstructions.size() - 1) {
                    outFile.write(insn.getMinAddress() + ";");
                }
                outFile.write(insn.toString() + ";");
            } catch (IOException e) {/* pass */}
        }
        try {
            outFile.write("\n");
        } catch (IOException e) {/* pass */}
        // Report count to monitor every 100th gadget
        if (gadgetCount % 100 == 0) {
            monitor.setMessage("Found " + gadgetCount + " ROP Gadgets");
        }
        gadgetInstructions.remove(gadgetInstructions.size() - 1);
    }
    //*************************************************************************
    //此方法确定一条指令在 ROP gadget 的上下文中是否有用。
    //*************************************************************************
    private boolean isUsefulInstruction(Instruction inst) {
        if (!usefulInstructions.contains(inst.getMnemonicString())) {
            return false;
        }
        if (require0Operands.contains(inst.getMnemonicString())) {
            return true;
        }
        if (require1RegOperand.contains(inst.getMnemonicString()) &&
            inst.getNumOperands() == 1) {
            Object[] opObjects0 = inst.getOpObjects(0);
            for (int ii = 0; ii < opObjects0.length; ii++) {
                if (opObjects0[ii] instanceof Register) {
                    return true;
```

```
                }
            }
        }
        if (requireFirstRegOperand.contains(inst.getMnemonicString()) &&
            inst.getNumOperands() >= 1) {
            Object[] opObjects0 = inst.getOpObjects(0);
            for (int ii = 0; ii < opObjects0.length; ii++) {
                if (opObjects0[ii] instanceof Register) {
                    return true;
                }
            }
        }
    }
    return false;
}
//**********************************************************************
//此方法确定一条指令是否是潜在 ROP gadget 的起点。
//**********************************************************************
private boolean isStartInstruction(Instruction inst) {
    if (startInstr0Params.contains(inst.getMnemonicString())) {
        return true;
    }
    if (startInstr1RegParam.contains(inst.getMnemonicString()) &&
        inst.getNumOperands() >= 1) {
        Object[] opObjects0 = inst.getOpObjects(0);
        for (int ii = 0; ii < opObjects0.length; ii++) {
            if (opObjects0[ii] instanceof Register) {
                return true;
            }
        }
    }
    return false;
}
```

　　Ghidra 调用分析器的 added 方法❶来启动分析。我们的算法测试二进制文件中的每条指令❷，以确定该指令是否是 gadget 构造器的有效起始点❸。每当找到一条有效的起始指令，我们的 gadget 创建函数 buildGadget 就会被调用❹。gadget 的创建是在指令清单中递归❻地反向走❼，只要一条指令被认为是有用的❺，它就会继续下去。最后，每个 gadget 在创建完成后，都会遍历其指令并打印出来❽。

15.3.4　步骤 4：使用 Eclipse 测试分析器

　　在开发过程中，经常需要测试和修改代码。当你正在构建分析器时，可以在 Eclipse 中使用 Run As 选项并选择 Ghidra 来测试其功能。这将临时安装当前版本的模块并打开 Ghidra。如果测试结果与所期望的不一样，可以在 Eclipse 中编辑文件并重新测试。直到对结果满意，再继续进入步骤 5。在开发过程中使用这种方法在 Eclipse 中测试代码，将大大节省时间。

15.3.5　步骤 5：添加分析器到 Ghidra 安装中

要将该分析器添加到 Ghidra 安装中，需要先从 Eclipse 导出模块，然后在 Ghidra 中安装这个扩展程序。使用 GhidraDev→Export→Ghidra Module Extension 并选择要导出的模块，然后单击"Next"按钮。在下一个窗口中，如果本地没有安装 Gradle，请选择图 15-23 所示的 Gradle Wrapper 选项（请注意，需要连接网络才能让包装器访问 gradle.org）。然后，单击 Finish"按钮完成导出过程。如果这是你第一次导出模块，则在 Eclipse 中会给你的模块添加一个 dist 目录，导出内容以.zip 文件的形式保存到该文件夹中。

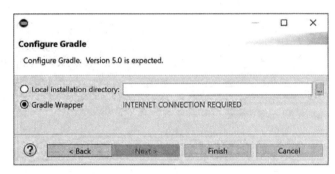

图 15-23：配置 Gradle 对话框

在 Ghidra 项目窗口中，选择 File→Install Extensions 添加新的分析器。这将显示类似于图 15-24 所示的窗口，包含所有尚未安装的现有扩展程序。

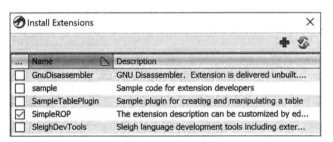

图 15-24：安装扩展程序窗口

单击右上角的"+"图标，并在相关的 dist 目录下找到新创建的.zip 文件，从而添加新的 SimpleROP 分析器。当该分析器出现在列表中后，我们可以选择它并单击确定。最后，重新启动 Ghidra 就可以从 Analysis 菜单中使用新功能了。

15.3.6　步骤 6：使用 Ghidra 测试分析器

与我们局限的开发计划一样，我们只通过局限的测试计划来演示其功能。SimpleROP 只要符合以下标准即可通过验收测试：

（1）（通过）SimpleROP 出现在 CodeBrowser→Analysis 菜单中。

（2）（通过）当被选中时，SimpleROP 的描述会出现在分析选项的描述窗口中。

测试用例 1 和 2 通过，如图 15-25 所示。（如果在步骤 3-5 中注册并开发了相关选项，它们将显示在窗口右侧的选项面板中。）

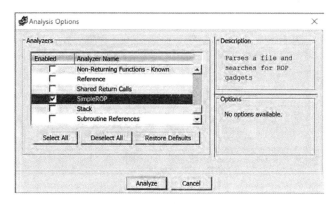

图 15-25：分析选项窗口

（3）（通过）SimpleROP 在选择时可以运行。

在这个用例中，我们在已分析的文件上运行 SimpleROP，并作为自动分析的一部分。在未分析的文件上运行 SimpleROP 不会产生任何结果，因为 INSTRUCTION_ANALYZER 类型的扩展需要指令已经被事先识别（自动分析的默认部分）。当 SimpleROP 作为自动分析的一部分运行时，根据我们在步骤 3-2 中分配的分析器类型，它将被适当地优先处理。图 15-26 显示的 Ghidra 日志确认了 SimpleROP 分析器已经运行。

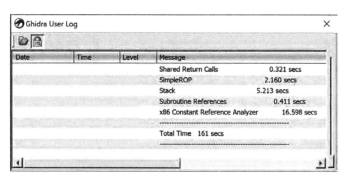

图 15-26：Ghidra 用户日志窗口确认分析

（4）（通过）SimpleROP 在分析 fileZZZ 时将每个 gadget 写到 fileZZZ_gadgets.txt 文件中。

下面是从文件 call_tree_x64_static_gadgets.txt 中摘录出来的，可以看到许多 gadget 来自图 15-27 所示的 call_tree_x64_static 清单部分：

```
00400412;ADD RSP,0x8;RET;
004004ce;NOP;RET;
00400679;ADD RSP,0x8;POP RBX;POP RBP;POP R12;POP R13;POP R14;POP R15;RET;
0040067d;POP RBX;POP RBP;POP R12;POP R13;POP R14;POP R15;RET;
0040067e;POP RBP;POP R12;POP R13;POP R14;POP R15;RET;
0040067f;POP R12;POP R13;POP R14;POP R15;RET;
00400681;POP R13;POP R14;POP R15;RET;
```

```
00400683;POP R14;POP R15;RET;
00400685;POP R15;RET;
00400a8b;POP RBP;MOV EDI,0x6babd0;JMP RAX;
00400a8c;MOV EDI,0x6babd0;JMP RAX;
00400a98;POP RBP;RET;
```

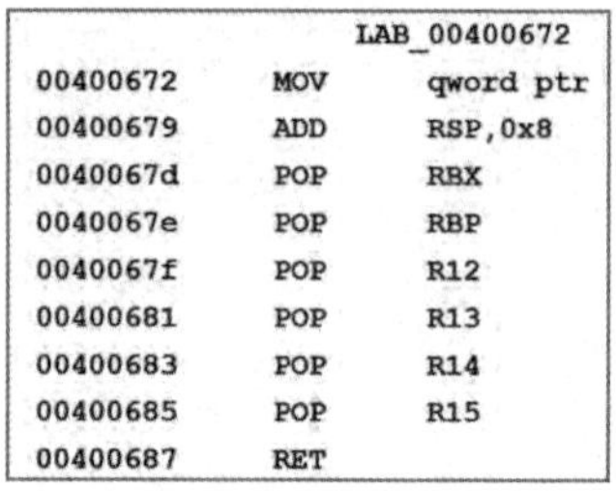

		LAB_00400672
00400672	MOV	qword ptr
00400679	ADD	RSP,0x8
0040067d	POP	RBX
0040067e	POP	RBP
0040067f	POP	R12
00400681	POP	R13
00400683	POP	R14
00400685	POP	R15
00400687	RET	

图 15-27：call_tree_x64_static 的 CodeBrowser 清单

15.4 小结

在第 14 章中，我们介绍了将脚本作为扩展 Ghidra 功能的一种方法。在本章中，我们介绍了 Ghidra 扩展模块以及 Ghidra 的 Eclipse 集成功能。虽然 Eclipse 不是编辑 Ghidra 扩展的唯一选择，但是 Ghidra 和 Eclipse IDE 的集成为开发者提供了一个非常强大的环境。开发向导和模板降低了编写扩展程序的门槛，因为它们为开发者提供了修改现有内容和构建新扩展的指导方法。在第 16 章中，我们将介绍无头 Ghidra，它曾作为选项出现在图 15-18 中。后续章节将在 Ghidra 和 Eclipse IDE 集成的基础上，进一步扩展 Ghidra 的功能，为使 Ghidra 成为你逆向工作流程的最佳工具打下坚实基础。

第 16 章
Ghidra 无头模式

在前面的章节中，我们专注于在 Ghidra GUI 的帮助下探索单个项目中的单个文件。除了 GUI 之外，Ghidra 还有一个名为 Ghidra 无头分析器（Ghidra headless analyzer）的命令行界面。无头分析器提供了一些与 Ghidra GUI 相同的功能，包括处理项目和文件的能力，但它更适合批处理和用脚本控制 Ghidra。在本章中，我们将讨论 Ghidra 的无头模式，以及它如何帮助你在大量文件中执行重复性任务。我们将从一个熟悉的例子开始，然后扩展到更复杂的情况。

16.1 入门

让我们先回顾一下第 4 章中对 Ghidra 的第一次使用。我们成功地完成了以下步骤：

（1）启动 Ghidra。

（2）创建一个新的 Ghidra 项目。

（3）确定项目的位置。

（4）导入文件到项目中。

（5）自动分析该文件。

（6）保存并退出。

让我们使用 Ghidra 无头分析器的命令行界面来复现这些任务。无头分析器（analyzeHeadless 或 analyzeHeadless.bat）以及名为 analyzeHeadlessREADME.html 的帮助文档可以在 Ghidra 安装目录的 support 目录中找到。为了简化文件路径，我们暂时将 global_array_demo_x64 复制到同一目录下。首先，我们将确定每个单独任务所需的命令和参数，然后将它们放在一起来实现目标。虽然在前面的章节中三种 Ghidra 平台之间并没有明显区别，但在命令行操作时，还是有许多不同。在本例中，我们使用 Windows 版本，并在与其他平台有明显差异时进行提示。

斜杠或反斜杠

Ghidra 所支持的不同操作系统之间，有一个主要区别是它们识别文件系统路径的方式。虽然语法是一致的，但不同平台使用不同的目录分隔符。Windows 使用反斜杠，而 Linux 和 macOS 使用正斜杠。Windows 中的路径如下所示：

```
D:\GhidraProjects\ch16\demo_stackframe_32
```

它在 Linux 和 macOS 中如下所示：

```
/GhidraProjects/ch16/demo_stackframe_32
```

这种语法对于 Windows 用户来说可能更令人疑惑，因为正斜杠被用于 URL 和命令行切换（以及 Ghidra 文档）。操作系统意识到了这个问题，并尝试接受任何一个，但情况并不总是那么可预测。在本章的例子中，我们采用 Windows 的惯例，这样读者就可以享受向后兼容 DOS 的乐趣。

16.1.1　步骤 1：启动 Ghidra

这一步是使用 analyzeHeadless 命令完成的。所有其他步骤也都将使用与该命令相关的参数和选项来完成。在没有任何参数的情况下运行 analyzeHeadless，会显示包含命令行语法和选项的使用信息，如图 16-1 所示。为了启动 Ghidra，我们需要在命令中加入其中一些参数。

```
Headless Analyzer Usage: analyzeHeadless
           <project_location> <project_name>[/<folder_path>]
           | ghidra://<server>[:<port>]/<repository_name>[/<folder_path>]
           [[-import [<directory>|<file>]+] | [-process [<project_file>]]]
           [-preScript <ScriptName>]
           [-postScript <ScriptName>]
           [-scriptPath "<path1>[;<path2>...]"]
           [-propertiesPath "<path1>[;<path2>...]"]
           [-scriptlog <path to script log file>]
           [-log <path to log file>]
           [-overwrite]
           [-recursive]
           [-readOnly]
           [-deleteProject]
           [-noanalysis]
           [-processor <languageID>]
           [-cspec <compilerSpecID>]
           [-analysisTimeoutPerFile <timeout in seconds>]
           [-keystore <KeystorePath>]
           [-connect <userID>]
           [-p]
           [-commit ["<comment>"]]
           [-okToDelete]
           [-max-cpu <max cpu cores to use>]
           [-loader <desired loader name>]
Please refer to 'analyzeHeadlessREADME.html' for detailed usage examples and notes.
```

图 16-1：无头分析器语法

16.1.2　步骤 2 和 3：在指定位新建 Ghidra 项目

在无头模式中，如果项目不存在，Ghidra 会为你创建一个新项目。如果项目已经存在于指定的位置，Ghidra 会打开现有项目。因此，需要两个参数：项目位置和项目名称。下面的命令将在 D:\GhidraProjects 目录下创建名为 CH16 的项目：

```
analyzeHeadless D:\GhidraProjects CH16
```

这是对无头 Ghidra 项目的最小启动，仅用于打开一个项目。实际上，Ghidra 的相应消息也明确告诉了你这一点：

```
Nothing to do...must specify -import, -process, or prescript and/or postscript.
```

16.1.3　步骤 4：将文件导入项目

要导入文件，Ghidra 需要指定 -import 选项和要导入文件的名称。这里我们导入文件 global_array_demo_x64。如前所述，为简单起见，我们将文件放在了 support 目录中。或者，我们也可以在命令行中指定文件的完整路径。添加 -import 选项的命令如下所示：

```
analyzeHeadless D:\GhidraProjects CH16 -import global_array_demo_x64
```

16.1.4　步骤 5 和 6：自动分析文件、保存并退出

在无头模式下，自动分析和保存是默认发生的，所以步骤 4 的命令已经完成了我们想要的一切。如果不想自动分析文件，需要指定选项 -noanalysis，还有一些选项可以控制项目和相关文件的保存方式。

以下是我们完成步骤 6 的完整命令：

```
analyzeHeadless D:\GhidraProjects CH16 -import global_array_demo_x64
```

和许多控制台命令一样，你可能会问自己，"我怎样才能确定发生了什么事？"命令执行成功（或失败）的第一个标志是显示在控制台上的信息。在无头分析器开始工作时，以 INFO 开头的普通信息提供了进度报告。错误信息则以 ERROR 开头。清单 16-1 是控制台信息的一部分，其中包含一条错误信息。

```
❶ INFO HEADLESS Script Paths:
     C:\Users\Ghidrabook\ghidra_scripts
❷   D:\ghidra_PUBLIC\Ghidra\Extensions\SimpleROP\ghidra_scripts
     D:\ghidra_PUBLIC\Ghidra\Features\Base\ghidra_scripts
     D:\ghidra_PUBLIC\Ghidra\Features\BytePatterns\ghidra_scripts
     D:\ghidra_PUBLIC\Ghidra\Features\Decompiler\ghidra_scripts
     D:\ghidra_PUBLIC\Ghidra\Features\FileFormats\ghidra_scripts
     D:\ghidra_PUBLIC\Ghidra\Features\FunctionID\ghidra_scripts
     D:\ghidra_PUBLIC\Ghidra\Features\GnuDemangler\ghidra_scripts
     D:\ghidra_PUBLIC\Ghidra\Features\Python\ghidra_scripts
     D:\ghidra_PUBLIC\Ghidra\Features\VersionTracking\ghidra_scripts
     D:\ghidra_PUBLIC\Ghidra\Processors\8051\ghidra_scripts
     D:\ghidra_PUBLIC\Ghidra\Processors\DATA\ghidra_scripts
     D:\ghidra_PUBLIC\Ghidra\Processors\PIC\ghidra_scripts(HeadlessAnalyzer)
INFO HEADLESS: execution starts (HeadlessAnalyzer)
INFO Opening existing project: D:\GhidraProjects\CH16 (HeadlessAnalyzer)
❸ ERROR Abort due to Headless analyzer error:
     ghidra.framework.store.LockException:
     Unable to lock project! D:\GhidraProjects\CH16 (HeadlessAnalyzer)
```

```
java.io.IOException: ghidra.framework.store.LockException:
Unable to lock project! D:\GhidraProjects\CH16
...
```

清单 16-1：包含错误信息的无头分析器

在无头模式下使用的脚本路径被列了出来❶。在本章的后面，将展示如何在无头命令中使用额外的脚本。我们在前一章中创建的扩展程序 SimpleROP 也包含在脚本路径中❷，因为每个扩展程序都会在脚本路径中添加一个新路径。LockException❸可能是与无头分析器相关的最常见的错误。如果你试图在一个已经在其他 Ghidra 实例中打开的项目上运行无头分析器，就会导致失败。发生这种情况时，无头分析器无法锁定该项目供自己独占使用，因此命令失败。

要解决这个错误，请先关闭所有已打开 CH16 项目的 Ghidra 实例，然后再次运行该命令。图 16-2 显示了成功执行命令的部分输出，类似于我们在 Ghidra GUI 中分析文件时看到的弹窗。

```
INFO --------------------------------------------------
    ASCII Strings                          0.883 secs
    Apply Data Archives                    0.590 secs
    Call Convention Identification         0.137 secs
    Call-Fixup Installer                   0.004 secs
    Create Address Tables                  0.012 secs
    Create Function                        0.005 secs
    DWARF                                  0.020 secs
    Data Reference                         0.010 secs
    Decompiler Switch Analysis             0.473 secs
    Demangler GNU                          0.050 secs
    Disassemble Entry Points               0.105 secs
    ELF Scalar Operand References          0.010 secs
    Embedded Media                         0.014 secs
    External Entry References              0.001 secs
    Function ID                            0.051 secs
    Function Start Search                  0.043 secs
    Function Start Search After Code       0.002 secs
    Function Start Search After Data       0.001 secs
    GCC Exception Handlers                 0.076 secs
    Non-Returning Functions - Discovered   0.013 secs
    Non-Returning Functions - Known        0.004 secs
    Reference                              0.025 secs
    Shared Return Calls                    0.005 secs
    Stack                                  0.054 secs
    Subroutine References                  0.007 secs
    Subroutine References - One Time       0.000 secs
    x86 Constant Reference Analyzer        0.093 secs
--------------------------------------------------
    Total Time   2 secs
```

图 16-2：显示到控制台的无头分析器结果

要在 Ghidra GUI 中验证结果，可以打开项目并确认文件已被加载，如图 16-3 所示，然后在 CodeBrowser 中打开文件以确认分析。

现在我们已经在无头模式下使用 Ghidra 复现了之前的分析。让我们研究一些无头模式优于 GUI 模式的情况。要使用 Ghidra GUI 创建项目并加载和分析如图 16-4 所示的所有文件，需要先创建项目，然后单独加载每个文件，或者选择文件加入批量导入操作中，如第 11 章的"批量导入"中所看到的。而无头 Ghidra 允许指定一个目录并分析它所包含的所有文件。

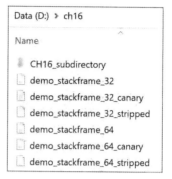

图 16-3：Ghidra GUI 确认项目已创建并已加载文件　　图 16-4：无头 Ghidra 输入目录示例

下面的命令告诉无头分析器在 D:\GhidraProjects 目录下打开或创建一个名为 CH16 的项目，并导入和分析 D:\ch16 目录下的所有文件：

```
analyzeHeadless D:\GhidraProjects CH16 -import D:\ch16
```

执行命令后，可以将新项目加载到 Ghidra GUI 中，并查看其相关文件，如图 16-5 所示。子目录 D:\ch16\CH16_subdirectory 并没有出现在项目中，包括其子目录下的任何文件也没有。我们将在下一节讨论可用于无头 Ghidra 的其他选项和参数时，再回来讨论这个问题。

图 16-5：将无头 Ghidra 指向一个目录所产生的项目

16.1.5　选项和参数

使用无头 Ghidra 创建项目，加载和分析单一文件，以及使用批处理导入整个目录，这些简单的例子只是开始。虽然我们无法涉及无头 Ghidra 的所有功能，但可以简要介绍一些目前可用的每个选项。

常规选项

下面是对附加选项的简要描述和相关例子，使用这些选项可以进一步控制简单示例中发生的事情。同时，还会介绍一些常见的错误条件，要想了解特殊的错误条件则可以阅读 Ghidra 帮助文档。

- -log logfilepath

命令行执行时可能会出现各种错误。好在 Ghidra 插件提供了关于 Ghidra 运行时正在发生的事情的持续反馈。虽然这种反馈在 Ghidra GUI 中不太重要（因为你可以直观地看到正在发生什么），但在无头 Ghidra 中是很重要的。

默认情况下，日志文件会写入用户主目录中的.ghidra/.ghidra_<VER>_PUBLIC/application.log 文件中。你可以在命令行中添加-log 选项来选择一个新位置。要创建目录 CH16-logs，并写入日志文件到 CH16-logfile，可以使用如下命令：

```
analyzeHeadless D:\GhidraProjects CH16 -import global_array_demo_x64
    -log D:\GhidraProjects\CH16-logs\CH16-Logfile
```

- -noanalysis

该选项指示 Ghidra 不要分析你从命令行导入的任何文件。执行以下语句后，在 Ghidra GUI 中打开文件 global_array_demo_x64，将在 CH16 项目中看到一个已加载但未分析的文件版本。

```
analyzeHeadless D:\GhidraProjects CH16 -import global_array_demo_x64 -noanalysis
```

- -overwrite

在清单 16-1 中，当 Ghidra 视图打开一个已经打开的项目时，可以看到发生了错误情况。当 Ghidra 视图将一个已经导入的文件导入项目中时，会发生第二个常见的错误。要想不考虑文件内容，而导入文件的新版本或覆盖现有文件，可以使用-overwrite 选项。如果没有指定该选项，则以下无头命令在第二次执行时会导致错误。有了该选项，我们就可以随心所欲地重复执行该命令。

```
analyzeHeadless D:\GhidraProjects CH16 -import global_array_demo_x64 -overwrite
```

- -readOnly

要想导入一个文件而不将其保存到项目中，可以使用-readOnly 选项。如果使用该选项，则-overwrite 选项将被忽略（如果存在的话）。当与-process 而不是-import 选项一起使用时，该选项也有意义。-process 选项将在本章后面介绍。

```
analyzeHeadless D:\GhidraProjects CH16 -import global_array_demo_x64 -readOnly
```

- -deleteProject

该选项指示 Ghidra 不保存任何使用-import 选项创建的项目。该选项可以与其他任何选项一起使用，并且在使用-readOnly 时默认使用该选项（即使省略了）。新建的项目在分析完成后将被删除，但该选项不会删除一个现有项目。

```
analyzeHeadless D:\GhidraProjects CH16 -import global_array_demo_x64 -deleteProject
```

- -recursive

默认情况下，当被要求处理整个目录时，Ghidra 不会递归到子目录中。如果希望 Ghidra 递归处理目录（即处理它沿途找到的任何子目录），可以使用该选项。为了演示这个功能，我们将 Ghidra 指向之前处理的同一个 ch16 目录，但这次使用-recursive 选项。

```
analyzeHeadless D:\GhidraProjects CH16 -import D:\ch16 -recursive
```

执行该命令后打开 CH16 项目，将出现如图 16-6 所示的项目结构。与图 16-5 不同的是，CH16_subdirectory 及其相关文件也包含在项目中，并且在项目的层次结构中保留了目录的层次结构。

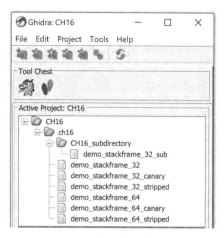

图 16-6：由-recursive 选项产生的无头 Ghidra 项目

通配符

通配符提供了一种简单的方法，可以为无头 Ghidra 选择多个文件，而不需要单独列出每个文件。简而言之，星号（*）匹配任何字符序列，而问号（?）匹配单个字符。要想加载和分析图 16-7 中的 32 位文件，可以使用如下通配符：

analyzeHeadless D:\GhidraProjects CH16 -import D:\ch16\demo_stackframe_32*

该命令将创建 CH16 项目，并加载和分析 ch16 目录下的所有 32 位文件。产生的项目如图 16-7 所示。关于使用通配符来指定导入和处理文件的详细信息，可以查看 analyzeHeadlessREADME.html 文件。另外，你还将在未来的无头 Ghidra 脚本示例中看到通配符。

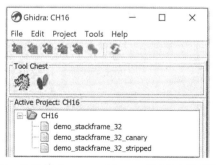

图 16-7：通配符 demo_stackframe_32*产生的项目文件

- -analysisTimeoutPerFile seconds

当分析（或观看 Ghidra 分析）文件时，你可能已经注意到了影响分析时间的几个因素，例如文件大小，是否静态链接，以及反编译器的分析选项等。无论文件内容和选项是什么，都无法提前确切地知道分析一个文件需要多长时间。

在无头 Ghidra 中，特别是当处理大量文件时，可以使用-analysisTimeoutPerFile 选项来确保任务在一个合理的时间内结束。通过该选项，可以指定一个以秒为单位的超时时间，并且在到期时中断分析。例如，目前的无头 Ghidra 命令在我们的系统上需要一秒多一点的时间来完成分析（参见图 16-2）。如果我们执行该脚本的时间确实有限，下面的无头命令将在一秒后停止分析：

```
analyzeHeadless D:\GhidraProjects CH16 -import global_array_demo_x64
    -analysisTimeoutPerFile 1
```

这将导致控制台显示如图 16-8 所示。

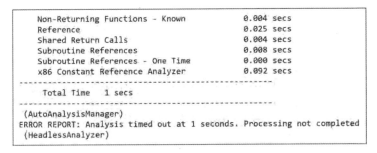

图 16-8：分析超时的控制台错误

- -processor languageID 和-cspec compilerSpecID

如前面的示例所示，Ghidra 通常很善于识别文件的信息并给出导入建议。显示特定文件建议的示例窗口如图 16-9 所示。每次你使用 GUI 将文件导入项目中时，都会显示这个窗口。

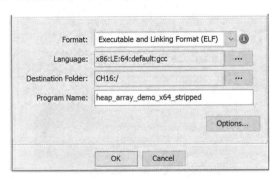

图 16-9：Ghidra GUI 导入确认对话框

如果你对合适的语言或编译器有其他看法，可以展开语言规范右边的方框。这将显示如图 16-10 所示的窗口，允许你对语言/编译器规范进行选择。

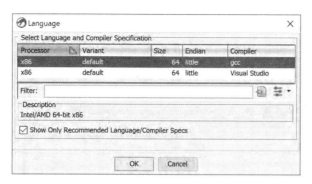

图 16-10：Ghidra 语言/编译器规范选择窗口

要在无头 Ghidra 中做同样的事情，可以使用-cspec 和-processor 选项，如下所示。你不能在不使用-processor 选项的情况下使用-cspec，但可以在使用-processor 选项的时候不使用-cspec，在这种情况下，Ghidra 将选择与该处理器相关的默认编译器。

```
analyzeHeadless D:\GhidraProjects CH16 -import global_array_demo_x64
    -processor "x86:LE:64:default" -cspec "gcc"
```

- -loader loadername

该选项可能是最复杂的无头 Ghidra 选项。loadername 参数指定了 Ghidra 的其中一个加载器模块（将在第 17 章中讲解），该模块用来将新文件导入指定的项目中。可用的加载器名称包括 PeLoader、ElfLoader 和 MachoLoader。每个加载器模块都可以识别自己的附加命令行参数，具体内容可以查看 support/analyzeHeadlessREADME.html。

- -max-cpu number

该选项允许你对用于处理无头 Ghidra 命令的处理器（CPU）核数设置一个上限。如果该值小于1，则最大核数就被设置为 1。

```
analyzeHeadless D:\GhidraProjects CH16 -import global_array_demo_x64 -max-cpu 5
```

服务器选项

有些命令只在与 Ghidra Server 交互时使用。由于这不是本书的重点，我们将只简要地提一下这些命令。更多内容可以查看 analyzeheadlessREADME.html。

- ghidra://server[:port]/repository_name[/folder_path]

前面的示例都指定了项目位置或项目名称。这种替代方法允许你指定 Ghidra Server 仓库和可选的文件夹路径。

- -p

对于 Ghidra Server，该选项通过控制台强制要求输入密码。

- -connect [userID]

当连接 Ghidra Server 时，该选项使用 userID 来覆盖默认的 userID。

- -keystore path

该选项允许在使用 PKI 或 SSH 认证时指定私钥库文件。

- -commit ["comment"]

该选项允许在提交时将其与注释关联起来。

脚本选项

也许无头 Ghidra 最强大的应用是与 Ghidra 的脚本能力相关联。第 14 章和第 15 章都演示了如何使用 Ghidra GUI 创建和运行脚本。在介绍脚本选项之后，我们将演示无头 Ghidra 在脚本环境下的强大功能。

- -process [project_file]

该选项处理选择的文件（而不是导入它们）。如果你没有指定一个文件，则项目文件夹中的所有文件都将被处理。除非使用-noanalysis 选项，否则所指定的文件也将被分析。为简化对多个文件的选择，-process 选项可以接受两个通配符（*和?）。与-import 选项不同，通配符是用于 Ghidra 导入的项目文件，而不是本地系统文件的，所以需要用引号将包含通配符的文件名括起来，以防止终端过早地将其展开。

- -scriptPath "path1[;path2...]"

默认情况下，无头 Ghidra 包含许多默认脚本路径以及导入扩展程序的路径，如清单 16-1 所示。要扩展 Ghidra 搜索可用脚本的路径列表，可以使用-scriptPath 选项，并指定带引号的路径列表参数。在引号中，多个路径必须用分号隔开。路径中可以识别两个特殊的前缀指示符：$GHIDRA_HOME 和$USER_HOME。$GHIDRA_HOME 指的是 Ghidra 的安装目录，而$USER_HOME 指的是用户的主目录。请注意，它们不是环境变量，你的终端可能会要求你转义前面的"$"符号，以便将其传递给 Ghidra。下面的例子将 D:\GhidraScripts 目录添加到脚本路径中：

```
analyzeHeadless D:\GhidraProjects CH16 -import global_array_demo_x64
    -scriptPath "D:\GhidraScripts"
```

运行该命令后，新的脚本目录 D:\GhidraScripts 已经被包含在脚本路径中：

```
INFO HEADLESS Script Paths:
    D:\GhidraScripts C:\Users\Ghidrabook\ghidra_scripts
    D:\ghidra_PUBLIC\Ghidra\Extensions\SimpleROP\ghidra_scripts
    D:\ghidra_PUBLIC\Ghidra\Features\Base\ghidra_scripts
    D:\ghidra_PUBLIC\Ghidra\Features\BytePatterns\ghidra_scripts
    D:\ghidra_PUBLIC\Ghidra\Features\Decompiler\ghidra_scripts
    D:\ghidra_PUBLIC\Ghidra\Features\FileFormats\ghidra_scripts
    D:\ghidra_PUBLIC\Ghidra\Features\FunctionID\ghidra_scripts
    D:\ghidra_PUBLIC\Ghidra\Features\GnuDemangler\ghidra_scripts
    D:\ghidra_PUBLIC\Ghidra\Features\Python\ghidra_scripts
    D:\ghidra_PUBLIC\Ghidra\Features\VersionTracking\ghidra_scripts
    D:\ghidra_PUBLIC\Ghidra\Processors\8051\ghidra_scripts
```

```
     D:\ghidra_PUBLIC\Ghidra\Processors\DATA\ghidra_scripts
     D:\ghidra_PUBLIC\Ghidra\Processors\PIC\ghidra_scripts (HeadlessAnalyzer)
INFO HEADLESS: execution starts (HeadlessAnalyzer)
```

- -preScript

该选项指定在分析之前运行的脚本。该脚本可以包含一个可选的参数列表。

- -postScript

该选项指定在分析之后运行的脚本。该脚本可以包含一个可选的参数列表。

- -propertiesPath

该选项指定与脚本关联的任何属性文件的路径。属性文件为在无头 Ghidra 模式下运行的脚本提供输入。无头分析器文档中包含脚本及其相关属性文件的示例。

- -okToDelete

由于脚本可以做其创建者想做的任何事情，所以也可以删除（或视图删除）Ghidra 项目中的文件。为了防止这种不必要的事情发生，除非在调用脚本时包含-okToDelete 选项，否则无头 Ghidra 将不运行脚本删除文件。注：在-import 模式下运行时不需要这个参数。

16.2　编写脚本

现在你已经了解了无头 Ghidra 命令的基本组成部分，下面让我们来构建一些从命令行运行的脚本。

16.2.1　HeadlessSimpleROP

回想一下在第 15 章中编写的 SimpleROP 分析器。我们使用 Eclipse 集成开发环境编写了这个模块，然后将其导入 Ghidra，从而可以在任何导入的文件上运行它。现在我们要将 SimpleROP 指向一个目录，并让它识别目录中每个文件（或选择文件）的 ROP gadgets。除了在 SimpleROP 日志文件中输出每个现有二进制文件的 ROP gadgets，我们还想要一个摘要文件，列出每个文件及文件中已识别 ROP gadgets 的数量。

对于这样的任务，通过 Ghidra GUI 运行 SimpleROP 会带来更多时间上的消耗，如打开和关闭 CodeBrowser 以在清单窗口中显示每个文件，等等。实现我们的目标不需要在 CodeBrowser 窗口中看到任何文件，那为什么不完全独立于 GUI，通过编写脚本来查找 gadgets 呢？这正是适合于无头 Ghidra 的使用场景。

虽然可以通过修改 SimpleROP 来实现目标，但为了不失去它原来的有用功能，最好还是创建一个新脚本。我们将使用 SimpleROP 中的一些代码来作为新脚本 HeadlessSimpleROP 的基础，它可以在<filename>中找到所有的 ROP gadgets，创建并写入文件<filename>_gadgets.txt 中，然后将<path>/<filename>和 ROP gadgets 的数量添加到名为 gadget_summary.txt 的 HeadlessSimpleROP 的摘要文件中。所有其他所需的功能（解析目录、文件等）将由无头 Ghidra 使用前面讨论过的选项来提供。

为了简化开发，我们使用第 15 章中介绍的 Eclipse→GhidraDev 方法创建新脚本，然后将 SimpleROP Analyzer.java 源代码复制到新脚本模板中，并根据需要编辑代码。最后，我们将使用 -postScript 选项来运行脚本，以便在每个打开文件的分析阶段之后进行调用。

创建 HeadlessSimpleROP 脚本模板

首先创建一个模板。在 GhidraDev 菜单中，选择 New→GhidraScript，并填写图 16-11 对话框中显示的信息。虽然脚本可以放在任何文件夹中，但这里我们将它放在 Eclipse 现有的 SimpleROP 模板的 ghidra_scripts 文件夹中。

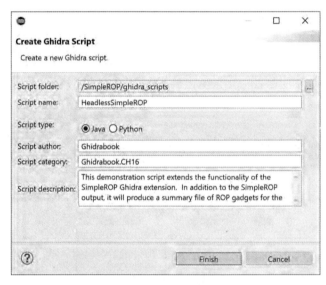

图 16-11：创建 Ghidra 脚本对话框

单击 "Finish" 按钮，就可以看到新脚本模板和元数据，如图 16-12 所示。第 14 行中的任务标签告诉你从哪里开始。

```
 1  //This demonstration script extends the functionality of
 2  //@author Ghidrabook
 3  //@category Ghidrabook.CH16
 4  //@keybinding
 5  //@menupath
 6  //@toolbar
 7
 8  import ghidra.app.script.GhidraScript;
 9
10  public class HeadlessSimpleROP extends GhidraScript {
11
12      @Override
13      protected void run() throws Exception {
14          //TODO: Add script code here
15      }
16  }
```

图 16-12：新 HeadlessSimpleROP 脚本模板

要将 SimpleROP 分析器转换为 HeadlessSimpleROP 脚本，需要做以下工作：

（1）删除不需要的导入语句。

（2）删除分析器的公开方法。

（3）复制 added 方法的功能，该方法在使用 run 方法调用 SimpleROPAnalyzer 时被调用，而 run 方法在调用 HeadlessSimpleROP 脚本时被调用。

4. 增加功能，将文件名和所找到 gadgets 的数量添加到摘要文件 gadget_summary.txt。

我们将脚本 HeadlessSimpleROP 放在 D:\GhidraScripts 目录下，并使用无头分析器来演示其功能。在下一节中，将使用图 16-6 所示的目录结构中的项目，运行 HeadlessSimpleROP 进行一系列测试。这些测试还展示了与无头 Ghidra 相关的一些选项。

测试场景 1：加载、分析和处理单个文件

在下面的清单中，我们使用无头 Ghidra 导入、分析和调用脚本来生成单个文件的 gadget 报告（"^"字符是 Windows 命令行 shell 中的续行符）：

```
analyzeHeadless D:\GhidraProjects CH16_ROP ^
    -import D:\ch16\demo_stackframe_32 ^
    -scriptPath D:\GhidraScripts ^
    -postScript HeadlessSimpleROP.java
```

执行时，Ghidra 无头分析器在 GhidraProjects 目录下创建了名为 CH16_ROP 的项目，然后导入文件 demo_stackframe_32，该文件也将被加载和分析。我们使用-scriptPath 来指示脚本所在的目录。在分析之后，我们的脚本将在导入和分析的文件上运行。

命令完成后，可以查看 gadget_summary.txt 和 demo_stackframe_32_gadgets.txt 文件的内容，以确定脚本是否正常工作。demo_stackframe_32_gadgets.txt 包含 16 个潜在的 ROP gadgets：

```
080482c6;ADD ESP,0x8;POP EBX;RET;
080482c9;POP EBX;RET;
08048343;MOV EBX,dword ptr [ESP];RET;
08048360;MOV EBX,dword ptr [ESP];RET;
08048518;SUB ESP,0x4;PUSH EBP;PUSH dword ptr [ESP + 0x2c];
        PUSH dword ptr [ESP + 0x2c];CALL dword ptr [EBX + EDI*0x4 + 0xfffffff0c];
0804851b;PUSH EBP;PUSH dword ptr [ESP + 0x2c];PUSH dword ptr [ESP + 0x2c];
        CALL dword ptr [EBX + EDI*0x4 + 0xfffffff0c];
0804851c;PUSH dword ptr [ESP + 0x2c];PUSH dword ptr [ESP + 0x2c];
        CALL dword ptr [EBX + EDI*0x4 + 0xfffffff0c];
08048520;PUSH dword ptr [ESP + 0x2c];CALL dword ptr [EBX + EDI*0x4 + 0xfffffff0c];
08048535;ADD ESP,0xc;POP EBX;POP ESI;POP EDI;POP EBP;RET;
08048538;POP EBX;POP ESI;POP EDI;POP EBP;RET;
08048539;POP ESI;POP EDI;POP EBP;RET;
0804853a;POP EDI;POP EBP;RET;
0804853b;POP EBP;RET;
0804854d;ADD EBX,0x1ab3;ADD ESP,0x8;POP EBX;RET;
08048553;ADD ESP,0x8;POP EBX;RET;
```

```
08048556;POP EBX;RET;
```

这是 gadget_summary.txt 中的相关条目：

```
demo_stackframe_32: Found 16 potential gadgets
```

测试场景 2：加载、分析和处理目录中的所有文件

在这个测试中，我们使用 import 语句导入整个目录，而不是单个文件：

```
analyzeHeadless D:\GhidraProjects CH16_ROP ^
    -import D:\ch16 ^
    -scriptPath D:\GhidraScripts ^
    -postScript HeadlessSimpleROP.java
```

无头分析器完成后，可以在 gadget_summary.txt 中找到以下内容：

```
demo_stackframe_32: Found 16 potential gadgets
demo_stackframe_32_canary: Found 16 potential gadgets
demo_stackframe_32_stripped: Found 16 potential gadgets
demo_stackframe_64: Found 24 potential gadgets
demo_stackframe_64_canary: Found 24 potential gadgets
demo_stackframe_64_stripped: Found 24 potential gadgets
```

这些就是图 16-6 所示根目录中的六个文件。除了 gadget 摘要文件，我们还生成了每个文件单独的 gadget 文件，包含文件中潜在的 ROP gadgets。在剩下的例子中，我们将只关注 gadget 摘要文件。

测试场景 3：递归地加载、分析和处理目录中的所有文件

在这个测试中，我们添加了 -recursive 选项。这扩展了导入操作，递归地访问 ch16 目录下所有子目录中的所有文件：

```
analyzeHeadless D:\GhidraProjects CH16_ROP ^
    -import D:\ch16 ^
    -scriptPath D:\GhidraScripts ^
    -postScript HeadlessSimpleROP.java ^
    -recursive
```

无头分析器完成后，可以在 gadget_summary.txt 中找到以下内容，其中子目录文件出现在列表的顶部：

```
demo_stackframe_32_sub: Found 16 potential gadgets
demo_stackframe_32: Found 16 potential gadgets
demo_stackframe_32_canary: Found 16 potential gadgets
demo_stackframe_32_stripped: Found 16 potential gadgets
demo_stackframe_64: Found 24 potential gadgets
demo_stackframe_64_canary: Found 24 potential gadgets
demo_stackframe_64_stripped: Found 24 potential gadgets
```

测试场景 4：加载、分析和处理目录中的所有 32 位文件

在这个测试中，我们使用"*"作为 shell 通配符，将导入内容限制为包含 32 位指示符的文件：

```
analyzeHeadless D:\GhidraProjects CH16ROP ^
    -import D:\ch16\demo_stackframe_32* ^
    -recursive ^
    -postScript HeadlessSimpleROP.java ^
    -scriptPath D:\GhidraScripts
```

生成的 gadget_summary 文件包含以下内容：

```
demo_stackframe_32: Found 16 potential gadgets
demo_stackframe_32_canary: Found 16 potential gadgets
demo_stackframe_32_stripped: Found 16 potential gadgets
```

如果你只对生成的 gadget 文件感兴趣，可以使用-readOnly 选项。该选项指示 Ghidra 不要将导入的文件保存到命令中指定的项目中，这有助于避免批量处理多个文件时可能导致的项目混乱。

16.2.2　自动创建 FidDb

在第 13 章中，我们创建了一个 Function ID 数据库（FidDb），并将从静态链接版本的 libc 中提取的函数指纹填充进去。使用 GUI 和 Ghidra 的批量导入文件模式，我们从 libc.a 存档中导入了 1690 个目标文件。然而，在分析这些文件时遇到了阻碍，因为 GUI 对批量分析的支持很少。现在你已经熟悉了无头 Ghidra，可以用它来完成新 FidDb。

批量导入和分析

曾经，从存档文件中导入 1690 个文件似乎是一项艰巨的任务，但前面的例子已经向我们展示了如何在短时间内完成这项任务。这里考虑两种情况，并为每种情况提供命令行示例。

如果 libc.a 尚未被导入 Ghidra 项目中，则可以将 libc.a 的内容提取到一个目录中，然后使用无头 Ghidra 来处理整个目录：

```
$ mkdir libc.a && cd libc.a
$ ar x path\to\archive && cd ..
$ analyzeHeadless D:\GhidraProjects CH16 -import libc.a ^
    -processor x86:LE:64:default -cspec gcc -loader ElfLoader ^
    -recursive
```

当 Ghidra 报告它对 1690 个文件的处理进度时，该命令会产生数千行的输出。命令完成后，项目中将出现一个新的 libc.a 文件夹，里面包含 1690 个分析文件。

如果已经使用 GUI 批量处理了 libc.a，但还没有处理这 1690 个导入文件，则可以使用下面的命令进行分析：

```
$ analyzeHeadless D:\GhidraProjects CH16\libc.a -process
```

随着整个静态归档文件的有效导入和分析，现在我们可以使用 Function ID 插件的功能来创建和填充 FidDb，详情可见第 13 章。

16.3　小结

虽然 Ghidra GUI 仍然是最直接和功能最齐全的版本，但在无头模式下运行 Ghidra，为创建围绕 Ghidra 进行自动分析的复杂工具提供了巨大的灵活性。至此，我们已经介绍了 Ghidra 最常用的所有功能，并研究了如何让 Ghidra 为你工作。现在是时候转向那些更高级的功能了。

在接下来的几章中，我们将研究在逆向二进制文件时出现的一些更具挑战性的问题，包括构建复杂的 Ghidra 扩展程序来处理未知文件格式和未知处理器架构。我们还将花一些时间研究 Ghidra 的反编译器，并讨论编译器在生成代码方面可以改变的一些方式，从而更流畅地阅读反汇编清单。

第17章
Ghidra 加载器

除了第 4 章中演示原始二进制加载器的一个简短示例外，Ghidra 已经能识别文件类型，并顺利地加载和分析载入的所有文件。当然，并不是所有时候都那么顺利。某些时候，你可能会遇到如图 17-1 所示的对话框（这是 Ghidra 无法识别的 shellcode 文件，因为它没有明确的结构、有意义的文件扩展名或文件幻数）。

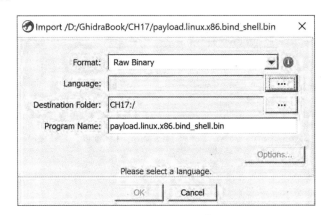

图 17-1：原始二进制加载器示例

要真正理解这个问题，我们需要弄清楚载入这个文件的过程中究竟发生了什么？让我们先大体了解一下 Ghidra 加载文件的流程。

（1）用户在 Ghidra 的项目窗口指定要载入的文件。

（2）Ghidra 导入器（Importer）将遍历所有的 Ghidra 加载器，每个加载器都会尝试识别该文件，并返回一个加载规格的列表，如果它能加载该文件，就会填充到导入对话框中（如果加载器不支持加载该文件，则返回空列表）。

（3）Ghidra 导入器将收集所有加载器的响应，建立一个能识别该文件的加载器列表，并在导入对话框中向用户展示。

（4）用户从列表中选择一个加载器及相关信息。

（5）Ghidra 导入器调用用户选择的加载器，然后加载该文件。

至此不难理解，对于图 17-1 中的目标文件，没有一个加载器回复能识别该文件。因此，该任务被传递给唯一愿意在任何时候接受任何文件的加载器——原始二进制加载器。该加载器几乎不做任何工作，而是将分析的负担交还给逆向工程师。如果你发现自己分析的类似文件都是原始二进制格式，那么可以构建一个专门的加载器来帮助完成部分或全部的加载过程。而要创建新的加载器，使 Ghidra 可以用来加载新格式的文件，需要进行一些工作。

在本章中，我们将首先引导你分析一个格式不被 Ghidra 识别的文件。这将帮助你理解未知文件的分析过程，为构建加载程序打好基础。在本章的后半部分，我们将详细讨论如何构建一个新的 Ghidra 加载器。

17.1 未知文件分析

Ghidra 包含大量加载器模块，能识别许多常见的可执行文件和存档文件格式，但依然难以覆盖日益增长的各类用于存储可执行代码的文件格式。二进制映像中可能包含用于特定操作系统的可执行文件格式，从嵌入式系统中提取的 ROM 映像，从闪存更新中提取的固件映像，或者从网络数据包中提取的原始机器代码块。这些映像的格式可能由操作系统（例如可执行文件）或者目标处理器和系统架构（例如 ROM 映像）决定，当然也可能根本没有格式（例如嵌入在应用层数据中的 shellcode）。

假设一个处理器模块可用于反汇编某个未知二进制文件包含的代码，那么在告知 Ghidra 二进制文件的哪些部分是代码，哪些部分是数据之前，你的工作就是在 Ghidra 中明确映像的内存布局。对于大多数处理器类型，使用原始格式加载文件，会从地址 0 开始将整个文件的内容作为一个段，如清单 17-1 所示。

```
00000000 4d          ??          4Dh          M
00000001 5a          ??          5Ah          Z
00000002 90          ??          90h
00000003 00          ??          00h
00000004 03          ??          03h
00000005 00          ??          00h
00000006 00          ??          00h
00000007 00          ??          00h
```

清单 17-1：未经分析的 PE 文件的初始行（使用原始二进制加载器加载）

在某些情况下，根据所选处理器模块的复杂程度，会进行一些反汇编。例如，一个特定嵌入式微控制器的选定处理器，可以根据存储器布局来解析 ROM 映像，或者一个基于特定处理器的常见代码序列实现的分析器，可以将文件中任何匹配到的代码格式化。

当遇到无法识别的文件时，应该尽可能地收集有关该文件的信息。有用的信息包括但不限于：使用什么手段以及从何处获得该文件、处理器参考资料、操作系统参考资料、系统设计文档以及通过调试或硬件辅助分析（例如通过逻辑分析仪）获得的任何内存布局信息。

在下面的章节中，为了举例说明，我们假设 Ghidra 无法识别 Windows PE 文件格式。PE 是一种众所周知的文件格式，许多读者可能都很熟悉。 更重要的是，详细描述 PE 文件结构的文档随处可见，这使得分析任意 PE 文件成为一项相对简单的任务。

17.2　手动加载 Windows PE 文件

当使用 Ghidra 分析二进制文件时，如果能找到目标文件格式的说明文档，分析工作将轻松不少。清单 17-1 显示了加载到 Ghidra 中待分析的 PE 文件的前几行，我们使用了原始二进制加载器和 x86:LE:32:default:windows 作为其语言/编译器规范。PE 规范要求，一个有效的 PE 文件以 MS-DOS 头结构开始，以 2 字节签名 4Dh 5Ah（MZ）开头，我们在清单 17-1 的前两行中看到。位于文件中偏移量 0x3C 的 4 字节值是下一个头部的偏移量：PE 文件头。

分析 MS-DOS 头部结构有两种方法:(1)单独为 MS-DOS 头部的每个字段定义适当大小的位宽，或者（2）使用 Ghidra 的数据类型管理器功能，并参照 PE 文件规范，来定义和应用 IMAGE_DOS_HEADER 结构体。我们将在本章后面的示例中尝试方法（1）。而在本节情况下，使用方法（2）要简便得多。

当使用原始二进制加载器时，Ghidra 不会在数据类型管理器中加载 Windows 数据类型。因此，需要自己来加载包含 MS-DO 类型的数据定义文件，例如 windows_vs12_32.gdt。可以使用 ctrl-F 在数据类型管理器窗口中找到 IMAGE_DOS_HEADER 类型。然后把 IMAGE_DOS_HEADER 拖到文件的开头。也可以把光标放在列表中的第一个地址上，从右键菜单中选择 Data→Choose Data Type（或热键 T），在弹出的数据类型选择器对话框中输入或导航到数据类型 IMAGE_DOS_HEADER。完成上述任意一种操作后，都会产生以下列表，在行末有每一个字段的描述性注释：

```
00000000 4d 5a          WORD      5A4Dh     e_magic
00000002 90 00          WORD      90h       e_cblp
00000004 03 00          WORD      3h        e_cp
00000006 00 00          WORD      0h        e_crlc
00000008 04 00          WORD      4h        e_cparhdr
0000000a 00 00          WORD      0h        e_minalloc
0000000c ff ff          WORD      FFFFh     e_maxalloc
0000000e 00 00          WORD      0h        e_ss
00000010 b8 00          WORD      B8h       e_sp
00000012 00 00          WORD      0h        e_csum
00000014 00 00          WORD      0h        e_ip
00000016 00 00          WORD      0h        e_cs
00000018 40 00          WORD      40h       e_lfarlc
0000001a 00 00          WORD      0h        e_ovno
0000001c 00 00 00       WORD[4]             e_res
         00 00 00
         00 00
00000024 00 00          WORD      0h        e_oemid
00000026 00 00          WORD      0h        e_oeminfo
00000028 00 00 00       WORD[10]            e_res2
```

```
                00 00 00
                00 00 00
0000003c d8 00 00      LONG      D8h      e_lfanew
```

前面列表中最后一行的 e_lfanew 字段的值是 D8h，表明在二进制文件的偏移量 D8h（216 字节）处应该有一个 PE 头部。检查 D8h 偏移处的字节应该可以找到代表 PE 头部的幻数，50h 45h（PE），这表明我们应该在二进制文件的 D8h 偏移处应用一个 IMAGE_NT_HEADERS 结构。下面是该结构加载后 Ghidra 列表的一部分：

```
000000d8      IMAGE_NT_HEADERS
    000000d8         DWORD           4550h           Signature
    000000dc         IMAGE_FILE_HEADER                FileHeader
        000000dc         WORD            14Ch            Machine ❶
        000000de         WORD            5h              NumberOfSections❷
        000000e0         DWORD           40FDFD          TimeDateStamp
        000000e4         DWORD           0h              PointerToSymbolTable
        000000e8         DWORD           0h              NumberOfSymbols
        000000ec         WORD            E0h             SizeOfOptionalHeader
        000000ee         WORD            10Fh            Characteristics
    000000f0      IMAGE_OPTIONAL_HEADER32               OptionalHeader
        000000f0         WORD            10Bh            Magic
        000000f2         BYTE            '\u0006'        MajorLinkerVersion
        000000f3         BYTE            '\0'            MinorLinkerVersion
        000000f4         DWORD           21000h          SizeOfCode
        000000f8         DWORD           A000h           SizeOfInitializedData
        000000fc         DWORD           0h              SizeOfUninitializedData
        00000100         DWORD           14E0h           AddressOfEntryPoint ❸
        00000104         DWORD           1000h           BaseOfCode
        00000108         DWORD           1000h           BaseOfData
        0000010c         DWORD           400000h         ImageBase ❹
        00000110         DWORD           1000h           SectionAlignment ❺
        00000114         DWORD           1000h           FileAlignment ❻
```

我们已经揭示了一些有趣的信息，这将有助于我们进一步完善二进制的布局。首先，PE 头中的 Machine❶字段表明了文件对应的目标处理器类型。值 14Ch 表明该文件是用于 X86 处理器类型的。如果是其他的处理器类型，例如 1C0h（ARM），我们将需要关闭 CodeBrowser，在项目窗口中右击我们的文件，选择设置语言选项，并选择正确的 语言设置。

ImageBase❹字段记录了文件载入内存时的起始地址。基于此，我们可以在 CodeBrowser 中加入一些虚拟地址信息。使用 Window→Memory Map 菜单选项，我们将看到当前程序的内存块列表（图 17-2）。目前，一个内存块包含了程序的所有内容。因为原始二进制加载器对目标文件的内存地址分布一无所知，所以它从地址 0 开始把所有的内容都放在一个内存块中。

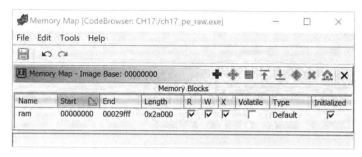

图 17-2：内存映射窗口

内存映射窗口的工具按钮，如图 17-3 所示，是用来操作内存块的。为了正确地将我们的文件映射到内存中，我们需要做的第一件事是设置 PE 头中指定的内存加载基址。

	Add Block	This button displays the Add Memory Block dialog to allow you to add information needed to create a new memory block.
	Move Block	When a memory block is selected, this option allows you to modify the start of the end address of the block, effectively moving it.
	Split Block	When a memory block is selected, this option allows you to split the memory block into two memory blocks.
	Expand Up	When a memory block is selected, this option allows you to append additional bytes before the memory block.
	Expand Down	When a memory block is selected, this option allows you to append additional bytes after the memory block.
	Merge Blocks	When two (or more) memory blocks are selected, this option merges them into one.
	Delete Block	Deletes all selected memory blocks.
	Set Image Base	This option allows you to choose (or modify) the base address of a program.

图 17-3：内存映射窗口的工具按钮

ImageBase❹字段告诉我们，这个二进制文件的基址是 00400000。我们可以使用 Set Image Base 选项将内存加载基址从默认值调整到这个值。选择确定之后，所有的 Ghidra 窗口将显示新的内存布局，如图 17-4 所示（如果你已经定义了多个内存块，要谨慎使用这个选项，它将使每个内存块都向前偏移相同的距离）。

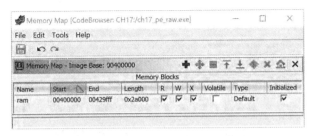

图 17-4: 设置内存加载基址后的内存布局

AddressOfEntryPoint❸字段规定了程序入口点的相对虚拟地址(RVA)。在 PE 文件规范中,RVA 是程序加载基址的相对偏移量,而程序入口点是程序文件中第一个将被执行的指令地址。在这种情况下,入口点 RVA 为 14E0h 表示程序将在虚拟地址 4014E0h(400000h+ 14E0h)。这是我们在程序中寻找第一条指令的地点。在这之前,需要先将程序的其余部分映射到适当的虚拟地址。

PE 格式使用段来描述文件内容与内存范围的映射。通过解析文件中每个部分的段头部,可以构建程序的基本虚拟内存布局。NumberOfSections❷字段指示了 PE 文件中包含的段数量(在本例中是 5 个)。根据 PE 规范,在 IMAGE_NT_HEADERS 结构之后紧接着是一个段头部结构数组。数组中的每个元素都是 IMAGE_SECTION_HEADER 结构。我们在 Ghidra 结构编辑器中定义这个结构,并应用到 IMAGE_NT_HEADERS 结构之后的字节(在本例中是 5 次)。另外,可以选择第一个段头部的首个字节,将其类型设置为 IMAGE_SECTION_HEADER[n],在本例中 n 为 5,可以在 Ghidra 中将整个数组折叠成一行显示。

FileAlignment❻字段和 SectionAlignment❺字段表示每个部分的数据在文件中是如何对齐的,以及同样的数据映射到内存中将如何对齐。在我们的例子中,这两个字段都被设置为在 1000h 的字节偏移量上对齐。本例中这两个值相同的事实,使我们的工作更简单,因为它意味着磁盘文件的偏移量与文件加载到内存中相应字节的偏移量是相同的。了解段的对齐方式,对于为程序手动创建段时避免出错非常重要。

在构建了每个段头之后,我们有足够的信息在程序中创建额外的段。将 IMAGE_SECTION_HEADER 模板应用于紧随 IMAGE_NT_HEADERS 结构之后的字节,可以得到我们在 Ghidra 中的第一个段头:

```
004001d0    IMAGE_SECTION_HEADER
   004001d0       BYTE[8]        ".text"      Name ❶
   004001d8       _union_226                  Misc
      004001d8       DWORD        20A80h       PhysicalAddress
      004001d8       DWORD        20A80h       VirtualSize
   004001dc       DWORD          1000h        VirtualAddress ❷
   004001e0       DWORD          21000h       SizeOfRawData ❸
   004001e4       DWORD          1000h        PointerToRawData❹
   004001e8       DWORD          0h           PointerToRelocations
   004001ec       DWORD          0h           PointerToLinenumbers
   004001f0       WORD           0h           NumberOfRelocations
   004001f2       WORD           0h           NumberOfLinenumbers
```

Name❶字段告诉我们这个标题描述的是.text 段。所有剩下的字段在载入内存时都可能有用，但我们将重点关注描述内存布局的三个字段。PointerToRawData❹字段（1000h）表示段的文件偏移。注意，这个值是文件对齐的倍数，1000h。PE 文件中的段是按照文件偏移量（和虚拟地址）递增的顺序排列的。由于本节从文件偏移量 1000h 开始，文件的前 1000h 字节包含文件头数据和填充物（如果头数据少于 1000h 字节，本节也必须填充到 1000h 字节）。因此，尽管从严格意义上讲，文件头并不是一个段，但可以通过在 Ghidra 列表中将它们分组为一个内存块来强调它们在逻辑上是相关的。

Ghidra 提供了两种创建新内存块的方法，都可以通过图 17-2 中的内存映射窗口进行访问。Add Block 工具（参考图 17-3）可以打开图 17-5 所示的对话框，用于添加新的内存块，这些内存块不会与任何现有的内存块重叠。对话框要求输入新内存块的名称、起始地址和长度。该块可以使用常量值进行初始化（例如，用零值填充），或者用当前文件中的内容进行初始化（需要指明文件偏移量），以及不进行初始化。

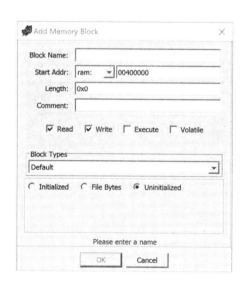

图 17-5：添加内存块对话框

创建新区块的第二种方法是分割现有区块。要在 Ghidra 中分割一个块，必须首先在内存映射窗口中选择要分割的块，然后使用 Split Block 工具（参考图 17-3）来打开图 17-6 所示的对话框。目前我们只有一个块需要分割。我们从.text 段的开头开始分割文件，将程序头从现有块的起始处分割出来。当我们输入要分割的块（文件头）的长度（1000h）时，Ghidra 会自动计算剩余的地址和长度字段。剩下的就是为在分割点创建的新块提供一个名称。在这里，我们使用第一节标题中的名称：.text。

现在我们的内存映射中有两个内存块。第一个内存块包含大小正确的程序头文件。第二个内存块包含名称正确，但大小不正确的.text 段。这种情况反映在图 17-7 中，可以看到.text 内存块的大小为 0x29000 字节。

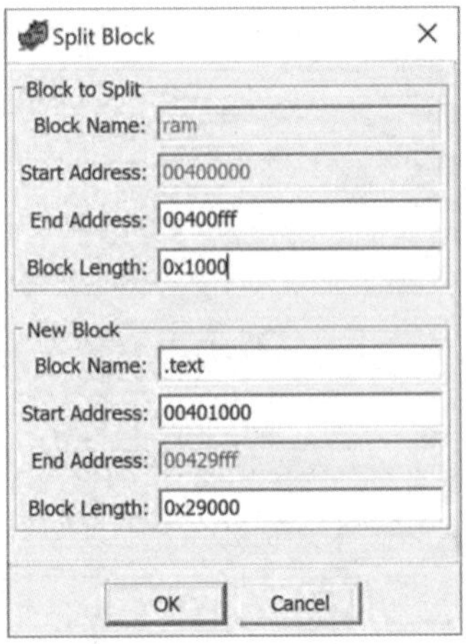

图 17-6：分割内存块对话框

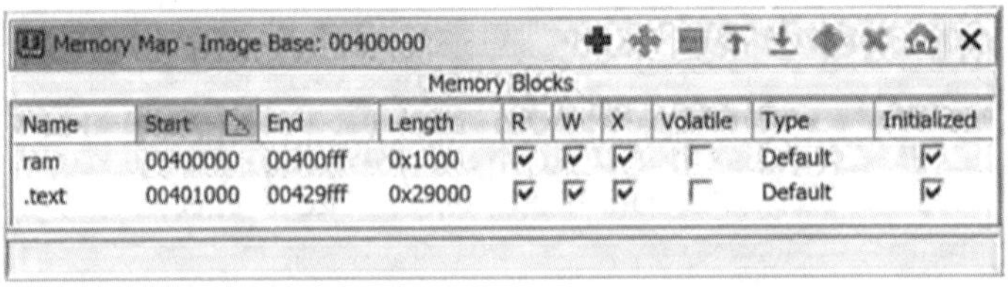

图 17-7：分割内存后的内存映射对话框

回到.text 段头部，我们看到 Virtual Address❷字段（1000h）是一个 RVA，它指定了段的起始内存偏移量（来自 ImageBase），SizeOfRawData❸字段（21000h）表示文件中存在多少个字节的数据。换句话说，这个字段告诉我们，.text 段将 21000h 字节的内容从文件偏移量 1000h-21FFFh 映射到虚拟地址 401000h-421FFFh。

因为我们在.text 内存块的开头分割了包含程序头的内存块，新创建的.text 内存块暂时包含了所有剩余的段，但它目前的大小为 0x29000，大于正确的大小 0x21000。通过查阅剩余的段头部并反复分割最后的内存块，我们将逐步建立了正确的内存映射。然而，当我们到达以下一对段头部时，问题出现了：

```
00400220      IMAGE_SECTION_HEADER
    00400220        BYTE[8]          ".data"      Name
    00400228        _union_226                    Misc
        00400228    DWORD            5624h        PhysicalAddress
        00400228    DWORD            5624h        VirtualSize ❶
    0040022c        DWORD            24000h       VirtualAddress ❷
    00400230        DWORD            4000h        SizeOfRawData ❸
    00400234        DWORD            24000h       PointerToRawData
    00400238        DWORD            0h           PointerToRelocations
    0040023c        DWORD            0h           PointerToLinenumbers
    00400240        WORD             0h           NumberOfRelocations
    00400242        WORD             0h           NumberOfLinenumbers
    00400244        DWORD            C0000040h    Characteristics
```

```
00400248      IMAGE_SECTION_HEADER
   00400248         BYTE[8]          ".idata"      Name
   00400250         _union_226                     Misc
      00400250      DWORD            75Ch          PhysicalAddress
      00400250      DWORD            75Ch          VirtualSize
   00400254         DWORD            2A000h        VirtualAddress  ❹
   00400258         DWORD            1000h         SizeOfRawData
   0040025c         DWORD            28000h        PointerToRawData  ❺
   00400260         DWORD            0h            PointerToRelocations
   00400264         DWORD            0h            PointerToLinenumbers
   00400268         WORD             0h            NumberOfRelocations
   0040026a         WORD             0h            NumberOfLinenumbers
   0040026c         DWORD            C0000040h     Characteristics
```

.data 段的 VirtualSize❶字段大于其实际文件大小❸。这对我们的内存映射会产生影响吗？这里编译器认为程序需要 5624h 字节的运行时静态数据，但可执行文件只提供 4000h 字节来初始化这些数据。剩下的 1624h 字节的运行时数据将不会被可执行文件中的内容初始化，因为它们被分配给了未初始化的全局变量（在一个名为.bss 的专用程序段中分配这样的变量并不罕见）。

为了最终确定内存映射，我们必须为.data 部分设置一个合适的大小，并确保后续部分也被正确映射。.data 部分将 4000h 字节的文件数据从文件偏移量 24000h 映射到内存地址 424000h❷（ImageBase + VirtualAddress）。下一个段（.idata）从文件偏移量 28000h❺映射 1000h 字节到内存地址 42A000h❹。如果你仔细观察，你可能已经注意到 .data 部分似乎占据了 6000h 字节的内存（42A000h-424000h），事实上它确实如此。这个大小背后的原因是 .data 部分需要 5624h 字节，但这不是 1000h 的倍数，所以该部分将被填充到 6000h 字节，以便.idata 部分正确遵守 PE 头中对内存对齐的要求。为了完成我们的内存映射，我们必须进行以下操作：

（1）使用 4000h 的长度来分割.data 段。由此产生的.idata 部分将暂时从 428000h 开始。

（2）通过单击移动块图标（图 17-3）将.idata 部分移动到地址 42A000h，并将起始地址设为 42A000h。

（3）拆分，如果有必要，移动任何剩余的部分，以实现最终的程序布局。

（4）可以选择扩展任何虚拟大小与文件大小不一致的部分。在我们的例子中，.data 部分的虚拟大小为 5624h，与 6000h 对齐，而其文件大小为 4000h，与 4000h 对齐。一旦我们通过将.data 部分移到适当的位置来创造空间，我们将把.data 部分从 4000h 扩展到 6000h 字节。

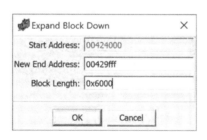

图 17-8：内存块扩展对话框

在经过一系列的块移动、分割和扩展之后，我们最终得到的内存映射如图 17-9 所示。除了内存块名称、开始和结束地址以及长度之外，每个区块的读取（R）、写入（W）和删除（X）权限都以复选框的形式显示。对于 PE 文件，这些值是通过每个段头部的特征字段中的位来指定的。请查阅 PE 规范，以了解关于特征字段的信息，从而正确设置每个段的权限。

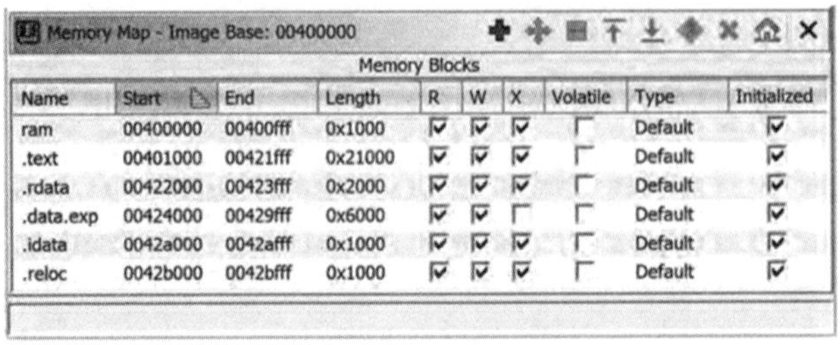

Name	Start	End	Length	R	W	X	Volatile	Type	Initialized
ram	00400000	00400fff	0x1000	☑	☑	☑	☐	Default	☑
.text	00401000	00421fff	0x21000	☑	☑	☑	☐	Default	☑
.rdata	00422000	00423fff	0x2000	☑	☑	☑	☐	Default	☑
.data.exp	00424000	00429fff	0x6000	☑	☑	☐	☐	Default	☑
.idata	0042a000	0042afff	0x1000	☑	☑	☑	☐	Default	☑
.reloc	0042b000	0042bfff	0x1000	☑	☑	☑	☐	Default	☑

图 17-9：最终内存映射

在所有程序段被正确映射后，我们需要确定哪些字节可能是代码指令。AddressOfEntryPoint（RVA 14E0h，或虚拟地址 4014E0h）将我们引向程序的入口点，它存储了程序的第一条指令。导航到这个位置，我们看到如下的原始字节数组：

```
004014e0 ??       55h      U
004014e1 ??       8Bh
004014e2 ??       ECh
...
```

使用上下文菜单从地址 004014e0 开始反汇编（热键 D），启动递归下降分析（其进度可在代码浏览器的右下角跟踪），上述字节将被重新格式化为如下的代码：

```
     FUN_004014e0
004014e0 PUSH     EBP
004014e1 MOV      EBP,ESP
004014e3 PUSH     -0x1
004014e5 PUSH     DAT_004221b8
004014ea PUSH     LAB_004065f0
004014ef MOV      EAX,FS:[0x0]
004014f5 PUSH     EAX
```

我们希望有足够的代码来对二进制文件进行全面分析。如果没有足够的线索明确二进制文件的内存布局或者区分文件中的代码和数据，就需要依靠其他信息来源来指导分析。确定正确的内存布局和定位代码的一些潜在方法如下：

- 使用处理器参考手册来了解在哪里可以找到复位向量。
- 在二进制文件中搜索可能表明用于构建二进制文件的架构、操作系统或编译器的字符串。
- 搜索常见的代码序列，如与构建二进制文件的处理器有关的函数序言。
- 对二进制文件的部分内容进行统计分析，找到与已知二进制文件在统计上相似的区域。
- 寻找可能是地址表的重复数据序列（例如，许多非琐碎的 32 位整数都共享相同的前 12 位），这些可能是指针，并可能提供关于二进制内存布局的线索。

在结束对加载原始二进制文件的讨论时，我们来做一下简单回顾。你需要在每次打开一个 Ghidra 未知的相同格式的二进制文件时，重复本节所涉及的每一个步骤。在这个过程中，可以通过编写脚本来自动执行一些头部的解析和段的创建。这正是 Ghidra 加载器模块的目的。在下一节中，我们将编写一个简单的加载器模块来介绍 Ghidra 的加载器模块架构，然后再进入更复杂的加载器模块，执行一些与加载特定结构化格式文件有关的常见任务。

17.3　示例一：简易 Shellcode 加载器

在本章的开头，我们将尝试把一个 shellcode 文件加载到 Ghidra 中，并简单介绍了原始二进制加载器。在第 15 章中，我们使用 Eclipse 和 GhidraDev 创建了一个分析器模块，然后把它作为 Ghidra 的一个扩展加入。回顾一下，Ghidra 还提供了另一个模块选项，创建一个加载器模块。在本章中，将建立一个简单的加载器模块，作为 Ghidra 的扩展来加载 shellcode。与第 15 章的例子一样，将使用一个简化的开发流程，因为这只是一个简单的示范项目。此过程将包括以下步骤：

（1）定义问题。

（2）创建 Eclipse 模块。

（3）构建加载器。

（4）添加加载器到 Ghidra 安装中。

（5）在 Ghidra 中测试加载器。

什么是 shellcode？

shellcode 本质上就是原始的机器代码，其唯一的目的是产生一个用户空间的 shell 进程（例如，/bin/sh），最常见的是通过系统调用直接与操作系统的内核进行通信。系统调用的使用消除了对用户空间（如 libc）的任何依赖性。在这种情况下，术语 raw 不应该与 Ghidra Raw Binary 加载器混淆。原始机器码是没有文件头形式包装的代码，与进行相同操作的可执行文件相比，它是相当紧凑的。Linux 上 x86-64 的 shellcode 可能只有 30 字节，但下面这个同样产生 shell 的 C 程序的可执行程序版本，即使在剥离调试信息后，仍然超过 6000 字节：

```
#include <stdlib.h>
int main(int argc, char **argv, char **envp) {
    execve("/bin/sh", NULL, NULL);
}
```

shellcode 的缺点是它不能直接从命令行运行。相反，它通常被注入一个现有的进程中，并采取行动将控制权转移到 shellcode 中。攻击者可能试图将 shellcode 放入进程的内存空间，与进程的其他输入一起，然后触发控制流劫持漏洞，使攻击者能够将进程的执行重定向到他们注入的 shellcode。由于 shellcode 经常被嵌入进程的输入中，shellcode 可能会在存在漏洞的服务器进程网络流量中被观察到，或者当一个存在漏洞的应用程序尝试打开恶意文件时被观察到。

> 随着时间的推移，术语 shellcode 已经被普遍用于描述任何基于原始机器代码的利用，无论该机器代码的执行是否在目标系统上产生了一个用户空间的 shell。

17.3.1 步骤 0：准备工作

在开始定义问题之前，需要了解（a）Ghidra 目前对 shellcode 文件做了什么，以及（b）我们希望 Ghidra 如何处理 shellcode 文件。基本上，我们必须加载和分析一个 shellcode 文件作为一个原始的二进制文件，然后用发现的信息来告知 shellcode 加载器（以及潜在的分析器）的开发。幸运的是，大多数 shellcode 并不像 PE 文件那样复杂。接下来，让我们进入 shellcode 的世界。

先从分析本章开头时提到的 shellcode 文件开始。在本章的开头我们加载了该文件，Ghidra 推荐原始二进制加载器作为唯一的选择，如图 17-1 所示。Ghidra 没有提供语言/编译器规格的建议，因为原始二进制加载器对文件本身没有任何了解，它是被迫接收了这个文件，而其他的加载器都拒绝接收。因此让我们选择一种相对常见的语言/编译器规格，x86:LE:32:default:gcc，如图 17-10 所示。

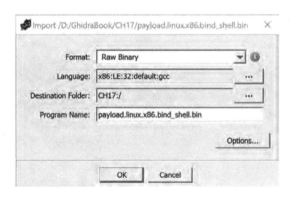

图 17-10：带有语言/编译器规格的导入对话框

单击"OK"按钮，可以得到导入结果摘要窗口，包含如图 17-11 所示的内容。

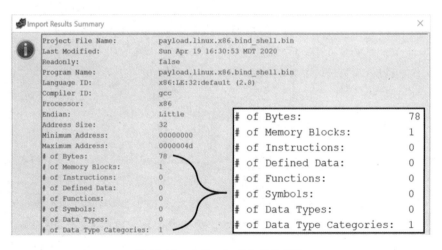

图 17-11：shellcode 导入结果摘要

根据摘要中的内容，我们知道文件中一个内存/数据块只有 78 个字节，而这就是我们从原始二进制加载器得到的所有有用信息。如果在 CodeBrowser 中打开目标文件，Ghidra 将提供该文件的自动分析。当然，无论 Ghidra 是否自动分析该文件，CodeBrowser 中的清单窗口显示的内容都如图 17-12 所示。请注意，在程序树中只有一个节，符号树是空的，数据类型管理器中没有该文件的条目。此外，反编译器窗口也是空的，因为文件中没有发现任何函数。

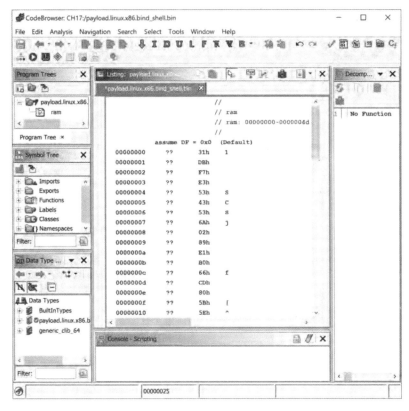

图 17-12：加载（或分析）shellcode 后的 CodeBrowser 窗口

右击文件中的第一个地址，从上下文菜单中选择反汇编（热键 D）。在清单窗口中，我们现在看到了一些可以使用的东西——指令的列表清单 17-2 显示了反汇编后的指令，在我们对文件进行了一些分析之后。行末的注释记录了对这个文件的一些分析。

```
0000002b INC     EBX
0000002c MOV     AL,0x66      ; 0x66 is Linux sys_socketcall
0000002e INT     0x80         ; transfers flow to kernel to
                              ; execute system call
00000030 XCHG    EAX,EBX
00000031 POP     ECX
         LAB_00000032             XREF[1]: 00000038(j)
00000032 PUSH    0x3f         ; 0x3f is Linux sys_dup2
00000034 POP     EAX
00000035 INT     0x80         ; transfers flow to kernel to
                              ; execute system call
```

```
00000037 DEC      ECX
00000038 JNS      LAB_00000
0000003a PUSH     0x68732f2f    ; 0x68732f2f converts to "//sh"
0000003f PUSH     0x6e69622f    ; 0x6e69622f converts to "/bin"
00000044 MOV      EBX,ESP
00000046 PUSH     EAX
00000047 PUSH     EBX
00000048 MOV      ECX,ESP
0000004a MOV      AL,0xb        ; 0xb is Linux sys_execve which
                                ; executes a specified program
0000004c INT 0x80               ; transfers flow to kernel to
                                ; execute system call
```

清单 17-2：32 位 Linux shellcode 的反汇编

根据分析，shellcode 调用了 Linux 的 execve 系统调用（位于 0000004c）来启动/bin/sh（它在 0000003a 和 0000003f 被载入堆栈）。这是一些有意义的指令，我们很可能可以据此选择一种合适的反汇编起点。

现在我们已经对加载过程有了足够的了解，可以开始定义加载器了（我们也有足够的信息来建立一个简单的 shellcode 分析器，但这是另一项任务）。

17.3.2 步骤 1：定义问题

我们的任务是设计和开发一个简单的加载器，将 shellcode 加载到清单窗口并设置入口点，这将有利于自动分析。这个加载器需要被添加到 Ghidra 中，并作为一个 Ghidra 加载器选项。它还需要能够以适当的方式响应 Ghidra Importer 的轮询：与原始二进制的加载器的方式一样。这将使新加载器成为第二个可用的加载器选项。作为附带说明，所有的例子都将利用 FlatProgramAPI。虽然 FlatProgramAPI 一般不用于构建扩展，但它的使用将加强第 14 章中介绍的脚本概念。在 Java 中开发 Ghidra 脚本时可能会用到。

17.3.3 步骤 2：创建 Eclipse 模块

正如第 15 章所讨论的，使用 GhidraDev → New → Ghidra Module Project 来创建名为 SimpleShellcode 的模块，该模块使用 Loader Module 模板。这将在 SimpleShellcode 模块中的 src/main/java 文件夹下创建一个名为 SimpleShellcodeLoader.java 的文件。该文件夹的层次结构如图 17-13 所示。

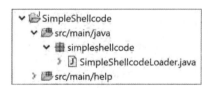

图 17-13：SimpleShellcode 文件目录

17.3.4　步骤 3：构建加载器

图 17-14 中显示了加载器模板 SimpleShellcodeLoader.java 的一部分代码。这些函数已经被折叠起来，这样你就可以看到加载器模板中提供的所有加载器方法。回顾一下，如果你在开发代码时需要导入，Eclipse 会给出推荐，所以可以直接开始编码，并在 Eclipse 检测到你需要时接受推荐的语句。

```
  SimpleShellcodeLoader.java
   2⊕ * IP: GHIDRA
  16  package simpleshellcode;
  17
  18⊕ import java.io.IOException;
  30
  32⊕ * TODO: Provide class-level documentation that describes what this loader does.
  34  public class SimpleShellcodeLoader extends AbstractLibrarySupportLoader {
  35
  37⊕     public String getName() {
  44
  46⊕     public Collection<LoadSpec> findSupportedLoadSpecs(ByteProvider provider) throws IOE
  54
  56⊕     protected void load(ByteProvider provider, LoadSpec loadSpec, List<Option> options,
  62
  64⊕     public List<Option> getDefaultOptions(ByteProvider provider, LoadSpec loadSpec,
  74
  76⊕     public String validateOptions(ByteProvider provider, LoadSpec loadSpec, List<Option>
  83  }
```

图 17-14：SimpleShellCodeLoader 模板

在图 17-14 中的加载器模板中，在行号的左边有六个任务标签，表明你应该从哪里开始开发。当我们处理具体任务时，将展开每个部分，并包括与每个任务相关的前后内容，这样你就会明白需要如何修改该模板（为了便于阅读，一些内容将被调整或格式化，并尽量减少注释以节省空间）。和你在第 15 章编写的分析器模块不同，这个模块不需要任何显式的类成员变量，因此你可以直接开始手头的任务。

步骤 3-1：添加类文档

当你展开第一个任务标签时，会看到以下任务描述：

```
/**
 * TODO: Provide class-level documentation that describes what this
 * loader does.
 */
```

这项任务涉及添加注释来描述加载器的工作，取代现有的 TODO 注释。

```
/*
 * This loader loads shellcode binaries into Ghidra,
 * including setting an entry point.
 */
```

步骤 3-2：命名加载器

展开下一个任务标签，可以看到一个 TODO 注释和需要编辑的字符串。这使你很容易确定应该从哪里开始修改。第二个任务包含以下内容：

```
public String getName() {
```

```
    // TODO: Name the loader. This name must match the name
    // of the loader in the .opinion files
    return "My loader"; ❶
}
```

你需要修改字符串❶为加载器命名。此处的命名不需要与.opinion 文件中的名称相匹配，因为它不适用于会接受任何文件的加载器。等我们介绍第三个示例时，你会了解到.opinion 文件的更多内容。我们忽略模板中有关.opinion 文件的注释后，得到了以下代码：

```
public String getName() {
    return "Simple Shellcode Loader";
}
```

步骤 3-3：验证加载器能否加载文件

我们在本章开始时分析了加载的过程，其中第二步涉及 Importer 轮询所有的加载器。在这个过程中加载器需要判断是否能够加载目标文件，并通过相关方法的返回值向 Importer 提供一个响应。

```
public Collection<LoadSpec> findSupportedLoadSpecs(ByteProvider provider)
                        throws IOException {
    List<LoadSpec> loadSpecs = new ArrayList<>();
    // TODO: Examine the bytes in 'provider' to determine if this loader
    // can load it. If it can load it, return the appropriate load
    // specifications.
    return loadSpecs;
}
```

大多数加载器通过检查文件的内容来找到一个幻数或标题结构。ByteProvider 输入参数是一个由 Ghidra 提供的围绕输入文件流的只读包装器。我们将简化任务，采用原始二进制的 LoadSpec 列表。加载器使用的 LoadSpec 列表，忽略了文件内容，只是简单地列出所有可能的 LoadSpec。然后，我们将给加载器一个比原始二进制加载器低的优先级，以便如果存在一个更具体的加载器，它将在 Ghidra 导入对话框中自动拥有更高的优先级。

大多数加载器通过检查文件的内容来找到一个幻数或头部结构。ByteProvider 输入参数是一个由 Ghidra 提供的只读的输入文件流封装。为了简化任务，我们将直接采用原始二进制的 LoadSpec 列表。LoadSpec 列表会忽略文件的内容，只是简单地列出所有可能的 LoadSpec。然后，我们还会给自定义加载器一个比原始二进制加载器更低的优先级。这样，如果存在一个更适配的加载器，那么它将在 Ghidra 导入对话框中拥有更高的优先级。

```
public Collection<LoadSpec> findSupportedLoadSpecs(ByteProvider provider)
                                        throws IOException {
    // The List of load specs supported by this loader
    List<LoadSpec> loadSpecs = new ArrayList<>();
    List<LanguageDescription> languageDescriptions =
        getLanguageService().getLanguageDescriptions(false);
    for (LanguageDescription languageDescription : languageDescriptions) {
        Collection<CompilerSpecDescription> compilerSpecDescriptions =
            languageDescription.getCompatibleCompilerSpecDescriptions();
```

```
    for (CompilerSpecDescription compilerSpecDescription :
            compilerSpecDescriptions) {
        LanguageCompilerSpecPair lcs =
            new LanguageCompilerSpecPair(languageDescription.getLanguageID(),
            compilerSpecDescription.getCompilerSpecID());
        loadSpecs.add(new LoadSpec(this, 0, lcs, false));
    }
}
return loadSpecs;
}
```

每个加载器都有一个对应的层级和层级优先级。Ghidra 定义了四个级别的加载器，范围从高度定制化（0 级）到格式无关（3 级）。当多个加载器愿意接受一个文件时，Ghidra 会将显示给用户的加载器列表按层级递增排序。同一层级的加载器按照层级优先级递增进一步排序（也就是说，层级优先级为 10 的加载器列在层级优先级为 20 的加载器之前）。

例如，PE 加载器和原始二进制加载器都愿意加载 PE 文件，但是 PE 加载器是加载这种格式的更好选择（它的层级是 1），所以它将出现在原始二进制加载器（层级 3，层级优先级 100）之前。我们将 Simple Shellcode Loader 的层级设置为 3（LoaderTier. UNTARGETED_LOADER），优先级设置为 101，所以当 Importer 用候选加载器填充导入窗口时，它将被赋予最低的优先级。为了达到这个目的，请在加载器中添加以下两个方法：

```
@Override
public LoaderTier getTier() {
    return LoaderTier.UNTARGETED_LOADER;
}
@Override
public int getTierPriority() {
    return 101;
}
```

步骤 3-4：加载字节

下面的方法显示出我们在编辑内容的前后，会从目标文件中加载很多内容（在这个例子中，它加载的是 shellcode）：

```
protected void load(ByteProvider provider, LoadSpec loadSpec,
            List<Option> options, Program program, TaskMonitor monitor,
            MessageLog log) throws CancelledException, IOException {

    // TODO: Load the bytes from 'provider' into the 'program'.
}


protected void load(ByteProvider provider, LoadSpec loadSpec,
            List<Option> options, Program program, TaskMonitor monitor,
            MessageLog log) throws CancelledException, IOException {
❶  FlatProgramAPI flatAPI = new FlatProgramAPI(program);
    try {
```

```
        monitor.setMessage("Simple Shellcode: Starting loading");
        // create the memory block we're going to load the shellcode into
        Address start_addr = flatAPI.toAddr(0x0);
❷      MemoryBlock block = flatAPI.createMemoryBlock("SHELLCODE",
        start_addr, provider.readBytes(0, provider.length()), false);
        // make this memory block read/execute but not writeable
❸      block.setRead(true);
        block.setWrite(false);
        block.setExecute(true);
        // set the entry point for the shellcode to the start address
❹      flatAPI.addEntryPoint(start_addr);
        monitor.setMessage( "Simple Shellcode: Completed loading" );
    } catch (Exception e) {
        e.printStackTrace();
        throw new IOException("Failed to load shellcode");
    }
}
```

请注意，与第 14 章和第 15 章中继承自 GhidraScript（以及最终继承自 FlatProgramAPI）的脚本不同，我们的加载器类无法直接访问 Flat API。因此，为了简化对一些常用 API 类的访问，我们实例化了自己的 FlatProgramAPI❶对象。接下来，我们在地址 0❷处创建一个名为 SHELLCODE 的 MemoryBlock，并用输入文件的全部内容填充它。我们花时间在新的内存区域上设置一些合理的权限❸，然后添加一个入口点❹，告知 Ghidra 应该从哪里开始反汇编。

对于加载器来说，添加入口点是非常重要的一步。入口点的存在是 Ghidra 定位代码（而不是数据）段起始地址的主要手段。当加载器解析输入文件时，非常适合任何入口点，将其识别后提供给 Ghidra。

步骤 3-5：配置自定义加载器的选项

一些加载器为用户提供了修改与加载过程相关的各种参数的选项。你可以覆写 getDefaultOptions 函数，为 Ghidra 提供加载器可用的自定义选项列表：

```
public List<Option> getDefaultOptions(ByteProvider provider, LoadSpec
        loadSpec, DomainObject domainObject, boolean isLoadIntoProgram) {
    List<Option> list = super.getDefaultOptions(provider, loadSpec,
                        domainObject, isLoadIntoProgram);
    // TODO: If this loader has custom options, add them to 'list'
    list.add(new Option("Option name goes here",
                        Default option value goes here));
    return list;
}
```

由于这个加载器只是用于演示，我们不会添加任何选项。加载器的选项可能包括设置一个开始读取文件的偏移量，以及设置加载二进制文件的基址等。要查看与任何加载器相关的选项，请单击"Options..."按钮（参考图 17-1）。

```
public List<Option> getDefaultOptions(ByteProvider provider, LoadSpec
        loadSpec,DomainObject domainObject, boolean isLoadIntoProgram) {
    // no options
    List<Option> list = new ArrayList<Option>();
    return list;
}
```

步骤 3-6：校验选项

下一个任务是校验选项：

```
public String validateOptions(ByteProvider provider, LoadSpec loadSpec,
                              List<Option> options, Program program) {
    // TODO: If this loader has custom options, validate them here.
    // Not all options require validation.
    return super.validateOptions(provider, loadSpec, options, program);
}
```

由于目前我们没有添加任何选项，因此直接返回 null：

```
public String validateOptions(ByteProvider provider, LoadSpec loadSpec,
                              List<Option> options, Program program) {
    // No options, so no need to validate
    return null;
}
```

> **通过 Eclipse 测试模块**
>
> 如果你不是那种总是在第一次尝试时就能把代码完全写正确的程序员，那么可以通过从 Eclipse 运行修改的代码来避免多次"导出、启动 Ghidra、导入扩展、将扩展添加到导入列表、选择扩展、重新启动 Ghidra、测试扩展"的循环。如果从 Eclipse 菜单中选择"运行"，将得到作为 Ghidra（或作为 Ghidra Headless）运行的选项。这将启动 Ghidra，你可以向当前项目导入一个文件。你的加载器将被包含在导入选项中，所有的控制台反馈都将在 Eclipse 控制台中提供。你可以在 Ghidra 中与该文件进行交互，就像其他文件一样。然后可以退出 Ghidra 项目而不保存，然后（1）调整代码，或者（2）"导出、启动 Ghidra、导入扩展、将扩展添加到导入列表、选择扩展、重新启动 Ghidra、测试扩展"。

17.3.5　步骤 4：添加加载器到 Ghidra 中

在确认该模块功能正确后，从 Eclipse 导出 Ghidra 模块扩展，然后在 Ghidra 中安装该扩展，就像我们在第 15 章中对 SimpleROPAnalyzer 模块所做的那样。选择 GhidraDev→Export→Ghidra Module Extension，选择 SimpleShellcode 模块，并按照第 15 章中的过程操作。

要把扩展导入 Ghidra，在 Ghidra 项目窗口中选择 File→Install Extensions。将新的加载器添加到列表中并选择它。一旦重新启动 Ghidra，新的加载器应该可以作为一个选项，但应该测试加以确定。

17.3.6　步骤 5：在 Ghidra 中测试加载器

我们的简化测试计划只是为了展示功能。SimpleShellcode 通过了由以下标准组成的验收测试：

（1）（通过）SimpleShellcode 作为一个加载器选项出现，优先级低于原始二进制。

（2）（通过）SimpleShellcode 加载一个文件并设置入口点。

测试用例 1 通过，如图 17-15 所示。第二次确认如图 17-16 所示，本章前面分析的 PE 文件正在被加载。在这两种情况下，我们看到 Simple Shellcode Loader 选项在格式列表中的优先级都是最低的。

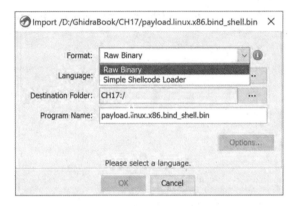

图 17-15：导入窗口中已经列出了自定义加载器

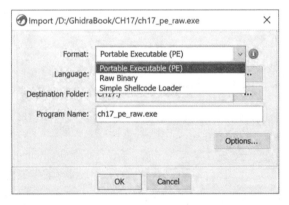

图 17-16：导入窗口中的自定义加载器提供了 PE 文件选项

我们可以收集与二进制文件有关的信息，并根据这些信息来选择语言规范。先假设 shellcode 是从发往一个 x86 设备的数据包中捕获的。在这种情况下，选择 x86:LE:32:default:gcc 作为语言/编译器规范可能是一个好的起点。

在为图 17-15 所示的文件选择一种语言并确定后，二进制文件将被导入 Ghidra 项目。然后可以在 CodeBrowser 中打开它，Ghidra 将为我们提供一个选项来分析该文件。如果接受分析，将看到以下列表。

```
undefined FUN_00000000()
        undefined AL:1 <RETURN>
```

```
        undefined4 Stack[-0x10]:4 local_10      XREF[1]:  00000022(W)
    FUN_00000000                                 XREF[1]:  Entry Point(*) ❶
  00000000 31 db              XOR        EBX,EBX
  00000002 f7 e3              MUL        EBX
  00000004 53                 PUSH       EBX
  00000005 43                 INC        EBX
  00000006 53                 PUSH       EBX
  00000007 6a 02              PUSH       0x2
  00000009 89 e1              MOV        ECX,ESP
  0000000b b0 66              MOV        AL,0x66
  0000000d cd 80              INT        0x80
  0000000f 5b                 POP        EBX
  00000010 5e                 POP        ESI
  00000011 52                 PUSH       EDX
  00000012 68 02 00 11 5c      PUSH       0x5c110002
```

经过分析，入口点❶被确定，基于此 Ghidra 能够开始它的反汇编分析。

SimpleShellcodeLoader 是一个非常简单的例子，因为 shellcode 通常被发现嵌入在一些其他数据中。出于演示的目的，下一节我们将使用本节的加载器模块作为基础，创建一个新的加载器模块，从 C 源文件中提取 shellcode 并加载 shellcode 进行分析。这可能使我们能够建立 Ghidra 能够识别其他二进制文件的 shellcode 签名。我们不会对每个步骤进行深入研究，因为我们只是在增强现有的 shellcode 加载器的能力。

17.4　示例二：简易 Shellcode 源代码加载器

由于模块提供了一种组织代码的方法，而创建的 SimpleShellcode 模块已经具备了创建加载器所需的一切，所以不需要创建一个新的模块，只需从 Eclipse 菜单中选择 File→New→File，然后在 SimpleShellcode src/main/java 文件夹中添加一个新文件（SimpleShellcodeSourceLoader.java）即可。这样，所有的新加载器都将包含在新的 Ghidra 扩展中。

为了简化工作，将现有的 SimpleShellcode Loader.java 的内容粘贴到这个新文件中，并更新关于加载器的注释。下面的步骤强调了现有加载器中需要改变的部分，以使新的加载器按预期工作。在大多数情况下，将在现有的代码上进行添加。

17.4.1　更新 1：修改导入查询的响应

Simple SourceCode Loader 将严格根据文件的扩展名来做决定。如果文件不是以.c 结尾，加载器将返回一个空的 LoadSpecs 列表。如果文件确实以.c 结尾，它将返回与前一个加载器相同的 LoadSpecs 列表。为了使其正常工作，需要在 findSupportLoadSpecs 方法中加入以下校验：

```
// The List of load specs supported by this loader
List<LoadSpec> loadSpecs = new ArrayList<>();
// Activate loader if the filename ends in a .c extension
if (!provider.getName().endsWith(".c")) {
```

```
        return loadSpecs;
    }
```

此外，我们还决定，本节加载器应该比原始二进制加载器有更高的优先级，因为它识别了一个特定类型的文件。这是通过从 getTierPriority 方法中返回一个更高的优先级（更低的值）来实现的：

```
public int getTierPriority() {
    // priority of this loader
    return 99;
}
```

17.4.2　更新 2：在源代码中定位 Shellcode

回顾一下，shellcode 只是原始的机器代码。shellcode 中的各个字节将位于 0…255 的范围内，其中许多值超出了 ASCII 可打印字符的范围。因此，当 shellcode 被嵌入一个源文件中时，它的大部分必须用十六进制转义序列来表示，如\xFF。这种字符串是相当独特的，我们可以建立一个正则表达式来帮助加载器识别它们。下面示例中的变量声明描述了正则表达式，加载器中的所有函数都可以用它在指定的 C 文件中寻找 shellcode 字节：

```
private String pattern = "\\\\x[0-9a-fA-F]{1,2}";
```

在加载方法中，加载器对文件进行解析，寻找与正则表达式相匹配的模式。以帮助计算加载文件到 Ghidra 时所需的内存量。由于 shellcode 经常不是连续的，加载器应该解析整个文件，寻找要从文件中加载的 shellcode 区域。

```
// set up the regex matcher
CharSequence provider_char_seq =
    new String(provider.readBytes(0, provider.length()) ❶, "UTF-8");
Pattern p = Pattern.compile(pattern);
Matcher m = p.matcher(provider_char_seq)❷;
// Determine how many matches (shellcode bytes) were found so that we can
// correctly size the memory region, then reset the matcher
int match_count = 0;
while (m.find()) {
❸    match_count++;
}
m.reset();
```

在加载了整个输入文件的内容之后❶，我们根据正则表达式❷计算所有的匹配❸。

17.4.3　更新 3：将 Shellcode 转化为二进制数组

load 方法接下来需要将十六进制转义序列转换为字节值，并将其放入一个字节数组：

```
byte[] shellcode = new byte[match_count];
// convert the hex representation of bytes in the source code to actual
// byte values in the binary we're creating in Ghidra
int ii = 0;
```

```
while (m.find()) {
    // strip out the \x
    String hex_digits = m.group().replaceAll("[^0-9a-fA-F]+", "") ❶;
    // parse what's left into an integer and cast it to a byte, then
    // set current byte in byte array to that value
    shellcode[ii++] ❷ = (byte)Integer.parseInt(hex_digits, 16) ❸;
}
```

从每个匹配的字符串❶中提取十六进制数字并转换为字节值❸，然后附加到我们的 shellcode 数组❷中。

17.4.4　更新 4：导入二进制数组

最后，由于 shellcode 是在一个字节数组中，load 方法需要将其从字节数组中复制到程序的内存中。这是实际的加载步骤，也是加载器完成目标的最后一个必要步骤。

```
// create the memory block and populate it with the shellcode
Address start_addr = flatAPI.toAddr(0x0);
MemoryBlock block =
    flatAPI.createMemoryBlock("SHELLCODE", start_addr, shellcode, false);
```

17.4.5　生成结果

为了测试新加载器，我们创建了一个 C 语言源文件，其中包含以下转义的 x86 shellcode 表示：

```
unsigned char buf[] =
    "\x31\xdb\xf7\xe3\x53\x43\x53\x6a\x02\x89\xe1\xb0\x66\xcd\x80"
    "\x5b\x5e\x52\x68\x02\x00\x11\x5c\x6a\x10\x51\x50\x89\xe1\x6a"
    "\x66\x58\xcd\x80\x89\x41\x04\xb3\x04\xb0\x66\xcd\x80\x43\xb0"
    "\x66\xcd\x80\x93\x59\x6a\x3f\x58\xcd\x80\x49\x79\xf8\x68\x2f"
    "\x2f\x73\x68\x68\x2f\x62\x69\x6e\x89\xe3\x50\x53\x89\xe1\xb0"
    "\x0b\xcd\x80";
```

因为我们的源文件名字以.c 结尾，所以加载器出现在列表中，作为最优先的选择，比原始二进制和 Simple Shellcode 加载器优先级更高，如图 17-17 所示。

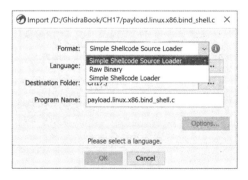

图 17-17：Shellcode 源代码文件的导入窗口

选择这个加载器，使用与前一个例子相同的默认编译器/语言规范（x86:LE:32:default:gcc），并让 Ghidra 自动分析该文件，在反汇编列表中产生了以下函数：

```
***************************************************************
*                         FUNCTION                           *
***************************************************************
undefined FUN_00000000()
    undefined AL:1 <RETURN>
    undefined4 Stack[-0x10]:4 local_10
FUN_00000000                      XREF[1]:  Entry Point(*)
00000000 XOR       EBX,EBX
00000002 MUL       EBX
00000004 PUSH      EBX
00000005 INC       EBX
00000006 PUSH      EBX
```

向下滚动列表我们将看到熟悉的内容（见清单 17-2），为清晰起见加了注释：

```
    LAB_00000032
00000032 PUSH      0x3f
00000034 POP       EAX
00000035 INT       0x80
00000037 DEC       ECX
00000038 JNS       LAB_00000
0000003a PUSH      0x68732f2f      ; 0x68732f2f converts to "//sh"
0000003f PUSH      0x6e69622f      ; 0x6e69622f converts to "/bin"
```

大多数逆向工程工作都集中在二进制文件上。在本节的例子中，我们跳出了这个框框，使用 Ghidra 从 C 源文件中提取 shellcode，并加载 shellcode 进行分析。目标是展示为 Ghidra 创建加载器的灵活性和简单性。

下面，我们将假设目标 shellcode 包含在一个 ELF 二进制文件中，并且 Ghidra 不能识别 ELF 二进制文件。此外，我们将假设你对 ELF 二进制文件格式一无所知。快！趁热打铁，继续逆向旅程吧！

17.5 示例三：简易 ELF 加载器

恭喜你已经是 shellcode 方面的逆向专家了！同事们怀疑某个二进制文件中包含 shellcode，然而 Ghidra 并不能识别文件格式，只推荐了原始二进制加载器。由于这似乎不是一个孤立的问题，你认为未来很有可能会看到更多具有类似特征的二进制文件，因此你决定建立一个能够处理这种新类型文件的加载器。正如第 13 章所讨论的，可以使用 Ghidra 内部或外部的工具来收集文件的信息。于是你打开命令行，file 命令提供了有用的信息来帮助开始构建新的加载器：

```
$ file elf_shellcode_min
    elf_shellcode_min: ELF 32-bit LSB executable, Intel 80386, version 1 (SYSV),
    statically linked, corrupted section header size
$
```

file 命令提供了一种你以前从未听说过的格式——ELF 格式的信息。第一步是做一些研究，看看你是否能找到关于这种二进制文件格式的任何信息。Google 会很高兴给你指出几个关于 ELF 格式的参考资料，你可以用它们来建立加载器所需的信息。

由于这是一个比前两个加载器例子更大的挑战，我们将把它分成与 Eclipse SimpleShellcode 模块中的各个文件相关的部分，你将需要创建/修改/删除这些文件来完成新 SimpleELFShellcodeLoader。我们将从一些简单的代码规范开始。

17.5.1　统一代码规范

第一步是在 Eclipse 的 SimpleShellcode 模块中创建一个 SimpleELFShellcodeLoader.java 文件。因为不想从零开始，你应该使用 SimpleShellcodeLoader.java 的"另存为"来创建这个新的文件。一旦完成了这一工作，在你可以开始使用之前，还需要对新文件进行一些小的修改，然后就可以开始关注新的挑战了：

- 将类的名称改为 SimpleELFShellcodeLoader。
- 将 getTier 方法的返回值从 UNTARGETED_LOADER 修改为 GENERIC_TARGET_LOADER。
- 删除 getTierPriority 方法。
- 修改 getName 方法的返回值为"Simple ELF Shellcode Loader"。

完成上述修改后，让我们正式开始研究如何解析新的头部格式。

17.5.2　ELF 头部格式

在研究 ELF 格式时，会发现 ELF 格式包含三种类型的头：文件头（或 ELF 头），程序头和节区头。可以先从关注 ELF 头开始。ELF 头中的每个字段关联一个偏移量以及关于该字段所包含的其他信息。由于只需要访问其中的几个字段，而且不会修改偏移量，所以在加载器类中声明以下常量，来帮助加载器正确解析这种新的头格式。

```
private final byte[] ELF_MAGIC          = {0x7f, 0x45, 0x4c, 0x46};
private final long EH_MAGIC_OFFSET       = 0x00;
private final long EH_MAGIC_LEN          = 4;
private final long EH_CLASS_OFFSET       = 0x04;
private final byte EH_CLASS_32BIT        = 0x01;
private final long EH_DATA_OFFSET        = 0x05;
private final byte EH_DATA_LITTLE_ENDIAN = 0x01;
private final long EH_ETYPE_OFFSET       = 0x10;
private final long EH_ETYPE_LEN          = 0x02;
private final short EH_ETYPE_EXEC        = 0x02;
private final long EH_EMACHINE_OFFSET    = 0x12;
private final long EH_EMACHINE_LEN       = 0x02;
private final short EH_EMACHINE_X86      = 0x03;
private final long EH_EFLAGS_OFFSET      = 0x24;
private final long EN_EFLAGS_LEN         = 4;
private final long EH_EEHSIZE_OFFSET     = 0x28;
```

```
private final long EH_PHENTSIZE_OFFSET    = 0x2A;
private final long EH_PHNUM_OFFSET         = 0x2C;
```

有了对 ELF 头的描述，下一步就是确定如何响应 Importer 的轮询，以确保新的 ELF 加载器能够只加载符合 ELF 格式的文件。在前面的两个例子中，shellcode 加载器不看文件内容来决定他们是否可以加载一个文件。这大大简化了这些例子的编码。现在事情就有点复杂了。幸运的是，ELF 文档提供了重要的线索来帮助确定适当的加载器规格。

17.5.3 明确支持的加载规格

加载器不能加载任何不符合格式的文件，并且可以通过返回一个空的 LoadSpecs 列表来拒绝任何文件。在 findSupportedLoadSpecs 方法中，通过使用下面的代码，立即排除所有没有预期幻数的二进制文件。

```
byte[] magic = provider.readBytes(EH_MAGIC_OFFSET, EH_MAGIC_LEN);
if (!Arrays.equals(magic, ELF_MAGIC)) {
    // the binary is not an ELF
    return loadSpecs;
}
```

排除非 ELF 格式的文件之后，加载器就可以检查位宽和字节数，看看这个架构对于 ELF 二进制文件来说是否合理。在这个演示中，让我们进一步限制加载器将接受的二进制文件类型为 32 位小端字节序。

```
byte ei_class = provider.readByte(EH_CLASS_OFFSET);
byte ei_data = provider.readByte(EH_DATA_OFFSET);
    if ((ei_class != EH_CLASS_32BIT) || (ei_data != EH_DATA_LITTLE_ENDIAN)) {
    // not an ELF we want to accept
    return loadSpecs;
}
```

为了完善验证过程，下面的代码检查这是否是 x86 架构的 ELF 可执行文件（而不是共享库）：

```
byte[] etyp = provider.readBytes(EH_ETYPE_OFFSET, EH_ETYPE_LEN);
short e_type = ByteBuffer.wrap(etyp).order(ByteOrder.LITTLE_ENDIAN).getShort();
byte[] emach = provider.readBytes(EH_EMACHINE_OFFSET, EH_EMACHINE_LEN);
short e_machine = ByteBuffer.wrap(emach).order(ByteOrder.LITTLE_ENDIAN).getShort();
if ((e_type != EH_ETYPE_EXEC) || (e_machine != EH_EMACHINE_X86)) {
    // not an ELF we want to accept
    return loadSpecs;
}
```

现在你已经限制了文件类型，可以通过查询意见服务获得匹配的语言/编译器规格。具体而言，你可以用正在加载的文件中提取的值（例如，ELF 头 e_machine 字段）查询意见服务，作为响应，你会收到一个加载器愿意接受的语言/编译器规范的列表（当你查询意见服务时发生的"幕后"行动将在后续章节中详细描述）。

```
byte[] eflag = provider.readBytes(EH_EFLAGS_OFFSET, EN_EFLAGS_LEN);
```

```
int e_flags = ByteBuffer.wrap(eflag).order(ByteOrder.LITTLE_ENDIAN).getInt();
List<QueryResult> results =
    QueryOpinionService.query(getName(), Short.toString(e_machine),
                              Integer.toString(e_flags));
```

让我们假设意见服务可能会产生比你想用这个加载器处理的更多的结果。你可以通过排除基于相关语言/编译器规范中指定属性的结果来进一步缩减列表。下面的代码可以过滤掉一个编译器和一个处理器的变体。

```
for (QueryResult result : results) {
    CompilerSpecID cspec = result.pair.getCompilerSpec().getCompilerSpecID();
    if (cspec.toString().equals("borlanddelphi" ❶ )) {
        // ignore anything created by Delphi
        continue;
    }
    String variant = result.pair.getLanguageDescription().getVariant();
    if (variant.equals("System Management Mode" ❷ )) {
        // ignore anything where the variant is "System Management Mode"
        continue;
    }
    // valid load spec, so add it to the list
❸        loadSpecs.add(new LoadSpec(this, 0, result));
}
return loadSpecs;
```

上面的例子（你可以自由地包含在加载器中）特别排除了 Delphi 编译器❶和 x86 系统管理模式❷。如果你愿意，也可以排除其他属性。那些没有排除的结果，都需要被添加到 loadSpecs 列表中❸。

17.5.4　将文件内容加载到 Ghidra 中

简化加载器的 load 方法假定文件由一个最小的 ELF 头和一个简短的程序头组成，然后是文本部分的 shellcode。你需要确定头文件的总长度，以便为其分配正确的空间。下面的代码通过使用 ELF 头中的 EH_EEHSIZE_OFFSET、EH_PHENTSIZE_OFFSET 和 EH_PHNUM_OFFSET 字段来确定所需大小：

```
// Get some values from the header needed for the load process
//
// How big is the ELF header?
byte[] ehsz = provider.readBytes(EH_EEHSIZE_OFFSET, 2);
e_ehsize = ByteBuffer.wrap(ehsz).order(ByteOrder.LITTLE_ENDIAN).getShort();

// How big is a single program header?
byte[] phsz = provider.readBytes(EH_PHENTSIZE_OFFSET, 2);
e_phentsize = ByteBuffer.wrap(phsz).order(ByteOrder.LITTLE_ENDIAN).getShort();

// How many program headers are there?
byte[] phnum = provider.readBytes(EH_PHNUM_OFFSET, 2);
e_phnum = ByteBuffer.wrap(phunm).order(ByteOrder.LITTLE_ENDIAN).getShort();
```

```
// What is the total header size for our simplified ELF format
// (This includes the ELF Header plus program headers.)
long hdr_size = e_ehsize + e_phentsize * e_phnum;
```

现在你知道了大小，可以创建并填充 ELF 头部分和文本部分的内存块，如下所示：

```
// Create the memory block for the ELF header
long LOAD_BASE = 0x10000000;
Address hdr_start_adr = flatAPI.toAddr(LOAD_BASE);
MemoryBlock hdr_block =
    flatAPI.createMemoryBlock(".elf_header", hdr_start_adr,
                              provider.readBytes(0, hdr_size), false);
// Make this memory block read-only
hdr_block.setRead(true);
hdr_block.setWrite(false);
hdr_block.setExecute(false);

// Create the memory block for the text from the simplified ELF binary
Address txt_start_adr = flatAPI.toAddr(LOAD_BASE + hdr_size);
MemoryBlock txt_block =
    flatAPI.createMemoryBlock(".text", txt_start_adr,
        provider.readBytes(hdr_size, provider.length() - hdr_size), false);

// Make this memory block read & execute
txt_block.setRead(true);
txt_block.setWrite(false);
txt_block.setExecute(true);
```

17.5.5 数据格式化与添加入口点

再过几步，你马上就可以完成了。加载器经常需要应用数据类型，并根据文件头的信息创建交叉引用。识别二进制文件中的任何入口点也是加载器的工作。此外在加载时创建一个入口点列表，为反汇编程序提供了一个它应该考虑的代码位置列表，也是加载器常常会做的。加载器的工作如下。

```
   // Add structure to the ELF HEADER
❶  flatAPI.createData(hdr_start_adr, new ElfDataType());
   // Add label and entry point at start of shellcode
❷  flatAPI.createLabel(txt_start_adr, "shellcode", true);
❸  flatAPI.addEntryPoint(txt_start_adr);
   // Add a cross reference from the ELF header to the entrypoint
   Data d = flatAPI.getDataAt(hdr_start_adr).getComponent(0).getComponent(9);
❹  flatAPI.createMemoryReference(d, txt_start_adr, RefType.DATA);
```

首先，Ghidra ELF 头的数据类型被应用在 ELF 头的开头❶。其次，为 shellcode 创建一个标签❷和一个入口点❸。最后，在 ELF 头中的入口点字段和 shellcode 的入口点之间建立一个交叉引用❹。

恭喜你完成了加载器的 Java 代码的编写，但是还需要解决几个问题，以确保你理解新加载器和一些重要的相关文件之间的所有依赖关系，从而让加载器能够按照预期的方式运行。

这个例子利用了现有的处理器架构（x86），在幕后做了一些工作，帮助这个加载器正确工作。回顾一下，Importer 轮询了加载器并获得了可接受的语言/编译器规格。下面将提到的两个文件提供了对加载器至关重要的信息。其中第一个文件是 x86 语言定义文件 x86.ldefs，是 x86 处理器模块的一个组成部分。

17.5.6　语言定义文件

每个处理器都有一个相关的语言定义文件。这是一个 XML 格式的文件，包括为处理器生成语言/编译器规范所需的所有信息。来自 x86.ldefs 文件的符合 32 位 ELF 二进制文件要求的语言定义如下所示：

```
<language processor="x86"
          endian="little"
          size="32"
          variant="default"
          version="2.8"
          slafile="x86.sla"
          processorspec="x86.pspec"
          manualindexfile="../manuals/x86.idx"
          id="x86:LE:32:default">
   <description>Intel/AMD 32-bit x86</description>
   <compiler name="Visual Studio" spec="x86win.cspec" id="windows"/>
   <compiler name="gcc" spec="x86gcc.cspec" id="gcc"/>
   <compiler name="Borland C++" spec="x86borland.cspec" id="borlandcpp"/>
❶ <compiler name="Delphi" spec="x86delphi.cspec" id="borlanddelphi"/>
</language>
<language processor="x86"
          endian="little"
          size="32"
❷        variant="System Management Mode"
          version="2.8"
          slafile="x86.sla"
          processorspec="x86-16.pspec"
          manualindexfile="../manuals/x86.idx"
          id="x86:LE:32:System Management Mode">
   <description>Intel/AMD 32-bit x86 System Management Mode</description>
   <compiler name="default" spec="x86-16.cspec" id="default"/>
</language>
```

这个文件被用来填充作为导入选项的推荐语言/编译器规格。在这种情况下，有五个推荐的规格（每个都以编译器标签开始），它们将根据与 ELF 二进制文件相关的信息返回，但我们的加载器根据编译器❶和变体❷从中剔除了两个。

17.5.7　选项文件

另一种类型的支持文件是.opinion 文件。这是一个 XML 格式的文件，包含与加载器相关的约束。

为了被意见查询服务所识别，每个加载器必须在.opinion 文件中拥有一个条目。下面的列表显示了一个适合新建立的加载器的.opinion 文件条目：

```
<opinions>
    <constraint loader="Simple ELF Shellcode Loader" compilerSpecID="gcc">
        <constraint❶ primary ❷ ="3" processor="x86" endian="little" size="32" />
        <constraint primary="62" processor="x86" endian="little" size="64" />
    </constraint>
</opinions>
```

条目中的内容，大家除了 primary 字段❷应该都不陌生，。这个字段是搜索的主键，用于识别 ELF 头中定义的机器。在 ELF 头中，e_machine 字段的值 0x03 表示 x86，e_machine 字段的 0x3E 表示 amd64。<constraint>标签❶定义了一个主键（"3"/x86）和<constraint>标签的其余属性之间的关联。这个信息被查询服务用来在语言定义文件中找到适当的条目。

剩下的唯一任务是把意见数据放在一个适当的地方，让 Ghidra 能找到它。Ghidra 提供的唯一意见文件位于 Ghidra 处理器模块的数据/语言子目录中。尽管你可以将意见数据插入现有的 opinion 文件中，但最好避免修改任何处理器的 opinion 文件，因为修改需要在你升级 Ghidra 安装时重新应用。

相反，创建一个包含我们意见数据的新意见文件。你可以把文件命名为任何你想要的东西，但 SimpleShellcode.opinion 似乎是合理的。Eclipse 加载器模块模板包含它自己的数据子目录。把你的意见文件保存在这个位置，这样它就会与加载器模块相关联。Ghidra 会在寻找意见文件时找到它，对 Ghidra 安装的任何升级都不应该影响模块。

现在你了解了幕后的情况，是时候测试你的加载器了，看看它的行为是否符合预期。

17.5.8　结果

为了证明新的简易 ELF 加载器的成功（一个程序头，没有节区），让我们通过加载过程，观察加载器在每一步的表现。

我们从 Ghidra 项目窗口，导入一个文件。Importer 将轮询所有 Ghidra 的加载器，包括你添加的加载器，以查看哪些加载器愿意加载目标文件。回顾一下，根据上文的配置，你的加载器正在期待一个符合以下特征的文件：

- 文件开头包含 ELF 幻数
- 32 位小端字节序
- 是用于 x86 架构的 ELF 可执行文件
- 不能由 Delphi 编译
- 不能是"System Management Mode"的变体

如果你加载了一个符合该条件的文件，你应该看到一个类似于图 17-18 中的导入对话框，显示了能够处理该文件的加载器列表。

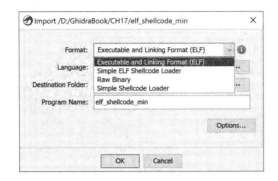

图 17-18：elf_shellcode_min 的导入选项

　　具有最高优先级的加载器是 Ghidra 的 ELF 加载器。让我们比较一下它将接受的语言/编译器规格（图 17-19 的顶部）和新加载器将接受的规格，在图的底部。

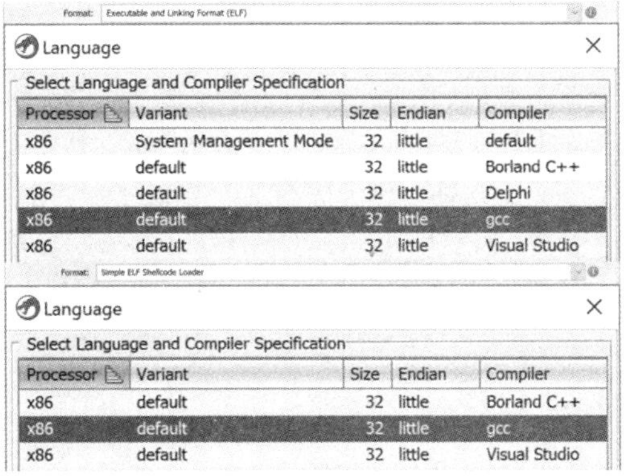

图 17-19：两个不同的加载器可接受的语言/编译器规格对比

　　Delphi 编译器和系统管理模式的变体被库存的 ELF 加载器接受，但不被你的加载器接受，因为它们已经被过滤掉了。当你为文件 elf_shellcode_min 选择加载器时，你应该会看到一个类似于图 17-20 的摘要。

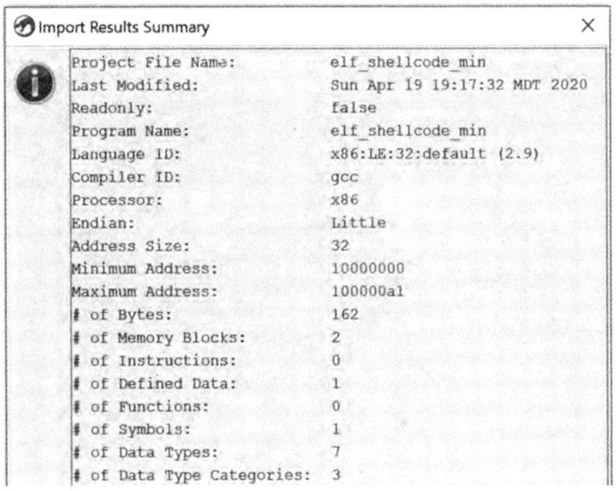

图 17-20：新的 ELF shellcode 加载器的导入结果摘要窗口

如果你在 CodeBrowser 中打开该文件并允许 Ghidra 自动分析该文件，应该会在文件的顶部看到以下 ELF 头定义：

```
10000000 7f                    db    7Fh           e_ident_magic_num
10000001 45 4c 46              ds    "ELF"         e_ident_magic_str
10000004 01                    db    1h            e_ident_class
10000005 01                    db    1h            e_ident_data
10000006 01                    db    1h            e_ident_version
10000007 00 00 00 00 00        db[9]               e_ident_pad
         00 00 00 00
10000010 02 00                 dw    2h            e_type
10000012 03 00                 dw    3h            e_machine
10000014 01 00 00 00           ddw   1h            e_version
10000018 54 00 00 10           ddw   shellcode ❶  e_entry
1000001c 34 00 00 00           ddw   34h           e_phoff
10000020 00 00 00 00           ddw   0h            e_shoff
10000024 00 00 00 00           ddw   0h            e_flags
10000028 34 00                 dw    34h           e_ehsize
```

在上面的清单中，shellcode❶标签与入口点明显相关。双击 shellcode 标签会跳转到一个名为 shellcode 的函数，其中就包含我们在前两个例子中看到的 shellcode 内容：

```
1000008c JNS     LAB_10000086
1000008e PUSH    "//sh"
10000093 PUSH    "/bin"
10000098 MOV     EBX,ESP
1000009a PUSH    EAX
```

现在已经确认新加载器可以工作，可以把它作为一个扩展添加到 Ghidra 安装中，并与同事分享，他们一直在焦急地等待这个功能。

17.6　小结

本章集中讨论了与处理无法识别的二进制文件有关的挑战。通过实例了解 Ghidra 在帮助处理这些具有挑战性的逆向工程场景时，加载和分析的过程。最后，我们将模块创建能力扩展到 Ghidra 加载器的世界。

虽然例子都非常简单，但它们提供了基础，并介绍了在 Ghidra 中编写更复杂的加载器模块所需的所有组件。在下一章中，我们将通过介绍处理器模块来完成对 Ghidra 模块的讨论——这些模块对反汇编后的二进制文件的整体识别效果影响显著。

第 18 章
Ghidra 处理器

处理器模块是 Ghidra 中最复杂的模块类型，负责 Ghidra 中发生的所有反汇编操作。除了将机器语言的操作码转换为等价的汇编语言，处理器模块还支持函数、交叉引用和栈帧的创建。

虽然 Ghidra 已经支持非常多的处理器数量，并且随着每个主要版本的发布而增加，但在某些情况下，仍然需要开发新的处理器模块。例如当你正在逆向的二进制文件没有对应的处理器模块时，这种二进制文件可能是嵌入式微控制器的固件映像，或者从手持或物联网（IoT）设备中提取的可执行文件映像。另一个例子是反汇编嵌入在混淆 x86 可执行文件中的自定义虚拟机指令，此时现有的 Ghidra x86 处理器模块只能帮助你理解虚拟机本身，而不是虚拟机的底层字节码。

如果承担了这项艰巨的任务，我们希望确保你有一个强大的立足点来帮助完成这项工作。前面看过的每个模块示例（分析器和加载器）都需要修改单个 Java 文件。如果在 Eclipse GhidraDev 环境中创建了这些模块，你将得到一个模块模板，并通过里面的任务标签来帮助完成任务。处理器模块更加复杂，必须维护不同文件之间的关系才能正常工作。虽然本章不会从头开始构建一个处理器模块，但我们将为你提供坚实的基础，帮助你更好地理解 Ghidra 处理器模块，并演示如何在这些模块中创建和修改组件。

> **谁在让 Ghidra 更强大**
>
> 基于一项完全不科学的研究，我们强烈怀疑存在以下几类人：
> - 第一类：一小部分人修改或编写脚本来自定义或自动化一些功能。
> - 第二类：第一类人中的一小部分会修改或编写插件来自定义一些功能。
> - 第三类：第二类人中的一小部分会修改或编写分析器来扩展分析能力。
> - 第四类：第三类人中的一小部分会为新的文件格式修改或编写加载器。
> - 第五类：第四类人中的一小部分会修改或编写处理器模块，由于需要解码的指令集数量远远小于使用这些指令集的文件格式的数量。因此，对新处理器的需求相对较低。

随着类别的深入，相关任务的性质变得越来越专业。然而，虽然你目前可能没有编写 Ghidra 处理器模块的需求，但学习它们是如何构建的依然很有用处。处理器模块是 Ghidra 反汇编、汇编和反编译能力的基础，对其内部工作原理有所了解，能让你成为同事眼中的 Ghidra 专家。

18.1 理解 Ghidra 处理器模块

为一个真实世界的体系架构创建处理器模块是一项高度专业且耗时的工作，超出了本书的范围。但是，对 Ghidra 中如何表示处理器及其相关指令集的基本了解，将帮助你在需要 Ghidra 处理器模块的信息时，知道去哪里查找合适的资源。

18.1.1 Eclipse 处理器模块

我们将从熟悉的领域开始。当你使用 Eclipse→GhidraDev 创建一个处理器模块时，产生的文件夹结构与其他所有模块类型基本相同，但是在 src/main/java 文件夹中没有提供带有完整注释、任务标签和待办列表的 Java 源文件，如图 18-1 所示。

图 18-1：处理器模块内容

相反，data 文件夹（在图中展开）包含的内容比其他模块多得多。我们简单认识一下该文件夹中的九个文件，重点是它们的文件扩展名（skel 表明这是框架部分）。

- **skel.cspec**：XML 格式的编译器规范文件。
- **skel.ldefs**：XML 格式的语言定义文件，包含用于定义语言的注释掉的模板。
- **skel.opinion**：XML 格式的导入器建议文件，包含用于定义语言/编译器规范的模板。
- **skel.pspec**：XML 格式的处理器规范文件。

- **skel.sinc**：通常是语言指令的 SLEIGH 文件[1]。
- **skel.slaspec**：SLEIGH 规范文件。
- **buildLanguage.xml**：XML 格式文件，描述了 data/language 目录中文件的构建过程。
- **README.txt**：在所有模块中都是相同的，但在这个模块中，它的意义是关注于 data 目录的内容。
- **sleighArgs.txt**：包含 SLEIGH 编译器选项。

.ldefs 和.opinion 文件是在第 17 章构建 ELF shellcode 加载器时使用的。其他文件扩展名将在处理示例的上下文时看到。你将学习如何使用这些文件来修改处理器模块，但首先我们先讨论一个专门针对处理器模块的新术语——SLEIGH。

18.1.2　SLEIGH

SLEIGH 是 Ghidra 特有的语言，用于描述微处理器指令集，以支持 Ghidra 的反汇编和反编译过程[2]。languages 目录下的文件（参见图 18-1）要么是用 SLEIGH 编写的，要么是以 XML 格式呈现的。因此，想要创建或修改处理器模块，肯定需要学习一点 SLEIGH 的知识。

关于指令是如何编码和解释的规范包含在.slaspec 文件中（有点类似于.c 文件的作用）。当一个处理器系列有多个不同的变体时，每个变体可能有自己的.slaspec 文件，而它们都有的共同行为会被提取并分解到各个.sinc 文件中（类似于.h 文件的作用），并被多个.slaspec 文件所引用。Ghidra 的 ARM 处理器就是很好的例子，它有十几个.slaspec 文件，每个文件都引用了五个.sinc 文件中的一个或多个。这些文件构成了处理器模块的 SLEIGH 源代码，而 SLEIGH 编译器的工作是将它们编译成 Ghidra 可用的.sla 文件。

我们不会从理论角度深入研究 SLEIGH，只会在示例中遇到或需要它们的时候介绍一些 SLEIGH 语言的组件。首先我们来看一下 SLEIGH 文件所包含的指令信息类型。

要查看 CodeBrowser 清单中与某条指令相关的其他信息，可以右击它并从上下文菜单中选择 Instruction Info。显示的信息来自所选指令的 SLEIGH 文件规范。图 18-2 显示了 x86-64 PUSH 指令的指令信息窗口。

指令信息窗口结合了 SLEIGH 文件中 PUSH 指令的信息和 00100736 地址处 PUSH 的具体使用细节。在本章后面，我们将处理 SLEIGH 文件中的指令定义，并在指令的上下文中重新审视这个窗口。

---

1 对于大型指令集，例如 x86 指令集，.sinc 文件可能被分解成多个。在这种情况下，一些文件可以作为带有定义和 include 语句的头文件使用。

2 关于 SLEIGH 的细节信息可以查看 Ghidra 安装目录下的文档：docs/languages/html/sleigh.html。

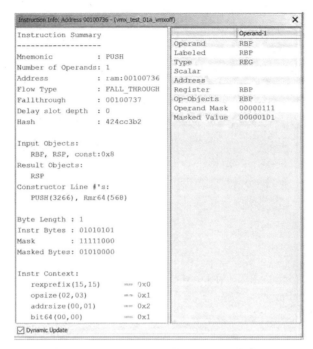

图 18-2：x86-64 PUSH 指令的指令信息窗口

18.1.3 处理器手册

处理器制造商提供的文档是获取指令集信息的重要资源。虽然这些受版权保护的材料不能包含在 Ghidra 发行版中，但可以用清单窗口中的右键菜单选项，轻松地将它们集成进来。当你右击任何指令并选择 Processor Manual 时，可能会看到类似于图 18-3 所示的消息，通知你当前处理器的手册在预期位置不可用。

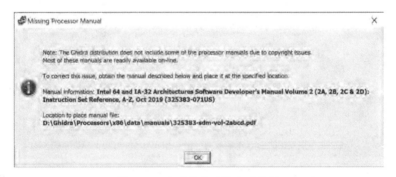

图 18-3：处理器手册缺失对话框

在这里，Ghidra 为你提供了解决手册缺失问题所需的信息。在本例中，首先需要在网上找到 x86 手册，然后使用指定的名称和位置保存它。请注意，网上有许多与 x86 相关的处理器手册，可以搜索手册信息末尾提供的标识符 325383-060US，来找到正确的手册。

正确安装手册后，选择 Processor Manual 将显示该手册。由于处理器手册往往比较大（本例的

x86 处理器手册大概有 2200 页），因此 Ghidra 包含了处理索引文件的能力，可以将指令映射到手册中的特定页面。幸运的是，该特定 x86 手册的索引已经创建好了。

处理器手册应该放在对应的 Ghidra/Processors/<proc>/data/manuals 目录中。索引文件与相关手册放在同一目录，且其格式相对简单。Ghidra 的 x86.idx 文件的前几行如下所示：

```
@Intel64_IA32_SoftwareDevelopersManual.pdf [Intel 64 and IA-32 Architectures
    Software Developer's Manual Volume 2 (2A, 2B, 2C & 2D): Instruction Set
    Reference, A-Z, Sep 2016 (325383-060US)]
AAA, 120
AAD, 122
BLENDPS, 123
AAM, 124
```

文件中的第一行（这里显示为前三行）将手册的本地文件名与描述性文本进行匹配，当手册在系统中不存在时会显示给用户。该行的格式如下：

```
@FilenameInGhidraManualDirectory [Description of manual file]
```

其他附加行的格式是：INSTRUCTION, page。指令必须大写，页数从 .pdf 文件的第一页开始计算（不一定是文档任何一页中显示的页码）。

多个手册可以在同一个 .idx 文件中引用，只需要使用额外的 "@" 语句来划分每个手册的指令映射即可。关于处理器手册索引文件的更多信息，可以查看 Ghidra 安装目录下的 docs/languages/manual_index.txt。

保存手册并建立索引文件后，在清单窗口中对任何指令选择 Processor Manual，就可以进入手册中的相应页面。如果没有出现手册，可能需要选择 Edit→Tools Options→Processor Manuals，为手册配置一个合适的查看器程序。使用 Firefox 打开手册的查看器设置示例如图 18-4 所示。

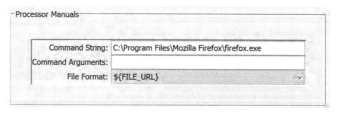

图 18-4：处理器手册工具选项

现在你已经掌握了一些基本的处理器模块术语，是时候深入研究处理器模块的内部实现了。

18.2　修改 Ghidra 处理器模块

从头开始构建处理器模块是一项艰巨的任务，我们不会一头扎进去，而是像前面的例子那样，从修改现有模块开始。为了展示与真实世界问题相关的概念，将从 Ghidra x86 处理器模块的一个假设问题开始。我们将通过一些例子来解决这个问题，然后用学到的知识来创建一个大的视图，说明所有不同的组件如何一起工作，并形成一个完整的 Ghidra 处理器模块。

> **Ghidra 的 SLEIGH 编辑器**
>
> 为了帮助你修改和构建处理器模块，Ghidra 内置了一个 SLEIGH 编辑器，可以轻松地集成到 Eclipse 环境中。编辑器的安装说明在上一节提到的 SLEIGH 自述文档中，只需要几个步骤就可以安装。编辑器支持的特殊功能包括：
>
> - **语法高亮**：对具有特殊含义的内容（例如注释、标记、字符串、变量等）进行高亮显示。
> - **纠错**：可以标记多种语法错误并生成警告，否则未检测到的错误会被带到编译中。
> - **快速修复**：为解决编辑器检测到的问题提供修复建议（类似于第 15 章中对导入语句的快速修复选项）。
> - **悬停**：将鼠标指针悬停在结构体上，可以得到关于该结构体的更多信息。
> - **导航**：提供专门针对 SLEIGH 的导航功能（例如子构造函数、令牌、寄存器、pcodeops 等）。
> - **查找引用**：快速查找使用某变量的所有地方。
> - **重命名**：与基于字符串的搜索和替换不同，它可以重命名当前文件和其他相关的.sinc 和.slaspec 文件中的实际变量。
> - **代码格式化**：重新格式化特定的 SLEIGH 语言格式文件（例如，基于关键字排列构造函数，排列附件中的条目等）。该功能可以应用于选定部分或整个文件。
>
> 虽然推荐使用该编辑器，特别是非常有用的早期语法检查，但本章中示例的开发并没有特别针对该编辑器。

18.2.1 问题陈述

快速搜索一下本地安装的 Ghidra/Processors 目录，会发现 x86 处理器模块包含许多指令，但似乎缺少用于 IA32 和 IA64 架构的虚拟机扩展（VMX）管理指令[1]。这条指令（只为该示例发明的）被称为 VMXPLODE，它的行为类似于 Ghidra 已经支持的 VMXOFF 指令，这个现有的指令会让处理器离开 VMX 操作模式，而 VMXPLODE 会在退出时执行一些自定义动作。我们将引导你将这条非常重要的指令添加到现有的 Ghidra x86 处理器模块中，以便介绍一些与构建和修改处理器模块相关的概念。

18.2.2 示例 1：在处理器模块中添加指令

第一个目标是找到需要修改的文件，以支持 VMXPLODE 指令。Ghidra/Processors 目录包含 Ghidra 支持的所有处理器的子目录，x86 就是其中之一。可以在 Eclipse 中选择 File→Open Projects from File System or Archive 并提供处理器文件夹的路径（Ghidra/Processors/x86），直接打开 x86 处理器模块（或任何其他处理器模块）。这将把 Eclipse 实例与 Ghidra 的 x86 处理器模块关联起来，在 Eclipse 中所做的更改会直接反映在 Ghidra 处理器模块中。

---

1 关于现有 VMCS 所维护指令的详细说明在第 30-1 节：链接 18-1。

图 18-5 是 Eclipse 中 x86 模块部分展开的样子，它完全反映了相关联的 Ghidra 目录结构。你下载的处理器手册与 x86 索引文件位于同一目录下。

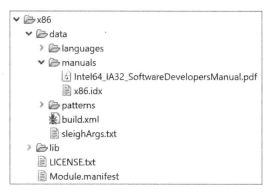

图 18-5：Eclipse 包资源管理器中的 x86 处理器模块

x86 文件夹中包含一个 data 文件夹，就像我们使用 Eclipse→GhidraDev 创建的处理器模块中看到的那样。它里面的 languages 文件夹包含 40 多个文件，包括 19 个定义语言指令的.sinc 文件。因为 x86 指令集相当大，所以相似指令被分组保存。我们不会为新指令创建新的.sinc 文件，而是将其添加到现有的文件中。如果要创建的是一组新指令（例如，x86 SGX 指令集），那可能会创建新的.sinc 文件来将它们组合在一起（事实上，SGX 指令被分组在一个名为 sgx.sinc 的公共文件中，也是众多.sinc 文件中的一个）。

通过对.sinc 文件进行搜索，可以发现 ia.sinc 中包含现有 VMX 指令集的定义。我们将使用 VMXOFF 的定义作为 VMXPLODE 定义的模型。VMXOFF 在 ia.sinc 中被两个不同的部分所引用。第一个部分是 Intel IA 硬件辅助虚拟化指令的定义：

```
# MFL: definitions for Intel IA hardware assisted virtualization instructions
define pcodeop invept;    # Invalidate Translations Derived from extended page
                          # tables (EPT); opcode 66 0f 38 80
# -----CONTENT OMITTED HERE----
define pcodeop vmread;    # Read field from virtual-machine control structure;
                          # opcode 0f 78
define pcodeop vmwrite;   # Write field to virtual-machine control structure;
                          # opcode 0f 79
define pcodeop vmxoff;    # Leave VMX operation; opcode 0f 01 c4
define pcodeop vmxon;     # Enter VMX operation; opcode f3 0f C7 /6
```

定义部分的每个条目都定义了一个 pcodeop，它是 x86 架构的一种新的微码操作。定义中包含操作的名称，在本例中还包含注释中的描述和操作码。我们将为新指令添加注释。经过一番搜索和测试，我们使用保留给 VMXPLODE 的操作码 "0f 01 c5"。现在可以将新指令添加到文件中了，定义如下所示：

```
define pcodeop vmxoff;    # Leave VMX operation; opcode 0f 01 c4
define pcodeop vmxplode;  # Explode (Fake) VMX operation; opcode 0f 01 c5
define pcodeop vmxon;     # Enter VMX operation; opcode f3 0f C7 /6
```

在 ia.sinc 中引用 VMXOFF 的第二个地方（也是要插入新指令的地方）是操作码定义部分（为便于阅读，省略了部分内容，并将一些指令定义行包了起来）。虽然我们不会完全剖析 ia.sinc 文件中的8000 多行代码，但对于下面的清单，有几个有趣的点需要说明：

```
# Intel hardware assisted virtualization opcodes
# -----CONTENT OMITTED HERE----
# TODO: invokes a VM function specified in EAX ❶
:VMFUNC EAX  is vexMode=0 & byte=0x0f; byte=0x01; byte=0xd4 & EAX { vmfunc(EAX); }
# TODO: this launches the VM managed by the current VMCS. How is the
#       VMCS expressed for the emulator? For Ghidra analysis?
:VMLAUNCH    is vexMode=0 & byte=0x0f; byte=0x01; byte=0xc2     { vmlaunch(); }
# TODO: this resumes the VM managed by the current VMCS. How is the
#       VMCS expressed for the emulator? For Ghidra analysis?
:VMRESUME    is vexMode=0 & byte=0x0f; byte=0x01; byte=0xc3     { vmresume(); }
# -----CONTENT OMITTED HERE----
:VMWRITE Reg32, rm32 is vexMode=0 & opsize=1 & byte=0x0f; byte=0x79; ❷
        rm32 & Reg32 ... & check_Reg32_dest ... { vmwrite(rm32,Reg32);
                                                  build check_Reg32_dest; }
@ifdef IA64 ❸
:VMWRITE Reg64, rm64 is vexMode=0 & opsize=2 & byte=0x0f; byte=0x79;
        rm64 & Reg64 ... { vmwrite(rm64,Reg64); }
@endif
:VMXOFF      is vexMode=0 & byte=0x0f; byte=0x01; byte=0xc4 { vmxoff(); } ❹
:VMXPLODE    is vexMode=0 & byte=0x0f; byte=0x01; byte=0xc5 { vmxplode(); } ❺
# -----CONTENT OMITTED HERE----
#END of changes for VMX opcodes
```

在许多 Ghidra 文件中都有待办注释❶，标识了尚未完成的任务。在 Ghidra 文件中搜索待办注释，可以找到许多机会，为这个开源项目做贡献。

接下来，可以看到 32 位❷和 64 位架构的 VMWRITE 指令。64 位指令包裹在条件语句中❸，以确保它仅用在 64 位的.sla 文件中。虽然 32 位指令在 64 位环境中也是有效的（例如，EAX 是 RAX 的 32 个最低有效位），但反过来并不成立。条件语句确保了在 64 位寄存器上运行的指令只用在 64 位构建中。

VMXOFF 指令❹不直接操作寄存器，所以不需要区分 32 位和 64 位版本。新指令 VMXPLODE❺ 的构造函数及其操作码，与 VMXOFF 的构造函数非常相似。让我们将这一行拆开进行讲解。

- **:VMXPLODE**：这是正在定义的指令，将显示在反汇编清单中。
- **is vexMode=0 & byte=0x0f; byte=0x01; byte=0xc5**：这些是与指令相关的位模式，并为指令提供约束。"&" 号表示逻辑与（AND）运算。";" 号既表示连接又表示逻辑与。这部分的意思是：如果不是在 VEX 模式下，并且操作码是按该顺序排列的 3 个字节，那么就满足约束条件[1]。
- **{ vmxplode(); }**：花括号将指令的语义动作部分括了起来。SLEIGH 编译器将这些动作转换为 Ghidra 的内部形式，称为 p-code（本章稍后讨论）。定义一条指令需要理解 SLEIGH 的操作符

---

1 VEX 编码方案在链接 18-2 的 2.3 节中描述。

和语法。构造函数的这一部分，也就是大多数指令真正完成工作的地方，可以很快组成由分号间隔的多个语句的复杂序列。在本例中，由于我们已经将 VMXPLODE 定义为一个新的 p-code 操作（define pcodeop vmxplode;），所以可以在这里调用这条指令。在以后的示例中，我们将在该部分中添加其他的 SLEIGH 语义动作。

x86 的.sinc 文件中最大的是 ia.sinc，因为很多指令都是在这个文件中定义的（包括新的 VMXPLODE 指令），还有大量内容来定义 x86 处理器的属性（例如，字节序、寄存器、上下文、标记、变量等）。ia.sinc 中大部分的 x86 特定内容不会复制到这个目录下的其他.sinc 文件中，因为所有的.sinc 文件都包含在一个 SLEIGH 规范（.slaspec）文件中。

x86 的两个.slaspec 文件，x86.slaspec 和 x86-64.slaspec，分别用 include 语句包含了各自所需的.sinc 文件（请注意，你可以不使用.sinc 文件而直接将内容包含在.slaspec 文件中，这对于具有小指令集的处理器可能更有意义）。x86-64.slaspec 的内容如下所示：

```
  @define IA64 "IA64"              # Only in x86-64.slaspec
❶ @include "ia.sinc"
  @include "avx.sinc"
  @include "avx_manual.sinc"
  @include "avx2.sinc"
  @include "avx2_manual.sinc"
  @include "rdrand.sinc"           # Only in x86-64.slaspec
  @include "rdseed.sinc"           # Only in x86-64.slaspec
  @include "sgx.sinc"              # Only in x86-64.slaspec
  @include "adx.sinc"
  @include "clwb.sinc"
  @include "pclmulqdq.sinc"
  @include "mpx.sinc"
  @include "lzcnt.sinc"
  @include "bmi1.sinc"
  @include "bmi2.sinc"
  @include "sha.sinc"
  @include "smx.sinc"
  @include "cet.sinc"
  @include "fma.sinc"              # Only in x86-64.slaspec
```

我们添加了行末注释来标识 x86-64.slaspec 文件所特有的内容。（x86.slaspec 文件是 x86-64.slaspec 文件的子集。）包含的文件中有 ia.sinc❶，我们在里面定义了 VMXPLODE，所以在这里不需要添加任何内容。如果创建了一个新的.sinc 文件，则需要在 x86.slaspec 和 x86-64.slaspec 中都添加 include 语句，以便在 32 位和 64 位二进制文件中都能识别该指令。

为了测试 Ghidra 在二进制文件中是否可以识别新指令，我们构建了一个测试文件。该文件将首先验证 VMXOFF 指令是否仍然被识别，然后验证 VMXPLODE 是否添加成功。测试 VMXOFF 的 C 代码如下所示：

```
#include <stdio.h>

// The following function declares an assembly block and tells the
```

```
// compiler that it should execute the code without moving or changing it.

void do_vmx(int v) {
    asm volatile (
        "vmxon %0;"          // Enable hypervisor operation
        "vmxoff;"            // Disable hypervisor operation
        "nop;"               // Tiny nop slide to accommodate examples
        "nop;"
        "nop;"
        "nop;"
        "nop;"
        "nop;"
        "vmxoff;"            // Disable hypervisor operation
        :
        :"m"(v)              // Holds the input variable
        :
    );
}
int main() {
    int x;
    printf("Enter an int: ");
    scanf("%d", &x);
    printf("After input, x=%d\n", x);
    do_vmx(x);
    printf("After do_vmx, x=%d\n", x);
    return 0;
}
```

当我们将编译好的二进制文件加载到 Ghidra 中时，可以在清单窗口中看到 do_vmx 的函数主体，如下所示：

```
  0010071a    55          PUSH    RBP
  0010071b    48 89 e5    MOV     RBP,RSP
  0010071e    89 7d fc    MOV     dword ptr [RBP + local_c],EDI
  00100721    f3 0f c7    VMXON   qword ptr [RBP + local_c]
              75 fc
❶ 00100726    0f 01 c4    VMXOFF
  00100729    90          NOP
  0010072a    90          NOP
  0010072b    90          NOP
  0010072c    90          NOP
  0010072d    90          NOP
  0010072e    90          NOP
  0010072f    90          NOP
❷ 00100730    0f 01 c4    VMXOFF
  00100733    90          NOP
  00100734    5d          POP RBP
  00100735    c3          RET
```

在对 VMXOFF 的两次调用❶❷中，显示的操作码（0f 01 c4）与我们在 ia.sinc 中观察到的该命令的操作码一致。下面来自反编译器窗口的清单与我们知道的源代码和相关反汇编代码一致：

```
void do_vmx(undefined4 param_1)
{
    undefined4 unaff_EBP;

    vmxon(CONCAT44(unaff_EBP,param_1));
    vmxoff();
    vmxoff();
    return;
}
```

为了测试 Ghidra 是否能检测到 VMXPLODE 指令，我们将 do_vmx 测试函数中第一次出现的 VMXOFF 替换为 VMXPLODE。然而，VMXPLODE 指令不仅没有在 Ghidra 的处理器定义中，也没有在编译器的知识库中。为了让汇编器接受我们的代码，可以使用数据声明而不是直接使用指令助记符，来手动对指令进行汇编，以便汇编器能够处理新指令：

```
//"vmxoff;"                    // replace this line
".byte 0x0f, 0x01, 0xc5;"     // with this hand assembled one
```

当把更新后的二进制文件加载到 Ghidra 中时，将在清单窗口中看到以下内容：

```
  0010071a    55          PUSH     RBP
  0010071b    48 89 e5    MOV      RBP,RSP
  0010071e    89 7d fc    MOV      dword ptr [RBP + local_c],EDI
  00100721    f3 0f c7    VMXON    qword ptr [RBP + local_c]
              75 fc
❶ 00100726    0f 01 c5    VMXPLODE
  00100729    90          NOP
  0010072a    90          NOP
  0010072b    90          NOP
  0010072c    90          NOP
  0010072d    90          NOP
  0010072e    90          NOP
  0010072f    90          NOP
  00100730    0f 01 c4    VMXOFF
  00100733    90          NOP
  00100734    5d          POP RBP
  00100735    c3          RET
```

可以看到新指令及其操作码（0f 01 c5）一起出现❶。反编译器窗口中也显示了新指令：

```
void do_vmx(undefined4 param_1)
{
    undefined4 unaff_EBP;

    vmxon(CONCAT44(unaff_EBP,param_1));
    vmxplode();
    vmxoff();
```

```
        return;
    }
```

那么，Ghidra 在后台做了哪些工作来将新指令添加到其 x86 处理器指令集中呢？当 Ghidra 重启时（为了使这些变化生效），它会检测到底层的 .sinc 文件发生了变化，并在需要时生成一个新的 .sla 文件。

在这个例子中，当我们加载原始编译的 64 位二进制文件时，Ghidra 检测到 ia.sinc 文件发生变化，于是重新编译 ia.sinc 文件，同时显示如图 18-6 所示的窗口（请注意，它只在需要时重新编译，而不是在重启时自动编译）。由于我们加载的是 64 位文件，所以只有 x86-64.sla 被更新了，而不是 x86.sla。接下来，当加载带 VMXPLODE 指令的二进制文件时，Ghidra 没有再重新编译，因为自上次加载以来，没有对任何底层的 SLEIGH 源文件做过修改。

图 18-6：重新编译语言文件时显示的 Ghidra 窗口

下面是向处理器模块添加新指令的步骤总结：

（1）找到目标处理器的 languages 目录（例如，Ghidra/Processor/<<targetprocessor>>/data/languages）。

（2）将指令添加到选定处理器的 .sinc 文件中，或新建一个 .sinc 文件（例如，Ghidra/Processor/<targetprocessor>/data/languages/<targetprocessor>.sinc）。

（3）如果新建了一个 .sinc 文件，确保它包含在 .slaspec 文件中（例如，Ghidra/Processor/<targetprocessor>/data/languages/<targetprocessor>.slaspec）。

18.2.3 示例 2：修改处理器模块中的指令

现在我们已经成功地向 Ghidra x86 处理器模块中添加了一条指令，但还没有完成目标，目前它只是悄无声息地就退出了，而没有执行额外动作。在本例中，我们将依次通过三个选项来让 VMXPLODE 跳 dab 舞 1。第一个选项将 EAX 设置为硬编码值 0xDAB，然后退出。

选项 1：将 EAX 设置为常数值

让 VMXPLODE 指令在退出前将 EAX 的值设置为 0xDAB，只需要稍微修改示例 1 中使用的相同文件（ia.sinc）中的一条指令。下面的清单显示了在示例 1 之后留下的 VMXOFF 和 VMXPLODE

指令的情况：

```
Is vexMode=0 & byte=0x0f; byte=0x01; byte=0xc4      { vmxoff(); }
is vexMode=0 & byte=0x0f; byte=0x01; byte=0xc5      { vmxplode(); }
```

在指令内容中，在 vmxplode 动作之前添加对 EAX 的赋值，如下所示：

```
Is vexMode=0 & byte=0x0f; byte=0x01; byte=0xc4      { vmxoff(); }
is vexMode=0 & byte=0x0f; byte=0x01; byte=0xc5      { EAX=0xDAB; vmxplode(); }
```

当重新打开 Ghidra 并加载测试文件时，会再次显示如图 18-6 所示的窗口，让我们知道它已经检测到相关语言文件发生了变化，并正在重新生成 x86-64.sla。在 Ghidra 完成自动分析后，清单窗口没有显示任何变化，但反编译器窗口中有明显差异：

```
undefined4 do_vmx(undefined4 param_1)
{
    undefined4 unaff_EBP;

    vmxon(CONCAT44(unaff_EBP,param_1));
    vmxplode();
    vmxoff();
    return 0xdab;
}
```

在反编译器窗口中，return 语句现在返回的是 EAX（0xDAB）的内容。这很有意思，因为我们知道该函数是一个 void 函数，没有返回值。新指令在清单窗口中的条目显示 VMXPLODE 命令没有任何变化：

```
00100726 0f 01 c5VMXPLODE
```

反编译器和反汇编器之间的一个重要区别是，反编译器理解并将每条指令的全部语义行为作为其分析的一部分，而反汇编器主要关注每条指令的正确语法表示。在本例中，VMXPLODE 不接受任何操作数，并且可以被反汇编器正确显示，没有提供 EAX 已经改变的可视化提示。当阅读反汇编代码时，理解每条指令的语义行为完全是你的责任。本例也证明了反编译器的价值，它能够理解 VMXPLODE 的全部语义，并识别到副作用是改变了 EAX。反编译器还识别到 EAX 没有用于函数的其余部分，于是假定该值是返回给调用函数的。

Ghidra 让你有机会深入理解指令的工作原理，并允许你检测和测试指令中的细微差别。先来看一下与 VMXPLODE 相关的指令信息，如图 18-7 所示。

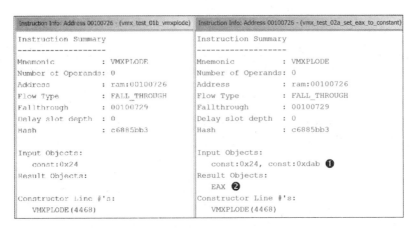

图 18-7：VMXPLODE 指令信息

左边是原始的 VMXPLODE 指令，右边是修改后的版本，Input Objects❶部分列出了 0xdab，Result Objects❷部分列出了 EAX。通过查看底层信息（称为 p-code[1]）可以获得关于任何指令的更多信息，也是我们之前没有查看过的。与指令相关联的 p-code 可以提供关于它具体是做什么的信息。

P-code 可以到多底层

Ghidra 文档将 p-code 描述为一种"为逆向工程应用而设计的寄存器传输语言"。寄存器传输语言（register transfer language, RTL）是一种架构无关的、类似于汇编语言的语言，通常用于高级语言（如 C）和目标汇编语言（如 x86 或 ARM）之间的中间表示（IR 或 IL）。编译器通常由一个特定语言的前端和一个特定架构的后端组成，前者将源代码翻译成 IR，后者将 IR 翻译成特定的汇编语言。这种模块化允许将 C 前端与 x86 后端相结合，以创建产生 x86 代码的 C 编译器，并且还提供了灵活性，用 ARM 模块替换后端，即可获得产生 ARM 代码的 C 编译器。另外，将 C 前端换成 FORTRAN 前端，即可获得产生 ARM 代码的 FORTRAN 编译器。

在 IR 层面上工作，使我们可以构建操作 IR 的工具，而不是分别维护针对 C 或针对 ARM 的工具，这种工具在我们使用其他语言或体系结构时就没有用处了。例如，一旦有了在 IR 上操作的优化器，就可以在任何前端/后端的组合中重复使用，而不需要在每种情况下都重写优化器。

逆向工程工具链与传统软件构建链的运行方向相反，它的前端将机器码翻译成 IR（该过程通常称为 lifting），后端将 IR 翻译成高级语言，如 C 语言。根据这个定义，纯粹的反汇编器并不符合前端的要求，因为它只能将机器码翻译成汇编语言。Ghidra 的反编译器是 IR 到 C 的后端。Ghidra 的处理器模块是机器码到 IR 的前端。

当在 SLEIGH 中构建或修改 Ghidra 处理器模块时，首先要做的是让 SLEIGH 编译器知道你要引入的新 p-code 操作，以便对这个新的或修改的指令的语义动作进行描述。例如，添加到 ia.sinc 文件中的操作定义"define pcodeop vmxplode"，告诉 SLEIGH 编译器 vmxplode 是一个有效的语义操作，可用于描述架构中任何指令的行为。将面临的其中一个最困难的挑战是，使用语法正确的

---

1 p-code 在 Ghidra 帮助文档中没有连字符（pcode），而在其他大多数地方包括 p-code 文档中都有连字符。所以如果在 Ghidra 中找不到关于 p-code 的信息，可以尝试搜索不带连字符的 pcode。

SLEIGH 语句序列来描述每条新的或修改的指令，从而正确地描述与指令相关的动作。所有这些信息都在.slaspec 中获取，并且包含了构成处理器的.sinc 文件。如果做得足够好，Ghidra 会免费提供反编译器后端。

要在清单窗口中查看 p-code，需要打开浏览器字段格式化器并选择 Instruction/Data 标签，右击 p-code 栏并启用该字段。当清单窗口显示了与每条指令相关的 p-code 后，我们就可以比较前面两个清单，观察它们的差异。启用 p-code 后，第一个 VMXPLODE 的实现如下所示，p-code 显示在每条指令的后面：

```
0010071b 48 89 e5          MOV     RBP,RSP
                                   RBP = COPY RSP
                                   $U620:8 = INT_ADD RBP, -4:8
                                   $U1fd0:4 = COPY EDI
                                   STORE ram($U620), $U1fd0
00100721 f3 0f c7 75 fc     VMXON
                                   $U620:8 = INT_ADD RBP, -4:8
                                   $Ua50:8 = LOAD ram($U620)
                                   CALLOTHER "vmxon", $Ua50
00100726 0f 01 c5           VMXPLODE
                                   CALLOTHER "vmxplode"
00100729 90                 NOP
```

这里是修改后的 VMXPLODE：

```
00100726 0f 01 c5           VMXPLODE
                          ❶  EAX = COPY 0xdab:4
                             CALLOTHER "vmxplode"
```

相关的 p-code 现在显示常量值（0xdab）被移动到 EAX 中❶。

选项 2：将寄存器（由操作数决定）设置为常数值

指令集通常是由对零个或多个操作数进行操作的指令组合而成的。随着与指令相关的操作数和类型的增加，描述指令语义的难度也会增加。在本例中，我们将扩展 VMXPLODE 的行为，使其接受一个寄存器操作数，用于 dab。这将要求我们访问 ia.sinc 文件中其他未访问过的部分。这一次，我们从指令的修改版本开始，然后反过来进行。下面的清单显示了需要对指令定义进行的修改，以接受一个操作数，用于确定最终存放 0xDAB 的寄存器。

```
:VMXPLODE     Reg32❶ is vexMode=0 & byte=0x0f; byte=0x01; byte=0xc5; Reg32❷
              { Reg32=0xDAB❸; vmxplode(); }
```

在这里，Reg32❶被声明为一个局部标识符，并与操作码相连❷，成为与指令关联的约束的一部分。该指令没有像之前那样直接将 0xDAB 赋值给 EAX，而是将该值赋值给 Reg32❸。为了实现目标，需要确定一种方法将 Reg32 中的值与选择的 x86 寄存器联系起来。接下来研究一下 ia.sinc 中的其他组件，以正确地将操作数映射到特定的 x86 通用寄存器。

在 ia.sinc 的开头，我们看到了整个规范需要的所有定义，如清单 18-1 所示。

```
# SLA specification file for Intel x86
@ifdef IA64 ❶
@define SIZE "8"
@define STACKPTR "RSP"
@else
@define SIZE "4"
@define STACKPTR "ESP"
@endif
define endian=little; ❷
define space ram type=ram_space size=$(SIZE) default;
define space register type=register_space size=4;
# General purpose registers ❸
@ifdef IA64
define register offset=0 size=8 [ RAX RCX RDX RBX RSP RBP RSI RDI ] ❹;
define register offset=0 size=4 [ EAX _ ECX _ EDX _ EBX _ ESP _ EBP _ ESI _ EDI ];
define register offset=0 size=2 [ AX _ _ _ CX _ _ _ DX _ _ _ BX]; # truncated
define register offset=0 size=1 [ AL AH _ _ _ _ _ _ CL CH _ _ _ _ _ _ ];#truncated y
define register offset=0x80 size=8 [ R8 R9 R10 R11 R12 R13 R14 R15 ] ❺;
define register offset=0x80 size=4 [ R8D _ R9D _ R10D _ R11D _ R12D _ R13D _ R14D
_ R15D ];
define register offset=0x80 size=2 [ R8W _ _ _ R9W _ _ _ R10W _ _ _ R11W ]; # truncated
define register offset=0x80 size=1 [ R8B _ _ _ _ _ _ _ R9B _ _ _ _ _ _ _ ]; # truncated
@else
define register offset=0 size=4 [ EAX ECX EDX EBX ESP EBP ESI EDI ];
define register offset=0 size=2 [ AX _ CX _ DX _ BX _ SP _ BP _ SI _ DI ];
define register offset=0 size=1 [ AL AH _ _ CL CH _ _ DL DH _ _ BL BH ];
@endif
```

清单 18-1：x86 寄存器的部分 SLEIGH 规范（改编自 ia.sinc）

在文件的顶部，可以看到 32 位和 64 位构建的栈指针的名称和大小❶，以及 x86 的字节序❷。注释❸引出了通用寄存器定义的开始。与所有其他组件一样，SLEIGH 在命名和定义寄存器方面有一个特殊约定：寄存器放在名为 register 的特殊地址空间中，并且每个寄存器（可能跨越一个或多个字节）在地址空间内分配一个偏移量。SLEIGH 寄存器定义指出了寄存器列表在寄存器地址空间中开始的偏移量。寄存器列表中的所有寄存器都是连续的，除非用下画线在它们之间创建空间。64 位 RAX 和 RCX 寄存器❹的地址空间布局在图 18-8 中有更详细的介绍。

size	offset															
	0	1	2	3	4	5	6	7	8	9	10	11	12	13	14	15
8	RAX								RCX							
4	EAX				_				ECX				_			
2	AX		_		_		_		CX		_		_		_	
1	AL	AH	_		_		_		CL	CH	_		_		_	

图 18-8：x86-64 RAX 和 RCX 寄存器的布局

名为 AL 的寄存器所占的位置与 RAX、EAX 和 AX 的最低有效字节完全相同（因为 x86 是小端序的）。同样，EAX 占据了 RAX 的低 4 个字节。下画线表示没有名称关联到这些给定大小的字节范围。在本例中，偏移量为 4 到 7 的 4 字节块没有名称，尽管它们与 RAX 寄存器的上半部分是相同的。清单 18-1 描述了一个单独的寄存器块，从偏移量 0x80 处的 R8 开始❺。位于偏移量 0x80 处的 1 字节寄存器称为 R8B，位于偏移量 0x88 处的 1 字节寄存器称为 R9B。清单 18-1 中的文本寄存器定义与图 18-8 中表格之间的有显而易见的相似性，因为 SLEIGH 文件中的寄存器定义只不过是某个架构的寄存器地址空间的文本表示。

想要编写一个 Ghidra 完全不支持的架构的 SLEIGH 描述，需要做的就是为该架构布置寄存器地址空间，确保寄存器之间没有重叠，除非该架构需要（例如 x86-64 架构的 RAX、EAX、AX、AH、AL）。

现在你已经了解了寄存器在 SLEIGH 中的表示方法，回到我们的目标，即选择一个寄存器来 dab。为了让指令正常运行，它需要将标识符 Reg32 映射到通用寄存器。为了完成这个任务，我们使用 ia.sinc 中的一个现有定义，在下面几行代码中可以找到：

```
❶  define token modrm (8)
        mod              = (6,7)
        reg_opcode       = (3,5)
        reg_opcode_hb    = (5,5)
        r_m              = (0,2)
        row              = (4,7)
        col              = (0,2)
        page             = (3,3)
        cond             = (0,3)
        reg8             = (3,5)
        reg16            = (3,5)
❸      reg32            = (3,5)
        reg64            = (3,5)
        reg8_x0          = (3,5)
```

define 语句❶声明了一个名为 modrm 的 8 位标记。SLEIGH 标记（token）是一种语法元素，用于表示构成被建模指令的字节大小的组件[1]。SLEIGH 允许在一个标记中定义任意数量的位字段（bitfields，一个或多个连续位的范围）。当你在 SLEIGH 中定义指令时，这些位字段为指定相关的操作数提供了一种方便的符号化方法。在这个清单中，名为 reg32❷的位字段跨越了 modrm 的第 3 位到第 5 位。这个 3 位的字段可以取值 0 到 7，用来从 8 个 32 位 x86 寄存器中选择一个。

如果移动到文件中下一个引用 reg32 的地方，会看到以下有意思的代码行：

```
# attach variables fieldlist registerlist;
  attach variables [ r32 reg32 base index ][ EAX ECX EDX EBX ESP EBP ESI EDI ];
#                                             0   1   2   3   4   5   6   7
```

清单的第一行和最后一行包含注释，显示该语句的 SLEIGH 语法和每个寄存器的序数值。attach variables 语句将字段与列表（本例中是 x86 通用寄存器列表）关联起来。考虑到前面 modrm 的定义，

---

1 这个概念在 SLEIGH 文档的 Tokens and Fields (6)部分有详细描述。

对这行代码的粗略解释如下：reg32 的值是通过查看 modrm 标记的第 3 位到第 5 位来确定的，得到的值（0 到 7）被用作索引，从列表中选择一个寄存器。

现在我们有了确定 0xDAB 的目标通用寄存器的方法。在文件中下一次遇到 Reg32 的时候发现了如下代码，它包含 32 位和 64 位寄存器的 Reg32 的构造函数，现在可以看到 reg32 和 Reg32 之间的关系[1]：

```
Reg32:  reg32   is rexRprefix=0 & reg32   { export reg32; } #64-bit Reg32
Reg32:  reg32   is reg32               { export reg32; } #32-bit Reg32
```

让我们回到开头的这条命令：

```
:VMXPLODE Reg32 ❶ is vexMode=0 & byte=0x0f; byte=0x01; byte=0xc5; Reg32 ❷
                                      { Reg32=0xDAB; vmxplode(); }
```

我们将在调用 VMXPLODE 时添加一个操作数，它将决定使用哪个寄存器来存放值 0xDAB。进一步更新二进制测试文件，删除第一个 NOP，并将数值 0x08 添加到手工汇编的指令中。前 3 个字节是操作码（0f 01 c5），后面的字节（08）是操作数，用于指定要使用的寄存器：

```
".byte 0x0f, 0x01, 0xc5, 0x08;"           // hand assembled with operand
```

图 18-9 展示了根据 ia.sinc 文件中的信息，从操作数到确定寄存器的逐步转换过程。

❶	Operand	08							
❷	Value	0	0	0	0	1	0	0	0
❸	modrm bits	7	6	5	4	3	2	1	0
❹	Reg32	001							
❺	Ordinals	0	1	2	3	4	5	6	7
❻	Registers	EAX	ECX	EDX	EBX	ESP	EBP	ESI	EDI

图 18-9：从操作数到寄存器的转换路径

第一行中显示的原始操作数是 0x08❶。该值被解码为二进制形式❷，并与 modrm 标记的字段重叠在一起❸。第 3 位到第 5 位被提取出来，产生 Reg32 的值 001❹。这个值被用来作为序号映射的索引❺，并选择了 ECX 寄存器❻。因此，操作数 0x08 指定 ECX 来存放值 0xDAB。

当保存更新后的 ia.sinc 文件，重启 Ghidra，然后加载并分析该文件时，会产生以下清单，显示新指令的使用情况。正如预期的那样，ECX 被选择来保存 0xDAB 的寄存器：

```
00100721 f3 0f c7 75 fc   VMXON    qword ptr [RBP + local_c]
                                   $U620:8 = INT_ADD RBP, -4:8
                                   $Ua50:8 = LOAD ram($U620)
                                   CALLOTHER "vmxon", $Ua50
00100726 0f 01 c5 08      VMXPLODE ECX
                                   ECX = COPY 0xdab:4
                                   CALLOTHER "vmxplode"
0010072a 90               NOP
```

---

1 这个概念在 SLEIGH 文档的 Constructors (7) 部分有详细描述。

值 0xDAB 不再出现在反编译器窗口中，因为反编译器假定返回值在 EAX 中。在本例中，我们使用的是 ECX，所以反编译器没有识别出返回值。

现在可以让选定的寄存器 dab 了，添加一个 32 位立即数作为第二个操作数。

选项 3：寄存器和值操作数

为了扩展指令的语法以接受两个操作数（一个目的寄存器和一个源常数），更新 VMXPLODE 的定义如下所示：

```
:VMXPLODE    Reg32,imm32 is vexMode=0 & byte=0x0f; byte=0x01; byte=0xc5;
             Reg32; imm32                        { Reg32=imm32; vmxplode(); }
```

在指令中增加一个 32 位立即数需要额外的 4 个字节来进行编码。因此，将接下来的四个 NOP 替换为正确编码 imm32 的小端序值，如下所示：

```
".byte 0x0f, 0x01, 0xc5, 0x08, 0xb8, 0xdb, 0xee, 0x0f;"
"nop;"
"nop;"
```

当重新加载文件时，VMXPLODE 将以另一种爆炸方式退出。如下面的清单所示（显示了 p-code），现在 ECX 的值是 0xFEEDBBBB（对于科幻小说迷来说，这可能是一个更吸引人的退出动作）：

```
00100726 0f 01 c5    VMXPLODE ECX,0xfeedbb8
         08 b8 db
         ee 0f
                             ECX = COPY 0xfeedbb8:4
                             CALLOTHER "vmxplode"
```

18.2.4　示例 3：在处理器模块中添加寄存器

在处理器模块示例的最后，使用两个全新的寄存器来扩展体系结构[1]。回顾一下本章前面 32 位通用寄存器的定义：

```
define register offset=0 size=4    [EAX ECX EDX EBX ESP EBP ESI EDI];
```

寄存器的定义需要有偏移量、大小和寄存器列表。查看当前分配的偏移量并找到两个 4 字节的寄存器空间后，我们选择了一个注册内存地址空间的起始偏移量。可以使用信息在 ia.sinc 文件中定义两个新的 32 位寄存器，称为 VMID 和 VMVER，如下所示：

```
# Define VMID and VMVER
define register offset=0x1500 size=4 [ VMID VMVER ];
```

我们的指令需要一种方法来识别它们在哪个新寄存器（VMID 或 VMVER）上操作。在前面的例子中，我们用 3 位字段来选择 8 个寄存器中的一个。这里只需要 1 位就可以在两个新寄存器中进行选择。下面的语句在 modrm 标记中定义了一个 1 位字段，并将它与 vmreg 关联起来：

---

1 这个概念在 SLEIGH 文档的 Naming Registers (4.4)部分有详细描述。

```
# Associate vmreg with a single bit in the modrm token.
vmreg = (3, 3)
```

下面的语句将 vmreg 附加到包含两个寄存器的序号集中，0 代表 VMID，1 代表 VMVER：

```
attach variables [ vmreg ]    [ VMID VMVER ];
```

当任何附加的寄存器在指令中有效时，指令定义可以引用 vmreg，而汇编语言程序员可以在任何允许 vmreg 操作数的指令中引用 VMID 和 VMVER 作为操作数。下面比较一下两个 VMXPLODE 的定义。第一个是之前的例子，我们从通用寄存器中进行选择；第二个是从两个新寄存器中进行选择，而不是通用寄存器。

```
:VMXPLODE Reg32,imm32 is vexMode=0 & byte=0x0f; byte=0x01; byte=0xc5;
        Reg32, imm32                          { Reg32=imm32; vmxplode(); }
:VMXPLODE vmreg,imm32 is vexMode=0 & byte=0x0f; byte=0x01; byte=0xc5;
        vmreg, imm32                          { vmreg=imm32; vmxplode(); }
```

在第一个定义中，Reg32 被替换为 vmreg。如果使用相同的输入文件和测试指令 "vmxplode 0x08,0xFEEDBBB"，因为输入值 0x08 映射到序数值 1（因为第 3 位被设置），所以立即数 0xFEEDBBB 将被加载到 VMVER 中，它是 vmreg 的寄存器 1，如图 18-10 所示。在加载测试文件后（保存 ia.sinc 并重启 Ghidra 后），可以看到清单窗口中的 p-code 显示立即数被加载到 VMVER 中：

```
00100726 0f 01 c5    VMXPLODE      VMVER,0xfeedbb8
        08 b8 db
        ee 0f

                                   VMVER = COPY 0xfeedbb8:4
                                   CALLOTHER "vmxplode"
```

相关的指令信息如图 18-10 所示，同样也发生了改变。

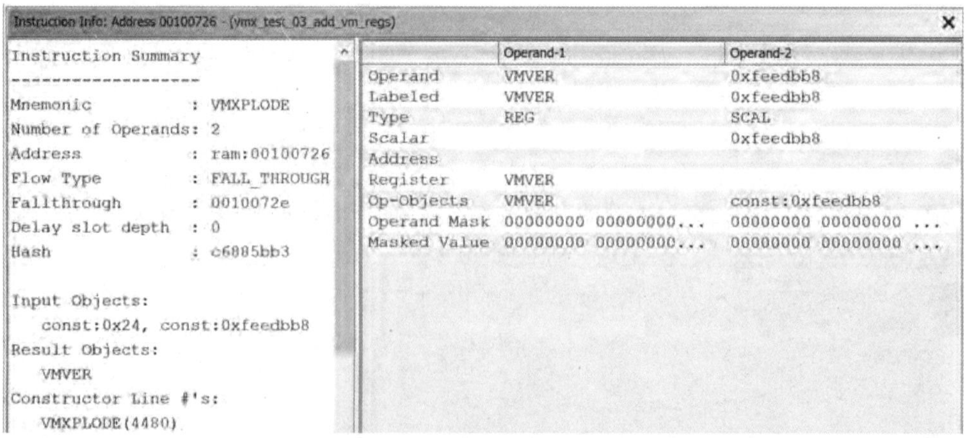

图 18-10：选中 VMVER 寄存器的 VMXPLODE 指令信息

18.3　小结

虽然本章只介绍了 x86 处理器文件内容的一小部分，但研究了处理器模块的主要组成部分，包括指令定义、寄存器定义和标记，以及如何使用 Ghidra 专用语言 SLEIGH 来构建、修改和增强 Ghidra 处理器模块。如果想向 Ghidra 中添加新的处理器，强烈建议先看一下最近添加到 Ghidra 的一些处理器（例如，关于 SuperH4.sinc 文件的文档特别多，而且该处理器的复杂度明显低于 x86 处理器）。

耐心和实验在任何处理器的开发中都起到非常重要的作用。当你能够为每个新二进制文件重用处理器模块，甚至将模块共享给 Ghidra 项目，以造福其他逆向工程师时，这些艰苦的工作都是值得的。

在下一章中，我们将深入探讨 Ghidra 反编译器的相关功能。

第 19 章
Ghidra 反编译器

到目前为止，我们一直把逆向工程分析的重点放在清单窗口上，并从反汇编清单的视角来介绍 Ghidra 的功能。本章将重点转移到反编译器窗口，研究如何利用反编译器及其相关功能完成熟悉的分析任务（和一些新任务）。在介绍反编译器窗口的功能之前，先简要介绍一下反编译过程。然后通过一些例子来帮助确定如何使用反编译器窗口来改进逆向工程过程。

19.1 反编译器分析

按理说，反编译器窗口中的内容是由清单窗口衍生出来的，但令人惊讶的是，清单窗口和反编译器窗口的内容是独立生成的，这就是为什么它们有时会产生分歧，以及为什么应该将两者结合起来进行分析。Ghidra 反编译器的主要功能是将机器语言转换为 p-code（参见第 18 章），然后将 p-code 转换为 C 语言，并在反编译器窗口中呈现。

简单来说，反编译过程包括三个不同的阶段。在第一阶段，反编译器使用 SLEIGH 规范文件来创建 p-code 的草稿，并推导出相关的基本块和流。第二阶段的重点是简化，消除不需要的内容，如不可到达的代码，然后根据变化调整控制流。在最后阶段，完成收尾工作和一些最后的检查，最终结果经过美化后呈现在反编译器窗口中。当然，这只是将一个非常复杂的过程进行了简化，但可以得到以下收获[1]：

- 反编译器是一个分析器。
- 它从二进制文件开始工作并生成 p-code。
- 它将 p-code 转换为 C 代码。

C 代码和任何相关的信息都显示在反编译器窗口中。

在研究 Ghidra 的反编译功能时，将更详细地讨论其中的一些步骤。让我们先从分析过程和它所释放的主要功能开始。

---

1 Ghidra 的反编译工作流程分为 15 个步骤，包括子组件。可以使用 Doxygen 提取 Ghidra 反编译器的全部内部文档。

19.1.1　分析选项

在自动分析过程中，有几个与反编译器窗口相关的分析器。通过 Edit→Tool Options 菜单可以对反编译器分析选项进行管理，如图 19-1 所示，默认选项已被选中。

接下来讨论其中两个选项，即消除不可到达代码（Eliminate unreachable code）和简化谓词（Simplify predication）。对于其余选项，你可以对它们的结果进行实验，或者参考 Ghidra 帮助文档。

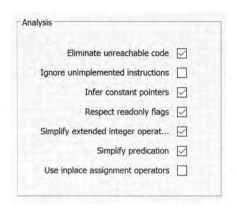

图 19-1：选中默认值的 Ghidra 反编译器分析选项

Eliminate Unreachable Code

该选项将不可到达的代码从反编译清单中清除。例如，下面的 C 函数有两个永远不可能满足的条件，这使得相应的条件块不可到达：

```
int demo_unreachable(volatile int a) {
    volatile int b = a ^ a;
❶  if (b) {
        printf("This is unreachable\n");
        a += 1;
    }
❷  if (a - a > 0) {
        printf("This should be unreachable too\n");
        a += 1;
    } else {
        printf("We should always see this\n");
        a += 2;
    }
    printf("End of demo_unreachable()\n");
    return a;
}
```

变量 b 以一种不那么明显的方式初始化为 0。当 b 被判断时❶，由于它的值为 0，条件不满足，所以相应的 if 语句的主体永远不会被执行。同样，a-a 永远不可能大于 0，所以第二个 if 语句中的条件也不满足❷。当启用消除不可到达代码的选项时，反编译器窗口会显示警告信息，让我们知道它已经删除了不可到达的代码。

```
/* WARNING: Removing unreachable block (ram,0x00100777) */
/* WARNING: Removing unreachable block (ram,0x0010079a) */
ulong demo_unreachable(int param_1)
{
    puts("We should always see this");
    puts("End of demo_unreachable()");
    return (ulong)(param_1 + 2);
}
```

Simplify Predication

该选项通过合并具有相同条件的块来优化 if/else 块。在下面的清单中，前两个 if 语句具有相同的条件：

```
int demo_simppred(int a) {
    if (a > 0) {
        printf("A is > 0\n");
    }
    if (a > 0) {
        printf("Yes, A is definitely > 0!\n");
    }
    if (a > 2) {
        printf("A > 2\n");
    }
    return a * 10;
}
```

在启用简化谓词的选项后，产生的反编译器清单将显示合并后的代码块：

```
ulong demo_simppred(int param_1)
{
    if (0 < param_1) {
        puts("A is > 0");
        puts("Yes, A is definitely > 0!");
    }
    if (2 < param_1) {
        puts("A > 2");
    }
    return (ulong)(uint)(param_1 * 10);
}
```

19.2 反编译器窗口

现在已经知道了反编译器分析引擎是如何填充反编译器窗口的，接下来看看如何使用该窗口来帮助分析。导航反编译器窗口相对容易，因为它一次只显示一个函数。将其与清单窗口相关联，有助于在不同函数之间移动或在上下文中查看函数。由于反编译器窗口和清单窗口默认是连接的，因此可以使用 CodeBrowser 工具栏中的可用选项来导航这两个窗口。

反编译器窗口中显示的函数有助于分析，但一开始可能不那么容易读懂。如果反编译某函数时缺少它所使用的数据类型信息，Ghidra 就需要自己推断这些数据类型。因此，反编译器可能会过度使用类型转换，在以下示例语句中可以看出：

```
printf("a=%d, b=%d, c=%d, d=%d, e=%d, f=%d, g=%d\n", (ulong)param_1,
        (ulong)param_2,(ulong)uVar1,(ulong)uVar2,(ulong)(uVar1 + param_1),
        (ulong)(uVar2 * 100),(ulong)uVar4);

uStack44 = *(undefined4 *)**(undefined4 **)(iStack24 + 0x10);
```

当使用反编译器编辑选项提供更准确的类型信息时，会发现反编译器对类型转换的依赖越来越少，生成的 C 代码也变得更容易阅读。接下来的示例将讨论反编译器窗口的一些最有用的功能，以对生成的源代码进行清理。最终目标是获得可读性更强、更容易理解的源代码，从而减少理解代码行为所需的时间。

19.2.1 示例 1：在反编译器窗口中编辑

考虑这样一个程序，它从用户那里接受两个整数值，然后调用以下函数：

```
int do_math(int a, int b) {
    int c, d, e, f, g;
    srand(time(0));

    c = rand();
    printf("c=%d\n", c);

    d = a + b + c;
    printf("d=%d\n", d);

    e = a + c;
    printf("e=%d\n", e);

    f = d * 100;
    printf("f=%d\n", f);

    g = rand() - e;
    printf("g=%d\n", g);

    printf("a=%d, b=%d, c=%d, d=%d, e=%d, f=%d, g=%d\n", a, b, c, d, e, f, g);
    return g;
}
```

该函数使用两个整数参数和五个局部变量来生成其输出。相互依赖关系可以总结如下：

- 变量 c 取决于 rand() 的返回值，直接影响 d 和 e，并间接影响 f 和 g。
- 变量 d 取决于 a、b 和 c，并直接影响 f。
- 变量 e 取决于 a 和 c，并直接影响 g。

- 变量 f 直接取决于 d，间接取决于 a、b 和 c，并且不影响任何东西。
- 变量 g 直接取决于 e，间接取决于 a 和 c，并且不影响任何东西。

当相关二进制文件被加载到 Ghidra 中并对该函数进行分析时，可以在反编译器窗口中看到 do_math 函数如下所示：

```
ulong do_math(uint param_1,uint param_2)
{
    uint uVar1;
    uint uVar2;
    int iVar3;
    uint uVar4;
    time_t tVar5;

    tVar5 = time((time_t *)0x0);
    srand((uint)tVar5);
    uVar1 = rand();
    printf("c=%d\n");
    uVar2 = uVar1 + param_1 + param_2;
❶   printf("d=%d\n");
    printf("e=%d\n");
    printf("f=%d\n");
    iVar3 = rand();
    uVar4 = iVar3 - (uVar1 + param_1);
    printf("g=%d\n");
    printf("a=%d, b=%d, c=%d, d=%d, e=%d, f=%d, g=%d\n", (ulong)param_1,
            (ulong)param_2,(ulong)uVar1,(ulong)uVar2,(ulong)(uVar1 + param_1),
            (ulong)(uVar2 * 100),(ulong)uVar4);
    return (ulong)uVar4;
}
```

如果要用反编译器进行分析，需要确保反编译器生成的代码尽可能准确。通常，这是通过提供尽可能多的相关数据类型和函数原型信息来实现的。接受可变数量参数的函数，如 printf，对于反编译器来说尤其棘手，因为反编译器需要完全理解所需参数的语义，才能估计出所提供的可选参数的数量。

重写函数签名

你可以看到许多不太正确的 printf 语句❶，它们都有格式字符串，但没有其他参数。由于 printf 接受可变数量的参数，你可以在每个调用位置重写函数签名，并且（基于格式字符串）指示 printf 语句应该接受一个整数参数[1]。要进行此更改，可以右击 printf 语句并从上下文菜单中选择 Override Signature，打开如图 19-2 所示的对话框。

---

1 对于没有可变数量参数的函数，你应该更改函数签名，而不是从调用中重写它。

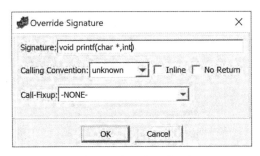

图 19-2：重写签名对话框

将第二个参数的类型 int 添加到每个 printf 语句的签名中（如图所示），会产生以下清单：

```
ulong do_math(uint param_1,uint param_2)
{
❶   uint uVar1;
    uint uVar2;
    uint uVar3;
    int iVar4;
    uint uVar5;
    time_t tVar6;

    tVar6 = time((time_t *)0x0);
    srand((uint)tVar6);
    uVar1 = rand();
    printf("c=%d\n",uVar1);
    uVar2 = uVar1 + param_1 + param_2;
    printf("d=%d\n",uVar2);
❷   uVar3 = uVar1 + param_1;
    printf("e=%d\n",uVar3);
    printf("f=%d\n",uVar2 * 100);
    iVar4 = rand();
❸   uVar5 = iVar4 - uVar3;
    printf("g=%d\n",uVar5);
❹   printf("a=%d, b=%d, c=%d, d=%d, e=%d, f=%d, g=%d\n", (ulong)param_1,
              (ulong)param_2,(ulong)uVar1,(ulong)uVar2,(ulong)(uVar1 + param_1),
              (ulong)(uVar2 * 100),(ulong)uVar4); return (ulong)uVar4;
}
```

除了用正确的参数更新了 printf 调用，由于重写了 printf 函数，在反编译器清单中还增加了两行新语句❷❸。这些语句之前没有出现，是因为 Ghidra 认为它们的结果没有被使用，于是优化掉了。当反编译器发现这些结果在 printf 中被使用时，它们就变得有意义，并被显示在反编译器窗口中。

编辑变量类型和名称

在纠正了函数调用后，可以继续清理清单，根据 printf 格式字符串中的名称对参数和变量❶进行重命名（热键 L）和重新输入（热键 ctrl-L）。另外，对于任何程序中变量的类型和用途，格式字符串是非常有价值的信息来源。

在完成这些修改后，最后的 printf 语句❹仍然有点麻烦：

```
printf("a=%d, b=%d, c=%d, d=%d, e=%d, f=%d, g=%d\n", (ulong)a,
        (ulong)(uint)b, (ulong)(uint)c, (ulong)(uint)d, (ulong)(uint)e,
        (ulong)(uint)(d * 100),(ulong)(uint)g);
```

右击该 printf 语句可以重写函数签名。它的第一个参数是格式字符串，不需要修改。将其余参数改为 int 类型，就会在反编译器窗口中生成以下更清晰的代码（清单 19-1）：

```
int do_math(int a, int b)
{
    int c;
    int d;
    int e;
    int g;
    time_t tVar1;

    tVar1 = time((time_t *)0x0);
    srand((uint)tVar1);
    c = rand();
    printf("c=%d\n",c);
    d = c + a + b;
    printf("d=%d\n",d);
    e = c + a;
    printf("e=%d\n",e);
    printf("f=%d\n",d * 100);
    g = rand();
    g = g - e;
    printf("g=%d\n",g);
    printf("a=%d, b=%d, c=%d, d=%d, e=%d, f=%d, g=%d\n",a,b,c,d,e,d * 100 ❶,g);
    return g;
}
```

清单 19-1：更正签名后的反编译函数

这与我们原始的源代码非常相似，并且比原始的反编译器清单更容易阅读，因为对函数参数的修改已经应用到了整个清单。反编译器清单和原始源代码的一个区别是，变量 f 被替换成了等效表达式❶。

高亮显示切片

现在我们有了更容易阅读的反编译器窗口，可以开始进一步分析。例如你想知道单个变量如何影响其他变量，以及如何被其他变量影响。程序切片（program slice）是一组对变量值有影响（backward slice，反向切片）或受变量影响（forward slice，正向切片）的语句集合。在漏洞分析场景中，这可能表现为"我已经控制了这个变量；但是它的值在哪里被使用？"

Ghidra 在其右键菜单中提供了五个选项，以高亮显示函数中变量和指令之间的关系。当你在反编译器窗口中右击一个变量时，可以在 Highlight 子菜单中选择以下选项：

- **Def-use**：该选项高亮显示函数中所有使用这个变量的地方（可以用鼠标中键单击来获得同样的效果）。

- **Forward Slice**：该选项高亮显示受这个变量值影响的所有内容。例如，如果在清单 19-1 中选择了变量 b，那么清单中所有出现的 b 和 d 都将被高亮显示，因为 b 的值改变也可能导致 d 的值改变。

- **Backward Slice**：与前一个选项相反，高亮显示所有对这个特定值有影响的变量。右击清单 19-1 中最后的 printf 语句中的变量 e，并使用该选项，则所有影响 e 的值的变量（本例中为 e、a 和 c）都将被高亮显示。改变 a 或 c 也可能改变 e 的值。

- **Forward Inst Slice**：该选项高亮显示与 Forward Slice 选项关联的整个语句。在清单 19-1 中，选中变量 b 并使用该选项，所有出现 b 或 d 的语句都将被高亮显示。

- **Backward Inst Slice**：该选项高亮显示与 Backward Slice 选项关联的整个语句。在清单 19-1 中，选中最后的 printf 语句中的变量 e 并使用该选项，所有出现 a、c 或 e 的语句都将被高亮显示。

现在我们已经大致了解了如何在反编译器窗口中工作，以及如何在分析中使用它的一些方法，接下来看一个更具体的例子。

19.2.2　示例 2：无返回值函数

一般来说，Ghidra 可以安全地假定函数调用有返回值，因此在基本块中将其视为顺序流。然而，有些函数，例如在源代码中标有 noreturn 关键字的函数，或者在恶意软件中以混淆的跳转指令结束的函数，它们并没有返回值。Ghidra 可能会因此生成不准确的反汇编或反编译代码。Ghidra 提供了三种处理无返回值函数的方法：两个无返回值函数分析器和手动编辑函数签名的功能。

Ghidra 可以根据已知的 noreturn 函数列表，如 exit 和 abort，使用 Non-Returning Functions-Known 分析器来识别无返回值函数。它的工作原理很简单：如果一个函数名出现在这个列表中，就把它标记为不返回，同时尽力纠正任何相关问题（例如，把相关调用设置为不返回，找到可能需要修复的流，等等）。

Non-Returning Functions-Discovered 分析器会寻找可能表明函数不返回的线索（例如，调用后的数据或坏指令）。它对这些信息的处理主要是由与分析器相关的三个选项来控制，如图 19-3 所示。

第一个选项❶用于自动创建分析书签（出现在清单窗口的书签栏上）。第二个选项❷可以指定一个阈值，根据对可能表明无返回值函数的特征进行一系列检查，来决定是否将函数标记为不返回。最后，还有一个复选框❸，用于修复相关被损坏的流。

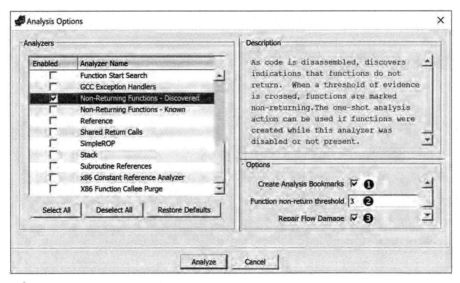

图 19-3：Non-Returning Functions-Discovered 的分析选项

当 Ghidra 无法识别一个无返回值函数时，你可以选择自己编辑函数签名。如果分析完成后有用来标记坏指令的错误书签，那么就说明 Ghidra 自己的分析有些地方不太正确。如果坏指令跟在一个 CALL 后面，例如：

```
00100839          CALL      noReturnA
0010083e          ??        FFh
```

那么你很可能会在反编译器窗口中看到一个相关的后注释，对这种情况提出警告，就像这样：

```
noReturnA(1);
/* WARNING: Bad instruction - Truncating control flow here */
halt_baddata();
```

如果在反编译器窗口中单击函数名称（本例中为 noReturnA），然后选择 Edit Function Signature，就可以修改与该函数相关的属性，如图 19-4 所示。

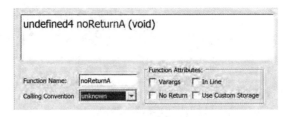

图 19-4：编辑函数属性

选中 No Return 复选框将函数标记为不返回，之后 Ghidra 将在反编译器窗口中插入一个前注释，如下所示，并且在清单窗口中插入一个后注释：

```
/* WARNING: Subroutine does not return */
noReturnA(1);
```

更正这个错误后，就可以继续处理其他问题了。

19.2.3　示例 3：自动创建结构体

在分析反编译得到的 C 代码时，很可能会遇到一些似乎包含结构体字段引用的语句。Ghidra 会帮助创建结构体，并根据反编译器检测到的相关引用来填充它。下面我们来看一个例子，包括源代码和 Ghidra 的初始反编译代码。

假设源代码中定义了两个结构体类型，并且为它们分别创建了全局实例：

```
❶ struct s1 {
       int a;
       int b;
       int c;
   };

❷ typedef struct s2 {
       int x;
       char y;
       float z;
   } s2_type;

   struct s1 GLOBAL_S1;
   s2_type GLOBAL_S2;
```

其中一个结构体❶包含同种类型的元素，而另一个结构体❷包含不同类型的元素。源代码中还包含三个函数，其中 do_struct_demo 函数声明了每个结构体类型的局部实例：

```
void display_s1(struct s1* s) {
    printf("The fields in s1 = %d, %d, and %d\n", s->a, s->b, s->c);
}

void update_s2(s2_type* s, int v) {
    s->x = v;
    s->y = (char)('A' + v);
    s->z = v * 2.0;
}

void do_struct_demo() {
    s2_type local_s2;
    struct s1 local_s1;

    printf("Enter six ints: ");
    scanf("%d %d %d %d %d %d", (int *)&local_s1, &local_s1.b, &local_s1.c,
            &GLOBAL_S1.a, &GLOBAL_S1.b, &GLOBAL_S1.c);

    printf("You entered: %d and %d\n", local_s1.a, GLOBAL_S1.a);
    display_s1(&local_s1);
    display_s1(&GLOBAL_S1);

    update_s2(&local_s2, local_s1.a);
}
```

do_struct_demo 的反编译版本如清单 19-2 所示。

```
void do_struct_demo(void)
{
    undefined8 uVar1;
    uint local_20;
    undefined local_1c [4];
    undefined local_18 [4];
    undefined local_14 [12];

    uVar1 = 0x100735;
    printf("Enter six ints: ");
    __isoc99_scanf("%d %d %d %d %d %d", &local_20, local_1c, local_18,
                    GLOBAL_S1,0x30101c,0x301020,uVar1);
    printf("You entered: %d and %d\n",(ulong)local_20,(ulong)GLOBAL_S1._0_4_);
❶  display_s1(&local_20);
❷  display_s1(GLOBAL_S1);
    update_s2(local_14,(ulong)local_20,(ulong)local_20);
    return;
}
```

清单 19-2：do_struct_demo 的初始反编译

在反编译器窗口中双击任一函数调用❶❷可以导航到 display_s1 函数，如下所示：

```
void display_s1(uint *param_1)
{
    printf("The fields in s1 = %d, %d, and %d\n", (ulong)*param_1,
            (ulong)param_1[1],(ulong)param_1[2]);
    return;
}
```

因为怀疑 display_s1 的参数可能是一个结构体指针，所以可以要求 Ghidra 自动创建一个结构体，方法是在函数的参数列表中右击 param_1，从上下文菜单中选择 Auto Create Structure。此时 Ghidra 会跟踪 param_1 的所有使用，将指针上执行的所有算术操作视为对结构体成员的引用，并自动创建新的结构体类型，每个被引用的偏移则作为结构体的字段。

```
void display_s1(astruct *param_1)
{
    printf("The fields in s1 = %d, %d, and %d\n",(ulong)param_1->field_0x0,
            (ulong)param_1->field_0x4,(ulong)param_1->field_0x8);
    return;
}
```

现在，参数的类型已经变成了 astruct*，对 printf 的调用也变成了字段引用。新类型被添加到数据类型管理器中，将鼠标指针悬停在结构体名称上会显示字段定义，如图 19-5 所示。

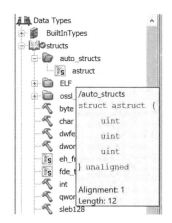

图 19-5：数据类型管理器中的 auto_structs 结构体

从右键菜单中使用 Retype Variable 选项可以将 local_20 和 GLOBAL_S1 的类型更新为 astruct。结果如下所示：

```
void do_struct_demo(void)
{
    undefined8 uVar1;
❶  astruct local_20;
    undefined local_14 [12];

    uVar1 = 0x100735;
    printf("Enter six ints: ");
    __isoc99_scanf("%d %d %d %d %d %d", &local_20, &local_20.field_0x4, ❷
❸          &local_20.field_0x8, &GLOBAL_S1, 0x30101c, 0x301020, uVar1);
    printf("You entered: %d and %d\n", (ulong)local_20.field_0x0,
❹      (ulong)GLOBAL_S1.field_0x0);
    display_s1(&local_20);
    display_s1(&GLOBAL_S1);
    update_s2(local_14,(ulong)local_20.field_0x0,(ulong)local_20.field_0x0);
    return;
}
```

将其与清单 19-2 进行比较，可以看到 local_20❶的类型已被修改，并且增加了对 local_20❷❸和 GLOBAL_S1❹的字段引用。

让我们将注意力转移到第三个函数 update_s2 的反编译上，如清单 19-3 所示。

```
void update_s2(int *param_1,int param_2)
{
    *param_1 = param_2;
    *(char *)(param_1 + 1) = (char)param_2 + 'A';
    *(float *)(param_1 + 2) = (float)param_2 + (float)param_2;
    return;
}
```

清单 19-3：update_s2 的初始反编译

使用前面的方法为 param_1 自动创建结构体，只需右击函数中的 param_1 并从上下文菜单中选择 Auto Create Structure 即可。

```
void update_s2(astruct_1 *param_1,int param_2)
{
    param_1->field_0x0 = param_2;
    param_1->field_0x4 = (char)param_2 + 'A';
    param_1->field_0x8 = (float)param_2 + (float)param_2;
    return;
}
```

现在，数据类型管理器中有了与该文件相关的第二个结构体定义，如图 19-6 所示。

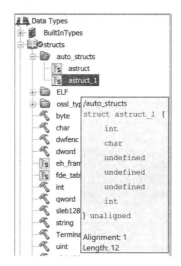

图 19-6：数据类型管理器中的另一个 auto_structs 结构体

该结构体包含一个 int、一个 char、三个 undefined 字节（可能是编译器插入的填充物）和一个 float。要编辑结构体，可以右击 astruct_1，并从上下文菜单中选择 Edit，打开结构体编辑器窗口。我们将 int 字段命名为 x、char 字段命名为 y、float 字段命名为 z，保存更改后新的字段名将反映在反编译器清单中，它比清单 19-3 中的初始反汇编代码更容易阅读和理解：

```
void update_s2(astruct_1 *param_1,int param_2)
{
    param_1->x = param_2;
    param_1->y = (char)param_2 + 'A';
    param_1->z = (float)param_2 + (float)param_2;
    return;
}
```

19.3　小结

反编译器窗口与清单窗口一样，提供了二进制文件的一种视图，每个窗口也都有各自的优缺点。和查看反汇编清单相比，反编译器提供的视图可以帮助你更快地了解单个函数的结构和功能（特别是对那些多年没有反汇编清单阅读经验的人而言）。清单窗口提供的是整个二进制文件的底层视图，包含所有可用的详细信息，但这可能使你陷入细节而忽视全局。

Ghidra 的反编译器可以与清单窗口以及本书中介绍的所有其他工具一起使用，以更有效地帮助你完成逆向工程。最后，逆向工程师的角色是确定解决手头问题的最佳方法。

本章主要介绍了反编译器窗口和与反编译相关的一些问题。许多挑战可以追溯到各种各样的编译器和相关的编译器选项，它们直接影响到产生的二进制文件。在下一章中，我们将讨论一些编译器特有的行为和编译器构建选项，以便更好地理解所产生的二进制文件。

第 20 章
编译器变体

现在，你已经拥有了高效使用 Ghidra 的基本技能，更重要的是，能让 Ghidra 为你工作。下一步是学习如何适应二进制文件（而不是 Ghidra）带来的挑战。根据分析汇编语言的动机，你可能对正在查看的东西非常熟悉，也可能永远不知道将要面临什么。如果把所有时间都花在研究 Linux 平台上用 gcc 编译的代码上，你会对它生成的代码风格非常熟悉，但同时可能会对用 Microsoft C/C++编译器编译的调试版程序感到困惑。如果你是恶意软件分析师，则更有可能会在同一天看到用 gcc、clang、Microsoft C++、Delphi 和其他编译器所创建的代码。

Ghidra 和你一样，对某些编译器的输出比对其他编译器更熟悉，并且熟悉某个编译器生成的代码并不能保证能识别使用完全不同的编译器（甚至是同一编译器系列的不同版本）生成的高级结构。与其完全依赖 Ghidra 的分析能力来识别常用代码和数据结构，不如随时准备好使用自己的技能：熟悉特定的汇编语言、掌握编译器知识，以及正确解释反汇编的研究能力。

本章将介绍一些编译器差异在反汇编清单中的表现形式。我们主要使用编译后的 C 代码作为例子，因为 C 编译器和目标平台差异性的基本概念，也可以扩展到其他编译语言。

20.1　高级结构

在某些情况下，编译器之间的差异可能只是表面上的，但在其他情况下，它们要重要得多。在这一节，我们将看一些高级语言结构，并展示不同编译器和编译器选项是如何对所产生的反汇编清单产生重大影响的。我们从 switch 语句和最常用于解决 switch case 选择的两种机制开始，然后看一下编译器选项如何影响通用表达式的代码生成，最后再讨论不同编译器如何实现 C++特定的结构和处理程序启动。

20.1.1　switch 语句

C 语言 switch 语句是编译器优化的常见目标，优化目的是以最有效的方式将 switch 变量与有效的 case 标签进行匹配，但是 switch 语句中 case 标签的分布限制了可以使用的搜索类型。

　　搜索效率是通过搜索正确情况所需的比较次数来衡量的，因此可以追踪编译器可能使用的逻辑，以确定表示 switch 表的最佳方式。常量时间算法如查表是最有效的[1]。连续体的另一端是线性搜索，在最坏的情况下，它需要将 switch 变量与每个 case 标签进行比较，才能成功匹配或者进入默认值，因此效率最低[2]。平均来说，二分查找的效率要比线性搜索好得多，但也引入了额外的限制，因为它需要一个有序列表[3]。

　　给特定的 switch 语句选择最有效的实现方式，有助于理解 case 标签的分布如何影响编译器的决策过程。当 case 标签紧密聚集时，如清单 20-1 中的源代码所示，编译器通常使用查表来解析 switch 变量，并将其与相关 case 的地址进行匹配——特别是在使用跳转表的时候。

```
switch (a) {
/** NOTE: case bodies omitted for brevity **/
    case 1:     /*...*/ break;
    case 2:     /*...*/ break;
    case 3:     /*...*/ break;
    case 4:     /*...*/ break;
    case 5:     /*...*/ break;
    case 6:     /*...*/ break;
    case 7:     /*...*/ break;
    case 8:     /*...*/ break;
    case 9:     /*...*/ break;
    case 10:    /*...*/ break;
    case 11:    /*...*/ break;
    case 12:    /*...*/ break;
}
```

清单 20-1：带有连续 case 标签的 switch 语句

　　跳转表是一个指针数组，其中每个指针都指向一个可能的跳转目标。在运行时，每次引用跳转表都会使用动态索引从许多可能的跳转中选择一个。当 switch case 标签间隔很近（密集）时，跳转表工作得很好，大多数情况下都属于连续的数字序列。编译器在决定是否使用跳转表时会考虑这一点。对于任何 switch 语句，我们可以计算出相关跳转表所包含的最小条目数量，如下所示：

```
num_entries = max_case_value - min_case_value + 1
```

　　然后按如下方式计算出跳转表的密度或利用率：

```
density = num_cases / num_entries
```

　　每个值都被使用的完全连续列表，其密度值为 100%（1.0）。最后，存储跳转表所需的空间总量如下：

```
table_size = num_entries * sizeof(void*)
```

1　对于算法分析爱好者来说，查表可以在恒定数量的运算中找到目标 case，而不考虑搜索空间的大小，这被称为常量时间或 O(1)。

2　线性时间算法是 O(n)，幸运的是没有在 switch 语句中使用。

3　二分查找是 O(log n)。

密度为 100%的 switch 语句将使用跳转表来实现，而密度为 30%的情况则很可能不会使用，因为跳转表仍然需要为不存在的 case 分配条目，这占到了总量的 70%。如果 num_entries 是 30，则跳转表中将包含 21 个未引用的 case 标签。在 64 位系统中，这是总共 240 个字节中的 168 个，看起来并不是特别大的开销。但如果 num_entries 是 300，那么开销就变成了 1680 个字节，可能不值得为 90 个存在的 case 付出这么多。对速度进行优化的编译器可能倾向于用跳转表实现，而对大小进行优化的编译器则可能选择另一种内存开销更低的实现：二分查找。

当 case 标签的分布密度较低时，使用二分查找更加有效，如清单 20-2 所示（密度为 0.0008）[1]。因为二分查找只在有序列表上工作，所以编译器在开始搜索中值之前必须确保 case 标签是有序的。这可能导致 case 标签在反汇编代码中被重新排列，与在源代码中时有所不同[2]。

```
switch (a) {
/** NOTE: case bodies omitted for brevity **/
    case 1:      /*...*/ break;
    case 211:    /*...*/ break;
    case 295:    /*...*/ break;
    case 462:    /*...*/ break;
    case 528:    /*...*/ break;
    case 719:    /*...*/ break;
    case 995:    /*...*/ break;
    case 1024:   /*...*/ break;
    case 8000:   /*...*/ break;
    case 13531:  /*...*/ break;
    case 13532:  /*...*/ break;
    case 15027:  /*...*/ break;
}
```

清单 20-2：带有非连续 case 标签的 switch 语句

清单 20-3 通过固定数量的常量值进行非迭代二分查找。这就是编译器用来实现清单 20-2 中 switch 语句的粗略框架。

```
if (value < median) {
    // value is in [0-50) percentile
    if (value < lower_half_median) {
        // value is in [0-25) percentile
        // ... continue successive halving until value is resolved
    } else {
        // value is in [25-50) percentile
        // ... continue successive halving until value is resolved
    }
} else {
```

---

1 对于算法分析爱好者来说，这意味着 switch 变量最多经过 $\log_2 N$ 次比较就能成功匹配，其中 N 是 switch 语句中包含的 case 数量。这就是 O(log n)。

2 虽然排序的复杂性与搜索的复杂性相比非常高，但重要的是要注意排序只在编译时进行一次，而搜索在执行过程中每次使用 switch 语句时都需要进行。

```
    // value is in [50-100) percentile
    if (value < upper_half_median) {
        // value is in [50-75) percentile
        // ... continue successive halving until value is resolved
    } else {
        // value is in [75-100) percentile
        // ... continue successive halving until value is resolved
    }
}
```

清单 20-3：通过固定数量的常量值进行非迭代二分查找

编译器还能够在一系列 case 标签上执行更细粒度的优化。例如，当遇到下面的 case 标签时，不那么激进的编译器可能会看到这里的密度为 0.0015，因此在所有 15 个 case 中进行二分查找。而更激进的编译器可能会生成跳转表来处理 case 1 到 8，并对剩余的 case 进行二分查找：

```
label_set = [1, 2, 3, 4, 5, 6, 7, 8, 50, 80, 200, 500, 1000, 5000, 10000]
```

在查看清单 20-1 和 20-2 的反汇编版本之前，先看一下清单所相对应的 Ghidra 函数图窗口，如图 20-1 并排显示。

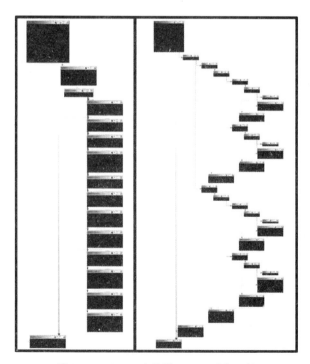

图 20-1：Ghidra 函数图 switch 语句示例

左侧是清单 20-1 的图表，显示了 case 的垂直堆叠。每个堆叠的代码块都位于相同的嵌套深度，就像 switch 语句中的 case 那样。该图表明我们可以使用索引从众多的代码块中快速进行选择（类似数组访问）。这正是跳转表解析的工作原理，该图从视觉上提示我们这是一个 switch 语句的跳转表，甚至不用查看任何一行反汇编代码。

右侧是 Ghidra 仅根据对清单 20-2 反汇编的理解得到的结果。由于没有跳转表，要确定它是一个 switch 语句更加困难。现在所看到的是使用嵌套代码布局（Nested Code Layout）显示的 switch 语句，它是 Ghidra 中函数图的默认布局。该图中的水平分支表示条件执行（if/else）分支的互斥替代方案。垂直方向的对称表明替代的执行路径经过了非常仔细的平衡，以便在图表的每个部分放置相同数量的块。最后，图表在水平方向上遍历的距离是搜索深度的一个指标，而这又取决于 switch 中 case 标签的数量。对于二分查找来说，这个深度总是在 $\log_2(\text{num\_cases})$ 的数量级上。很容易观察到图表缩进与清单 20-3 中的算法之间的相似性。

再回到反编译器窗口，图 20-2 显示了图 20-1 中函数的部分反编译代码。左侧是清单 20-1 的反编译版本，与图表一样，二进制文件中存在的跳转表有助于 Ghidra 将代码识别为 switch 语句。

右侧是清单 20-2 的反编译版本。反编译器将 switch 语句显示为嵌套的 if/else 结构，与二分查找一致，且结构上与清单 20-3 相似。可以看到第一次是与 719 进行比较，即列表中的中值，随后的比较继续将搜索空间分成两半。参考图 20-1（以及清单 20-3），可以看到每个函数的图表与反编译器窗口中的缩进模式密切相关。

现在你已经对上层发生的事情有所了解，接下来我们从二进制文件的内部看看底层发生了什么。由于本章的目的是观察编译器之间的差异，我们将通过这个示例在 gcc 和 Microsoft C/C++两个编译器之间做一系列比较[1]。

```
Decompile: switch1 - (switch_demo_1_x86_gcc)        Decompile: switch4 - (switch_demo_1_x86_gcc)

1                                                    1
2   int switch1(int a,int b,int c,int d)             2   int switch4(int a,int b,int c,int d)
3                                                    3
4   {                                                4   {
5     int result;                                    5     int result;
6                                                    6
7     result = 0;                                    7     result = 0;
8     switch(a) {                                    8     if (a == 719) {
9     case 1:                                        9       result = d + c;
10      result = b + a;                              10    }
11      break;                                       11    else {
12    case 2:                                        12      if (a < 720) {
13      result = c + a;                              13        if (a == 295) {
14      break;                                       14          result = d + 0x127;
15    case 3:                                        15        }
16      result = d + a;                              16        else {
17      break;                                       17          if (a < 296) {
18    case 4:                                        18            if (a == 1) {
19      result = c + b;                              19              result = b + 1;
20      break;                                       20            }
21    case 5:                                        21            else {
22      result = d + b;                              22              if (a == 211) {
23      break;                                       23                result = c + 0xd3;
24    case 6:                                        24              }
```

图 20-2：Ghidra 反编译 switch 语句示例

---

1 gcc 接受大量命令行参数，每个参数都可能影响生成的代码。这里我们使用以下 gcc 命令来编译示例程序：<gcc switch_demo_1.c -m32 -fno-pie -fno-pic -fno-stack-protector -o switch_demo_1_x86>。Microsoft C/C++示例是未经修改的 x86 调试版本。其他选项将在后续示例中介绍。

20.1.2　示例：比较 gcc 与 Microsoft C/C++编译器

在这个示例中，我们对不同编译器为清单 20-1 生成的两个 32 位 x86 二进制文件进行比较。我们将尝试识别每个二进制文件中 switch 语句的组成部分，找到相关的跳转表，并指出它们之间的明显差异。让我们先来看用 gcc 编译的二进制文件中与清单 20-1 的 switch 相关的部分。

```
0001075a CMP ❶       dword ptr [EBP + value],12
0001075e JA          switchD_00010771::caseD_0 ❷
00010764 MOV         EAX,dword ptr [EBP + a]
00010767 SHL         EAX,0x2
0001076a ADD         EAX,switchD_00010771::switchdataD_00010ee0      = 00010805
0001076f MOV         EAX,dword ptr [EAX]=>->switchD_00010771::caseD_0   = 00010805
    switchD_00010771::switchD
00010771 JMP         EAX
    switchD_00010771::caseD_1 ❸        XREF[2]:      00010771(j), 00010ee4(*)
00010773 MOV         EDX,dword ptr [EBP + a]
00010776 MOV         EAX,dword ptr [EBP + b]
00010779 ADD         EAX,EDX
0001077b MOV         dword ptr [EBP + result],EAX
0001077e JMP         switchD_00010771::caseD_0
;--content omitted for remaining cases--
    switchD_00010771::switchdataD_00010ee0 ❹ XREF[2]:switch_version_1:0001076a(*),
                                                      switch_version_1:0001076f(R)
00010ee0 addr        switchD_00010771::caseD_0 ❺
00010ee4 addr        switchD_00010771::caseD_1
00010ee8 addr        switchD_00010771::caseD_2
00010eec addr        switchD_00010771::caseD_3
00010ef0 addr        switchD_00010771::caseD_4
00010ef4 addr        switchD_00010771::caseD_5
00010ef8 addr        switchD_00010771::caseD_6
00010efc addr        switchD_00010771::caseD_7
00010f00 addr        switchD_00010771::caseD_8
00010f04 addr        switchD_00010771::caseD_9
00010f08 addr        switchD_00010771::caseD_a
00010f0c addr        switchD_00010771::caseD_b
00010f10 addr        switchD_00010771::caseD_c
```

Ghidra 可以识别出 switch 的边界测试❶、跳转表❹，以及单个 case 块的值，例如 switchD_00010771::caseD_1 中的 1❸。编译器生成了一个包含 13 个条目的跳转表，尽管清单 20-1 中只包含 12 个 case。那个多出来的是 case 0（跳转表中的第一个条目❺），作为 1 到 12 以外的值的默认情况。虽然负数看起来被排除在默认情况之外，但 CMP、JA 序列比较的是无符号数，因此-1（0xFFFFFFFF）被视为 4294967295，比 12 大得多，也就被排除在跳转表索引的有效范围之外。JA 指令会将所有这样的情况定向到默认位置 switchD_00010771::caseD_0❷。

现在我们了解了 gcc 编译器所生成代码的基本组成，下面来看这些基本组成在使用 Microsoft C/C++编译器的调试模式后所生成的代码：

```
00411e88 MOV      ECX,dword ptr [EBP + local_d4]
00411e8e SUB ❶    ECX,0x1
00411e91 MOV      dword ptr [EBP + local_d4],ECX
00411e97 CMP ❷    dword ptr [EBP + local_d4],11
00411e9e JA       switchD_00411eaa::caseD_c
00411ea4 MOV      EDX,dword ptr [EBP + local_d4]
    switchD_00411eaa::switchD
00411eaa JMP      dword ptr [EDX*0x4 + ->switchD_00411eaa::caseD = 00411eb1
    switchD_00411eaa::caseD_1              XREF[2]: 00411eaa(j), 00411f4c(*)
00411eb1 MOV      EAX,dword ptr [EBP + param_1]
00411eb4 ADD      EAX,dword ptr [EBP + param_2]
00411eb7 MOV      dword ptr [EBP + local_c],EAX
00411eba JMP      switchD_00411eaa::caseD_c
;--content omitted for remaining cases--
    switchD_00411eaa::switchdataD_00411f4c   XREF[1]: switch_version_1:00411eaa(R)
00411f4c addr     switchD_00411eaa::caseD_1 ❸
00411f50 addr     switchD_00411eaa::caseD_2
00411f54 addr     switchD_00411eaa::caseD_3
00411f58 addr     switchD_00411eaa::caseD_4
00411f5c addr     switchD_00411eaa::caseD_5
00411f60 addr     switchD_00411eaa::caseD_6
00411f64 addr     switchD_00411eaa::caseD_7
00411f68 addr     switchD_00411eaa::caseD_8
00411f6c addr     switchD_00411eaa::caseD_9
00411f70 addr     switchD_00411eaa::caseD_a
00411f74 addr     switchD_00411eaa::caseD_b
00411f78 addr     switchD_00411eaa::caseD_c
```

在这里，switch 变量（本例中为 local_d4）减去❶，将有效值的范围变成 0 到 11❷，这样就不需要为 0 值设置条目了。因此，跳转表中的第一个条目（也就是索引为 0 的条目❸）实际上指的是 switch case 1 的情况。

两个清单之间另一个更细微的差别是跳转表在文件中的位置。gcc 编译器将 switch 跳转表放在二进制文件的只读数据部分（.rodata），在与 switch 语句相关的代码和实现跳转表所需的数据之间提供了逻辑分离。另一方面，Microsoft C/C++编译器将跳转表插入到.text 部分，紧跟在包含相关 switch 语句的函数之后，以这种方式定位跳转表对程序的行为没有什么影响。在本例中，Ghidra 能够识别这两种编译器的 switch 语句，并在相关标签中使用了 switch 这个词。

这里的一个关键点是，将源代码正确编译成汇编是有很多种方法的。因此，不能仅仅因为 Ghidra 没有将它标记为 switch 语句就认为它不是 switch 语句。理解编译器实现 switch 语句的特性可以帮助对原始源代码做出更准确的推断。

20.2　编译器构建选项

编译器将解决某一特定问题的高级代码转换为解决同一问题的低级代码。多个编译器可能以完全不同的方式解决同一个问题。此外，根据相关的编译器选项，单个编译器也可能以不同的方式解决同一问题。在本节中，我们将了解使用不同编译器和不同命令行选项所产生的汇编代码（有些差异会有明确解释，有些则没有）。

微软的 Visual Studio 可以构建程序二进制文件的调试版本和发布版本[1]。要了解这两个版本有什么不同，可以比较它们各自指定的构建选项。发布版本通常是经过优化的，而调试版本没有。调试版本会链接上运行库额外的符号信息和调试版本信息，而发布版本不会[2]。与调试相关的符号允许调试器将汇编语言语句映射回它们对应的源代码，并确定局部变量的名称（这些信息会在编译过程中丢失）。微软运行库的调试版本在编译时也包含了调试符号，禁用了优化，并启用了额外的安全检查以验证一些函数参数是否有效。

当使用 Ghidra 进行反汇编时，Visual Studio 项目的调试构建看起来与发布构建明显不同。这是因为编译器和链接器的某些选项只在调试构建中使用，例如基本运行时检查（/RTCx），它会在生成的二进制文件中引入额外的代码[3]。我们看看这些反汇编中的不同之处。

20.2.1　示例 1：模运算符

我们先从数学中一个简单的模运算开始。下面的清单包含程序的源代码，其目标是接受用户传入的一个整数值，并进行整数除法和模运算。通过本示例，我们研究一下不同编译器之间模运算符的反汇编代码之间的差异。

```c
int main(int argc, char **argv) {
    int x;
    printf("Enter an integer: ");
    scanf("%d", &x);
    printf("%d %% 10 = %d\n", x, x % 10);
}
```

Microsoft C/C++ Win x64 调试版本的模运算

下面的清单是配置为构建调试版本的二进制文件时，Visual Studio 生成的代码：

```
1400119c6 MOV    EAX,dword ptr [RBP + local_f4]
1400119c9 CDQ
1400119ca MOV    ECX,0xa
1400119cf IDIV ❶ ECX
1400119d1 MOV    EAX,EDX
1400119d3 MOV ❷ R8D,EAX
1400119d6 MOV    EDX,dword ptr [RBP + local_f4]
```

---

1 其他编译器，如 gcc，也提供了在编译过程中插入调试符号的功能。

2 优化通常包括消除冗余代码或选择更快但可能更大的代码序列，以满足开发者创建更快或更小的可执行文件的愿望。优化后的代码不像未优化的代码那样容易分析，因此在程序的开发和调试阶段并不是一个好的选择。

3 请查看链接 20-1。

```
1400119d9 LEA    RCX,[s_%d_%%_10_=_%d_140019d60]
1400119e0 CALL   printf
```

一个简单的 x86 IDIV❶指令将除法的商保存在 EAX 中，余数保存在 EDX 中。然后将结果移动到 R8（R8D❷）的低 32 位，这是调用 printf 的第三个参数。

Microsoft C/C++ Win x64 发布版本的模运算

发布构建优化了程序的速度和大小，以提高性能并尽量减少存储需求。在优化速度时，编译器开发者可能会将常见的运算替换为不常见的实现方式。下面的清单展示了 Visual Studio 如何在发布版二进制文件中生成相同的模运算。

```
140001136 MOV    ECX,dword ptr [RSP + local_18]
14000113a MOV    EAX,0x66666667
14000113f IMUL ❶ ECX
140001141 MOV    R8D,ECX
140001144 SAR    EDX,0x2
140001147 MOV    EAX,EDX
140001149 SHR    EAX,0x1f
14000114c ADD    EDX,EAX
14000114e LEA    EAX,[RDX + RDX*0x4]
140001151 MOV    EDX,ECX
140001153 ADD    EAX,EAX
140001155 LEA    RCX,[s_%d_%%_10_=_%d_140002238]
14000115c SUB ❷ R8D,EAX
14000115f CALL ❸ printf
```

在本例中，使用的是乘法❶而不是除法，经过一系列算术运算后，结束时模运算的结果一定会在 R8D❷中（同样是调用 printf❸的第三个参数）。看起来是不是很直观，我们将在下一个例子中解释这段汇编代码。

gcc Linux x64 的模运算

我们已经看到，仅仅改变用于生成二进制文件的编译时选项，相同编译器所生成的代码就有多么不同。可以想到，不同编译器生成的代码可能也完全不同。下面的反汇编显示了 gcc 版本的相同模运算，结果发现它看起来有点熟悉：

```
00100708 MOV    ECX,dword ptr [RBP + x]
0010070b MOV    EDX,0x66666667
00100710 MOV    EAX,ECX
00100712 IMUL ❶ EDX
00100714 SAR    EDX,0x2
00100717 MOV    EAX,ECX
00100719 SAR    EAX,0x1f
0010071c SUB    EDX,EAX
0010071e MOV    EAX,EDX
00100720 SHL    EAX,0x2
00100723 ADD    EAX,EDX
00100725 ADD    EAX,EAX
```

```
00100727 SUB       ECX,EAX
00100729 MOV ❷     EDX,ECX
```

没错，它与 Visual Studio 发布版本的汇编代码非常相似，使用了乘法❶而不是除法，然后进行一系列的算术运算，最终将结果保存在 EDX❷中（最终用作 printf 的第三个参数）。

这段代码使用倒数（multiplicative inverse）来代替除法，因为硬件上乘法比除法运算速度更快。你可能还会看到用一系列加法和算术移位来实现乘法的，因为这些运算在硬件上都比乘法快得多。

凭借经验和耐心，你可以识别出这段代码的作用是对 10 取模。如果以前见过类似的代码序列，那么识别起来会更加容易。但如果缺乏这种经验，可能就需要用一些样本来手动处理代码，希望能从结果中总结出它的模式。甚至要花时间将汇编语言提取出来，插入 C 语言测试工具中，从而快速生成数据。其实还可以借助 Ghidra 的反编译器，将复杂或不常见的代码序列还原成更容易识别的 C 语言等价物。

最后一招是到互联网上寻求答案。通常情况下，使用独特且具体的搜索条件会得到最相关的结果，而这段代码序列中最独特的就是整数常量 0x66666667。当我们搜索该常量时，前面几个结果都很有帮助，特别是这个：链接 20-2。独特的常量在加密算法中会被频繁地使用，在网上快速搜索一下，可能就会找到相关加密代码。

20.2.2　示例 2：三元运算符

三元运算符可以计算一个表达式，并根据得到的布尔值，产生两种可能的结果之一。从概念上而言，三元运算符可以被认为是 if/else 语句（甚至可以用 if/else 语句代替）。下面这段未优化的代码展示了三元运算符的使用方法：

```
int main() {
    volatile int x = 3;
    volatile int y = x * 13;
❶    volatile int z = y == 30 ? 0 : -1;
}
```

volatile 关键字要求编译器不要优化涉及相关变量的代码。这里如果不使用它，编译器就会优化掉这个函数的整个主体，因为没有任何语句影响到函数结果。这也是有时候编写示例代码会遇到的一个问题。

对于未优化代码的行为，变量 z❶的赋值可以用下面的 if/else 语句代替，而不会改变程序的语义。让我们看看不同编译器和不同编译器选项是如何处理三元运算符代码的。

```
if (y == 30) {
    z = 0;
} else {
    z = -1;
}
```

gcc Linux x64 的三元运算符

gcc 在没有任何选项的情况下，为 z 的初始化生成了以下汇编代码：

```
00100616 MOV      EAX,dword ptr [RBP + y]
00100619 CMP ❶   EAX,0x1e
0010061c JNZ      LAB_00100625
0010061e MOV      EAX,0x0
00100623 JMP      LAB_0010062a
    LAB_00100625
00100625 MOV      EAX,0xffffffff
    LAB_0010062a
0010062a MOV ❷   dword ptr [RBP + z],EAX
```

这段代码使用 if/else 实现。局部变量 y 与 30 进行比较❶，以决定在 if/else 的两个分支中是将 EAX 设置为 0 还是 0xffffffff❷。

Microsoft C/C++ Win x64 发布版本的三元运算符

Visual Studio 为包含三元运算符的语句生成了完全不同的实现。在这里，编译器发现有一条指令可以用来有条件地生成 0 或 -1（没有其他可能的值），于是使用这条指令来代替我们前面看到的 if/else 结构。

```
140001013 MOV      EAX,dword ptr [RSP + local_res8]
140001017 SUB ❶   EAX,0x1e
14000101a NEG ❷   EAX
14000101c SBB ❸   EAX,EAX
14000101e MOV      dword ptr [RSP + local_res8],EAX
```

SBB❸指令（带借位减法）将第二个操作数减去第一个操作数，然后再减去进位标志 CF（只能是 0 或 1）。与 SBB EAX,EAX 等价的算术表达式是"EAX–EAX–CF"，简化为"0-CF"。反过来，这只能得到 0（当 CF==0 时）或 -1（当 CF==1 时）。为了使这个技巧起作用，编译器必须在执行 SBB 指令之前正确地设置进位。实现方法是用减法将 EAX 与常数 0x1e（30）进行比较❶，只有当 EAX 的初值为 0x1e 时，减法得到的 EAX 才等于 0。然后，NEG❷指令为后面的 SBB 指令设置进位标志[1]。

gcc Linux x64 的三元运算符（优化后）

当 gcc 使用 -O2 选项对代码进行优化时，得到的结果与前面 Visual Studio 生成的代码基本相同：

```
00100506 MOV       EAX,dword ptr [RSP + y]
0010050a CMP       EAX,0x1e
0010050d SETNZ❶   AL
00100510 MOVZX     EAX,AL
00100513 NEG ❷    EAX
00100515 MOV ❸    dword ptr [RSP + z],EAX
```

在本例中，gcc 使用 SETNZ❶根据前面比较产生的零标志的状态，有条件地将 AL 寄存器设置为

---

1 NEG 指令在操作数为 0 时清除进位标志（CF），而在其他情况下设置进位标志。

0 或 1。然后将结果取反得到 0 或-1❷，并赋值给变量 z❸。

20.2.3 示例 3：函数内联

当函数被标记为内联（inline）时，也就是在向编译器建议，对该函数的任何调用都应该用整个函数主体的副本来代替。这样做的目的是通过消除参数和栈帧的创建和销毁来加速函数调用。其代价是内联函数的多个副本会使二进制文件变大。内联函数在二进制文件中是很难识别的，因为作为调用标志的 call 指令已经没有了。

即使没有使用 inline 关键字，编译器也可能主动选择将一个函数内联。在本示例中，我们调用的是下面这个函数：

```
int maybe_inline() {
    return 0x12abcdef;
}
int main() {
    int v = maybe_inline();
    printf("after maybe_inline: v = %08x\n", v);
    return 0;
}
```

gcc Linux x86 的函数调用

使用没有优化的 gcc 构建 Linux x86 二进制文件，得到下面的反汇编清单：

```
00010775 PUSH      EBP
00010776 MOV       EBP,ESP
00010778 PUSH      ECX
00010779 SUB       ESP,0x14
0001077c CALL ❶    maybe_inline
00010781 MOV       dword ptr [EBP + local_14],EAX
00010784 SUB       ESP,0x8
00010787 PUSH      dword ptr [EBP + local_14]
0001078a PUSH      s_after_maybe_inline:_v_=_%08x_000108e2
0001078f CALL      printf
```

在这段反汇编中可以清楚地看到对 maybe_inline 函数的调用❶，即使它只是返回一个常数值的一行代码。

gcc Linux x86 优化后的函数调用

接下来，我们看一下相同源代码的优化版本（-O2）：

```
0001058a PUSH      EBP
0001058b MOV       EBP,ESP
0001058d PUSH      ECX
0001058e SUB       ESP,0x8
00010591 PUSH ❶    0x12abcdef
00010596 PUSH      s_after_maybe_inline:_v_=_%08x_000108c2
```

```
0001059b PUSH    0x1
0001059d CALL .  __printf_chk
```

将这段代码与未优化的代码进行对比，可以看到对 maybe_inline 的调用被消除了，它所返回的常数值❶被直接压入栈中，作为调用 printf 的参数。这个优化版本的函数调用与该函数被内联时所看到的情况相同。

在研究了影响编译器生成代码的一些优化方式之后，我们来看一下当语言设计者将实现细节留给编译器开发者时，编译器开发者如何选择特定语言特性的不同实现方式。

20.3　编译器特定的 C++实现

编程语言是程序员为程序员设计的。当设计过程敲定之后，就需要编译器开发者构建工具，将用新的高级语言编写的程序忠实地翻译成语义上等同的机器语言程序。当一种语言允许程序员做 A、B 和 C 时，就需要编译器开发者找到一种方法来使这些事情成为可能。

C++给我们提供了三个很好的例子，即语言要求某种行为，但将实现细节留给编译器开发者来解决：

- 在类的非静态成员函数中，程序员可以引用一个名为 this 的变量，但该变量从未在任何地方明确声明（参见第 6 章和第 8 章，了解编译器对此的处理方法）。
- 允许函数重载。程序员可以随意重用函数名称，但要遵守参数列表的限制。
- 通过使用 dynamic_cast 和 typeid 操作符来实现类型自省。

20.3.1　函数重载

C++中的函数重载允许程序员以相同的方式命名函数，但需要注意的是，任何两个具有相同名称的函数必须具有不同的参数序列。在第 8 章中介绍的名称改编是一种底层机制，通过确保在链接器工作时没有两个相同名称的符号来支持重载工作。

通常，识别 C++二进制文件的简单方法是看是否出现了改编名称。两种最流行的名称改编方案是微软和英特尔的 Itanium ABI[1]。英特尔的标准已经被其他 UNIX 编译器如 g++和 clang 广泛采用。下面的例子是一个 C++函数名和它在微软和英特尔方案下的改编版本：

- 函数名：void SubClass::vfunc1()
- 微软方案：?vfunc1@SubClass@@UAEXXZ
- 英特尔方案：_ZN8SubClass6vfunc1Ev

大多数允许重载的语言，包括 Objective-C、Swift 和 Rust，都在实现层面上使用了某种形式的名称改编方法。熟悉名称改编的样式，可以帮助你识别程序的开发语言以及用于构建程序的编译器。

[1] 微软的见链接 20-2。英特尔的见链接 20-3。

20.3.2　RTTI 实现

在第 8 章中，我们讨论了 C++ 运行时类型识别（RTTI），以及编译器在实现 RTTI 时缺乏统一标准。事实上，在 C++ 标准里就没有提到 RTTI，所以实现方式不同也就不奇怪了。为了支持 dynamic_cast 操作符，RTTI 数据结构不仅记录了类的名称，还记录了它的整个继承层次，包括任何多重继承关系。找到 RTTI 数据结构对于恢复程序的对象模型非常有用。自动识别二进制文件中 RTTI 相关的结构是 Ghidra 针对不同编译器提供不同能力的另一个体现。

微软 C++ 程序不包含嵌入的符号信息，但微软的 RTTI 数据结构很好理解，Ghidra 会在出现时定位到它们。Ghidra 会将任何与 RTTI 相关的信息汇总到符号树的 Classes 文件夹中，其中包含 Ghidra 使用 RTTI 分析器找到的每个类的条目。

使用 g++ 构建的程序除非被剥离，否则包含符号表信息。对于未剥离的 g++ 二进制文件，Ghidra 完全依赖于它在二进制文件中发现的改编名称，并使用这些名称来识别与 RTTI 相关的数据结构和相关联的类。与微软的二进制文件一样，任何与 RTTI 相关的信息都将包含在符号树的 Classes 文件夹中。

了解特定编译器如何为 C++ 类嵌入类型信息的方法是编写一个简单的程序，使用包含虚函数的类。编译该程序后，将生成的可执行文件加载到 Ghidra 中，并搜索包含程序中使用的类名的字符串实例，无论用什么编译器来构建二进制文件，RTTI 数据结构的共同点是，它们都以某种方式引用了一个字符串，其中包含它们所代表的类的改编名称。根据提取的字符串和数据交叉引用，应该可以在二进制文件中找到候选的 RTTI 相关数据结构。最后一步是将候选的 RTTI 结构与相关类的虚表关联起来，最好的方法是从候选的 RTTI 结构反向跟踪数据交叉引用，直到到达一个函数指针表（虚表）。下面我们来看一个使用这种方法的例子。

示例：在 Linux x86-64 g++ 二进制文件中找到 RTTI 信息

为了演示这些概念，我们创建了一个小程序，其中包含 BaseClass、SubClass、SubSubClass，以及每个类所特有的虚函数集合。下面的清单是用来引用类和函数的主程序的一部分：

```
BaseClass *bc_ptr_2;
srand(time(0));
if (rand() % 2) {
    bc_ptr_2 = dynamic_cast<SubClass*>(new SubClass());
}
else {
bc_ptr_2 = dynamic_cast<SubClass*>(new SubSubClass());
}
```

使用 g++ 编译这个程序，得到带符号的 64 位 Linux 二进制文件。程序分析完成后，符号树提供了如图 20-3 所示的信息。

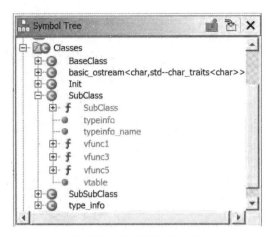

图 20-3：未剥离二进制文件的符号树 Classes

Classes 文件夹包含了所有三个类的条目。展开的 SubClass 条目显示了 Ghidra 发现的关于它的额外信息。相同二进制文件的剥离版本所包含的信息要少得多，如图 20-4 所示。

图 20-4：已剥离二进制文件的符号树 Classes

在本例中，我们可能会错误地认为该二进制文件不包含任何感兴趣的 C++类，尽管根据对核心 C++类（basic_ostream）的引用，可以推测出它是一个 C++二进制文件。由于剥离只删除了符号信息，我们仍然可以在程序字符串中搜索类名来找到 RTTI 信息，然后定位 RTTI 数据结构。字符串搜索得到的结果如图 20-5 所示。

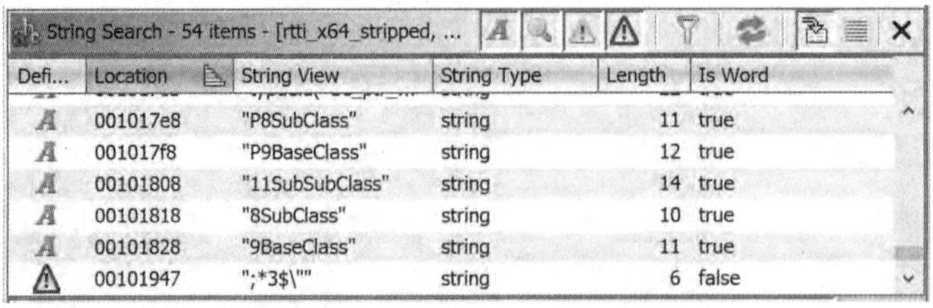

Defi...	Location	String View	String Type	Length	Is Word
A	001017e8	"P8SubClass"	string	11	true
A	001017f8	"P9BaseClass"	string	12	true
A	00101808	"11SubSubClass"	string	14	true
A	00101818	"8SubClass"	string	10	true
A	00101828	"9BaseClass"	string	11	true
⚠	00101947	";*3$\""	string	6	false

图 20-5：对类名进行字符串搜索的结果

如果单击"8SubClass"字符串，我们将跳转到清单窗口的这个部分：

```
    s_8SubClass_00101818                    XREF[1]:     00301d20(*)
00101818 ds "8SubClass"
```

在 g++二进制文件中，与 RTTI 相关的结构包含对相应类名字符串的引用。如果沿着第一行的交叉引用找到它的来源，我们将到达反汇编清单的这个部分：

```
   PTR___gxx_personality_v0_00301d18          XREF[2]: FUN_00101241:00101316(*), ❶
                                                        00301d10(*) ❷
❸  00301d18 addr     __gxx_personality_v0      = ??
❹  00301d20 addr     s_8SubClass_00101818      = "8SubClass"
   00301d28 addr     PTR_time_00301d30         = 00303028
```

交叉引用的来源是 SubClass 的 typeinfo 结构体中的第二个字段❹，其起始地址是 00301d18❸。不幸的是，除非你愿意深入研究 g++的源代码，否则像这样的结构体布局只能靠经验来学习。我们剩下的最后一项任务是找到 SubClass 的虚表。在本例中，如果沿着这个唯一来自数据区域的 typeinfo 结构体的交叉引用❷（另一个交叉引用来自函数❶，不可能是虚表）进行寻找，就陷入了死胡同。简单计算一下就会知道，交叉引用来自紧接着 typeinfo 结构体前面的位置(00301d18 – 8 == 00301d10)。在正常情况下，从虚表到 typeinfo 结构体会存在交叉引用，但是由于缺乏符号信息，Ghidra 未能创建该引用。既然知道另一个指向 typeinfo 结构体的指针一定存在于某个地方，我们可以向 Ghidra 寻求帮助。将光标放在结构体的开头❸，并使用菜单选项 Search→For Direct References，这会要求 Ghidra 为我们找到内存中的当前地址，结果如图 20-6 所示。

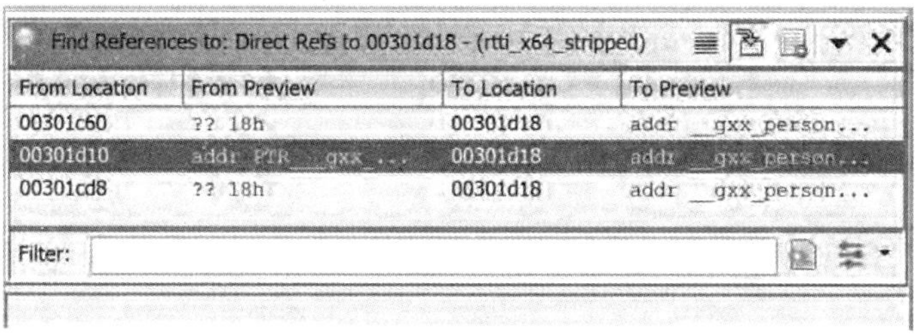
Find References to: Direct Refs to 00301d18 - (rtti_x64_stripped)

From Location	From Preview	To Location	To Preview
00301c60	?? 18h	00301d18	addr __gxx_person...
00301d10	addr PTR___gxx_...	00301d18	addr __gxx_person...
00301cd8	?? 18h	00301d18	addr __gxx_person...

Filter:

图 20-6：直接引用搜索的结果

Ghidra 找到了对该 typeinfo 结构体的另外两个引用。通过它们中的任意一个最终都会将我们引到这个虚表：

```
❶  00301c60     ??  18h              ? ❷ -> 00301d18
   00301c61     ??  1Dh
   00301c62     ??  30h              0
   00301c63     ??  00h
   00301c64     ??  00h
   00301c65     ??  00h
   00301c66     ??  00h
   00301c67     ??  00h
      PTR_FUN_00301c68               XREF[2]: FUN_00101098:001010b0(*),
                                              FUN_00101098:001010bb(*)
❸  00301c68     addr    FUN_001010ea
   00301c70     addr    FUN_00100ff0
   00301c78     addr    FUN_00101122
   00301c80     addr    FUN_00101060
   00301c88     addr    FUN_0010115a
```

Ghidra 没有将 typeinfo 交叉引用的来源❶格式化为指针（这解释了为什么没有交叉引用），但它确实通过行末注释暗示了这是一个指针❷。虚表本身从 8 个字节之后开始❸，包含五个指向 SubClass 虚函数的指针。由于二进制文件已剥离，因此表中不包含改编名称。

在下一节中，我们将应用这种分析技术来帮助识别由多种编译器生成的 C 二进制文件中的 main 函数。

20.4　定位 main 函数

从程序员的角度来看，程序执行通常是从 main 函数开始的，所以从 main 函数开始分析二进制文件是个不错的方法。然而，编译器和链接器（以及库的使用）会在到达 main 之前添加执行代码。因此，假设二进制文件的入口点对应于程序员编写的 main 函数通常是不准确的。事实上，所有程序都有一个 main 函数的概念是 C/C++编译器的约定，而不是编写程序的硬性规定。如果你曾经写过 Windows GUI 应用程序，可能会熟悉 main 的变体 WinMain。当你离开 C/C++，可能会发现其他语言对它们的主要入口点函数使用了其他名称。这里，我们把这类函数统称为 main 函数。

如果二进制文件中有名为 main 的符号，可以很简单地让 Ghidra 把你带到那里，但如果是已剥离的二进制文件，你可能会被丢到文件头，必须自己找到 main。只要对可执行文件的操作有一定了解，再加上一点经验，这应该不是一项太艰巨的任务。

所有可执行文件都必须在二进制文件中指定一个地址，作为二进制文件映射到内存后要执行的第一条指令。Ghidra 将这个地址称为 entry 或_start，具体取决于文件类型和符号的可用性。大多数可执行文件格式在文件头区域中指定了这个地址，Ghidra 加载器知道如何找到它。在 ELF 文件中，入口点地址在名为 e_entry 的字段中指定，而 PE 文件包含一个名为 AddressOfEntryPoint 的字段。无论在哪个平台上运行，编译后的 C 程序在入口点都有由编译器插入的代码，以便从全新的进程过渡到运行的 C 程序。这种过渡的一部分是确保在进程创建时提供给内核的参数和环境变量被收集起来，并通过 C 语言的调用约定提供给 main。

> 注意：操作系统内核既不知道也不关心任何可执行文件是用什么语言编写的。内核只知道一种向新进程传递参数的方式，而这种方式可能与你程序的入口函数不兼容。因此弥补这一差距也是编译器的工作。

现在我们知道，执行是从公开的入口点开始，并最终到达 main 函数的。下面我们看一些编译器特定的代码如何实现这个过渡。

20.4.1　示例 1：gcc Linux x86-64 从_start 到 main

通过检查未剥离的可执行文件中的开始代码，我们可以准确地了解特定操作系统上的特定编译器是如何到达 main 的。Linux gcc 为此提供了一种比较简单的方式：

```
          _start
004003b0 XOR      EBP,EBP
004003b2 MOV      R9,RDX
004003b5 POP      RSI
004003b6 MOV      RDX,RSP
004003b9 AND      RSP,-0x10
004003bd PUSH     RAX
004003be PUSH     RSP=>local_10
004003bf MOV      R8=>__libc_csu_fini,__libc_csu_fini
004003c6 MOV      RCX=>__libc_csu_init,__libc_csu_init
004003cd MOV      RDI=>main,main ❶
004003d4 CALL❷    qword ptr [->__libc_start_main]
```

main 的地址在调用名为 __libc_start_main❷ 的库函数之前立即加载到 RDI❶ 中，这意味着 main 的地址作为第一个参数传递给 __libc_start_main。有了这些知识，我们可以很容易地在已剥离的二进制文件中找到 main。下面的清单显示了在已剥离的二进制文件中如何调用 __libc_start_main：

```
004003bf MOV      R8=>FUN_004008a0,FUN_004008a0
004003c6 MOV      RCX=>FUN_00400830,FUN_00400830
004003cd MOV      RDI=>FUN_0040080a,FUN_0040080a ❶
004003d4 CALL     qword ptr [->__libc_start_main]
```

尽管代码中包含对三个通用命名函数的引用，但我们可以认定 FUN_0040080a 就是 main，因为它作为第一个参数传递给 __libc_start_main❶。

20.4.2　示例 2：clang FreeBSD x86-64 从_start 到 main

在当前版本的 FreeBSD 上，clang 是默认的 C 语言编译器，并且_start 函数比简单的 Linux _start 更重要也更难理解。为了简单起见，我们将使用 Ghidra 的反编译器来查看_start 的结尾部分。

```
    //~40 lines of code omitted for brevity
    atexit((__func *)cleanup);
    handle_static_init(argc,ap,env);
    argc = main((ulong)pcVar2 & 0xffffffff,ap,env);
                    /* WARNING: Subroutine does not return */
    exit(argc);
}
```

在本例中，main 是_start 中调用的倒数第二个函数，其返回值立即传递给 exit 以终止程序。在相同二进制文件的已剥离版本上使用 Ghidra 反编译器将得到如下清单：

```
    // 40 lines of code omitted for brevity
    atexit(param_2);
    FUN_00201120(uVar2 & 0xffffffff,ppcVar5,puVar4);
    __status = FUN_00201a80(uVar2 & 0xffffffff,ppcVar5,puVar4); ❶
                    /* WARNING: Subroutine does not return */
    exit(__status);
}
```

再一次，即使二进制文件被剥离，我们还是可以从中找到 main 函数❶。由于这个特定的二进制文件是动态链接的，所以清单中包含两个没有被剥离的函数名。函数 atexit 和 exit 不是二进制文件中的符号，而是外部依赖。即使在剥离之后，这些外部依赖仍然存在，并且在反编译代码中仍然可见。对于静态链接且已剥离的二进制文件版本，其相应的代码如下所示：

```
    FUN_0021cc70();
    FUN_0021c120(uVar2 & 0xffffffff,ppcVar13,puVar11);
    uVar7 = FUN_0021caa0(uVar2 & 0xffffffff,ppcVar13,puVar11);
                    /* WARNING: Subroutine does not return */
    FUN_00266d30((ulong)uVar7);
}
```

20.4.3　示例 3：Microsoft C/C++ 从 _start 到 main

Microsoft C/C++ 编译器的启动存根要复杂一些，因为到 Windows 内核的主要接口是通过 kernel32.dll（而不是大多数 UNIX 系统的 libc），它没有提供 C 库函数。因此，编译器经常将许多 C 库函数直接静态链接到可执行文件中。启动存根使用这些函数与内核对接，以设置 C 程序的运行环境。

然而在最后，启动存根仍然需要调用 main 并在它返回后退出。在所有启动代码中跟踪 main，其实就是要找出一个包含三个参数的函数（main），它的返回值被传递给一个包含一个参数的函数（exit）。下面的清单包含我们要找的这两个函数：

```
140001272 CALL    _amsg_exit ❶
140001277 MOV     R8,qword ptr [DAT_14000d310]
14000127e MOV     qword ptr [DAT_14000d318],R8
140001285 MOV     RDX,qword ptr [DAT_14000d300]
14000128c MOV     ECX,dword ptr [DAT_14000d2fc]
140001292 CALL ❷ FUN_140001060
140001297 MOV     EDI,EAX
140001299 MOV     dword ptr [RSP + Stack[-0x18]],EAX
14000129d TEST    EBX,EBX
14000129f JNZ     LAB_1400012a8
1400012a1 MOV     ECX,EAX
1400012a3 CALL ❸ FUN_140002b30
```

在这里，FUN_140001060❷是包含三个参数的函数，也就是 main，FUN_140002b30❸是包含一个参数的函数，也就是 exit。请注意，Ghidra 已经能够恢复被启动存根调用的一个静态链接函数的名称❶，因为该函数与 FidDb 条目相匹配。我们可以利用任何已识别的符号所提供的线索，来节省寻找 main 的时间。

20.5　小结

编译器特定行为的数量实在太多，无法在一章（甚至一本书）中涵盖。在其他行为中，编译器在选择实现各种高级结构的算法以及优化生成代码的方式上有所不同。由于编译器的行为在构建过程中很大程度上受到提供给编译器的参数的影响，所以一个编译器在不同构建选项的情况下，对相同源代码可能产生完全不同的二进制文件。

　　不幸的是，应对所有这些变化只能靠经验，而且通常很难搜索到关于特定汇编语言结构的帮助，因为很难构造适用于你的特定情况的搜索表达式。当发生这种情况时，最好的资源是专门用于逆向工程的论坛，可以在里面发布代码，并从有类似经验的其他人的知识中受益。

第21章
混淆代码分析

即使在理想情况下，理解反汇编清单也是一项艰巨的任务。对于任何试图理解二进制文件内部工作原理的人来说，高质量地反汇编必不可少，这正是我们在过去 20 章中讨论 Ghidra 及其相关功能的原因。可以说，Ghidra 在它所做的事情上非常有效，降低了进入二进制分析领域的门槛。虽然这并不完全归功于 Ghidra，但这些年来，二进制逆向工程方面取得了长足的进步，而希望保护软件不被分析的人也同样不甘示弱。因此，在过去几年中，希望保护代码的程序员和逆向工程人员之间展开了某种军备竞赛。

在本章中，我们将研究 Ghidra 在这场军备竞赛中的作用，并讨论一些为保护代码而采取的措施，以及对抗这些措施的方法。在本章的最后，我们将介绍 Ghidra 的 Emulator 类，并展示模拟脚本如何在这场竞赛中为我们带来优势。

21.1 反逆向工程

反逆向工程（anti-reverse engineering）是一个总括性的主题，涵盖了软件开发者可能使用的所有技术，以使其产品的逆向工程更具挑战性。有许多工具和技术可以帮助开发者实现这一目标，而且每天都有更多的工具和技术出现。逆向工程/反逆向工程生态类似于恶意软件作者和反病毒供应商之间不断升级的动态。

作为逆向工程师，你可能会遇到各种各样的技术，从微不足道的到几乎不可能对抗的都有。你需要使用的方法也会根据遇到的反逆向技术的性质而有所不同，并且可能还需要对静态和动态分析技术有一定程度的了解。在接下来的部分，我们将讨论一些更常见的反逆向技术、使用它们的原因，以及对抗它们的方法。

21.1.1 混淆

各种字典定义指出，混淆（obfuscation）是一种使某些东西变得晦涩难懂和令人困惑的行为，以防止其他人理解被混淆的项目。在本书及使用 Ghidra 的场景下，被混淆的项目是二进制可执行文件

（而不是源文件或芯片等）。

混淆本身过于宽泛，不能被视为一种反逆向工程技术，也不能涵盖所有已知的反逆向工程技术。具体的、单独的技术通常可以称为混淆（obfuscating）或非混淆（non-obfuscating）技术，我们将在接下来的部分中指出。需要注意的是，没有一种正确的方法来对技术进行分类，因为一般类别在描述上往往是重叠的。此外，新的反逆向工程技术正在不断发展，因此也不可能有一个包罗万象的清单。

因为 Ghidra 主要是一个静态分析工具，所以这里我们将技术讨论分为两大类：反静态分析（anti-static analysis）和反动态分析（anti-dynamic analysis）。这两个类别中都可能包含混淆技术，但前者常用于混淆静态工具，而后者通常针对调试器和其他运行时分析工具。

21.1.2　反静态分析技术

反静态分析技术旨在防止分析人员在没有实际运行程序的情况下了解程序的性质。这些正是 Ghidra 等反汇编程序的技术类型，因此当你使用 Ghidra 对二进制文件进行逆向工程时，它们是最值得关注的。这里我们将讨论几种类型的反静态分析技术。

反汇编失调（disassembly desynchronization）

其中一种较老的技术是破坏反汇编过程，它创造性地使用指令和数据来阻止反汇编程序找到一条或多条指令的正确起始地址。迫使反汇编程序迷失自我，通常会导致反汇编失败，或者至少使反汇编清单不正确。清单 21-1 显示了 Ghidra 对反逆向工程工具 Shiva[1] 进行反汇编的部分结果：

```
0a04b0d1 e8 01 00 00 00    CALL ❶   FUN_0a04b0d7
0a04b0d6 c7              ??        C7h ❷
         ************************************************************
         *                    FUNCTION                             *
         ************************************************************
         undefined FUN_0a04b0d7()
             undefined AL:1 <RETURN>
         FUN_0a04b0d7                     XREF[1]: FUN_0a04b0c4:0a04b0d1(c)
0a04b0d7 58              POP ❸    EAX
0a04b0d8 8d 40 0a        LEA ❹    EAX,[EAX + 0xa]
         LAB_0a04b0db+1                   XREF[0,1]: 0a04b0db(j)
❺ 0a04b0db eb ff         JMP      LAB_0a04b0db+1
0a04b0dd e0              ?? ❻     E0h
```

清单 21-1：Shiva 初始反汇编示例

该示例在执行 CALL❶指令之后紧跟一个 POP❸。这种序列在自修改的代码中并不少见，用于发现运行内存的位置。调用指令的返回地址是 0a04b0d6❷，当执行到 POP 指令时，它位于栈顶。POP 指令将返回地址从栈中移除并加载到 EAX 中，随后的 LEA❹立即将 0xa（10）加到 EAX 中，因此

---

1 多年来已经有多个 Shiva 相关的议题，可以从这里开始：链接 21-1。

EAX 现在保存的是 0a04b0e0（稍后会用到这个值）。

　　被调用的函数不太可能返回到原来的调用点，因为原来的返回地址已经不在栈顶了（需要替换它才能返回到原来的返回位置），并且 Ghidra 不能在返回地址处形成指令❷，因为 C7h 不是指令的有效起始字节。

　　到目前为止，代码可能有点不同寻常或难以理解，但 Ghidra 提供了正确的反汇编。但到达 JMP❺ 指令时就不一样了，这个跳转指令长 2 个字节，地址是 0a04b0db，跳转目标是 LAB_0a04b0db+1。标签的地址部分与该指令本身的地址相同，但后缀部分+1 有点新鲜，它表示跳转目标在 LAB_0a04b0db 后面的 1 个字节处。换句话说，这个跳转正好落在 2 字节跳转指令的中间。虽然处理器并不关心这种不寻常的情况（它只管获取指令指针指向的任何内容），但这会导致 Ghidra 无法工作，因为它没有办法将位于 0a04b0db（ff）的字节同时显示为跳转的第二个字节和另一条指令的第一个字节。结果就是 Ghidra 无法继续进行反汇编，正如 0a04b0dd❻处的未定义数据值所显示的那样（这种行为并不局限于 Ghidra，几乎所有的反汇编程序，无论是使用递归下降算法还是线性扫描算法，都受此影响）。

　　Ghidra 通过在反汇编代码中创建错误书签来记录反汇编过程中遇到的任何问题。图 21-1 中显示了两个这样的书签，位于清单窗口的左侧边缘。将鼠标指针悬停在错误书签上，会显示相关的详细信息。此外，你还可以使用 Window→Bookmarks 打开当前二进制文件中所有书签的列表。

　　Ghidra 对第一个错误书签的提示信息是 "Unable to resolve constructor at 0a04b0d6 (flow from 0a04b0d1)"，意思是它认为 0a04b0d6 处应该存在一条指令，但它无法创建。Ghidra 对第二个错误书签的提示信息是 "Failed to disassemble at 0a04b0dc due to conflicting instruction at 0a04b0db (flow from 0a04b0db)"，意思是它不能在一条现有指令的中间反汇编一条指令。

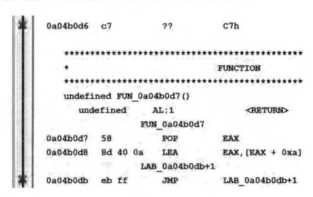

图 21-1：Ghidra 错误书签

　　作为 Ghidra 用户，第一个错误是没有办法解决的。因为字节序列要么是有效指令，要么不是。但通过你的努力，可以解决第二个错误。处理这种情况的正确方法是将包含调用目标字节的指令取消定义，然后在调用目标地址定义一条新指令，并重新同步反汇编清单。此时你将失去原来的指令，但可以注释一下，提醒自己原来的指令是什么。前面清单的以下部分包含重叠指令错误：

```
        LAB_0a04b0db+1                          XREF[0,1]:   0a04b0db(j)
❶ 0a04b0db eb ff    JMP LAB_0a04b0db+1
  0a04b0dd e0    ??    E0h
```

右击 JMP 指令❶，并从上下文菜单中选择 Clear Code Bytes（热键 C），将生成以下未定义字节
清单：

```
  0a04b0db eb    ??    EBh
❶ 0a04b0dc ff    ??    FFh
  0a04b0dd e0    ??    E0h
```

现在可以对作为 JMP 目标的字节❶进行重新格式化。右击指令的起始字节并选择 Disassemble
（热键 D），现在清单被更新为以下内容：

```
❶ 0a04b0dc ff e0    JMP    EAX
  0a04b0de 90    ??    90h
  0a04b0df c7    ??    C7h
```

跳转指令的目标原来是另一条跳转指令❶。在这种情况下，反汇编程序是无法追踪该跳转的（可
能会让分析人员感到困惑），因为跳转的目标保存在寄存器（EAX）中，只有在运行时才能计算出来。
这是另一种类型的反静态分析技术的例子，会在下一节"动态计算目标地址"中讨论。之前我们已
经确定，EAX 保存的值是 0a04b0e0，所以必须从这个地址开始恢复反汇编过程。

回到清单 21-1，除了手动移动到地址 0a04b0e0 来恢复反汇编，还可以右击该地址❸并选择 Set
Register Values 来将 EAX 设置为已知的值。然后，Ghidra 将会在指令周围添加一个名为寄存器转换
（register transition）的特殊标记，以表明 JMP 的目标值，也就是 EAX。然后，在这个位置上清除代
码（热键 C）并重新反汇编（热键 D），将重启递归下降反汇编过程，创建从 JMP 到目标地址 0a04b0e0
的反汇编清单以及更多（包括在这些代码块之间创建 XREF）。

这种方法的好处是，对代码进行了注释以显示 JMP 的目标，使其他分析人员能够很容易地跟踪
这个部分的有效控制流（将 Fallthrough Override 与清单 21-1 中 0a04b0d8 处的 LEA 指令相结合，会
更加清晰）。结果如下面的清单所示：

```
  0a04b0d7 58              POP       EAX
  0a04b0d8 8d 40 0a        LEA       EAX,[EAX + 0xa]
                       -- Fallthrough Override: 0a04b0dc
  0a04b0db eb        ??        EBh
          assume EAX = 0xa04b0e0
      LAB_0a04b0dc                          XREF[1]:      0a04b0d8
  0a04b0dc ff e0        JMP       EAX=>LAB_0a04b0e0
          assume EAX = <UNKNOWN>
  0a04b0de 90        ??        90h
  0a04b0df c7        ??        C7h
      LAB_0a04b0e0                          XREF[1]:      0a04b0dc(j)
  0a04b0e0 58              POP       EAX
```

下面来看另一个反汇编失调的例子，来自不同的二进制文件，展示了如何利用处理器标志将条
件跳转变成绝对跳转。下面的反汇编清单使用 x86 的 Z 标志来实现这个目的：

```
       00401000 XOR  ❶    EAX,EAX
       00401002 JZ   ❷    LAB_00401009+1
       00401004 MOV       EBX,dword ptr [EAX]
       00401006 MOV       dword ptr [param_1 + -0x4],EBX
            ❸    LAB_00401009+1      XREF[0,1]: 00401002(j)
❹      00401009 CALL      SUB_adfeffc6
       0040100e FICOM     word ptr [EAX + 0x59]
```

这里，XOR❶指令用于将 EAX 寄存器清零并设置 x86 的 Z 标志。程序员在知道 Z 标志被设置后，使用了一条跳转到零的指令（JZ❷），以达到无条件跳转的效果。因此，在跳转❷和跳转目标❸之间的指令将永远不会被执行，这会让那些没有意识到这个问题的分析人员感到困惑。这个例子还通过跳转到 00401009❹地址处 CALL 指令的中间，来掩盖实际的跳转目标：

```
       00401000 XOR       EAX,EAX
       00401002 JZ        LAB_0040100a
       00401004 MOV       EBX,dword ptr [EAX]
       00401006 MOV       dword ptr [param_1 + -0x4],EBX
❶      00401009 ??        E8h
            LAB_0040100a       XREF[1]: 00401002(j)
❷      0040100a MOV EAX,0xdeadbeef
       0040100f PUSH      EAX
       00401010 POP       param_1
```

实际的跳转目标❷和最初导致失调的额外字节❶已经被揭示出来了。在执行条件跳转之前，当然，也可以使用更迂回的方式来设置和测试标志。随着可能影响处理器标志位的操作增加，分析这类代码的难度也会增加。

动态计算目标地址

动态计算（dynamically computed）的意思是，在运行时计算出一个执行将流向的地址。在本节中，我们将讨论几种可以得到这类地址的方法。这些技术的目的是隐藏（混淆）二进制文件的真实控制流路径，以防止静态分析。

上一节中已经展示了该技术的一个例子，它通过调用指令将返回地址放在栈上。返回地址直接从栈中弹出并保存到寄存器中，然后加上一个常量值得到最终的目标地址，最后执行跳转到寄存器中的地址，从而到达指定位置。

类似的代码序列可以开发出无数个，用于导出目标地址并将控制权转移过去。下面的代码也在 Shiva 中使用，展示了另一种动态计算目标地址的方法：

```
0a04b3be MOV    ECX,0x7f131760            ; ECX = 7F131760
0a04b3c3 XOR    EDI,EDI                   ; EDI = 00000000
0a04b3c5 MOV    DI,0x1156                 ; EDI = 00001156
0a04b3c9 ADD    EDI,0x133ac000            ; EDI = 133AD156
0a04b3cf XOR    ECX,EDI                   ; ECX = 6C29C636
0a04b3d1 SUB    ECX,0x622545ce            ; ECX = 0A048068
0a04b3d7 MOV    EDI,ECX                   ; EDI = 0A048068
0a04b3d9 POP    EAX
```

```
       0a04b3da POP      ESI
       0a04b3db POP      EBX
       0a04b3dc POP      EDX
       0a04b3dd POP      ECX
❶      0a04b3de XCHG     dword ptr [ESP],EDI          ; TOS = 0A048068
       0a04b3e1 RET                                   ; return to 0A048068
```

分号右侧的注释记录了每条指令对各种处理器寄存器所做的更改。该过程的最终结果是将派生值移动到栈顶的位置（TOS）❶，从而让返回指令将控制权转移到计算得到的位置（本例中是 0A048068）。分析人员必须手动运行代码，才能确定程序中真实的控制流路径。

控制流混淆

近年来，更复杂的隐藏控制流的方法已经被开发和使用了。在最复杂的情况下，程序将使用多个线程或子进程来计算控制流信息，并通过某种形式的进程间通信（对于子进程）或同步原语（对于多线程）来接收该信息。

在这种情况下，静态分析会变得非常困难，因为它不仅需要了解多个可执行实体的行为，还需要了解这些实体交互信息的确切方法。例如，一个线程可能在等待共享信号量（semaphore）对象，而第二个线程在计算值或修改代码，在它通过信号量发出完成信号后，第一个线程才能使用这些值或代码。[1]

另一种技术经常在 Windows 恶意软件中使用，包括配置异常处理程序[2]，并有意触发异常，然后在处理异常时操纵进程的寄存器状态。下面是 tElock 反逆向工程工具掩盖程序真实控制流的例子：

```
❶  0041d07a CALL     LAB_0041d07f
            LAB_0041d07f                 XREF[1]: 0041d07a(j)
❷  0041d07f POP      EBP
❸  0041d080 LEA      EAX,[EBP + 0x46]
❹  0041d083 PUSH     EAX
   0041d084 XOR      EAX,EAX
❺  0041d086 PUSH     dword ptr FS:[EAX]
❻  0041d089 MOV      dword ptr FS:[EAX],ESP
❼  0041d08c INT      3
   0041d08d NOP
   0041d08e MOV      EAX,EAX
   0041d090 STC
   0041d091 NOP
   0041d092 LEA      EAX,[EBX*0x2 + 0x1234]
   0041d099 CLC
   0041d09a NOP
```

---

1 可以把信号量看成一个令牌，在进入房间执行某种操作之前，必须持有这个令牌。并且当持有令牌时，其他任何人都不能进入房间。当在房间中完成任务后，你离开并将令牌交给其他人，然后，这个人可以进入房间并使用你刚完成的工作（你并不知道这一点，因为这时你已经离开房间了）。信号量经常被用来对程序中的代码或数据实施互斥锁。

2 有关 Windows 结构化异常处理（SEH）的更多信息，参见链接 21-2。

```
    0041d09b SHR       EBX,0x5
    0041d09e CLD
    0041d09f NOP
    0041d0a0 ROL       EAX,0x7
    0041d0a3 NOP
    0041d0a4 NOP
❽   0041d0a5 XOR       EBX,EBX
❾   0041d0a7 DIV       EBX
    0041d0a9 POP       dword ptr FS:[0x0]
```

该序列的开头，使用 CALL❶来调用下一条指令❷。CALL 指令将 0041d07f 作为返回地址压入栈中，并立马从栈中将其弹出到 EBP 寄存器中❷。接下来，EAX 寄存器被设置为 EBP 和 46h 的和，即 0041d0c5❸，这个地址被压入栈中❹，作为异常处理函数的地址。异常处理函数的剩余部分设置发生在❺和❻处，它们将新的异常处理函数链接到由 fs:[0]引用的现有异常处理程序链中。[1]

下一步是故意生成一个异常❼，这里是 INT 3，它是调试器的软件陷阱（中断）。在 x86 程序中，INT 3 指令被调试器用来实现软件断点。通常在这个位置上，附加的调试器将获得控制权，因为调试器被赋予了第一个处理异常的机会。在本例中，程序已经做好了处理异常的准备，因此任何附加的调试器都将把异常传递给程序来处理。如果不允许程序处理这个异常，可能会导致程序操作错误或崩溃。如果不了解 INT 3 异常是如何处理的，就不可能知道这个程序接下来会发生什么。如果我们假设程序会在 INT 3 之后恢复并继续执行，那么最终会由指令❽和❾触发一个除零异常。

与上述代码相关的异常处理程序的反编译版本从地址 0041d0c5 开始，该函数的第一部分如下所示：

```
    int FUN_0041d0c5(EXCEPTION_RECORD *param_1,void *frame, ❶ CONTEXT *ctx) {
        DWORD code;

❷      ctx->Eip = ctx->Eip + 1;
❸      code = param_1->ExceptionCode;
❹      if (code == EXCEPTION_INT_DIVIDE_BY_ZERO) {
            ctx->Eip = ctx->Eip + 1;
❺          ctx->Dr0 = 0;
            ctx->Dr1 = 0;
            ctx->Dr2 = 0;
            ctx->Dr3 = 0;
            ctx->Dr6 = ctx->Dr6 & 0xffff0ff0;
            ctx->Dr7 = ctx->Dr7 & 0xdc00;
    }
```

异常处理函数的第三个参数❶是一个指向 Windows CONTEXT 结构体（在 Windows API 头文件 winnt.h 中定义）的指针。CONTEXT 结构体使用异常发生时所有处理器寄存器的内容进行初始化。异常处理程序有机会检查和修改（如有必要）CONTEXT 结构体的内容。如果异常处理程序认为它

---

[1] Windows 将 FS 寄存器配置为指向当前线程环境块（TEB）的基址。TEB 中的第一个字段时指向异常处理函数的指针链表的头部，当进程中出现异常时，这些函数将被调用。

已经纠正了导致异常的问题，它可以通知操作系统，允许出现异常的线程继续运行。此时，操作系统会从提供给异常处理程序的 CONTEXT 结构体中，重新加载线程的处理器寄存器，然后线程恢复运行，就像什么都没有发生一样。

在上面的例子中，异常处理程序首先访问线程的 CONTEXT 结构体，以增加指令指针❷，从而在产生异常的指令之后继续执行。接下来，异常的类型代码（EXCEPTION_RECORD 中的一个字段）被检索出来❸，以确定异常的性质。异常处理程序的这一部分通过将所有 x86 硬件调试寄存器清零❺，来处理前一个例子中产生的除零错误❹。[1]

如果不检查 tElock 代码的其余部分，就不能立即看出为什么要清除调试寄存器。在本例中，tElock 正在清除前一个操作的值，在该操作中，除了之前看到的 INT 3，它还使用调试寄存器设置了四个断点。除了混淆程序的真实控制流，清除或修改 x86 调试寄存器可能会对软件调试器（如 OllyDbg 或 GDB）造成破坏。这种反调试技术将在 21.1.4 节 "反动态分析技术" 中讨论。

操作码混淆

到目前为止，我们讨论的技术可以形成（实际上，旨在形成）一种障碍，以阻止他人了解程序的控制流，但还不能阻止你查看正在分析程序的正确反汇编代码清单。反汇编失调有不错的影响，但通过重新格式化反汇编代码，使其反映正确的指令流，就可以轻易打败这种技术。

阻止正确反汇编的更有效的技术是在创建可执行文件时对实际指令进行编码或加密。被混淆的指令在被处理器取址执行之前，必须先解密成原来的形式。因此，至少有一部分的程序必须保持未加密状态，以便作为启动例程。在被混淆的程序中，启动例程通常负责对部分或剩余的全部程序进行混淆处理。图 21-2 是混淆过程的一个通用概述。

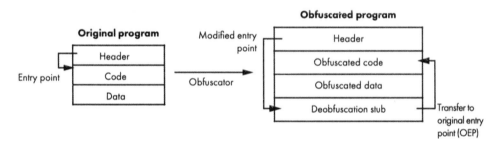

图 21-2：通用混淆过程

如图所示，混淆过程的输入是要混淆的程序。在许多情况下，输入程序是使用标准编程语言和构建工具（编辑器、编译器等）编写的，很少考虑可能会进行混淆。生成的可执行文件被输入混淆工具中，该工具将二进制文件转化为功能等同但被混淆的二进制文件。如图所示，混淆工具负责混淆原始程序的代码和数据部分，并添加额外的代码（去混淆存根），在运行时访问原始功能之前执行对代码和数据的去混淆任务。混淆工具还修改了程序头，将程序入口点重定向到去混淆存根，以确

1　在 x86 架构中，调试寄存器 0 到 7（DR0 ~ DR7）用于控制硬件辅助断点的使用。DR0 到 DR3 用于指定断点地址，而 DR6 到 DR7 则用于启用和禁用特定的硬件断点。

保从去混淆过程开始执行。在去混淆后，执行通常会转移到原始程序的入口点，此时程序开始执行，就像根本没有被混淆过一样。

这个过于简化的过程因混淆工具的不同而有很大的不同。越来越多的工具可以用来处理混淆过程，提供了从压缩到反反汇编和反调试技术的各种功能。常见的工具包括：UPX（压缩器，也适用于 ELF；链接 21-3）、ASPack（压缩器；链接 21-4）、ASProtect（ASPack 的制造商开发的反逆向工程工具）和用于 Windows PE 文件的 tElock（压缩和反逆向工程工具；链接 21-5）。混淆工具的功能已经发展到了与整个构建过程相结合的反逆向工程工具（如 VMProtect），使程序员能够在开发的每个阶段，即从源代码到已编译二进制文件的后处理，都集成反逆向工程功能（链接 21-6）。

> **沙盒环境**
>
> 在逆向工程中，使用沙盒环境可以在执行程序时观察程序的行为，而该行为不会对逆向工程平台的关键组件或它所连接的任何东西产生损害。沙盒环境通常使用虚拟化软件构建，但也可以在专用系统上构建，这类系统能够在执行任何恶意软件后恢复到已知的良好状态。
>
> 沙盒系统通常配备了大量的仪器，以观察和收集沙盒中所运行程序的行为信息。收集的数据可能包括程序的文件系统活动信息、（Windows）程序的注册表活动，以及程序产生的任何网络活动信息。一个完整的沙盒环境示例是 Cuckoo（链接 21-7），它是一个流行的开源沙盒，专门面向恶意软件分析。

与任何攻击性技术一样，已经有一些防御措施被开发出来，以对抗许多反逆向工程工具。在大多数情况下，这些工具的目标是恢复原始的、未受保护的可执行文件（或一个合适的摹本），然后可以使用反汇编器或调试器等传统工具来进行分析。其中一个用于 Windows 可执行文件去混淆的工具是 QuickUnpack（链接 21-7），它和其他许多自动解压程序一样，以调试器的方式运行，允许被混淆的二进制文件在其去混淆阶段执行，然后从内存中捕获进程映像。请注意，这种类型的工具实际上是在运行潜在的恶意程序，并希望在这些程序解压或去混淆之后，到有机会执行任何恶意行为之前，阻止这些程序执行。因此，应该始终在沙盒环境中执行此类程序。

使用纯静态分析环境来分析混淆代码是一项具有挑战性的任务。在不能执行去混淆存根的情况下，必须在开始反汇编之前解压或解密二进制文件中被混淆的部分。使用UPX程序打包可执行文件，其布局如图 21-3 右侧的 Ghidra 地址类型概览栏所示。Ghidra 对概览栏中的内容进行颜色编码，以展示二进制文件中的相关内容。概览栏的一般类别包括：

- Function（函数）
- Uninitialized（未初始化）
- External Reference（外部引用）
- Instruction（指令）
- Data（数据）
- Undefined（未定义）

从图中的概览栏中，可以看到 Ghidra 对二进制文件各个部分的初步评估。将鼠标指针悬停在概览栏中的任何部分，将获得关于该二进制文件相应区域的额外信息。这个特殊的导航栏以不同寻常的外观表明该二进制文件已经被混淆了。让我们仔细看看概览栏中的一些部分。

Ghidra 在文件的开头标识了一个数据段❶。检查此内容可以看到文件头，以及指示该文件中使用的混淆类型的信息内容：

```
This file is packed with the UPX executable packer http://upx.tsx.org
UPX 1.07 Copyright (C) 1996-2001 the UPX Team. All Rights Reserved.
```

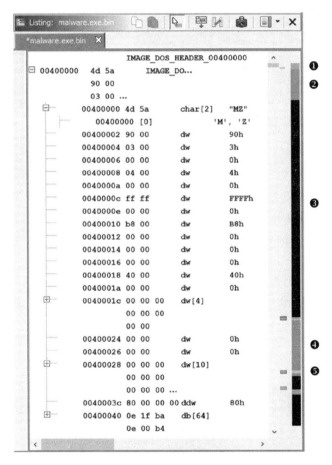

图 21-3：UPX 打包二进制文件的 Ghidra 清单窗口和地址类型概览栏

这个部分的后面是类似于下面的未定义内容块❷，显示在清单窗口中：

```
004008a3 72        ??      72h       r
004008a4 85        ??      85h
004008a5 6c        ??      6Ch       l
```

最大的部分包含未初始化的数据❸，在清单窗口中如下所示：

```
004034e3    ??        ??
004034e4    ??        ??
```

在文件稍远的地方,Ghidra 发现了另一个未定义内容块❹。在这些数据的末尾有一个区域,Ghidra 将其识别为函数❺。这个函数很容易被识别为 UPX 解压存根,Ghidra 将其识别为二进制文件的入口点,如图 21-3 左侧的清单窗口所示。我们观察到的未定义内容块❷❹是 UPX 压缩过程的结果。解压存根的工作是将数据解压到未初始化的区域❸,然后再将控制权转移给解压后的代码。

地址类型概览栏显示的信息可以与二进制文件中每个段的属性相关联,以确定每个显示中所显示的信息是否一致。该二进制文件的内存映射如图 21-4 所示。

Name	Start	End	Length	R	W	X	Volatile	Type	Initialized
Headers	00400000	00400fff	0x1000	☑	☐	☐	☐	Default	☑
UPX0	00401000	00406fff	0x6000	☑	☑	☑	☐	Default	☐
UPX1	00407000	004089ff	0x1a00	☑	☑	☑	☐	Default	☑
UPX1	00408a00	00408fff	0x600	☑	☑	☑	☐	Default	☐
UPX2	00409000	004091ff	0x200	☑	☑	☐	☐	Default	☑
UPX2	00409200	00409fff	0xe00	☑	☑	☐	☐	Default	☐

图 21-4:UPX 打包二进制文件的内存映射

在这个特定的二进制文件中,包含在 UPX0❶段和 UPX1❷段的整个地址范围(00401000– 00408fff)被标记为可执行(设置了 X 标志)。基于此,应该会看到整个地址类型概览栏被着色以显示为函数。但事实并不是这样,考虑到 UPX0 的整个范围是未初始化和可写的,就非常可疑了,这提供了关于二进制文件的信息,以及我们应该如何进行分析的宝贵线索。

在 21.2 节“使用 Ghidra 静态去混淆二进制文件”中将讨论使用 Ghidra 在静态环境下(不实际执行二进制文件)对此类文件进行解压缩操作的技术。

21.1.3 导入函数混淆

反静态分析技术还可以隐藏二进制文件使用的共享库和库函数,以避免泄露二进制文件可能执行的潜在操作的信息。在大多数情况下,有可能使 dumpbin、ldd 和 objdump 等工具在列出库依赖方面失去作用。

这种混淆对 Ghidra 的影响在符号树中最为明显。之前 tElock 示例的整个符号树如图 21-5 所示。

图 21-5:混淆二进制文件的符号树

只有两个导入函数被引用：GetModulehandleA（来自 kernel32.dll）和 MessageBoxA（来自 user32.dll）。从这个简短的列表中几乎不可能推测出程序的行为。这里程序可以使用的技术也是多种多样的，但基本上都归结于一个事实：即程序本身必须加载它所依赖的任何其他库，一旦库被加载，程序必须在这些库中找到任何需要的函数。在大多数情况下，这些任务是由去混淆存根执行的，然后再将控制权转移到去混淆后的程序。最终目的是正确初始化程序的导入表，就像这个过程是由操作系统自己的加载器执行的一样。

对于 Windows 二进制文件，一种简单的方法是使用 LoadLibrary 函数按名称加载所需的库，然后使用 GetProcAddress 函数在每个库中查询函数地址。要使用这些函数，查询必须显示链接它们，或者采用其他方法找到它们。tElock 示例的符号树不包含这两个函数，而 UPX 示例则包含它们，如图 21-6 所示。

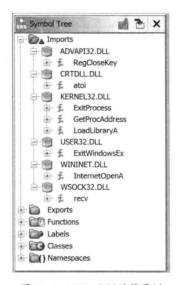

图 21-6：UPX 示例的符号树

负责重建导入表的实际 UPX 代码如清单 21-2 所示。

```
        LAB_0040886c                              XREF[1]: 0040888e(j)
0040886c MOV      EAX,dword ptr [EDI]
0040886e OR       EAX,EAX
00408870 JZ       LAB_004088ae
00408872 MOV      EBX,dword ptr [EDI + 0x4]
00408875 LEA      EAX,[EAX + ESI*0x1 + 0x8000]
0040887c ADD      EBX,ESI
0040887e PUSH     EAX
0040887f ADD      EDI,0x8
00408882 CALL ❶  dword ptr [ESI + 0x808c]=>KERNEL32.DLL::LoadLibraryA
00408888 XCHG     EAX,EBP
        LAB_00408889                              XREF[1]: 004088a6(j)
00408889 MOV      AL,byte ptr [EDI]
0040888b INC      EDI
0040888c OR       AL,AL
```

```
0040888e JZ       LAB_0040886c
00408890 MOV      ECX,EDI
00408892 PUSH     EDI
00408893 DEC      EAX
00408894 SCASB.REPNE ES:EDI
00408896 PUSH     EBP
00408897 CALL ❷   dword ptr [ESI + 0x8090]=>KERNEL32.DLL::GetProcAddress
0040889d OR       EAX,EAX
0040889f JZ       LAB_004088a8
004088a1 MOV ❸   dword ptr [EBX],EAX ; save to import table
004088a3 ADD      EBX,0x4
004088a6 JMP      LAB_00408889
```

清单 21-2：UPX 中的导入表重建

该示例包含一个负责调用 LoadLibrary❶的外层循环和一个负责调用 GetProcAddress❷的内层循环。每次成功调用 GetProcAddress 后，新检索到的函数地址被存储到重建后的导入表中❸。

这些循环作为 UPX 去混淆存根的最后一部分执行，因为每个函数都需要使用指向库名或函数名的字符串指针参数，且相关字符串保存在压缩的数据区域内，以避免被 strings 工具检测到。

回到 tElock 示例，它遇到的问题有所不同。仅有的两个导入函数都不是 LoadLibrary 或 GetProcAddress，那么 tElock 工具如何像 UPX 一样执行函数解析任务呢？所有 Windows 进程都依赖于 kernel32.dll，这意味着它存在于所有进程的内存中。如果一个程序能够找到 kernel32.dll，就可以通过相对简单的过程来找到 DLL 中的任何函数，包括 LoadLibrary 和 GetProcAddress。如前所述，有了这两个函数，就有可能加载进程所需的任何其他库，并在这些库中找到所需的所有函数。

在论文 Understanding Windows Shellcode[1]中，Skape 讨论的正是这类技术。虽然 tElock 没有使用 Skape 详细描述的那种技术，但有许多相似之处，最终目的是混淆加载和链接过程的细节。如果不仔细跟踪程序指令，就很容易忽视库的加载或函数地址的查找过程。下面的代码片段说明了 tElock 如何查找 LoadLibrary 的地址：

```
0041d1e4 CMP      dword ptr [EAX],0x64616f4c
0041d1ea JNZ      LAB_0041d226
0041d1ec CMP      dword ptr [EAX + 0x4],0x7262694c
0041d1f3 JNZ      LAB_0041d226
0041d1f5 CMP      dword ptr [EAX + 0x8],0x41797261
0041d1fc JNZ      LAB_0041d226
```

很明显，这段代码快速连续地进行了几次比较，但我们对其目的可能不是很清楚。重新格式化每次比较所使用的操作数（右击并选择 Convert→Char Sequence），可以让代码更加清晰，如下面的清单所示：

```
0041d1e4 CMP      dword ptr [EAX],"Load"
0041d1ea JNZ      LAB_0041d226
0041d1ec CMP      dword ptr [EAX + 0x4],"Libr"
```

1 参见链接 21-8。特别是第 3 章 Shellcode Basics 中的 3.3 节 Resolving Symbol Addresses。

```
0041d1f3 JNZ    LAB_0041d226
0041d1f5 CMP    dword ptr [EAX + 0x8],"aryA"
0041d1fc JNZ    LAB_0041d226
```

　　每个十六进制常量实际上是一个包含 4 个 ASCII 字符的序列，Ghidra 将其显示为带引号的 ASCII，并一起拼写成 LoadLibraryA[1]。如果这三个比较成功，就说明 tElock 找到了 LoadLibraryA 的导出表条目，并在几个简单的操作后获得这个函数的地址，以加载更多的库。tElock 的函数查找方法可以一定程度上对抗字符串分析，因为直接嵌入在程序指令中的 4 字节常量不像标准的以空结束的字符串，因此不会被包含在 Ghidra 生成的字符串列表中，除非修改默认值（例如，在字符串搜索中取消 Require Null Termination 选项）。

　　在 UPX 和 tElock 的情况下，通过仔细分析程序代码来手动重建导入表要更容易一些，因为最终它们都包含 ASCII 字符数据，可以使用它们来确定到底引用了哪些库和函数。Skape 的论文详细介绍了一个函数解析过程，在这个过程中，代码里根本没有字符串出现。论文讨论的基本概念是，为你需要解析的每个函数的名称预先计算一个唯一的哈希值[2]。为了解析每个函数，首先需要搜索一个库的导出名称表，计算表中每个名称的哈希值，然后将其与预先计算的对应函数的哈希值进行比较。如果匹配成功，就找到了所需的函数，并且可以很容易地在库的导出地址表中找到它的地址。

　　为了静态分析以这种方式混淆的二进制文件，需要了解用于每个函数名的哈希算法，并将该算法应用于程序正在搜索的库所导出的所有名称。有了完整的哈希表后，就可以直接查找在程序中遇到的每个哈希值，以确定该哈希值对应的是哪个函数。如下所示是为 kernel32.dll 生成的哈希表的一部分：

```
❶ GetProcAddress : 8A0FB5E2
  GetProcessAffinityMask : B9756EFE
  GetProcessHandleCount : B50EB87C
  GetProcessHeap : C246DA44
  GetProcessHeaps : A18AAB23
  GetProcessId : BE05ED07
```

　　请注意，哈希值特定于一个特定二进制文件中使用的哈希函数，并且很可能在不同的二进制文件中有所不同。使用这个特定的表，如果在程序中遇到哈希值 8A0FB5E2❶，可以迅速确定该程序正试图查找 GetProcAddress 函数的地址。

　　Skape 使用哈希值来解析函数名，最初是为用于 Windows 漏洞利用有效载荷而开发和记录的，但现在也被用于混淆程序。

1　许多接受字符串参数的 Windows 函数有两个版本：一种接受 ASCII 字符串，另一种接受 Unicode 字符串。这些函数的 ASCII 版本带 A 后缀，而 Unicode 版本带 W 后缀。

2　哈希函数是一个数学过程，可以从一个任意大小的输入（如字符串）中得出一个固定大小的结果（如 4 字节）。

21.1.4 反动态分析技术

前面几节中介绍的反静态分析技术，对程序是否真的执行没有任何影响。事实上，虽然反静态分析技术可能会让你很难仅使用静态分析技术，来理解程序的真实行为，但它们并不能阻止程序运行，否则就会使程序失去作用，因而也就根本不需要对程序进行分析。

程序必须运行才能完成有用的工作，动态分析旨在观察程序在运行时的行为，而不是观察静止时的行为（在程序不运行时使用静态分析）。在本节中，我们将简要介绍一些比较常见的反动态分析技术。在大多数情况下，这些技术对静态分析工具没有什么影响，但如果有功能重叠的地方，我们也会指出来。

检测虚拟化

沙盒环境通常使用虚拟化软件（如 VMware）为恶意软件提供执行环境。这种环境的优点是通常提供了检查点和回滚功能，有助于快速恢复沙盒到已知的良好状态。主要的缺点是恶意软件可能会检测到沙盒。假设虚拟化等同于观察，那么许多不希望被观察的程序一旦确定自己在虚拟机中运行，就会立即关闭。由于虚拟化在生产中被广泛使用，这种假设在今天已经不是那么有效了。

下面的列表描述了一些在虚拟化环境中运行的程序所使用的技术，以确定它们是在虚拟机中而不是在本地硬件上运行。

- **检测特定的虚拟化软件**。用户通常会在虚拟机中安装助手程序，以方便虚拟机与其主机操作系统之间进行通信，或者只是为了提高虚拟机的性能。VMWare Tools 集合就是一个这样的软件。在虚拟机中运行的程序很容易就能检测到这类软件的存在。例如，当 VMWare Tools 被安装到微软 Windows 虚拟机中时，它创建的 Windows 注册表项可以被任何程序读取。检测到这些项的恶意软件可能会在表现出任何值得注意的行为之前选择关闭。另一方面，虽然虚拟化在今天已经被广泛使用，但在没有安装 VMWare Tools 的情况下发现的 VMWare 映像，在恶意软件眼中可能同样是可疑的。

- **检测特定的虚拟化硬件**。虚拟机使用虚拟硬件抽象层来提供虚拟机和主机本地硬件之间的接口。虚拟硬件的特征通常很容易被运行在虚拟机中的软件检测到。例如，VMWare 已经为其虚拟化网络适配器分配了自己的组织唯一标识符（OUI）[1]。观察到 VMWare 特定的 OUI 可以表明程序正在虚拟机中运行。由于这个原因而关闭的软件，可以修改分配给虚拟机相关的任何虚拟网络适配器的 MAC 来欺骗它运行。

- **检测特定的处理器行为变化**。完美的虚拟化是很难实现的。理想情况下，程序不应该能够检测到虚拟化环境和本机硬件之间的任何差异。然而，这种情况很少见。在观察到 x86 sidt 指令在本地硬件上的操作与在虚拟机环境中执行的相同指令之间的行为差异后，Joanna Rutkowska 开发了称为 Red Pill[2]的 VMWare 检测技术。

---

1 OUI 构成了网络适配器出厂分配的 MAC 地址的前 3 个字节。

2 参见链接 21-9。

检测"检测工具"

在创建沙盒环境之后，到执行你想要观察的任何程序之前，需要确保检测工具已经就位，以正确收集和记录与你所分析程序的行为有关的信息。有各种各样的工具可以执行这种监视任务，其中两个使用广泛的工具是微软 Sysinternals 套件中的 Process Monitor 和 Wireshark[1]。Process Monitor 工具可以监控与任何正在运行的 Windows 进程相关的某些行为活动，包括对 Windows 注册表的访问和文件系统活动。Wireshark 工具可以抓取和分析网络数据包，通常用于分析由恶意软件产生的网络流量。

生性多疑的恶意软件作者可能会在他们的软件中增加功能，以搜索这类监控程序的运行实例。已经采用的技术包括：扫描活动进程列表中与这类监控程序相关的进程名，以及扫描所有活动的 Windows 应用程序的标题栏文本以搜索已知字符串。有些软件甚至还可以进行更深入的搜索，例如与某些检测工具中使用的 Windows GUI 组件有关的具体特征。

检测调试器

除了对程序的简单观察，分析人员还可以使用调试器完全控制所需分析程序的执行过程。调试器通常用于运行被混淆的程序，给足运行时间以完成任何解压或解密任务，然后使用调试器的内存访问功能从内存中提取去混淆的进程映像。在大多数情况下，可以使用标准的静态分析工具和技术来完成对提取的进程映像的分析。

混淆工具的作者很清楚这种调试器辅助的去混淆技术，因此开发了一些措施，试图防止使用调试器来执行他们混淆过的程序。检测到调试器存在的程序通常会选择终止，而不是继续执行操作，避免被分析人员观察到程序的行为。

有很多检测调试器是否存在的技术，包括通过常用的 API 函数（如 Windows 的 IsDebuggerPresent 函数）直接对操作系统进行查询，以及一些更底层的，例如检测因使用调试器而生成的内存或处理器制品，一个例子是检测处理器是否设置了跟踪（单步）标志。

检测调试器并不是特别困难的事，只要你知道自己要找的是什么，那么在静态分析过程中就很容易观察到这样的检测尝试（除非同时使用了反静态分析技术）。有关调试器检测的更多信息，可以参考文章 *Anti Debugging Detection Techniques with Examples*[2]，该文全面讲述了各种 Windows 反调试技术。

阻止调试

即使是无法检测到的调试器，也可以通过其他技术来阻止，这些技术尝试引入虚假断点、清除硬件断点、阻碍反汇编等，使选择合适的断点地址变得困难，或者第一时间阻止调试器附加到进程中。前面提到的反调试文章中所讨论的许多技术都是为了阻止调试器正确运行。

程序可以故意产生异常来阻止调试。在大多数情况下，附加的调试器会捕获到异常，此时用户

1　Process Monitor 参见链接 21-10。Wireshark 参见链接 21-11。

2　参见链接 21-12。

必须分析异常产生的原因，以及是否将异常传递给正在调试的程序。对于像 x86 INT 3 这样的软件断点，可能很难区分中断是由底层软件产生的还是由实际调试器断点产生的。这种迷惑性正是混淆程序作者希望看到的结果。在这种情况下，通过仔细分析反汇编清单，有可能了解真正的程序流程，尽管难度很大。

对程序的各个部分进行编码具有双重效果：一方面无法正常反汇编，阻止了静态分析；另一方面很难设置断点，阻止了调试。即使每条指令的起始地址已知，但在指令真正被解码之前，也是不能设置软件断点的，因为以插入软件断点的方式来改变指令，很可能会导致被混淆的代码解密失败，然后在执行到这个断点时导致程序崩溃。

Linux 上的 Shiva ELF 混淆工具使用了一种名为 mutual ptrace 的技术，来防止使用调试器分析 Shiva 的行为。

> **进程跟踪**
>
> 进程跟踪（ptrace 或 process tracing）API 是许多类 UNIX 系统上提供的一种机制，使一个进程可以监视和控制另一个进程的执行。GNU 调试器（gdb）是其中一种使用了进程跟踪 API 的著名应用程序。通过进程跟踪 API，一个进程跟踪父进程可以附加到一个进程跟踪子进程上，并控制它的执行。为了控制一个进程，首先父进程必须附加到它想控制的子进程上，子进程在收到信号后就会停止运行，而父进程通过 POSIX 的 wait 函数得到通知，此时父进程可以选择改变或检查子进程的状态，然后再指示子进程继续执行。一旦有父进程附加到子进程上，那么直到该父进程选择脱离子进程，其他进程都不能附加到同一个子进程上。

Shiva 利用了这一点，即在任何给定时间内，一个进程只能依附到一个其他进程上。在执行早期，Shiva 进程会派生出一个自身的副本。然后，原始的 Shiva 进程立即对新派生的子进程执行进程跟踪附加操作。反过来，新派生的子进程也立即依附到它的父进程上。如果其中一个附加操作失败了，Shiva 就会认为有其他调试器在监视它的进程，于是终止运行。如果这两个操作都成功了，也就没有其他调试器可以附加到正在运行的 Shiva 进程上，它可以继续运行而不用担心被监视。在以这种方式运行时，任何一个 Shiva 进程都可以修改另一个进程的状态，因此使用静态分析技术很难确定 Shiva 二进制文件的真实控制流。

21.2 使用 Ghidra 静态去混淆二进制文件

此时你可能会想，既然有这么多可用的反逆向工程技术，还怎么分析程序员有意保密的软件呢？由于这些技术同时针对静态分析工具和动态分析工具，那么在揭示程序的隐藏行为方面，最好的方法是什么？不幸的是，没有一种解决方案可以适用于所有情况。

在大多数情况下，解决方案取决于所掌握的技能和可用的工具。如果你选择的分析工具是调试器，那么就需要制定策略来避开调试器检测和预防保护。如果你首选的分析工具是反汇编器，那么就需要制定策略来获得准确的反汇编，并且在遇到自修改代码的情况下，模仿该代码的行为，以正确更新反汇编清单。

在本节中，我们将讨论在静态分析环境（即不执行代码）中处理自修改代码的两种技术。如果不愿意（因为有恶意代码）或不能（因为缺少硬件）在调试器控制程序时进行分析，那么静态分析可能是你唯一的选择。Ghidra 拥有的秘密武器可以在静态去混淆的军备竞赛中使用。

21.2.1 基于脚本的去混淆

由于 Ghidra 可以用来反汇编越来越多的各种处理器的二进制文件，因此常常需要分析一个为不同平台开发的二进制文件。例如，可能需要使用 macOS 上运行的 Ghidra 分析 Linux x86 二进制文件，或者使用 x86 平台上运行的 Ghidra 分析 MIPS 或 ARM 二进制文件。

在这种情况下，可能无法使用合适的工具（如调试器）来动态分析二进制文件。而且，如果通过对程序的组成部分进行编码来混淆该二进制文件，那么可能别无选择，只能创建 Ghidra 脚本来模仿程序的去混淆过程，以便正确地解码程序并反汇编解码后的指令和数据。

这似乎是一项艰巨的任务。然而，在许多情况下，被混淆程序的解码阶段只使用了处理器指令集的一小部分，所以熟悉必要的操作可能并不需要了解目标处理器的整个指令集。

第 14 章中介绍了一个算法，用于开发模拟程序部分行为的脚本。在下面的例子中，我们将利用这些步骤来开发简单的 Ghidra 脚本，对一个用 Burneye ELF 加密工具加密的程序进行解码。示例程序从清单 21-3 中的指令开始执行：

```
❶  05371035 PUSH     dword ptr [DAT_05371008]
❷  0537103b PUSHFD
❸  0537103c PUSHAD
❹  0537103d MOV      ECX,dword ptr [DAT_05371000]
   05371043 JMP      LAB_05371082
   ...
            LAB_05371082                    XREF[1]:      05371043(j)
❺  05371082 CALL     FUN_05371048
   05371087 SHL      byte ptr [EBX + -0x2b],1
   0537108a PUSHFD
   0537108b XCHG     byte ptr [EDX + -0x11],AL
   0537108e POP      SS
   0537108f XCHG     EAX,ESP
   05371090 CWDE
   05371091 AAD      0x8e
   05371093 PUSH     ECX
❻  05371094 OUT      DX,EAX
   05371095 ADD      byte ptr [EDX + 0xa81bee60],BH
   0537109b PUSH     SS
   0537109c RCR      dword ptr [ESI + 0xc],CL
   0537109f PUSH     CS
   053710a0 SUB      AL,0x70
   053710a2 CMP      CH,byte ptr [EAX + 0x6e]
   053710a5 CMP      dword ptr [DAT_cbd35372],0x9c38a8bc
```

```
    053710af AND      AL,0xf4
    053710b1 SBB      EBP,ESP
    053710b4 POP      DS
❼  053710b5 ??       C6h
```

清单 21-3：Burneye 启动序列和混淆代码

该程序首先将内存位置 05371008h 的内容压入栈中❶，然后压入处理器标志❷和所有处理器寄存器❸。这些指令的目的并不明显，所以我们只是将这些信息记录下来以备后用。接下来，ECX 寄存器加载了内存位置 05371000h 的内容❹。根据第 14 章中介绍的算法，这时我们需要声明一个名为 ECX 的变量，并使用 Ghidra 的 getInt 函数从内存中对其初始化，如下所示：

```
int ECX = getInt(toAddr(0x5371000));        // from instruction 0537103d
```

在绝对跳转之后，程序调用函数 FUN_05371048❺将地址 05371087h 压入栈中，而 CALL 指令后面的反汇编指令开始变得越来越没有意义。OUT❻指令一般不会在用户空间代码中出现，并且 Ghidra 也无法反汇编地址 053710B5h❼处的指令。这些都表明了该二进制文件存在问题（另外，符号树只列出了两个函数：entry 和 FUN_05371048）。

此时，分析需要从函数 FUN_05371048 处继续进行，如清单 21-4 所示。

```
   FUN_05371048                          XREF[1]: entry:05371082(c)
❶  05371048 POP ESI
❷  05371049 MOV EDI,ESI
❸  0537104b MOV EBX,dword ptr [DAT_05371004] = C09657B0h
   05371051 OR EBX,EBX
❹  05371053 JZ LAB_0537107f
❺  05371059 XOR EDX,EDX
❻     LAB_0537105b                       XREF[1]: 0537107d(j)
   0537105b MOV EAX,0x3
❼     LAB_05371060                       XREF[1]: 05371073(j)
   05371060 SHRD EDX,EBX,0x1
   05371064 SHR EBX,1
   05371066 JNC LAB_05371072
   0537106c XOR EBX,0xc0000057
      LAB_05371072                       XREF[1]: 05371066(j)
   05371072 DEC EAX
   05371073 JNZ LAB_05371060
   05371075 SHR EDX,0x18
   05371078 LODSB ESI
   05371079 XOR AL,DL
   0537107b STOSB ES:EDI
   0537107c DEC ECX
   0537107d JNZ LAB_0537105b
      LAB_0537107f                       XREF[1]: 05371053(j)
   0537107f POPAD
   05371080 POPFD
   05371081 RET
```

清单 21-4：主要的 Burneye 解码函数

这并不是一个典型的函数，因为它刚开始就将返回地址弹出栈，放到 ESI 寄存器中❶。如前所述，保存的返回地址是 05371087h，考虑到 EDI❷、EBX❸和 EDX❺的初始化，可以得到如下脚本：

```
int ECX = getInt(toAddr(0x5371000));      // from instruction 0537103D
int ESI = 0x05371087;                     // from instruction 05371048
int EDI = ESI;                            // from instruction 05371049
int EBX = getInt(toAddr(0x5371004));      // from instruction 0537104B
int EDX = 0;                              // from instruction 05371059
```

在这些初始化之后，函数对包含在 EBX 寄存器中的值进行测试❹，然后进入到外层循环❻和内层循环❼中。该函数的其余逻辑体现在下面的完整脚本中。脚本中的注释用于将脚本操作与前一个反汇编清单中的相应操作关联起来。

```
public void run() throws Exception {
    int ECX = getInt(toAddr(0x5371000));      // from instruction 0537103D
    int ESI = 0x05371087;                     // from instruction 05371048
    int EDI = ESI;                            // from instruction 05371049
    int EBX = getInt(toAddr(0x5371004));      // from instruction 0537104B

    if (EBX != 0) {                           // from instructions 05371051
                                              //   and 05371053
        int EDX = 0;                          // from instruction 05371059
        do {
            int EAX = 8;                      // from instruction 0537105B
            do {
                                              // mimic x86 shrd instruction
                                              //   using several operations
                EDX = EDX >>> 1;              // unsigned shift right one bit
                int CF = EBX & 1;             // remember the low bit of EBX
                if (CF == 1) {                // CF represents the x86 carry flag
                    EDX = EDX | 0x80000000;   // shift in low bit of EBX if it's 1
                }
                EBX = EBX >>> 1;              // unsigned shift right one bit
                if (CF == 1) {                // from instruction 05371066
                    EBX = EBX ^ 0xC0000057;   // from instruction 0537106C
                }
                EAX--;                        // from instruction 05371072
            } while (EAX != 0);               // from instruction 05371073
            EDX = EDX >>> 24;                 // unsigned shift right 24 bits
❶          EAX = getByte(toAddr(ESI));       // from instruction 05371078
            ESI++;
            EAX = EAX ^ EDX;                  // from instruction 05371079
            clearListing(toAddr(EDI));        // clear byte so we can change it
❷          setByte(toAddr(EDI), (byte)EAX);  // from instruction 0537107B
            EDI++;
            ECX--;                            // from instruction 0537107C
        } while (ECX != 0);                   // from instruction 0537107D
    }
}
```

每当试图模拟一条指令时，都应该特别注意数据大小和寄存器别名。在本例中，我们需要选择合适的数据大小和变量，来正确实现 x86 的 LODSB（加载字符串字节）和 STOSB（存储字符串字节）指令。这些指令在 EAX 寄存器的低 8 位[1]中读取（LODSB）和写入（STOSB）数据，并保持高24 位不变。在 Java 中，除了使用各种位运算来屏蔽和重新组合变量的各个部分，没有办法将变量按单个位的大小进行拆分。具体来说，对于 LODSB❶指令，下面是一个更可信的模拟方式：

```
EAX = (EAX & 0xFFFFFF00) | (getByte(toAddr(ESI)) & 0xFF);
```

这个例子首先清除 EAX 变量的低 8 位，然后使用 OR 运算合并低 8 位中的新值。在 Burneye 解码示例中，整个 EAX 寄存器在每次外层循环开始时被设置为 8，其效果是将 EAX 的高 24 位清零。因此，我们选择简化 LODSB❶的实现，忽略对 EAX 高 24 位赋值的影响。同时，我们不需要考虑STOSB❷的实现，因为 setByte 函数要求将第二个参数强制转换为一个字节。

在执行 Burneye 解码脚本之后，反汇编代码中将反映出所有变化，这些变化通常是在 Linux 系统上执行混淆程序之前是无法观察到的。如果去混淆过程得以正确执行，很有可能在 Ghidra 的 Search→"For Strings... option"中看到更多可读的字符串。为了观察这一事实，可能需要在字符串搜索窗口中选择刷新图标。

剩下的任务包括：（1）如果解码函数在第一个指令中弹出了返回地址，需要确定它会返回到哪里。（2）使 Ghidra 将解码后的字节值正确显示为指令或数据。Burneye 解码函数的最后三条指令如下所示：

```
0537107f POPAD
05371080 POPFD
05371081 RET
```

如前所述，该函数在开头弹出了它的返回地址，这意味着剩余的栈值是由调用者设置的。这里使用的 POPAD 和 POPFD 指令与 Burneye 的启动例程开始时使用的 PUSHAD 和 PUSHFD 指令相对应，如下所示：

```
      entry
❶  05371035 PUSH     dword ptr [DAT_05371008]
   0537103b PUSHFD
   0537103c PUSHAD
```

最终结果是，栈上唯一保留的值是在 entry 的第一行代码中压入的地址❶。Burneye 解码例程会返回到这个地址，要想对 Burneye 保护的二进制文件进行深入分析，也是从这个位置继续的。

从前面的例子来看，编写脚本来解码或解压被混淆的二进制文件，似乎是一件相对容易的事情。对于 Burneye 示例来说确实如此，因为它没有使用非常复杂的初始混淆算法。而对于更复杂的工具，如 ASPack 和 tElock 的解密存根，可能需要付出更多的努力才能用 Ghidra 实现。

基于脚本的去混淆的优点包括：永远不需要执行被分析的二进制文件，并且有可能在不完全理

---

1 EAX 寄存器的低 8 位也被称为 AL 寄存器。

解用于去混淆二进制文件的具体算法的情况下，创建一个实用脚本。后面这句话似乎有悖常理，因为在使用脚本模拟算法之前，似乎需要先完全理解它的解密算法。但是，使用这里和第 14 章中介绍的开发过程，你真正需要的是完全理解去混淆过程中所涉及的每个处理器指令。通过使用 Ghidra 忠实地实现每个处理器的操作，并根据反汇编清单对每个操作进行正确的排序，就可以获得一个模拟程序行为的脚本，即使你并不完全理解这些操作作为整体执行的高级算法。

使用基于脚本的方法的缺点是，脚本往往相当脆弱。如果由于去模糊工具升级，或者替换提供给反混淆工具的命令行设置，导致去混淆算法发生了变化，那么曾经对该工具有效的脚本很可能需要相应的修改。例如，可以开发出通用的解压脚本，用于 UPX 打包的二进制文件，但它需要随着 UPX 的发展而不断调整。

最后，基于脚本的去混淆没有一个适合所有情况的去混淆解决方案。没有任何超级脚本能够对所有的二进制文件进行去混淆。从某种意义上说，基于脚本的去混淆与基于签名的入侵检测和防病毒系统有许多相同的缺点。即必须为每一种新的打包器开发一个新脚本，而现有打包器的细微变化也可能会破坏现有脚本。下面看一种更通用的去混淆方法。

21.2.2　基于模拟的去混淆

在创建执行去混淆任务的脚本时，经常遇到的一个问题是，需要模拟处理器的指令集，以便与被去混淆的程序在行为上保持相同。指令模拟器使我们能够将这些脚本执行的部分或全部工作转移到模拟器上，从而大大减少 Ghidra 去混淆所需的时间。模拟器可以填补脚本和调试器之间的空白，并且比调试器更灵活。例如，模拟器可以在 x86 平台上模拟 MIPS 二进制文件，或在 Windows 平台上模拟 Linux ELF 二进制文件的指令。

模拟器的能力各有不同，但至少需要一个指令字节流和足够的内存，来专门用于堆栈操作和处理器寄存器。更复杂的模拟器可以提供对模拟的硬件设备和操作系统服务的访问。

Ghidra 的模拟器类

幸运的是，Ghidra 提供了丰富的 Emulator 类，以及为常用的模拟器功能提供了更高层次抽象的 EmulatorHelper，以便快速轻松地创建模拟脚本。在第 18 章中，我们介绍了 p-code 作为底层汇编的中间表示，并描述了它如何使反编译器能够针对各种目标架构工作。同样，p-code 也支持模拟器功能，Ghidra 的 ghidra.pcode.emulate.Emulate 类提供了模拟单个 p-code 指令的能力。

我们可以使用 Ghidra 模拟器相关的类来构建模拟器，从而能够模拟各种处理器。与其他 Ghidra 包和类一样，该功能在 Ghidra 提供的 Javadoc 中有文档记录，可以单击脚本管理器窗口中的红色加号工具来查阅。如果对编写模拟器感兴趣，可以查看与下面示例中使用的模拟器方法相关的 Javadoc。

> **什么是破解游戏**
>
> 破解游戏（crackme）是逆向工程师为逆向工程师设计的谜题。这个名字来源于破解软件以绕过复制或使用限制——这是逆向工程技术更"邪恶"的用途之一。破解游戏提供了练习这些技能

的合法途径，同时也为破解游戏的作者和分析破解游戏的人提供了展示自己才华的机会。

常见的破解游戏接收用户的输入，以某种方式对该输入进行转换，然后将转换结果与预先计算的输出进行比较。进行破解游戏时，通常只能拿到一个编译后的可执行文件，其中包含执行转换的代码和未知输入的最终输出。当你推导出一个输入，可以用来得到二进制文件中包含的输出时，就完成了破解，这个过程通常需要理解转换过程，以便可以推导出转换的逆函数。

示例：SimpleEmulator

假设我们有一个与下面的破解游戏相关的二进制文件，包括文件开头的一些编码内容，并最终作为函数的主体。在本例中，我们构建了一个模拟器脚本，来自动化解码破解游戏所需信息的过程：

```
❶ unsigned char check_access[] = {
       0xf0, 0xed, 0x2c, 0x40, 0x2c, 0xd8, 0x59, 0x26, 0xd8,
       0x59, 0xc1, 0xaa, 0x31, 0x65, 0xaa, 0x13, 0x65, 0xf8, 0x66
   };
   unsigned char key = 0xa5;
   void unpack() {
       for (int ii = 0; ii < sizeof(check_access); ii++) {
   ❷     check_access[ii] ^= key;
       }
   }
   void do_challenge() {
       int guess;
       int access_allowed;
       int (*check_access_func)(int);
   ❸ unpack();
       printf("Enter the correct integer: ");
       scanf("%d", &guess);
       check_access_func = (int (*)(int))check_access;
       access_allowed = check_access_func(guess) ❹;
       if (access_allowed) {
           printf("Access granted!\n");
       } else {
           printf("Access denied!\n");
       }
   }
   int main() {
       do_challenge();
       return 0;
   }
```

即使有了源代码，但由于它的内容是经过编码的❶，所以要解决该破解游戏也需要付出一些努力。Ghidra 的反编译器通常是解决破解游戏的好帮手，但该难题的一些有意思的特性使破解过程变得复杂。在 Ghidra 中只能看到编码后的函数体，但我们需要知道函数的实际用途才能解决难题。在运行时，调用 unpack❸函数可以在调用 check_access_func❹函数之前将 check_access❷解码。所以该破解游戏的结果是被混淆的，我们需要在 Ghidra 中构建模拟器脚本来应对这个挑战。与前面的示例不同的是，模拟器不仅可以解决这个特定情况下的问题，还可以在一定程度上模拟任意代码。

21.2.3　步骤 1：定义问题

我们的任务是设计和开发一个简单的模拟器，能够选择反汇编清单的一个区域，并模拟该区域的指令。模拟器需要被添加到 Ghidra 中，并作为脚本来使用。例如，如果我们在破解游戏中选择了 unpack 函数并运行脚本，该模拟器应该使用密钥来解压 check_access 数组，并让我们知道破解游戏的解决方法。该脚本需要将解压后的代码字节写入 Ghidra 的程序内存中。

21.2.4　步骤 2：创建 Eclipse 脚本项目

使用 GhidraDev→New→Ghidra Script Project 创建一个名为 SimpleEmulator 的项目。这将在 Eclipse 中得到 SimpleEmulator 文件夹，然后在它里面的 Home scripts 文件夹（参考图 15-16）中编写新脚本。脚本中仍然需要输入相关的元数据，以确保它被记录下来并加入各类目录中。通过脚本创建对话框收集的元数据已经被包含在文件中，如图 21-7 所示，我们只需要做一件事，就是在这里添加脚本代码。

```java
//SimpleEmulator is a simplified emulator for Ghidra that
//emulates instructions and then displays the state of the
//program (to include registers, the stack, and local variables
//in the function that the emulation ends in.)
//@author KN
//@category Emulator
//@keybinding
//@menupath
//@toolbar

import ghidra.app.script.GhidraScript;

public class SimpleEmulator extends GhidraScript {

    @Override
    protected void run() throws Exception {
        //TODO: Add script code here
    }
}
```

图 21-7：SimpleEmulator 脚本模板

21.2.5　步骤 3：构建模拟器

我们知道，在开发代码时如果需要导入包，Eclipse 会自动推荐，所以可以直接跳到编码任务，并在 Eclipse 检测到需要导入时添加导入语句。为了实现功能，我们将在整个 SimpleEmulator 类中依赖下面的实例变量声明：

```
private EmulatorHelper emuHelper;      // EmulatorHelper member variable object
private Address executionAddress;      // Initially the start of the selection
private Address endAddress;            // End of the selected region
```

与每个声明相关的注释描述了每个变量的用途。executionAddress 的初始值是所选范围的起点，并跟随指令执行而增加。

步骤 3-1：设置模拟器

在脚本的 run 方法中，要做的第一件事是实例化模拟器的辅助对象，并激活对模拟器内存写入行为的跟踪，这样就可以将更新的值写回当前程序中。实例化对象充当一个锁，类似于 CodeBrowser 在打开的二进制文件上设置的锁。

```
emuHelper = new EmulatorHelper(currentProgram);
emuHelper.enableMemoryWriteTracking(true);
```

步骤 3-2：选择要模拟的地址范围

由于我们希望用户可以选择要模拟的代码部分，所以需要确保他们在清单窗口中确实选择了一些内容。否则，将生成错误信息。

```
if (currentSelection != null) {
    executionAddress = currentSelection.getMinAddress();
    endAddress = currentSelection.getMaxAddress().next();
} else {
    println("Nothing selected");
    return;
}
```

步骤 3-3：准备模拟

在所选区域内，要确保正在查看一条指令，以便建立初始处理器上下文、初始化栈指针，并在所选区域的末尾设置断点。continuing 标志指示我们是刚开始模拟还是继续模拟，并决定在步骤 3-4 中调用哪个版本的 emuHelper.run：

```
Instruction executionInstr = getInstructionAt(executionAddress);
if (executionInstr == null) {
    printerr("Instruction not found at: " + executionAddress);
    return;
}
long stackOffset = (executionInstr.getAddress().getAddressSpace().
                    getMaxAddress().getOffset() >>> 1) - 0x7fff;
emuHelper.writeRegister(emuHelper.getStackPointerRegister(), stackOffset);
// Setup breakpoint at the end address
emuHelper.setBreakpoint(endAddress);
// Set continuing to false as we are just starting the emulation
boolean continuing = false;
```

步骤 3-4：执行模拟

在本节中，你应该可以学习到第 14 章中介绍的一些 Ghidra API 函数的使用方法（例如 monitor.isCancelled）。我们需要一个循环来驱动模拟行为，直到达到定义的终止条件：

```
❶  while (!monitor.isCancelled() &&
           !emuHelper.getExecutionAddress().equals(endAddress)) {
       if (continuing) {
```

```
            emuHelper.run(monitor);
        } else {
            emuHelper.run(executionAddress, executionInstr, monitor);
        }
❷   executionAddress = emuHelper.getExecutionAddress();

    // determine why the emulator stopped, and handle each possible reason
❸   if (emuHelper.getEmulateExecutionState() ==
        EmulateExecutionState.BREAKPOINT) {
        continuing = true;
    } else if (monitor.isCancelled()) {
        println("Emulation cancelled at 0x" + executionAddress);
        continuing = false;
    } else {
        println("Emulation Error at 0x" + executionAddress +
                ": " + emuHelper.getLastError());
        continuing = false;
    }
❹   writeBackMemory();
    if (!continuing) {
        break;
    }
}
```

在本例中，只要监控器没有检测到用户取消，还没达到所选指令范围的终点，或者没有触发错误条件，模拟就会继续执行❶。当模拟器停止时，我们需要更新当前执行地址❷，并对停止条件进行适当的处理❸。最后一步是调用 writeBackMemory() 方法❹。

步骤 3-5：将内存写回程序

这里显示了 writeBackMemory()❹ 的实现。该模拟器将在解压例程上进行测试，该例程最终会修改内存中的字节。模拟器所做的内存修改只存在于它工作的内存中。这些内容需要写回二进制文件，以便让清单和其他用户界面准确地反映出执行解压例程中的指令所产生的变化。Ghidra 在其 emulatorHelper 中提供的功能可以用来辅助这一过程。

```
private void writeBackMemory() {
    AddressSetView memWrites = emuHelper.getTrackedMemoryWriteSet();
    AddressIterator aIter = memWrites.getAddresses(true);
    Memory mem = currentProgram.getMemory();
    while (aIter.hasNext()) {
        Address a = aIter.next();
        MemoryBlock mb = getMemoryBlock(a);
        if (mb == null) {
            continue;
        }
        if (!mb.isInitialized()) {
            // initialize memory
            try {
                mem.convertToInitialized(mb, (byte)0x00);
```

```
        } catch (Exception e) {
            println(e.toString());
        }
    }
    try {
        mem.setByte(a, emuHelper.readMemoryByte(a));
    } catch (Exception e) {
        println(e.toString());
    }
  }
}
```

步骤 3-6：清理资源

在这一步中，需要清理资源并释放在当前程序上的锁。这两者都可以在一个简单的语句中完成：

```
emuHelper.dispose();
```

由于该模拟器只是用来演示，我们对脚本中包含的内容做了一些清理。为了节省空间，我们尽量简化了脚本中通常会包含的注释、功能、错误检查和错误处理。接下来的事就是确认该模拟器脚本可以完成我们的目标。

21.2.6　步骤 4：添加脚本到 Ghidra 安装中

向 Ghidra 安装中添加脚本，只需要将它放到 Ghidra 能找到的地方。如果你将脚本项目设置为链接项目，那么 Ghidra 可以知道在哪里找到它。如果你没有链接该脚本项目（或者是在其他编辑器中创建的模拟器脚本），那么需要将它保存到 Ghidra 的某个脚本目录中，如第 14 章所述。

21.2.7　步骤 5：使用 Ghidra 测试脚本

为了测试脚本，我们将加载与破解游戏的源代码相关的二进制文件。当我们加载二进制文件并导航到 unpack 函数时，可以看到它包含对 check_access 标签的引用：

```
0010077d 48 8d 05 8c 08 20 00 LEA        RAX,[check_access]
```

反编译器窗口中的代码包含以下内容，但这并不能解决问题：

```
check_access[(int)local_c] = check_access[(int)local_c] ^ key;
```

双击清单窗口中的 check_access 将导航到地址 00301010，它看起来不像是一个函数中的指令。

```
00301010 f0 ed 2c 40 2c d8 59      undefined1[19]
         26 d8 59 c1 aa 31 65
         aa 13 65 f8 66
```

如果选择将这个内容进行反汇编，会在 Ghidra 中得到一个坏数据错误。反编译器窗口也没有提供关于该位置的有用帮助。因此，我们使用脚本来看看是否可以模拟 unpack 函数。选择组成 unpack 函数的指令，打开脚本管理器并运行脚本。在 unpack 函数和反编译器窗口中，我们没有看到什么变化。但是如果导航到 check_access（00301010），可以看到内容已经发生了改变。

```
00301010 55 48 89 e5 89 7d        undefined1[19]
         fc 83 7d fc 64 0f
         94 c0 0f b6 c0 5d c3
```

我们清除掉这些代码字节（热键 C），然后进行反汇编（热键 D），可以得到如下结果：

```
     check_access
00301010 55                    PUSH      RBP
00301011 48 89 e5              MOV       RBP,RSP
00301014 89 7d fc              MOV       dword ptr [RBP + -0x4],EDI
00301017 83 7d fc 64           CMP       dword ptr [RBP + -0x4],100
0030101b 0f 94 c0              SETZ      AL
0030101e 0f b6 c0              MOVZX     EAX,AL
00301021 5d                    POP       RBP
00301022 c3                    RET
```

下面是反编译器窗口中对应的代码：

```
ulong UndefinedFunction_00301010(int param_1)
{
    return (ulong)(param_1 == 100);
}
```

这只是一个概念验证脚本，用于演示模拟器如何帮助代码去混淆，包括如何使用 Ghidra 的模拟器支持类，构建一个相对通用的模拟器。在其他情况下，开发和使用模拟器也是一种不错的选择。与调试相比，模拟器的一个直接优势是，潜在的恶意代码永远不会被模拟器实际执行，而调试器辅助的去混淆必须至少执行恶意程序的某些部分，才能获得程序的去混淆版本。

21.3　小结

如今，对恶意软件进行混淆是常规操作而不是例外。任何研究恶意软件样本内部操作的尝试，几乎肯定需要某种类型的去混淆处理。无论你是采用调试器辅助的动态去混淆方法，还是因不愿意运行潜在的恶意代码，而选择使用脚本或模拟器，最终目标都是生成一个可以完全反汇编和正确分析的去混淆二进制文件。

在大多数情况下，最终的分析将使用 Ghidra 等工具进行。鉴于这个最终目标（使用 Ghidra 进行分析），在整个分析过程中一直使用 Ghidra 是很有意义的。本章中介绍的技术旨在证明 Ghidra 的能力比生成反汇编清单更强大，在下一章中，我们将在此基础上研究如何使用 Ghidra 来修补反汇编清单。

第22章
修补二进制文件

在对二进制文件进行逆向工程时，偶尔会需要修改原始二进制文件的行为。行为修改通常是通过修补二进制文件，插入、删除或修改现有指令来完成的。选择这样做的原因有很多，包括以下几种：

- 修改恶意软件样本以消除其所使用的反调试技术。
- 为没有源代码的软件修补漏洞。
- 自定义应用程序的启动画面或字符串内容。
- 以作弊为目的修改游戏逻辑。
- 解锁隐藏功能。
- 绕过许可证检查或其他反盗版保护。

在本章中，我们无意教你做任何不道德的事情，但讨论了一些高级挑战，包括修改二进制文件以反映你在 Ghidra 中所做的任何修改。第 14 章介绍了 setByte API 函数，第 21 章展示了不同类型的模拟脚本如何修改加载到 Ghidra 中的程序内容。这些技术所修改的是已经导入 Ghidra 的内容，对 Ghidra 在导入过程中处理的原始二进制文件没有任何影响。为了完成修补过程，你需要知道如何让 Ghidra 将改动写回磁盘上的文件。另外，还将讨论不同类型的补丁可能带来的挑战。

22.1 规划你的补丁

打补丁的过程通常包括以下步骤：

（1）确定要制作的补丁类型。这通常取决于打补丁的原因，正如前面所讨论的。

（2）确定要修补的确切程序位置。这通常需要对目标程序进行一定的研究和分析。

（3）规划补丁的内容。修改内容可能需要新的数据、新的机器码，或者两者都需要。在任何情况下，修改都必须经过深思熟虑，以防程序出现任何意料之外的行为。

（4）使用 Ghidra 将现有的程序内容（数据或代码）替换为所规划的内容。

（5）使用 Ghidra 验证修改是否正确执行。

（6）使用 Ghidra 将修改导出到一个新的二进制文件中。

（7）验证新二进制文件的行为是否复合预期，必要时重复步骤（2）。

在打补丁的场景中，有时其中的许多步骤影响不大，但有时它们将更具挑战性。在接下来的章节中，我们将回顾 Ghidra 的一些有用的功能，并讨论那些具有挑战性的情况。我们将从第 2 步开始，讲述在打补丁的场景中，如何使用 Ghidra 定位到感兴趣的内容。

22.2　寻找需要修改的东西

你的补丁的确切性质将决定你需要修补的是什么。自定义初始屏幕或字符串需要找到要修改的原始数据。修改程序的逻辑需要修改或插入代码来改变程序的行为。在这种情况下，可能需要大量的逆向工程，来找到任何需要修改的程序位置。Ghidra 有助于这些活动的许多功能已经在前面的章节中介绍过了。让我们回顾一下对打补丁有用的一些功能。

22.2.1　搜索内存

当补丁涉及修改程序数据时，确定在何处应用补丁的主要手段是某种形式的内存搜索。最通用的内存搜索是 CodeBrowser 的 Search→Memory 菜单选项（热键 S），如图 22-1 所示（展开了高级选项）。搜索内存对话框已经在第 6 章中讨论过。

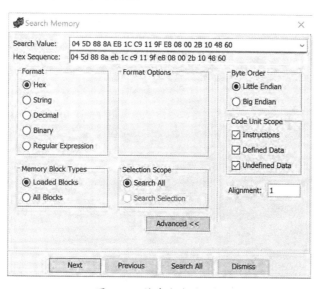

图 22-1：搜索内存对话框

在打补丁的场景中，要在二进制文件中搜索特定的已知数据（例如已知字符串或十六进制序列），使用搜索内存对话框是最有用的。搜索成功后，所有链接的显示器将定位到匹配字节的位置，或者在 Search All 的情况下，将打开一个新的对话框，其中包含可能找到匹配内容的所有地址的列表。对于非常大的二进制文件，可以取消选择任何不感兴趣的代码单元类型，将搜索范围限制在程序中可能包含匹配内容的特定区域（Instructions、Defined Data、Undefined Data 等）。

　　注意：虽然 Search→Memory 在 Ghidra 中提供了最可配置的通用搜索功能，但它是在数据库的原始字节内容中进行搜索，而其他搜索类型可能更适合你所寻找的数据类型。例如，如果想在你输入到程序中的注释体里进行搜索，Search→Memory 就是错误的选择。请查看 6.4.1 节的"搜索程序文本"，以获得关于对反汇编清单本身进行搜索的更多信息。

22.2.2　搜索直接引用

　　在第 20 章中，我们使用 Search→For Direct References 来扫描程序的二进制内容，以获得出现特定地址的所有地方。这种搜索类型最常见的用途是，当 Ghidra 未能创建对数据的交叉引用时，定位指向该数据的指针。在打补丁的场景中，这最常被用来全面了解和更新对一个数据或代码位置的所有引用，以维护打补丁的二进制文件中代码和数据之间的正确关系。

22.2.3　搜索指令模式

　　Ghidra 的 Search→For Instruction Patterns 功能通过匹配模式来查找特定的指令序列。在定义指令模式时，你需要在过于具体的模式和过于笼统的模式之间取得微妙的平衡。让我们用一个例子来说明，假设有一个清单，其中包含退出程序的 cleanup_and_exit 函数：

```
    int test_even(int v) {
        return (v % 2 == 0);
    }
    int test_multiple_10(int v) {
        return (v % 10 == 0);
    }
    int test_lt_100(int v) {
        return v < 100;
    }
    int test_gte_20(int v) {
        return v >= 20;
    }
❶  void cleanup_and_exit(int rv, char* s) {
        printf("Result: %s\n", s);
        exit(rv);
    }
    void do_testing() {
        int v;
        srand(time(0));
        v = rand() % 150;
        printf("Testing %d\n", v);
❷      if (!test_even(v)) {
            cleanup_and_exit(-1, "failed even test");
        }
        if (test_multiple_10(v)) {
```

```
        cleanup_and_exit(-2, "failed not multiple of 10 test");
    }
    if (!test_lt_100(v)) {
        cleanup_and_exit(-3, "failed <100 test");
    }
    if (!test_gte_20(v)) {
        cleanup_and_exit(-4, "failed > 20 test");
    }
    // all tests passed so do interesting work here
❸  system("/bin/sh");
    cleanup_and_exit(0, "success!");
}
int main() {
    do_testing();
    return 0;
}
```

函数 do_testing 执行了一系列测试❷。如果有任何一个测试失败，将调用 cleanup_and_exit❶函数并终止执行。如果所有测试都成功，就会执行一些有趣的代码❸。我们打补丁的挑战是确定需要修补的地方，以确保所有测试都能通过，这样就能得到有趣的代码。

如果将二进制文件加载到 Ghidra 中，可以搜索所有对 cleanup_and_exit 的调用，以确定需要修补什么，不管测试的数量是多少，都可以全部通过。有以下几个选择可以考虑：

- 可以跳转到那个函数，将其修补为直接返回，这样测试失败后也不会退出程序，而是继续执行。这不是最佳的解决方案，因为在程序完成有趣的工作后，该函数还用于程序结束时的合法退出。

- 可以对 cleanup_and_exit 使用搜索功能或 XREF。这将得到所有的调用，但希望只修补其中的一部分。

- 我们可以确定这些调用共有的指令模式，并使用 Search→For Instruction Patterns 来找到要修补的正确调用。

要使用这个搜索功能，需要确定一个有用的模式。我们试图通过的每个测试都采用了如下的指令序列形式：

```
001008af CALL     test_even
001008b4 TEST     EAX,EAX
001008b6 JNZ      LAB_001008c9
001008b8 LEA      RSI,[s_failed_even_test_00100a00]
001008bf MOV      EDI,0xffffffff
001008c4 CALL     cleanup_and_exit
```

选择这段指令序列并使用 Search→For Instruction Patterns 来尝试进行搜索。这会自动填充指令模式搜索对话框，如图 22-2 所示。

Instruction Pattern Search
D O S A
Mnemonic
Operand 1
Operand 2
Search String Preview
CALL
0x001007aa
e8 f6 fe ff ff
TEST
EAX
EAX
85 c0
JNZ
0x001008c9
75 11
LEA
RSI
[0x100a00]
[01001...] 8d 35 41 01 00 00
MOV
EDI
0xffffffff
bf ff ff ff ff
CALL
0x0010081b
e8 52 ff ff ff
Selection Scope
Entire Program
Search Selection
Search Direction
Forward
Backward
Search
Search All
Cancel

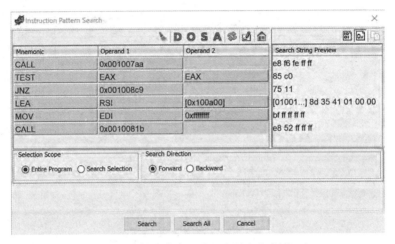

图 22-2：选择所有字段的指令模式搜索对话框

如果单击“Search All”按钮，那么只能看到一个结果（即我们开始搜索时选择的特定位置），如图 22-3 所示。

Addresses Instruction Pattern Search [CodeBrowser: C...
Help
Addresses Instruction Pattern Search - (search)
(1 entry)
Location
Label
Code Unit
001008af
CALL test_even
Filter:

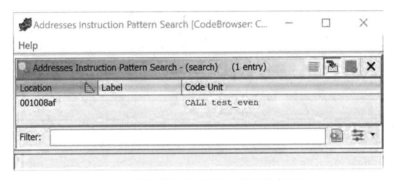

图 22-3：选择所有字段的指令模式搜索结果

这里的问题是，搜索所包含的操作数在测试用例之间不是保持不变的。例如，第一个调用的操作数是特定测试函数的地址。我们可以取消选择模式中任何指令的单个组件（助记符和操作数），使其更加通用，如图 22-4 所示。在后续的搜索中，任何被取消选择的内容都将被视为通配符。

Instruction Pattern Search
D O S A
Mnemonic
Operand 1
Operand 2
Search String Preview
CALL
0x001007aa
e8 [........] [........] [........] [........]
TEST
EAX
EAX
85 c0
JNZ
0x001008c9
75 [........]
LEA
RSI
[0x100a00]
[01001...] 8d 35 [........] [........] [........] [........]
MOV
EDI
0xffffffff
bf [........] [........] [........] [........]
CALL
0x0010081b
e8 [........] [........] [........] [........]
Selection Scope
Entire Program
Search Selection
Search Direction
Forward
Backward
Search
Search All
Cancel

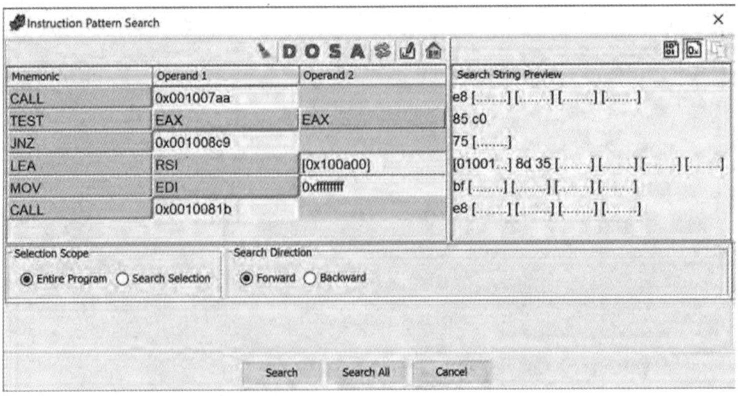

图 22-4：取消选择某些操作数的指令模式搜索对话框

在禁用操作数字段的情况下单击 "Search All" 按钮，将看到如图 22-5 所示的三个结果。

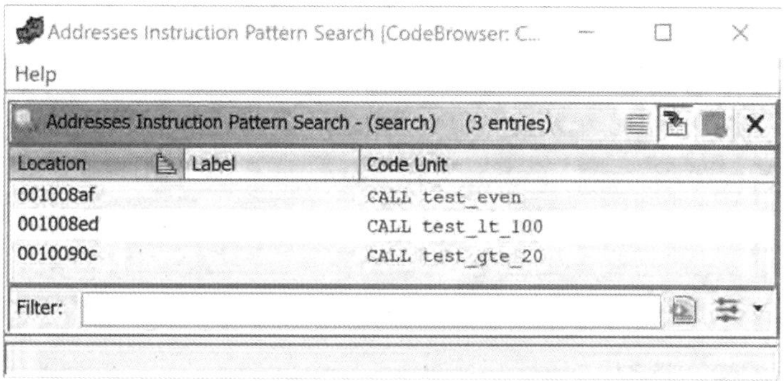

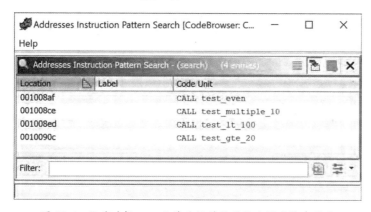

图 22-5：取消选择某些操作数的指令模式搜索结果

该搜索仍然无法识别对 test_multiple_10 的调用，因为它使用了 JZ 而不是 JNZ 指令。取消选择 JNZ 指令的助记符字段并重新执行搜索，得到的结果如图 22-6 所示，其中包含我们想要修补的四个调用，但不包含我们不想修补的对 cleanup_and_exit 的最后一个调用。

图 22-6：取消选择 JNZ 和某些操作数的指令模式搜索结果

除了定位待修补的候选指令模式，这个搜索功能还有很多用途。它可以用于漏洞分析、寻找特定的功能，以及其他搜索，以确定对逆向工程师很重要的指令模式。

22.2.4 寻找特定行为

程序的行为是由它所执行的指令和执行所需要的数据来定义的。当修补任务涉及修改程序的行为时，定位你想要修改的确切行为通常比定位想要修改的数据要困难得多。因为我们永远无法预测编译器可能为任何源代码生成的确切指令序列，所以很难使用 Ghidra 的自动搜索功能来确定应用代码补丁的确切位置。定位特定行为可以归结为对程序中的功能进行简单分析，所使用的技术贯穿全书。

除了仔细分析二进制文件中的所有函数或仔细遍历调用树，从 main 这样的知名函数开始，识别感兴趣的函数的两种最常见的技术是，依赖函数的名称（假设二进制文件带符号）和使用有趣数据的交叉引用来回溯可能感兴趣的函数。例如，如果想要定位二进制文件中与认证有关的函数，可以搜索与认证有关的常见字符串，如"Please enter your password:"和"Authentication failed"。类似的字符串往往是认证过程的结尾，找到引用它们的函数可能会大大减少对其他认证相关函数的搜索空间。

同样，数据的性质可能会引导你找到感兴趣的函数，这取决于你的特定修补方案。不管你用什么方法来定位打补丁的候选函数，都应该验证该函数确实实现了你想要修改的行为。特别是，应该对程序员给函数起的名称保持警惕，因为函数的行为并不一定与它的名称相一致。

22.3　应用你的补丁

你的辛勤工作和毅力得到了回报，终于找到了想要修改的代码和数据。现在该做什么呢？假设你已经开发了要修补到二进制文件中的替换内容，并准确地知道要放置它的位置，那么现在是时候使用 Ghidra 修改程序的功能了。

你需要考虑的第一件事是新内容相对于要替换的内容的大小。比较理想的情况是，新内容小于或等于原始内容的大小，因为补丁所占用的正好是原始内容的内存。但是，如果补丁比原始内容大，那么事情会变得有点棘手，我们很快会花一些时间来讨论这个问题。

22.3.1　做基本的修改

无论你手头有一堆字节还是需要汇编器的帮助，最终都需要将内容输入 Ghidra。对于较短的字节运行，使用 Ghidra 内置的字节编辑器或汇编器更容易。而对于较长的运行，你可能想要将其自动化。在接下来的几节中，我们将介绍 Ghidra 的一些字节级的编辑功能。

字节查看器（Byte Viewer）

Ghidra 字节查看器（Window→Bytes）如图 22-7 所示，提供了当前清单位置的原始字节内容的标准十六进制转储视图，并与其他每个链接窗口同步。

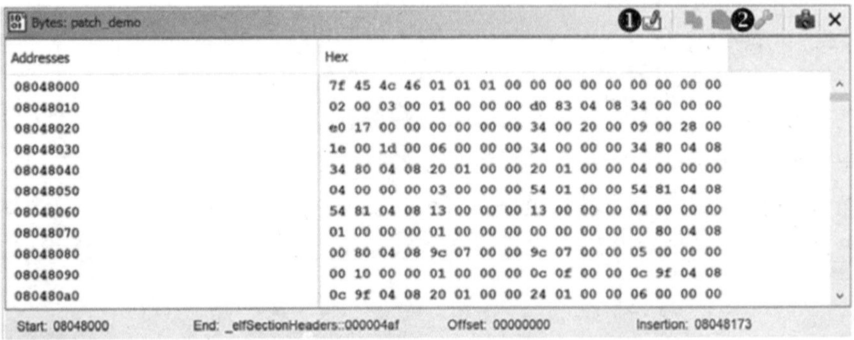

图 22-7：Ghidra 字节查看器

通过切换编辑模式（Edit Mode❶）工具，字节查看器还可以作为十六进制编辑器，当你需要一次修改几个字节时，这是一个比较方便的选择。

但不方便的是，Ghidra 不允许编辑现有指令的任何字节。解决这个限制的方法是在清单窗口中清除相关指令（右击 Clear Code Bytes 或热键 C）。字节查看器选项（Byte Viewer Options❷）工具用于打开如图 22-8 所示的对话框，它允许你自定义字节查看器的显示。

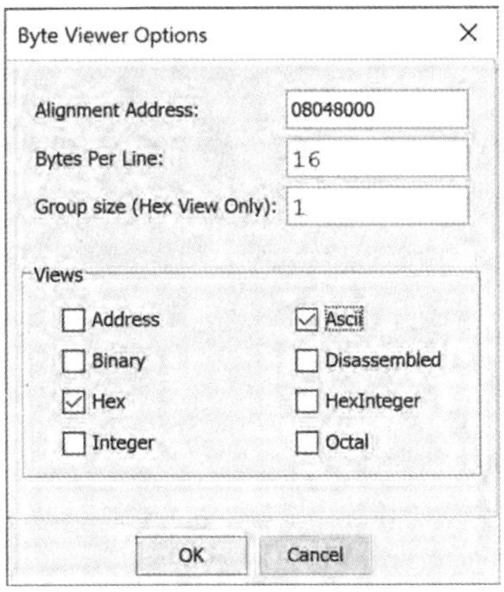

图 22-8：字节查看器选项对话框

选择 Ascii 选项将 ASCII 转储添加到字节查看器中（参见图 22-9），然后在编辑模式下作为 ASCII 编辑器使用。

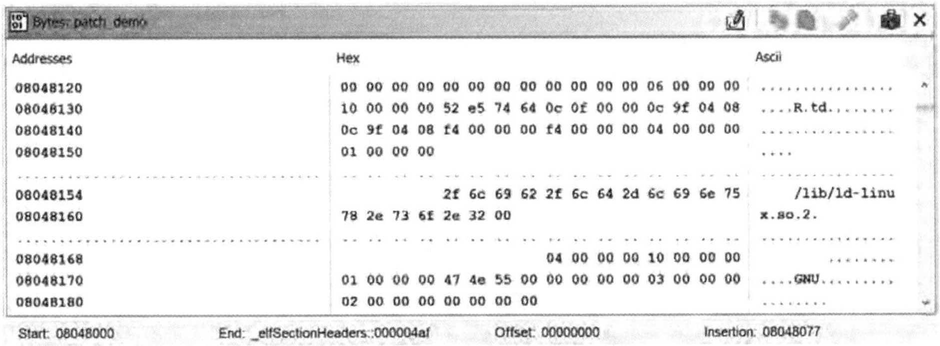

图 22-9：启用 ASCII 转储的字节查看器

完成输入新值后，应该退出编辑模式并返回到清单窗口中，以验证修改是否正确。

编写修改脚本

除非补丁非常短，否则在 Ghidra 中修改原始字节的最有效方法是让脚本完成。给定一个字节数组形式的补丁，以及补丁的起始地址，以下函数将应用在 Ghidra 中：

```
public void patchBytes(Address start, byte[] patch) throws Exception {
    Address end = start.add(patch.length);
❶    clearListing(start, end);
```

```
        setBytes(start, patch);
}
```

你可以在脚本中包含这个函数，该脚本从你选择的源文件（例如，通过声明一个初始化的数组或加载一个文件的内容）创建补丁字节数组。clearListing❶调用是必须的，因为 Ghidra 不允许你修改属于现有指令或数据项的字节。当脚本执行完成后，需要手动将修补的字节格式化为代码或数据，并验证是否正确。

使用汇编器

当想要修补二进制文件中的代码时，很可能会发现自己的思路是用一条汇编语言指令替换另一条指令（例如，用 NOP 替换 CALL _exit），这不一定是错误的，但往往会掩盖与修补代码相关的一些复杂问题。当你将补丁实际应用到程序时，不能粘贴所替换的汇编语言语句，而是要粘贴对应的机器码字节，这意味着你可能需要汇编器来生成所有替换指令的机器码版本。

一种方法是使用外部编辑器编写替换的汇编语句，用外部汇编器（例如 nasm 或 as）进行汇编，提取原始机器码[1]，最后将它们修补到程序中，也许可以使用前面讨论的脚本。另一种方法是使用 Ghidra 内置的汇编能力，可以右击任何指令并选择 Patch Instruction 菜单选项。

正如 SLEIGH 规范告诉 Ghidra 如何将机器码翻译成汇编语言一样，它们也告诉 Ghidra 如何将汇编语言翻译成机器码，也就是像汇编器那样。当你第一次为给定架构选择 Patch Instruction 选项时，Ghidra 将根据该架构的 SLEIGH 规范构建一个汇编器。你将首先看到类似于图 22-10 所示的信息。

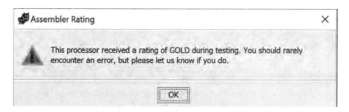

图 22-10：汇编器评级对话框

Ghidra 开发者已经对 Ghidra 生成的汇编器的准确性进行了测试。如果某处理器的汇编器已经过测试，它将被分配到以下几个等级中的一个：platinum、gold、silver、bronze 和 poor。任何未经测试的汇编器都被标记为 unrated。关于 Ghidra 汇编器评级的更多信息，以及所有可用汇编器的当前评级，可以在 Ghidra 帮助文档中找到。

关闭汇编器评级对话框后，Ghidra 将根据当前处理器的 SLEIGH 规范构建所需的汇编器功能。在汇编器构建期间，Ghidra 会显示类似于图 22-11 所示的等待对话框信息。

---

1 当使用 nasm 时，-f bin 选项生成没有文件头的原始机器码。当使用 as 时，需要第二个工具（如 objcopy）从生成的对象文件中提取原始字节。

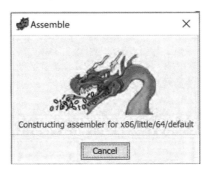

图 22-11：构建等待对话框

当汇编器构建完成后，Ghidra 将在清单窗口中用两个文本输入框替换所选的指令（见图 22-12 ），允许你编辑指令的助记符和操作数。按 ESC 键可以在汇编前放弃修改，而按 ENTER 键则可以汇编新指令，并将旧指令的机器码替换成新指令的字节。

```
004006ae      MOV        RAX,qword ptr [RBP + local_10]
004006b2      MOV        RDI,RAX
004006b5      CALL       0x004004d0
004006ba      MOV        EAX,0x0
004006bf      LEAVE
004006c0      RET
```

图 22-12：汇编一条新指令

由于它们与对应的反汇编器来自相同的规范，所以 Ghidra 汇编器可以识别 Ghidra 清单窗口中使用的相同汇编语法。Ghidra 汇编器是区分大小写的，并在你输入新指令时提供自动补全选项。输入指令后，Ghidra 会将你返回到正常的清单窗口视图，如果想修改其他指令，可以重新选择 Patch Instruction。对于比较短的补丁，Ghidra 汇编器提供了更方便的方法，可以在汇编指令的同时修改程序。

指令替换陷阱

虽然 Ghidra 汇编器可以快速修改一条指令，但新的替换指令可能比原指令更短、更长，或者相同。第三种情况，即替换指令和原指令的大小相同，这不会有问题（前两个问题只会出现在没有固定指令大小的架构上，如 x86 ）。

考虑第一种情况，即替换指令比原指令更短，如下清单所示：

```
;BEFORE:
0804851b 83 45 f4 01 ADD ❶    dword ptr [EBP + local_10],0x1
0804851f 83 45 f0 01 ADD


;AFTER:
0804851b 66❷ 90      NOP❸
0804851d f4          ?? ❹     F4h
0804851e 01          ??       01h
0804851f 83 45 f0 01 ADD      dword ptr [EBP + local_14],0x1
```

```
;FIXED:
0804851b 66 90        NOP
0804851d 90           NOP      ❺
0804851e 90           NOP
0804851f 83 45 f0 01  ADD      dword ptr [EBP + local_14],0x1
```

在本例中，4 字节的 ADD❶指令被替换为 2 字节的 NOP❸。Ghidra 汇编器通过在 NOP 的 x86 操作码（90）前面插入一个 x86 前缀字节（66❷）来尽力填补可用空间。但可惜，替换指令仍然太短，无法占用原指令剩下的两个字节❹，其中一个转换成了 HLT（使用热键 D 来反汇编），另一个 Ghidra 无法反汇编，表明它不代表有效指令。如果以这种方式修补原始二进制文件并运行它，可以肯定在达到该位置时程序会崩溃。

Ghidra 除了??字符没有提供任何线索，只是表明这里可能存在问题，因为它并不知道你进行此修改的原因，以及特定使用情况的正确解决方案。如果你只在清单中修改指令，而不打算将其导出，可以使用右键菜单中的 Fallthrough→Auto Override 选项，来绕过不需要的字节[1]。或者，你可以要求 Ghidra 反汇编未定义的字节，但这不太可能得到有用的指令。在这种情况下，最常见的解决方案是用 NOP❺替换原指令中所有多余的字节，一直填充到下一条指令的开头。

当替换指令比原指令更长时，又会引入新的挑战，如下所示：

```
;BEFORE:
08048502 6a 01         PUSH ❶  0x1
08048504 ff 75 f0      PUSH ❷  dword ptr [EBP + local_14]
08048507 ff 75 08      PUSH     dword ptr [EBP + param_1]
0804850a e8 51 fe ff ff  CALL     read


;AFTER:
08048502 68 00 01 00 00  PUSH ❸  0x100
08048507 ff 75 08       PUSH     dword ptr [EBP + param_1]
0804850a e8 51 fe ff ff  CALL     read
```

在本例中，补丁的目标是读取 256（0x100）个字节，而不是 1 个字节。原来 2 字节的 PUSH❶指令将 read 的第三个参数（长度参数）放到栈中，将其替换成 5 字节的 PUSH❸指令，从而放入一个更大的常数。替换指令中多出来的字节完全覆盖了负责 read 的第二个参数（读缓冲区）的指令❷。

由此产生的代码不仅没有为 read 提供足够的参数，还在需要指针的位置传递了一个整数。和前面的例子一样，可以肯定修补后的程序会崩溃。对于这个特定的修补问题，潜在的解决方案并不简单，我们将在下一节中讨论。

22.3.2 做重要的修改

当补丁的大小超过要替换的指令或数据时，事情就会变得复杂。在大多数情况下，这并不意味着你的补丁无法实现，而是需要花更多的思考和努力来将其正确实现。在本节中，我们将根据补丁

1 Fallthrough 还有另一个选项，允许你通过标记要绕过的起始和结束地址来绕过部分反汇编代码。

是否包含代码或数据，讨论处理"补丁过大"问题的几种方法。

过大的代码补丁

当补丁过大，不能放在你想修改的指令上面时，就只能寻找或创建一个足够大的未使用区域，并将代码放置在这里，然后在原补丁的位置插入一个跳转（称为 hook），从而将控制权转移给你的实际补丁。在大多数情况下，还需要给替换代码添加一个跳转，以便将控制权转移回被 hook 的函数中的适当位置。图 22-13 展示了被 hook 的函数安装补丁后的概念流程。

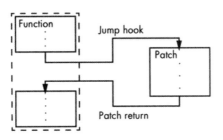

图 22-13：已安装补丁的函数

过大的代码补丁可用的未使用空间必须满足：

- 至少和你的补丁一样大。
- 位于程序运行时可执行的地址上。
- 从文件内容中初始化。否则，你的补丁在运行时不会被加载。

要搜索大的、未使用的、可执行的字节块，最简单的地方是从二进制文件中可能存在的任何代码洞（code caves）开始。可执行文件格式通常会有节区对齐的规定，当二进制文件中的可执行部分（如.text 节）遵守规定被填充了空白数据时，就存在代码洞。代码洞在 Windows PE 二进制文件中非常常见，因为它们经常要求每个节区都以 512 字节对齐。

寻找代码洞的第一个地方通常是.text 节的末尾。你可以双击 CodeBrowser 程序树窗口中的节区名称，然后滚动到清单窗口的末尾，就可以轻松导航到.text 节（或任何其他节）的末尾。

在我们的 PE 二进制文件示例中，清单窗口在.text 节的末尾显示以下内容：

```
140012df8  ??        00h
140012df9  ??        00h
140012dfa  ??        00h
140012dfb  ??        00h
140012dfc  ??        00h
140012dfd  ??        00h
140012dfe  ??        00h
140012dff  ??        00h
```

该清单告诉我们以下信息：

- 这些字节有没有被 Ghidra 分类（??）。
- 这些字节被初始化为 00h。

● .text 节的结束地址为 140012dff,这满足了文件对齐要求,即该节是 512 字节的倍数(140012e00 是 0x200 的倍数)。

向上滚动（或在 CodeBrowser 中选择 I 工具并将搜索方向设置为向上）导航到上一条指令,可以得到以下信息:

```
140012cbd POP    RBP
140012cbe RET ❶
140012cbf ??     CCh
140012cc0 ??     00h
```

RET❶是该二进制文件中最后一条有意义的指令,现在可以计算出代码洞的大小为 0x140012e00 - 0x140012cbf = 0x141（或 321 字节）。这意味着我们可以很容易地将多达 321 个字节的新代码修补到该二进制文件中。假设在地址 0x140012cbf 处放置新代码,那么就需要在二进制文件的现有代码中的某个地方添加一个跳转到 0x140012cbf 的补丁,以确保执行流最终到达我们的补丁。

当找不到代码洞,或者代码洞不够大,无法容纳你的补丁时,就需要发挥一点创造力,以便找到足够的空间来容纳补丁。根据用于构建二进制文件的编译器选项,你可能可以收集函数间对齐所产生的间隙空间,并将补丁分散到里面去。当编译器选择将每个函数的起始点对齐到一个 2 的倍数（通常是 16）的地址时,就会产生函数间对齐间隙（inter-function alignment gaps）。如果强制进行函数对齐,二进制文件中每个函数之间将插入平均 align/2 字节,最多 align-1 字节的填充物。以下清单显示了两个相邻函数之间的最佳（从修补的角度来看）对齐间隙（align = 16）:

```
   1400010a0 RET
❶ 1400010a1 ??     CCh
   1400010a2 ??     CCh
   1400010a3 ??     CCh
   1400010a4 ??     CCh
   1400010a5 ??     CCh
   1400010a6 ??     CCh
   1400010a7 ??     CCh
   1400010a8 ??     CCh
   1400010a9 ??     CCh
   1400010aa ??     CCh
   1400010ab ??     CCh
   1400010ac ??     CCh
   1400010ad ??     CCh
   1400010ae ??     CCh
❷ 1400010af ??     CCh
   ************************************************************
   *                        FUNCTION                         *
   ************************************************************
```

从 1400010a1❶到 1400010af❷的所有字节都可以用补丁代码安全地覆盖。

还有其他方法可以将补丁代码挤进二进制文件中,有些涉及扩展现有程序的节区或注入全新节区。任何以这种方式操作节区的技术都需要更新二进制文件的节区头,以确保它们与所做的任何修改保持一致。因此，这些技术与非常具体的文件格式相关，需要详细了解文件头的数据结构。

过大的数据补丁

在某些方面，修补数据比修补代码更容易，而在另一些方面则更困难。对于结构化的数据类型，你主要关心的是结构体中每个成员的正确大小和字节排序，由于结构体的大小是在编译时确定的，所以不需要担心过大的替换结构体。当修补字符串数据时，建议任何替换数据都完全在原字符串的范围内。如果新字符串比原字符串大，可能会在字符串的末尾和下一个数据项之间发现几个字节的填充物，但必须注意不要破坏程序所依赖的任何数据。如果替换数据根本不适配原数据的内存空间，你将被迫为它寻找一个新的位置，但正确地移动数据可能很困难。

所有全局数据项都是通过它们在程序代码或数据节中的偏移量来引用的。要重新定位一个数据项，除了找到足够的空闲空间，还需要找到对原数据项的每个引用，并对其进行修补，使其指向新数据项。Ghidra 交叉引用有助于识别对全局数据的每个引用，但它无法识别派生指针（由指针经过运算产生的指针）。

将所有的补丁输入 Ghidra，并得到满意的程序清单后，需要将这些修改保存到原始二进制文件中，以验证补丁的行为是否符合预期。

22.4　导出文件

为了确认任何修改都会对二进制文件的行为产生预期的影响，你需要更新原始二进制文件以反映修改。在本节中，我们将讨论 Ghidra 与打补丁相关的一些导出功能。

Ghidra 的 File→Export Program 菜单选项提供了以多种格式导出程序信息的能力。得到的导出对话框如图 22-14 所示。

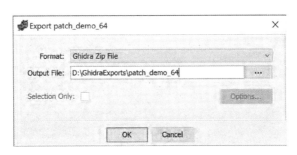

图 22-14：Ghidra 导出对话框

还可以在项目管理器中右击想要导出的文件，并从上下文菜单中选择 Export，来访问导出对话框。在对话框中，你需要指定导出格式和导出文件位置，以及是否将导出范围限制在 CodeBrowser 中所选择的范围内。一些导出格式提供了额外的选项，以便更细化地控制导出过程。

22.4.1　Ghidra 导出格式

Ghidra 支持以下导出格式，但只有一种（Binary 格式）对二进制补丁特别有用：

- **Ascii**：该导出格式用于保存程序的文本表示，类似于在清单窗口中显示的内容，可以选择在导出文件中包含哪些字段。
- **Binary**：该导出格式会生成二进制文件，它对于修补应用程序最有用，我们将在下一节中讨论。
- **C/C++**：该导出格式用于保存反编译器生成的程序源代码表示，以及数据类型管理器已知的所有类型的声明。该选项也可以从反编译器窗口中使用。
- **Ghidra Zip File**：该导出格式是程序的序列化 Java 对象表示，适合导入到其他 Ghidra 实例中。
- **HTML**：该导出格式生成程序清单的 HTML 表示。与 Ascii 导出格式中可用的选项类似，允许你选择在导出文件中包含哪些字段。标签和交叉引用被表示为超链接，以便在生成的导出文件中提供基本的导航功能。
- **Intel Hex**：该导出格式定义了二进制数据的 ASCII 表示，通常用于 EEPROM 编程。
- **XML**：该导出格式生成程序内容的结构化 XML 表示，并提供了选项，选择哪些程序结构应该包含在生成的文件中。这个功能也可用于反编译器窗口中的单个函数，以方便对函数的反编译过程进行调试。虽然 Ghidra 包含相应的 XML 加载器，但该导出格式包含以下警告："警告：XML 导出是有损的，仅用于将数据传输到外部工具。GZF 是保存和共享程序数据的推荐格式。"

22.4.2　二进制导出格式

Ghidra 的二进制（Binary）导出用于将程序的底层二进制内容写入文件。程序的所有初始化内存块（参见 Window→Memory Map）被连接起来形成导出文件。导出文件与导入的原始文件是否相同，取决于导入文件的加载器模块。原始二进制加载器保证可以重新创建原始的导入文件，因为它将原始文件的每个字节加载到单个内存块中。其他加载器则可能加载也可能不加载文件的每个字节（例如，PE 加载器会，而 ELF 加载器不会）。

当应用 Ghidra 所做的任何修改时，需要确保生成的文件包含你的补丁，并且它能够执行。如果给 PE 文件打补丁，则二进制导出将生成原始二进制文件的修补版本。当然，正如第 17 章所讨论的，当使用原始二进制加载器时，可能需要手动完成大部分的程序内存布局，所以需要进行权衡。幸运的是，你可以编写一个适用于任何加载器的脚本。

22.4.3　脚本辅助的导出

与其对 Ghidra 的每个加载器执行详尽的测试，以了解加载器所创建的内存块是否包含文件的整个字节范围，我们还可以创建一个 Ghidra 脚本来保存程序的修补版本。该脚本的功能是使用 Ghidra 生成修补版本的文件，与加载器无关。无论 Ghidra 已知的当前内存映射布局如何，它都始终处理原始文件的整个字节范围。

```
public void run() throws Exception {
    Memory mem = currentProgram.getMemory();
❶  java.util.List<FileBytes> fbytes = mem.getAllFileBytes();
    if (fbytes.size() != 1) {
        return;
    }
❷  FileBytes fb = fbytes.get(0);
❸  File of = askFile("Choose output file", "Save");
    FileOutputStream fos = new FileOutputStream(of, false);
    writePatchFile(fb, fos);
    fos.close();
}
```

该脚本首先获取程序的 FileBytes 列表❶。FileBytes 对象封装了导入程序文件的所有字节，并跟踪文件中每个字节的原始值和修改值。由于 Ghidra 允许你在一个程序中导入多个文件，该脚本只会处理你导入程序的第一个文件中的字节（文件字节的第一个范围）❷。

在提示选择导出文件之后❸，FileBytes 对象和打开的 OutputStream 被传递给我们的 writePatchFile 函数，以处理生成修补后可执行文件的更多细节。

为了呈现程序的映射内存视图，Ghidra 加载器将以类似于运行时加载器的方式处理程序的重定位表项。这种处理的结果是，标记为修复的程序位置（有重定位表项的位置）被 Ghidra 从其原始文件值修改为适当的重定位值。而当生成二进制文件的修补版本时，我们不希望包含 Ghidra 为了重定位而修改的任何字节。

writePatchFile 函数如下所示，首先它根据程序的重定位表，生成在运行时（以及由 Ghidra）修补的地址集：

```
public void writePatchFile(FileBytes fb, OutputStream os) throws Exception {
    Memory mem = currentProgram.getMemory();
    Iterator<Relocation> relocs;
❶  relocs = currentProgram.getRelocationTable().getRelocations();
    HashSet<Long> exclusions = new HashSet<Long>();
    while (relocs.hasNext()) {
        Relocation r = relocs.next();
❷      AddressSourceInfo info = mem.getAddressSourceInfo(r.getAddress());
        for (long offset = 0; offset < r.getBytes().length; offset++) {
❸          exclusions.add(info.getFileOffset() + offset);
        }
    }
    saveBytes(fb, os, exclusions);
}
```

在获得程序重定位表的迭代器之后❶，获取每个重定位表项的 AddressSourceInfo❷。

AddressSourceInfo 对象提供了程序地址到磁盘文件的映射，以及从文件中加载相应程序字节的偏移量。每个重定位字节的文件偏移量被添加到一个偏移量集合中❸，在生成最终的修补文件时将被忽略。该函数在最后调用 saveBytes❹函数来写入当前程序文件的最终修补版本。

```
public void saveBytes(FileBytes fb, OutputStream os, Set<Long> exclusions)
                    throws Exception {
    long begin = fb.getFileOffset();
    long end = begin + fb.getSize();
❶  for (long offset = begin; offset < end; offset++) {
❷      int orig = fb.getOriginalByte(offset) & 0xff;
❸      int mod = fb.getModifiedByte(offset) & 0xff;
        if (!exclusions.contains(offset) && orig != mod) {
❹          os.write(mod);
        }
        else {
❺          os.write(orig);
        }
    }
}
```

该函数遍历文件的整个字节范围❶，以确定是否将原始字节或修改后的字节保存到导出文件中。

在每个文件偏移处，使用 FileBytes 类的方法获取从导入文件中加载的原始字节值❷，以及可能已经被 Ghidra 或 Ghidra 用户修改的当前字节值❸。如果原始值与当前值不同，并且该字节与重定位表项无关，则修改后的字节被写到导出文件中❹；否则，原始字节被写到导出文件中❺。

在本章的最后，让我们来看一个修补二进制文件的例子，并确认修补程序按预期的方式运行。

22.5 示例：修补二进制文件

让我们来看一个证明修补场景的示例。假设有一个恶意软件，它会检查调试器，如果调试器存在就退出，不允许你检查它的行为。以下源代码使用简单的程序概述了这个功能：

```
int is_debugger_present() {
    return ptrace(PTRACE_TRACEME, 0, 0, 0) == -1;
}
void do_work() {
❶  if (is_debugger_present()) {
        printf("No debugging allowed - exiting!\n\n");
        exit(-1);
    }
    // do interesting things here
    printf("Confirmed that there is no debugger, so do\n"
           "interesting things here that we don't want\n"
           "analysts to see!\n\n");
}
int main() {
    do_work();
    return 0;
}
```

这段代码检查调试器是否存在❶，如果存在就退出。否则，它就继续执行恶意行为。下面是该程序单独运行时的输出（没有调试器）：

```
# ./debug_check_x64
Confirmed that there is no debugger, so do
interesting things here that we don't want
analysts to see!
```

当程序在调试器下运行时，将会看到不同的反应：

```
# gdb ./debug_check_x64
Reading symbols from ./debug_check_x64...(no debugging symbols found)...done.
(gdb) run
Starting program: /ghidrabook/CH22/debug_check_x64
No debugging allowed - exiting!
[Inferior 1 (process 434) exited with code 0377]
(gdb)
```

如果我们将二进制文件加载到 Ghidra 中，会在清单窗口中看到以下内容：

```
    undefined do_work()
        undefined AL:1 <RETURN>
001006f8 PUSH    RBP
001006f9 MOV     RBP,RSP
001006fc MOV     EAX,0x0
00100701 CALL    is_debugger_present
00100706 TEST    EAX,EAX
00100708 JZ      LAB_00100720
0010070a LEA     RDI,[s_No_debugging_allowed_-_exiting!_001007d8]
00100711 CALL    puts
00100716 MOV     EDI,0xffffffff
0010071b CALL    exit
    -- Flow Override: CALL_RETURN (CALL_TERMINATOR)
        LAB_00100720
00100720 LEA     RDI,[s_Confirmed_that_there_is_no_debug_001008
00100727 CALL    puts
0010072c NOP
0010072d POP     RBP
0010072e RET
```

反编译器窗口中提供了以下对应的代码：

```
void do_work(void)
{
    int iVar1;
    iVar1 = is_debugger_present();
    if (iVar1 != 0) {
        puts("No debugging allowed - exiting!\n");
                        /* WARNING: Subroutine does not return */
        exit(-1);
    }
    puts("Confirmed that there is no debugger, so do\n"
```

```
            "interesting things here that we don't want\n"
            "analysts to see!\n"
            );
    return;
}
```

要修补该二进制文件以绕过检查，可以用 NOP 覆盖掉 is_debugger_present 函数的调用，修改判断条件，或者修改 is_debugger_present 函数的内容。如果使用右键菜单中的 Patch Instruction 选项，可以很容易地将 JZ 替换为 JNZ（有效地将翻转条件，只在被调试时运行），如图 22-15 所示。

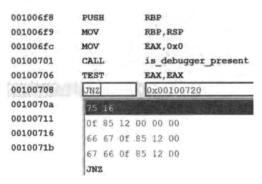

图 22-15：将 JZ 替换为 JNZ 后的修补指令选项

这将在反编译器窗口中产生以下代码：

```
void do_work(void)
{
    int iVar1;
    iVar1 = is_debugger_present();
    if (iVar1 == 0) {
        puts("No debugging allowed - exiting!\n");
                        /* WARNING: Subroutine does not return */
        exit(-1);
    }
    puts("Confirmed that there is no debugger, so do\n"
        "interesting things here that we don't want\n"
        "analysts to see!\n"
        );
    return;
}
```

如果使用导出脚本将文件导出为二进制文件，并再次运行它，将看到以下内容，展示了我们的补丁所预期的行为：

```
# ./debug_check_x64.patched
  No debugging allowed - exiting!

# gdb ./debug_check_x64.patched
  Reading symbols from ./debug_check_x64.patched...(no debugging symbols
  found)...done.
  (gdb) run
```

```
Starting program: /ghidrabook/CH22/debug_check_x64.patched
Confirmed that there is no debugger, so do
interesting things here that we don't want
analysts to see!

[Inferior 1 (process 445) exited normally]
(gdb)
```

虽然有许多外部工具（例如，VBinDiff）可用于确认本例中的文件仅被修改了 1 个字节，但你也可以使用 Ghidra 的内部工具来得出相同的结论。下一章将重点介绍实现这一目标的方法。

22.6　小结

不管你对二进制文件打补丁的动机是什么，你的补丁都需要仔细规划和部署。Ghidra 提供了规划补丁所需的一切；使用十六进制编辑器、Ghidra 内置汇编器或脚本来编写补丁；查看每个修改的效果；以及在生成原始二进制文件的修补版本之前，使用 Undo 来恢复修改。下一章将介绍如何使用 Ghidra 来比较二进制文件的原始版本和修补版本，并讨论 Ghidra 在更高级的二进制差分和版本跟踪方面的能力。

第23章
二进制差分和版本跟踪

通过前面的章节，我们介绍了 Ghidra 进行逆向工程分析的方法。在这个过程中，介绍了许多方法来转换和注释你的工作，以记录和促进对二进制文件的理解。

在本章中，我们将介绍二进制差分和 Ghidra 的版本跟踪工具，以帮助你识别文件和函数之间的相似性和差异，并更快地将以前的分析结果应用到新文件中。我们还将从三个角度讨论文件差异：二进制差分、函数对比和版本跟踪。

23.1 二进制差分

在上一章中，我们修补了二进制文件中一个函数的执行流，通过修改某条指令中的一个字节 JZ（74）到 JNZ（75），来绕过对 exit 的调用。为了确认这一修改并记录确切的修改内容，我们可以使用外部工具，如 VBinDiff 和 WinDiff，在字节层面上比较这两个文件。然而，要想在指令层面上比较文件，需要使用更复杂的工具：Ghidra 清单窗口中的程序差分（Program Diff）工具。当计算出差异后，就可以使用自定义显示来查看，以凸显差异，帮助理解每个修改，并根据差异的类型提供采取行动的机会。

要比较已导入项目中并处于相同状态的两个文件（例如，都已分析或都未分析），可以在 CodeBrowser 中打开其中一个文件，然后选择 Tools→Program Differences，在当前项目中选择另一个文件进行比较。另外，还可以使用图 23-1 所示的清单窗口工具图标，它可以作为打开或关闭程序差分工具的切换键。

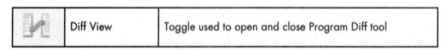

| | Diff View | Toggle used to open and close Program Diff tool |

图 23-1：CodeBrowser 差分视图切换图标

在本例中，我们首先打开未打补丁的文件版本，选择 Diff View 图标，然后选择文件的修补版本。这将打开如图 23-2 所示的确认程序差异对话框。

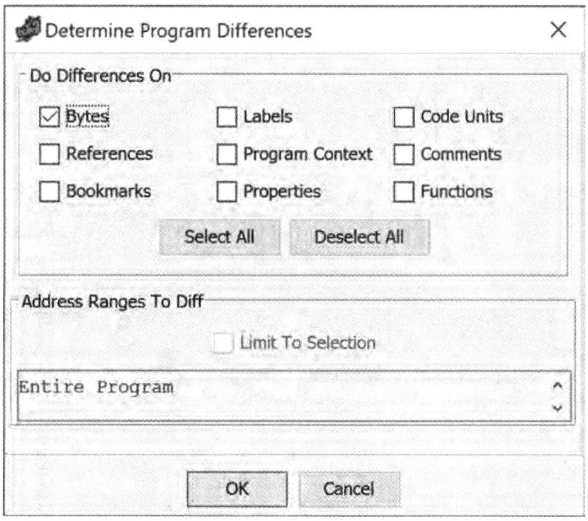

图 23-2：差分工具的确认程序差异对话框

虽然默认情况下将选择所有可用的差异字段，但在本例中，字节（Bytes）是确认补丁正常工作的合适选择，所以这里只选择了它为差异选项。单击"OK"按钮，你将在清单窗口中看到这两个二进制文件，该窗口被并排拆分，每个清单中显示一个文件。默认情况下，两个清单是同步的，所以在一个清单中导航也会同步到另一个。在这个工具中，有几种方法可以查看检测到的差异，我们将在本章后面介绍。

当打开两个文件进行比较时，Ghidra 最初将清单视图定位在每个文件的开头。清单窗口工具栏中的向下箭头工具（或 CTRL-ALT-N）可以用来导航到两个文件之间的第一个差异点。为了引起你对差异代码的注意，在每个文件的清单窗口和反编译窗口中，如果差异点在函数内，会将反汇编代码用彩色高亮的线条来表示（反编译器窗口与两个文件中的第一个同步）。导航到第一个检测到的差异点，可以看到单个字节在原始清单中是 JZ（74），在第二个清单中是 JNZ（75）。

要查看更多细节，可以选择 Window→Diff→Diff Details，将在 CodeBrowser 窗口底部的差分详情窗口中看到以下内容：

```
Diff address range 1 of 1.
Difference details for address range: [ 00100708 - 00100709 ]

Byte Diffs :
    Address      Program1      Program2
    00100708     0x74          0x75

Code Unit Diffs :
    Program1 CH23:/DiffDemo/debug_check_x64 :
          00100708 - 00100709   JZ 0x00100720
                                Instruction Prototype hash = 16af243b
    Program2 CH23:/DiffDemo/debug_check_x64.patched :
          00100708 - 00100709   JNZ 0x00100720
                                Instruction Prototype hash = 176d4e0c
```

第一行表示包含差异的地址范围的数量。在本例中，文件里只有一个范围包含差异，所以你可以确认这两个程序只存在一个字节的差异。这个简单的例子几乎没有涉及 Ghidra 程序差分工具的相关功能，所以让我们花一些时间来研究该工具提供的其他功能。

23.1.1　程序差分工具

图 23-2 顶部的九个选项构成了比较的基础，可以选择其中的全部或任何一个。默认情况下，程序差分工具对每个文件的整个程序进行操作。如果希望将比较限制在特定的地址范围内，则必须在打开工具之前在第一个文件中将该范围高亮显示。在做出选择并单击击确定之后，你所看到的拆分清单窗口就称为程序差分。

程序差分

程序差分视图让你可以同时查看两个文件。基本上，清单窗口现在有两个清单，一个在左边，另一个在右边。选择差分详情窗口，它将在 CodeBrowser 窗口的底部打开，在该窗口中，左边的文件被认为是 Program1（最初打开的文件），而右边的文件被认为是 Program2（选择与 Program1 比较的文件）。反编译器窗口反映的是 Program1 的内容。当你比较两个文件时，Ghidra 可以计算两个方向上的差异。在你使用程序差分工具时，需要记住哪个文件是哪个文件。

一个常见的工作流程是开始分析文件，然后发现全部或部分代码看起来很熟悉，这可能会提醒你打开之前分析过的文件并进行比较。另外，程序差分会在必要时插入空行，来保持两个文件之间的一致性。差异会被高亮显示，程序差分工具栏为你提供了导航功能，以及如何处理这些差异的方法。

程序差分工具栏

程序差分工具栏通过添加图 23-2 所示的工具，扩展了清单窗口工具栏的选项。

图标	名称	说明
✐	Apply Differences	Applies the selected settings and remains in the same location
⬇	Apply Differences and Move	Applies the selected settings and moves you to the next highlighted difference
⬇	Ignore Differences and Move	Ignores the selected settings and moves you to the next highlighted difference
🔍	Show Details	Opens the Diff Details window and provides information about the selected difference
⬇	Go to Next	Moves you to the next highlighted difference
⬆	Go to Previous	Moves you to the previous highlighted difference
☑	Display Diff Apply settings	Opens the Diff Apply Settings window and allows you to modify the settings.
▤	Determine Program Differences	Reopens the Determine Program Differences dialog to allow you to change selection fields and the range

图 23-3：程序差分工具栏选项

差分应用设置

差分应用设置定义了当两个文件存在差异时可以采取的行动。选择 Display Diff Apply Settings 选项将显示如图 23-4 所示的窗口。

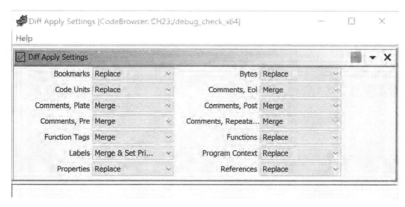

图 23-4：差分应用设置窗口

每个设置都指定了你希望从打开的第二个程序应用到第一个程序的默认动作，以及该选项如何应用。每个下拉菜单中都有以下四个选项：

- **Ignore**：不修改第一个程序（适用于所有情况）。
- **Replace**：修改第一个程序的内容以匹配第二个程序的内容（适用于所有情况）。
- **Merge**：将第二个程序的差异合并到第一个程序中。应用于标签时不会将其设置为主标签（仅适用于注释和标签）。
- **Merge & Set Primary**：该操作与 Merge 相同，但如果可能的话，主标签将被设置为第二个程序的标签（仅适用于标签）。

在图 23-4 的顶部，有两个工具栏图标。Save as Default 图标可以保存当前的差分应用设置。箭头图标则打开一个菜单，允许你选择图 23-5 中的选项，一键修改所有设置。

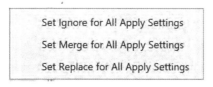

图 23-5：差分应用设置下拉菜单

如果选择了 Set Merge 选项，但有的特定设置并不支持 Merge 操作，那么它会被更改为 Set Replace。对于标签来说，它会被更改为 Merge & Set Primary。

选择工具栏上的 Apply Differences 可以应用所有的默认修改。当使用完程序差分工具之后，通过清单窗口中的 Diff View 切换差分视图，将看到如图 23-6 所示的对话框。

图 23-6：关闭差分会话确认对话框

确认关闭当前的差分会话，将会关闭第二个文件的显示，并返回到正常的清单窗口，显示第一个文件（以及你从差分分析中选择的所有修改）。

程序差分工具是为两个主要的使用场景而设计的：首先，比较由不共享 Ghidra 服务器实例的两个不同用户所分析的文件；其次，比较从同一源代码库的不同版本所生成的代码（例如，共享库的未打补丁版本和打补丁版本）。在下面的示例中，我们将介绍使用此工具协调相同二进制文件的两个副本的过程，每个副本都已经被独立分析过。

23.1.2　示例：合并两个已分析的文件

假设你正在分析一个包含加密例程的二进制文件，同时另一位同事也在分析一个二进制文件，它似乎也有加密例程，并且很可能来自相同的恶意软件家族。她同意将项目提供给你，这样就可以对这两个文件进行比较。当你在差分视图中查看文件时，可能会立即注意到你们两个人所分析的是同一个二进制文件。

现在的问题是，你们都取得了一些进展，并根据自己的分析修改了文件的内容。你需要合并这两个已分析的文件，以便能够从对方的分析结果中受益。你同意承担这个任务，于是在 CodeBrowser 中打开你的二进制文件，启动程序差分会话，并添加同事的二进制文件进行比较。

选择程序差分工具栏中的向下箭头，将导航到该文件的第一个差异点。此时，你可以选择程序差分工具栏中的选项（或热键 F5）打开差分详情窗口，得到以下清单（分为两个部分以方便讨论）。在差分详情顶部的第一个部分，可以看到以下内容：

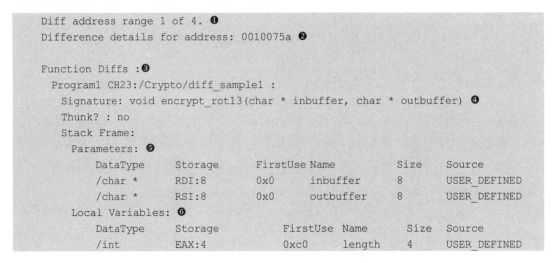

```
        /int        Stack[-0x1c]:4      0x0      idx          4      USER_DEFINED
        /char       Stack[-0x1d]:1      0x0      curr_char    1      USER_DEFINED
Program2 CH23:/Crypto/diff_sample1a : ❼
  Signature: void encrypt(char * param_1, long param_2)
  Thunk? : no
  Stack Frame:
    Parameters:
        DataType        Storage         FirstUse Name         Size   Source
        /char *         RDI:8           0x0      param_1      8      DEFAULT
        /long           RSI:8           0x0      param_2      8      DEFAULT
    Local Variables:
        DataType        Storage         FirstUse Name         Size   Source
        /undefined4     Stack[-0x1c]:4  0x0      local_1c     4      DEFAULT
        /undefined1     Stack[-0x1d]:1  0x0      local_1d     1      DEFAULT
```

这段清单显示了该文件中已识别的四个差异地址范围中的第一个❶，并与当前地址 0010075a❷
相关联。清单首先详细说明了两个二进制文件函数头的差异❸。对于你的二进制文件，你已经给函
数和函数签名中的参数赋予了有意义的名称❹，并且每个参数都有合适的定义类型❺。同样地，局
部变量也被赋予了有意义的名称和类型❻。而在第二个程序中❼，分析人员没有对相应函数的由
Ghidra 赋予的默认头部进行任何修改。

你肯定希望保留函数定义和局部变量的修改版本，可以使用工具栏图标来拒绝修改，但这也将
同时拒绝与该地址相关的所有差异。由于你还没有查看所有差异，所以只需向下滚动到差分详情窗
口中的下一个差异点即可。

与第一个地址范围相关的差异的第二个部分包含了标签和注释差异。

```
❶  Label Diffs :
    Program1 CH23:/Crypto/diff_sample1 at 0010075a :
      0010075a is an External Entry Point.
          Name                Type         Primary  Source         Namespace
    ❷    encrypt_rot13        Function     yes      USER_DEFINED   Global


    Program2 CH23:/Crypto/diff_sample1a at 0010075a :
      0010075a is an External Entry Point.
          Name                Type         Primary  Source         Namespace
    ❸    Encrypt              Function     yes      USER_DEFINED   Global

❹  Plate-Comment Diffs :
  ❺  Program1 CH23:/Crypto/diff_sample1 at 0010075a :
      ************************************************************
      *                      FUNCTION                           *
      * This is a crypto function originally named cryptor. Renamed *
      * to use our standard format encrypt_rot13. Changed the   *
      * function parameters to char *. Added meaningful variable    *
      * names. Function first seen in fileC13d by Ken H        *
      ************************************************************
    Program2 CH23:/Crypto/diff_sample1a at 0010075a :
      No Plate-Comment.
```

```
❻  EOL-Comment Diffs :
    Program1 CH23:/Crypto/diff_sample1 at 0010075a :
       No EOL-Comment.
    ❼ Program2 CH23:/Crypto/diff_sample1a at 0010075a :
        This looks like an encryption routine. TODO:Analyze to get more information.
```

在标签差异中❶，唯一的区别是函数名❷❸，这一点已经讨论过。在 Plate-Comment 部分❹，你的文件有详细的注释❺，而另一个文件则没有。在 EOL-Comment 部分❻，有其他分析人员的简短注释❼，但你的文件里没有，从注释中可以看到，这个 TODO 项已经在你的文件中完成了。

在评估了两个文件之间的所有差异之后，你决定保留自己的内容，并且不接受来自其他二进制文件的任何新内容，可以选择 Ignore Differences and Move 图标来实现。该操作会将你导航到下一个差异点。由于已经打开了差分详情窗口，其内容会在导航后立即更新，如下所示：

```
Diff address range 1 of 3. ❶
Difference details for address range: [ 0010081a - 0010081e ]

Reference Diffs :
 Program1 CH23:/Crypto/diff_sample1 at 0010081a :
  Reference Type: WRITE From: 0010081a Mnemonic To: register:
   RAX USER_DEFINED Primary

 Program2 CH23:/Crypto/diff_sample1a at 0010081a :
  No unmatched references.
```

通过拒绝前面的差异，减少了包含差异的范围数❶。同样，你的文件中包含比另一个文件更多的信息。这一次，可以单击向下箭头导航到下一个差异点，如下所示：

```
Diff address range 2 of 3. ❶
Difference details for address: 00100830

Function Diffs :
 Program1 CH23:/Crypto/diff_sample1 :
   Signature: undefined display_message()
   Thunk? : no
   Calling Convention: unknown
   Return Value :
       DataType    Storage    FirstUse     Name      Size    Source
       /undefined  AL:1       0x0          <RETURN>  1       IMPORTED
     Parameters:
       No parameters.
 Program2 CH23:/Crypto/diff_sample1a :
   Signature: void display_message(char * message) ❷
   Thunk? : no
   Calling Convention: __stdcall
   Return Value :
       DataType    Storage    FirstUse     Name      Size    Source
       /void       <VOID>     0x0          <RETURN>  0       IMPORTED
     Parameters:
```

DataType	Storage	FirstUse	Name	Size	Source
/char *	RDI:8	0x0	message	8	USER_DEFINED

请注意，范围的数量没有变化❶，只是移动到了下一个差异范围，而没有影响差异范围的总数。对这个新差异的评估表明，第二个文件包含了其他分析人员提供的信息，而这些信息在你的文件中是没有的。该函数签名包含返回类型和一个参数❷。你可以右击右侧清单窗口中的差异，并选择 Apply Selection（热键 F3），或者单击工具栏上的 Apply Differences 图标，将其包含在你的二进制文件中。

导航到下一个差异点，你将看到以下内容：

```
❶ Diff address range 2 of 2.
  Difference details for address range: [ 00100848 - 0010084c ]

  Pre-Comment Diffs :
   Program1 CH23:/Crypto/diff_sample1 at 00100848 :
    No Pre-Comment.

   Program2 CH23:/Crypto/diff_sample1a at 00100848 :
❷ This is a potential vulnerability. The parameter is being passed
   in to printf as the first/only parameter which may result in a format
   string vulnerability.
```

差异范围的数量减少了，因为你应用了前一个范围的差异❶。在这个最后的差异中，你可以在另一个文件的 Pre-Comment 部分看到一个有趣的条目❷，分析人员发现了一个潜在的漏洞。为了确保该信息包含在你的文件中，可以选择 Apply Differences。

现在你已经完成了两个文件的比较，可以单击 Diff View 图标，并确认关闭当前的程序差分会话。此时，清单视图反映的是来自两个二进制文件的合并分析结果，可以保存并关闭你的文件。

Ghidra 程序差分工具提供了研究相同文件的两个版本之间差异的能力。虽然它尝试对两个不相关的文件进行比较，但结果可能会反映出巧合的相似性。让我们将注意力转移到另一个工具上，该工具用于在相同或不同程序中对选定函数进行比较。

23.2　比较函数

如果你看到的函数与过去分析过的函数很相似，那么直接比较这两个函数会很有帮助，这样就可以在适当的时候将最初的分析结果应用于当前函数。Ghidra 通过函数比较窗口提供了这个功能，它允许你同时查看两个函数，如图 23-7 所示。

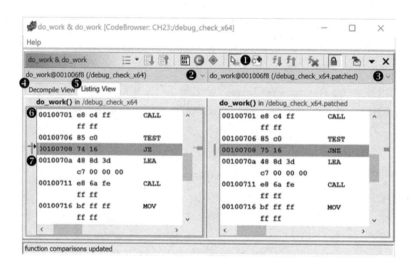

图 23-7：函数比较窗口中的清单视图

23.2.1　函数比较窗口

要使用函数比较窗口，可以打开包含 CodeBrowser 中函数的一个或多个二进制文件，通过在活动的 CodeBrowser 选项卡中高亮函数来加载一个初始函数，并从右键菜单中选择 Compare Selected Functions（热键 SHIFT-C）。函数比较窗口并排显示两个函数，并高亮潜在的差异，如图 23-7 所示（如果你只选择了一个函数，它将显示在两个窗口中，直到你加载其他函数）。

要添加其他函数进行比较，可以使用 Add Functions❶图标。这将在 CodeBrowser 中显示活动程序的所有函数列表。你可以从列表中选择一个函数，或者切换到 CodeBrowser 窗口，从清单窗口中选择另一个程序标签来更换活动程序。

在活动清单的左侧（由清单周围的方框指示❻）是一个光标箭头❼。如果函数匹配，箭头也会出现在另一个窗口中的相同位置。在图 23-7 中，主窗口中指令与另一个窗口中的指令不匹配，所以两个窗口中都没有显示光标箭头。

函数比较窗口支持从两个以上的二进制文件中加载两个以上的函数。在需要时，可以从每个面板上添加和删除函数。使用下拉菜单可以选择要在相关窗口中显示的函数❷❸。

该窗口可以让你在两个函数的反编译视图❹和清单视图❺之间轻松切换，并更改任意窗口中显示的函数。本例的反编译视图如图 23-8 所示。

该窗口的功能与程序差分工具很相似，只是你一次只比较两个函数，并且可以在反编译代码和清单之间轻松切换。该窗口的工具栏菜单如图 23-9 所示。

让我们通过一个示例来展示函数比较工具的其他功能。

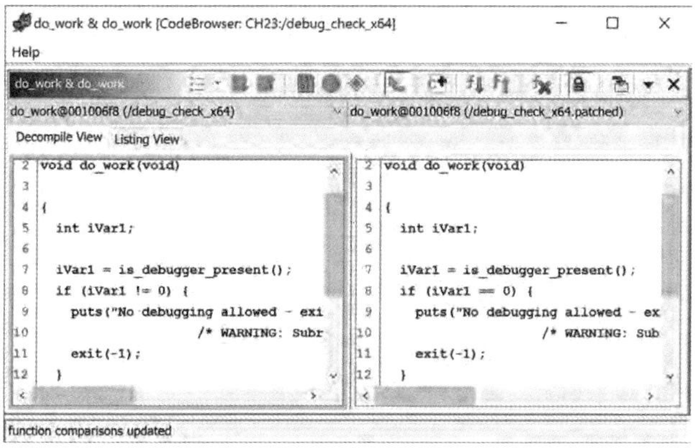

图 23-8：函数比较窗口中的反编译视图

	Marker Selection	Toggle between All Area Marker, Unmatched Area Marker, and Area Markers.
	Go to Next	Go to next unmatched area.
	Go to Previous	Go to previous unmatched area.
	Byte Differences	If toggled on, do not highlight byte differences.
	Constant Differences	If toggled on, do not highlight operand constants.
	Register Differences	If toggled on, do not highlight operand registers.
	Mouse Hover	If toggled on, show information when hovering over an item.
	Add Functions	Add a new function to the comparison.
	Next Function	Go to the next function for the side that is in focus.
	Previous Function	Go to the previous function for the side that is in focus.
	Remove Function	Close the current function for the side that is in focus.
	Scroll Lock	Toggle between lock and unlock for synchronized scrolling.
	Synchronized Navigation	When toggled on, navigate the other panel to the same function when a new function is selected.
	Listing Options	Allows you to set listing options such as listing headings.
	Diff View	Toggle to open and close Program Diff view.

图 23-9：函数比较工具栏选项

23.2.2 示例：比较加密例程

恭喜你使用程序差分工具成功分析了加密例程，现在你已经是团队里的加密专家了。每当有同事怀疑他们遇到了加密例程时，就会把二进制文件发给你，看看它是否是你认识的加密例程。

现在，你有一个来自同事的新文件，并希望确定该文件中使用的加密例程是新的，还是以前已经分析过的。你没有加载每个加密例程并将其与新函数进行比较，而是创建了一个特殊的 Ghidra 项目，其中包含你以前分析和记录的所有加密例程。你的目标是在函数比较窗口的一侧加载你的加密例程，然后在另一侧导入新文件，与现有的加密例程进行比较（为了简化该示例，你目前只有一个分析过的加密例程，即之前合并的 ROT13 例程）。

将分析过的加密文件全部加载到 CodeBrowser 中，并在函数比较窗口中加载你的函数 encrypt_rot13。然后，你需要将新文件加载到相同的 CodeBrowser 实例中（File→Open），并称其为活动文件。此时，可以浏览该文件，但也不是必须的，当找不到需要的函数时，可以随时切换回 CodeBrowser 窗口。在本例中，从函数比较工具栏中选择 Add Functions 选项，将看到新二进制文件中完整的函数列表，其中有个名为 encrypt 的函数让你很感兴趣，如图 23-10 所示。

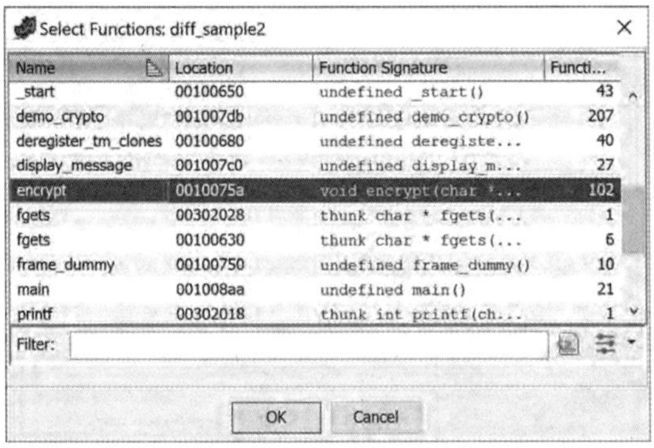

图 23-10：选择函数窗口中的 encrypt 函数

图 23-11 是加载文件中函数的反编译视图，可以看出这两个函数有很大不同。

图 23-11：两个加密例程在函数比较窗口中的反编译视图

从图 23-12 所示的清单视图中，可以确定这两个函数有着明显的差异。

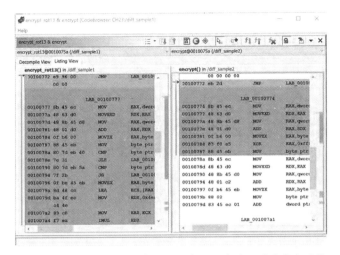

图 23-12：函数比较窗口中两个加密例程清单视图的高亮差异

在进一步的分析中，你发现新例程将每个字节与常量值 0xa5 进行异或（XOR）操作。这与你目前的加密例程不同，所以可以命名并收录这个新函数到集合中（这样集合中就有两个成员了）。回到 CodeBrowser，更新函数签名并添加注释来记录新的加密函数，这些修改也将反映在函数比较窗口中。

在记录的过程中，你注意到新的二进制文件有一个名为 display_message 的函数。该函数也在你的二进制文件中，并且当时被认定存在漏洞，所以你决定比较这两个函数。将它们加载到函数比较窗口中，看看除了函数名相同是否还有其他相似之处。结果，它们在反编译视图和清单视图中看起来都不一样，如图 23-13 所示。

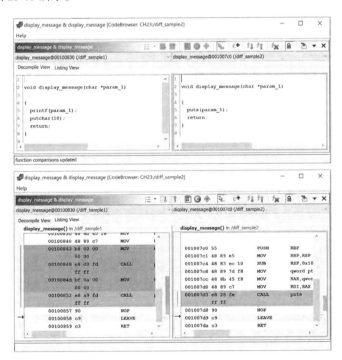

图 23-13：display_message 函数的反编译和清单视图

在第二个例子中，param_1 被传递给 puts 进行输出，也就修复了漏洞。

现在你已经记录了这个加密例程，然后又从同事那里拿到另一个二进制文件。要重新开始加密比较过程，你可以使用函数比较工具栏图标，从窗口中删除 display_message 函数，只留下加密例程集合，它现在包含两个不同的成员：encrypt_rot13 和 encrypt_XOR_a5。

对这个新文件的初步研究表明，有三个函数似乎涉及加密：encrypt、encrypt_strong 和 encrypt_super_strong。将这些函数加载到函数比较窗口，这样就可以将它们与你现有的加密例程进行比较。在将 encrypt_rot13 与每个新函数进行比较后，可能会注意到以下情况：

- encrypt_rot13 对比 encrypt：几乎完全不同。encrypt 例程只是一个条件测试，并调用另外两个加密例程中的一个。

- encrypt_rot13 对比 encrypt_strong：几乎完全相同。

- encrypt_rot13 对比 encrypt_super_strong：非常不同。仔细观察这两个函数之间的差异，可以发现它们不是同一个函数。

仔细观察它们之间的差异就会发现，encrypt_rot13 和 encrypt_strong 中的指令是相同的，差异主要在于地址标签，如图 23-14 所示。

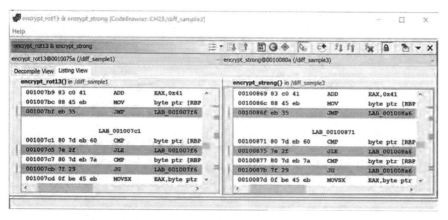

图 23-14：函数比较窗口中的地址标签差异

在本例中，地址标签不可能完全匹配，因为二进制文件中函数的位置不同。但这些位置相对于当前地址的偏移是一致的，所以我们很可能是在处理同一个函数。唯一的区别是与调用 strlen 有关的 1 个字节，如图 23-15 所示。这也是类似的问题，可以解释为每个二进制文件中加密函数和 strlen 的相对位置不同。

在确定了这些是同一个函数后，你可以右击之前分析过的函数，并从上下文菜单中选择 Apply Function Signature To Other Side。这将在所有需要的地方更新函数签名，包括清单窗口和符号树。请注意，函数比较窗口并没有提供差分视图中的所有功能。要复制其他信息（如与函数相关的详细注释），需要使用程序差分工具。

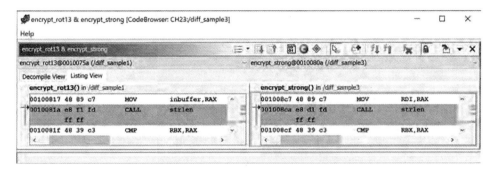

图 23-15：函数比较窗口中调用 strlen 的字节差异

完成对 encrypt_XOR_a5 的比较分析后，接下来将注意力转到 encrypt_XOR_a5，并观察它与每个新函数的关系：

- encrypt_XOR_a5 对比 encrypt：几乎完全不同。
- encrypt_XOR_a5 对比 encrypt_strong：非常不同。仔细观察这两个函数之间的差异，可以发现它们不是同一个函数。
- encrypt_XOR_a5 对比 encrypt_super_strong：几乎完全相同。

同样，encrypt_XOR_a5 和 encrypt_super_strong 之间确定的差异只是地址标签和调用 strlen 的一些字节。处理这种情况也可以使用之前处理匹配函数的方法。

虽然这只是一个简单的示例（很可能与你在野外看到的实际加密例程不一样），但它确实展示了在新二进制文件中遇到熟悉的例程时，如何使用函数比较来减少重复的分析工作。

接下来，我们将介绍版本跟踪工具，它是在研究两个文件时最复杂的一个工具。

23.3　版本跟踪

假设你已经花了几个月的时间来分析一个非常大的二进制文件，它里面有成百上千个函数，却没有任何符号。作为工作的一部分，你为大多数函数赋予了有意义的名字；重新命名了数据、局部变量和函数参数；并添加了大量的注释，仅重建这些注释甚至都需要几天或者更长时间。

现在，假设一个新版本的二进制文件发布了，世界上不再使用你所熟悉的那个版本。如果新版本的行为与旧版本类似，那么你可以选择继续分析旧版本，以获得更多关于它的信息，但你将无法了解新二进制文件中任何新的或修改后的行为。相反，你决定开始研究新版本的二进制文件，但很快意识到你需要花大量时间来阅读旧二进制文件中的标记，以帮助你了解新版本。

在两个 CodeBrowser 窗口之间来回切换非常消耗时间。是时候从 CodeBrowser 切换到 Ghidra 在项目工具箱中提供的其他默认工具了，如图 23-16 所示。

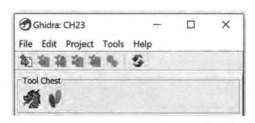

图 23-16：项目工具箱中的版本跟踪工具（足迹图标）

　　Ghidra 的版本跟踪工具旨在帮助解决这种情况。通过使用各种关联器，Ghidra 试图将源二进制文件中的项目，如函数或数据，与目标二进制文件中的对应版本进行匹配。一旦两个二进制文件之间的函数匹配成功，Ghidra 就可以自动将信息（包括你的标签和注释）从源二进制文件迁移到目标二进制文件。除了快速迁移你现有的分析，版本跟踪工具还可以轻松识别哪些东西没有变化，哪些东西只有细微的变化（通过差分检测），以及哪些东西是全新的。

　　版本跟踪工具是 Ghidra 中可配置性最高的工具之一，它可以轻松适应各种特定的查询。同时，要想完整地介绍它，也是一项具有挑战性的工作。在下面的章节中，我们将在非常高的层次上引导你了解版本跟踪的过程，并提供一些资源，帮助你在使用版本跟踪工具时使用正确的设置和组件，从而发现两个文件之间的关系。

23.3.1　版本跟踪概念

　　函数比较和程序差分工具解决了关于两个文件或函数之间原子差异的具体问题，但版本跟踪工具所解决的是一个更全面的问题：这两个二进制文件有多相似，能否高亮并提供关于它们之间相似性的深入见解？会话（session）是这种工作的基础单元，并且每个会话都经过配置，以识别和处理两个文件之间的关联性（correlations）。

关联器（Correlators）

　　版本跟踪工具致力于寻找两个文件之间的关联性。有七种类型的关联器可以在两个二进制文件之间生成匹配：

- Data Match 关联器
- Function Match 关联器
- Legacy Import 关联器
- Implied 关联器
- Manuel Match 关联器
- Symbol Name Match 关联器
- Reference 关联器

　　版本跟踪工具不仅仅是计算和编制每个类别的具体差异列表，还扩展了两个文件之间的关联性，以识别具有不同准确程度的匹配。

- **精确匹配**：两个文件之间一对一的匹配，可以匹配数据、函数字节、函数指令或函数助记符

（例如，两个二进制文件包含完全相同的函数）。

- **重复数据匹配**：非一对一的精确匹配（例如，某字符串在一个文件中出现一次，而在另一个文件中出现七次）。
- **相似匹配**：通过用户控制的相似性阈值调节的匹配，类似于第 13 章中描述的词模型，但使用 4-grams 和 trigrams。

由于引入了阈值，并可以接受和拒绝匹配，该工具提供了一个强大的功能，可以将你以前的分析迁移到二进制文件的新版本。此外，与每个会话相关的信息提供了一个有效的分析审计跟踪，可以帮助捕捉二进制文件的增量变化或恶意软件家族的演变。

会话

虽然深入学习完整会话需要许多时间，但一个基础的版本跟踪会话可能包含以下步骤：

（1）打开 Ghidra 的版本跟踪工具。

（2）通过选择源文件和目标文件来创建新会话。

（3）对于所有合适的关联器：添加到现有会话中，选择关联器，选择所有产生的匹配，接受所有匹配并应用其标记项。

（4）保存会话。

（5）关闭会话。

前面的工作流程提供了一个非常笼统的概述，而与关联器步骤相关的组合潜力是很广泛的。这个工具的潜力以及相关的细微差别无法在一个章节中涵盖。Ghidra 团队在帮助文档中提供了工作流程的样例（以及有关版本跟踪工具的重要文档）。至于如何在你的逆向工程工作流中最好地应用该工具的能力，则由你自己决定。

23.4　小结

在本章中，我们不再研究单个二进制文件，而是开始使用程序差分、函数比较和版本跟踪工具来识别二进制文件之间的差异和相似之处。这些工具可以节省宝贵的时间，包括将现有工作迁移到新二进制文件中，合并来自同事的注释，以及快速识别同一程序的两个版本之间到底有什么变化等。

我们即将结束对 Ghidra 庞大功能的介绍，要知道这些不过是 Ghidra 能力的皮毛。你现在应该已经对 Ghidra 有了更深入的了解，并知道如何将其应用于你所面临的逆向工程挑战。当遇到问题时，Ghidra 社区会通过 GitHub、Stack Exchange、Reddit、YouTube 和许多其他论坛资源来提供帮助。

更重要的是，你现在应该有能力通过回答问题和帮助他人来做出贡献。Ghidra 是社区支持的软件，并且在不断地发展。我们希望你通过发布教程、编写和发布 Ghidra 脚本和模块、发现和解决问题，甚至为 Ghidra 本身开发新功能来参与。Ghidra 的未来将由社区决定，现在也包括你。欢迎你，并祝你逆向愉快！

IDA 用户的 Ghidra 使用指南

如果你是一位有有经验的 IDA Pro 用户，并且对使用 Ghidra 感兴趣，无论是出于好奇还是准备长期使用，你可能已经很熟悉本书中介绍的许多概念。本附录旨在将 IDA 术语和用法映射到 Ghidra 中的类似功能，而不提供 Ghidra 功能的具体说明。对于这里提到的任何 Ghidra 功能的具体用法，请参阅本书中更详细讨论这些功能的相关章节。

我们不试图比较这两个工具的性能，也不会争论哪个工具更优越。我们选择使用哪个工具可能是出于价格考虑，或者出于某个工具提供的特殊功能。接下来，我们将从 IDA 用户的角度对本书的主题做简单介绍。

A.1　基础知识

当我们开始使用 Ghidra 时，可能会发现通过一份指南来熟悉一套全新的热键是很有用的。Ghidra Cheat Sheet（链接 A-1）列出了常见的用户操作及相关的热键和工具按钮。稍后，我们将介绍如何重新映射热键，从而与 IDA 无缝衔接。

A.1.1　数据库的创建

当 IDA 将二进制文件导入数据库时，这个操作本质上是单用户的，而 Ghidra 是面向项目的，每个项目可以包含多个文件，并且支持多个用户在同一个项目上进行协作式逆向。IDA 数据库的概念最接近于 Ghidra 项目中的单个程序（program）。Ghidra 用户界面分为两个主要部分：项目（Project）和 CodeBrowser。

你与 Ghidra 的第一次交互是创建项目（共享或非共享），并通过项目窗口将程序（即二进制文件）导入这些项目中。而当使用 IDA 打开新二进制文件，并最终创建新数据库时，你和 IDA 进行了以下操作：

（1）（IDA）查询每个可用的加载器，了解哪些加载器能识别新选择的文件。

（2）（IDA）显示加载文件对话框，列出可接受的加载器、处理器模块和分析选项。

（3）（用户）选择用于将文件内容加载到新数据库的加载器模块，或接受 IDA 的默认选择。

（4）（用户）选择对数据库内容进行反汇编时应使用的处理器模块，或接受 IDA 的默认选择（可能是由加载器模块决定的）。

（5）（用户）选择创建初始数据库时应使用的任何分析选项，或接受 IDA 的默认选择。此时你也可以完全禁用分析。

（6）（用户）单击"OK"按钮来确认你的选择。

（7）（IDA）所选择的加载器模块将从原始文件中提取字节内容填充到数据库中。IDA 加载器通常不会将整个文件加载到数据库中，并且通常也不可能根据新数据库中的内容重新创建原始文件。

（8）（IDA）如果启用了分析，则使用选定的处理器模块来反汇编由加载器和任何选定的分析器（IDA 称分析器为内核选项）识别的代码。

（9）（IDA）将生成的数据库显示在 IDA 用户界面上。

Ghidra 对列出的每个步骤都有类似的方法，但该过程被分成两个不同的阶段：导入和分析。Ghidra 的导入过程通常从项目窗口开始，包括以下步骤：

（1）（Ghidra）查询每个可用的加载器，了解哪些加载器能识别新选择的文件。

（2）（Ghidra）显示导入对话框，列出可接受的格式（大致是加载器）和语言（大致是加载器模块）。

（3）（用户）选择将文件导入当前项目的格式，或接受 Ghidra 的默认选择。

（4）（用户）选择程序的反汇编语言，或接受 Ghidra 的默认选择。

（5）（用户）单击"OK"按钮来确认你的选择。

（6）（Ghidra）与所选格式相关的加载器将从原始文件中提取字节内容，并加载到当前项目的一个新程序中。加载器将创建程序节、处理二进制符号和导入导出表，但不进行涉及反汇编代码的分析。Ghidra 加载器通常会将整个文件加载到项目中，尽管文件的某些部分可能不会被 CodeBrowser 显示出来。

虽然该过程类似于 IDA 数据库的创建，但缺少一些步骤。在 Ghidra 中，分析行为是在 CodeBrowser 中进行的。当你成功导入文件之后，在项目视图中双击该文件，就会在 Ghidra 的 CodeBrowser 中将其打开。首次打开一个文件时，Ghidra 会执行以下步骤：

（1）（Ghidra）打开 CodeBrowser 并显示导入过程的结果，询问是否要分析该文件。

（2）（用户）决定是否分析该文件，如果选择不分析，则直接进入 CodeBrowser 中，你可以随时选择 Analysis→Auto Analyze 来分析该文件。无论哪种情况，当决定分析文件时，Ghidra 都会显示与当前文件格式和语言设置兼容的分析器列表，你可以选择要运行的分析器，并修改分析器使用的任何选项，然后让 Ghidra 执行其初始分析。

（3）（Ghidra）执行所有选定的分析器，并将用户的关注点置于 CodeBrowser，以开始使用完全分析过的程序。

有关导入和分析阶段的更多信息，请参阅本书的相关章节。除了共享的 Lumina 数据库，IDA 既没有类似的项目视图，也没有任何协作逆向的功能。我们在第 4 章中介绍了项目视图，在第 11 章中介绍了共享项目和协作逆向工程的支持情况。CodeBrowser 也在第 4 章中，并从第 5 章开始进行更深入的介绍。

CodeBrowser 是 Ghidra 的一个工具，也是你分析程序的主要界面。因此，它是与 IDA 用户界面最相似的 Ghidra 组件，所以我们会花些时间将 IDA 用户界面的各种元素与 CodeBrowser 对应起来。

A.1.2 窗口和导航基础知识

在默认配置中，CodeBrowser 是多个专业窗口的容器，这些窗口用于显示有关程序功能的信息。关于 CodeBrowser 的详细讨论从第 5 章开始，包括相关的数据显示，一直持续到第 10 章。

清单视图

CodeBrowser 的中心是 Ghidra 的清单窗口，它提供了类似 IDA 文本模式的经典反汇编视图。要想自定义清单的格式，浏览器字段格式化器允许你修改、重新排列和删除单个清单元素。与 IDA 一样，清单窗口中的导航主要是通过双击标签（IDA 名称）来完成的，这将导航到与标签相关联的地址。右击将获得上下文敏感的菜单，可访问与标签相关的常见操作，包括重命名和重新输入。

与 IDA 类似，清单中的每个函数都有一个头部注释，列出了函数的原型，提供了函数局部变量的摘要，并显示了针对该函数的交叉引用。IDA 栈视图在 Ghidra 中的等效物，只有通过右击函数头部并选择 Function→Edit Stack Frame 才能访问。

IDA 会将（如寄存器名称或指令助记符）所有出现你所单击的字符串高亮显示，但该行为在 Ghidra 中默认关闭。要启用这一行为，可以选择 Edit→Tool Options→Listing Fields→Cursor Text Highlight，并将 Mouse Button to Active 选项从 MIDDLE 更改为 LEFT。另一个让人喜欢/讨厌的功能是 Markup Register Variable References，它会使 Ghidra 自动重命名用于保存函数传入参数的寄存器。要禁用此行为，让 Ghidra 使用寄存器名称指示操作数，可以选择 Edit→Tool Options→Listing Fields →Operands Fields，然后取消选择 Markup Register Variable References。

最后，如果你已经对使用 IDA 的热键序列产生了肌肉记忆，并希望 Ghidra 也能适配这些记忆，可以花一些时间在 Edit→Tool Options→Key Bindings 中，将 Ghidra 的默认热键重新分配成类似 IDA 的热键。对于 IDA 用户来说，这是一个很常见的任务，以至于已经有人做出了第三方的绑定文件，以自动重新分配你喜欢的所有热键序列。[1]

---

1 试试链接 A-2 或链接 A-3。

图形视图

Ghidra 的清单窗口是纯文本视图。如果喜欢在 IDA 的图形视图中工作，需要在 Ghidra 中打开一个单独的函数图窗口。与 IDA 的图形视图一样，Ghidra 的函数图窗口在任何时候都只显示单个函数，并且你可以像在清单窗口中一样操纵函数图窗口中的项目。

默认情况下，Ghidra 的图形布局算法可能会将边放在基本块节点的后面，这可能使我们对边的跟随变得更加困难。你可以访问 Edit→Tool Options→Function Graph→Nested Code Layout，并勾选 Route Edges Around Vertices 来禁用这种行为。

反汇编器

Ghidra 包含对所有支持的处理器进行反汇编的功能。默认情况下，反编译器窗口出现在清单窗口的右侧，只要光标位于清单视图中的一个函数内，就会显示反编译的 C 源代码。如果你想在生成的 C 源代码中添加和查看行尾注释，则需要在 Edit→Tool Options→Decompiler→Display 中通过选择 Display EOL Comments 来启用。在同一个选项卡上，你还会发现 Disable printing of type casts 选项，在某些情况下，关闭它可以极大地简化生成的代码，从而提高可读性。

反编译器也有积极优化生成代码的倾向。如果你在阅读一个函数的反汇编版本时，觉得反编译版本中缺少了部分行为，那么就说明反编译器可能已经消除了它认为的函数中的死代码。要在反编译器窗口中显示这些代码，可以打开菜单 Edit→Tool Options→Decompiler→Analysis，并取消选择 Eliminate dead code。我们在第 19 章中进一步讨论了反编译器。

符号树

CodeBrowser 的符号树窗口提供了程序中包含的所有符号的分层视图。符号树包含六个顶层文件夹，代表程序中可能存在的六类符号。单击任何符号树文件夹中的名称，将在清单窗口中导航到相应地址：

- Imports：该文件夹与动态链接的二进制文件相关，提供了由程序引用的外部函数和库的列表。与它最接近的是 IDA 中的 Imports 选项卡。
- Exports：该文件夹列出了程序中任何在程序外公开可见的符号。文件夹中的符号通常与 nm 工具所输出的符号相似。
- Functions：该文件夹包含程序清单中每个函数的条目。
- Labels：该文件夹包含程序中任何其他的非局部标签的条目。
- Classes：该文件夹包含任何 C++ 类的名称，Ghidra 已经为其找到了运行时类型标识（RTTI）。
- Namespaces：该文件夹包含 Ghidra 在程序分析期间创建的每个命名空间的条目。有关 Ghidra 命名空间的更多信息，请参阅 Ghidra 帮助文档。

数据类型管理器

数据类型管理器维护着 Ghidra 关于数据结构和函数原型的所有信息。数据类型管理器中的每个文件夹大致相当于 IDA 的类型库（.til），提供了 IDA 中 Structures、Enums、Local Types 和 Type Libraries

窗口的作用，在第 8 章中进行了详细讨论。

A.2　脚本支持

Ghidra 是用 Java 实现的，其原生脚本语言就是 Java。除了常规脚本，Ghidra 的主要 Java 扩展还包括分析器、插件和加载器。Ghidra 的分析器和插件共同承担了 IDA 插件的作用，而 Ghidra 加载器的作用与 IDA 加载器基本相同。Ghidra 支持处理器模块的概念，但是，Ghidra 处理器是用一种称为 SLEIGH 的规范语言来定义的。

Ghidra 包含一个用于常规脚本任务的基础脚本编译器，以及一个 Eclipse 插件，以方便创建更复杂的 Ghidra 脚本和扩展。另外，还通过 Jython 来支持 Python 的使用。Ghidra API 是以类的层次结构来实现的，它将二进制文件的特性表示为 Java 对象，并提供了快捷类，以方便访问一些最常用的 API 类。Ghidra 脚本在第 14 章和 15 章中讨论，扩展在第 15 章、17 章和 18 章中讨论。

A.3　小结

Ghidra 的功能与 IDA 十分相似，在某些情况下，Ghidra 的显示方式与 IDA 也十分相似，唯一需要适应的是新的热键、工具按钮和菜单。在其他情况下，由于信息的呈现方式与 IDA 不同，学习曲线可能会比较陡峭。无论如何，不管你是利用 Ghidra 的定制功能使其像 IDA 一样使用，还是花时间熟悉新的工作方式，都会发现 Ghidra 能够满足大部分的逆向工程需求，甚至在某些方面还能开启全新的工作方式。